大型油罐
灭火技术

董希琳　康青春　等编著

DAXING YOUGUAN
MIEHUO JISHU

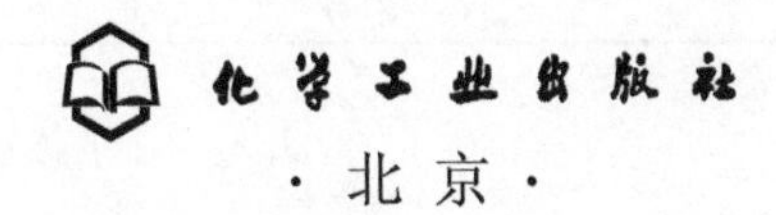

·北京·

内容简介

随着油罐容积的不断增大，其火灾燃烧规律和救援处置措施发生了很大变化，深入研究油罐火灾的预防与救援方法，研发火灾扑救的新技术、新装备是社会发展的客观需要。本书是在有关油罐火灾防治的科技支撑计划和重点研发课题研究的基础上，吸收部分课题研究成果，结合国内外油罐火灾案例和研究最新成果，经过综合梳理和高度凝练而成。内容包括绪论、大型油罐火灾与爆炸典型案例、大型油罐定点报警与分区灭火系统研发、大型油罐火灾扑救的灭火剂选择与高效灭火剂研发、大型油罐火灾冷却新技术及装备、油罐火灾灭火新装备研发与应用、大型油罐火灾爆炸事故的灭火救援行动安全、大型油罐火灾力量计算与战术战法。

本书可作为高等院校安全相关专业课和选修课的教材，也可作为石油化工安全生产人员和管理人员、消防救援队伍和应急救援力量的参考资料。

图书在版编目（CIP）数据

大型油罐灭火技术 / 董希琳等编著. —北京：化学工业出版社，2021.10

ISBN 978-7-122-39551-1

Ⅰ. ①大… Ⅱ. ①董… Ⅲ. ①油罐-火灾-灭火-研究 Ⅳ. ①TE972②X928.7

中国版本图书馆 CIP 数据核字（2021）第 140243 号

责任编辑：张双进 刘心怡　　文字编辑：林 丹 吴开亮
责任校对：张雨彤　　装帧设计：王晓宇

出版发行：化学工业出版社（北京市东城区青年湖南街 13 号 邮政编码 100011）
印　　装：北京虎彩文化传播有限公司
787mm×1092mm 1/16 印张 21¼ 字数 531 千字 2021 年 10 月北京第 1 版第 1 次印刷

购书咨询：010-64518888　　售后服务：010-64518899
网　　址：http://www.cip.com.cn
凡购买本书，如有缺损质量问题，本社销售中心负责调换。

定　　价：118.00 元

前言 PREFACE

大型油罐火灾的防治技术始终是消防工作的重点和难题，各国对油罐火灾防治技术的研究脚步始终没有停止。随着油罐容积的不断增大，其火灾燃烧规律和救援处置措施也发生了很大变化，深入研究油罐火灾的预防与救援方法，研发火灾扑救的新技术、新装备是社会发展的客观需要。

我们近年来始终关注大型油罐火灾形势的发展变化，在“十一五”“十二五”“十三五”期间，都承担了国家关于油罐火灾防治的科技支撑计划和重点研发课题，对大型油罐火灾的防治技术有比较深入的研究。本书就是在上述课题研究的基础上，吸收课题研究成果，结合国内外油罐火灾案例和研究最新成果，经过综合梳理和高度凝练而成。

全书由常州大学环境与安全工程学院董希琳教授、康青春教授主持编写并统稿。1、2.1、2.2、3.1 由董希琳教授撰写；2.3、2.4、4、5.3、6.3、8 由康青春教授撰写；5.1 由常州大学环境与安全工程学院舒中俊教授撰写；3.2 ~ 3.4 由中国人民警察大学田逢时撰写；6.1 由中国人民警察大学吕鹏撰写；5.2、6.2 由中国人民警察大学卢立红教授撰写；7.1、7.2 由安康消防救援支队李栋撰写；7.3 由中国人民警察大学李玉副教授、夏登友教授撰写；7.4 由广西消防救援总队郭贻晓撰写。江苏华淼消防科技有限公司、明光浩淼安防科技股份公司、山东环绿康新材料为本书撰写提供了实验数据。本书所提出的模拟训练模型在大连伟岸纵横科技股份公司开发的消防模拟训练系统中得到了应用示范。本书由常州大学资助出版。在此，对所有为本书撰写提供帮助的单位和个人表示衷心感谢。

由于著者水平所限，书中难免存在不足之处，敬请读者谅解并不吝赐教。

编著者

2021 年 6 月

目录 CONTENTS

1

绪论

油罐是用来储存石油原油及其产品的容器，以满足人类的生产、储存、运输和生活需要。根据用途不同、使用环境不同、经济发展水平不同，油罐的大小、材料与结构形式也不一样。由于油罐储存的可燃物多、燃烧热值大，一旦发生火灾，扑救难度大，造成损失也大，后果十分严重。随着生产规模和使用范围的扩大，油罐容积也越来越大，10 万立方米以上的超大型油罐数量迅速增加，由于量变引起质变，普通油罐火灾的燃烧规律与处置措施已不能完全适应于超大型油罐。因此，对大型油罐火灾防治技术的研究迫在眉睫。

1.1 石油化工产业发展趋势

石油是工业经济发展的“血液”，是一种重要的战略资源。石油化学工业（简称石油化工或石化）是以石油为原料的一种基础性产业，它为工业、农业和人类日常生活提供原料、产品、配套和服务，与经济发展和人民生活息息相关，在国民经济中占有举足轻重的地位。据中国产业调研网发布的中国石油化工市场现状调研与发展趋势分析报告（2017～2022 年）显示，石油化工产品与人们的生活密切相关，从科学技术、军事国防到工农业生产、从医疗卫生到食品安全、从航天航空飞行到车辆船舶运输、从建筑构建到室内外装潢、从服装制作到家居用品，如卫星、计算机、手机、光纤、导航产品、飞机、汽车、船舶、农业机械、医疗产品、食品包装等，可以说，人类生产生活的方方面面都与石油化工有着密切的关系，日常生活中的“衣、食、住、行”都离不开石化产品。2017 年中国石油化工十大品牌企业排名中，石油和化工行业规模以上企业共计 29134 家。行业主营业务收入 14.06 万亿元，占全国规模工业主营收入的 12.8%；利润总额 7911.1 亿元，占全国规模工业利润总额的 12.2%；上缴税金 9849.5 亿元，占全国规模工业税金总额的 20.3%；完成固定资产投资 2.33 万亿元，占全国工业投资总额的 11.4%；进出口贸易总额 6754.8 亿美元。资产总计 11.49 万亿元。为满足石油化工生产需要，保证生产原料的稳定供给和产品的储存与周转，必须修建大量石油库和储罐，各种不同型号的油罐已经遍布中国大地。油罐数量、容积和型号的增加，一方面极大满足了生产生活需求，另一方面也给消防安全埋下隐患。

1.2 大型油罐发展现状

改革开放以来，随着我国经济的高速增长，对能源特别是石油的需求量越来越大，2017 年我国消耗石油约 6.45 亿吨，成为第二大石油消费国。我国石油 60%以上依赖进口，这个比例还在逐年上升。为应对石油供应中断可能带来的安全风险，我国于 2004 年正式规划建设国家石油战略储备基地，储存油品的各类油库、加油站日益增多。根据规划国家将用 15 年时间分三期完成油库等石油储备硬件设施建设。储量大致是：第一期为 1000 万～1200 万吨，约等于我国 30 天的净石油进口量；第二期和第三期分别为 2800 万吨。国家有关部门选定浙江宁波镇海、浙江舟山、山东青岛黄岛、广东大亚湾等作为建立第一批国家战略石油储备的基地。仅浙江镇海石油储备基地，储备就达 1000 万立方米石油，相当于大庆油田 1/4 的年产量。

为保证储量，减少用地，新建的战略石油储备库油罐大多采用 100000～150000m^3 的超大型油罐。储存效率提高了，但是相应的火灾风险却增加了，由于超大型油罐的火灾特性与普通油罐火灾有着质的区别，普通油罐的消防措施有些并不完全适用。因此，超大型油罐对消防应急救援提出新的、更严峻的挑战，亟待研究攻克。

1.3 大型油罐火灾或爆炸事故的风险

1.3.1 油罐火灾或爆炸的主要原因

大型油罐火灾或爆炸的风险，主要源于以下原因。

（1）雷击

雷击一般是通过热、电和机械等效应来产生破坏作用的。大电流在通过导体时会产生热能，在雷击点处可以产生上千焦耳的发热能量，该能量可以很容易熔化一两百立方毫米的钢。雷击放电时会产生很大的电流变化，会带来数十万伏特的冲击电压，该超高电压足以烧毁电力系统的变压器和电动机等设备。1989 年，黄岛油库火灾就是由于雷击引起的。2004～2010 年在浙江镇海和江苏仪征，由于雷击，引起多起 100000～150000m^3 油罐火灾。针对雷击的防范措施可以从防雷设施、储罐密封、油品进出口管道和储罐的维护与管理等方面入手。防雷设施的设计、安装和储罐密封必须严格遵守 GB 50074—2014《石油库设计规范》的要求执行，对油品进出口管道，可以采取防止浮盘发生飘移而损坏密封或造成密封处泄漏的措施，做好对储罐的维护与管理，需要做到对储罐的密封性、消防器材以及等电位和接地系统进行定期的检查、检测和维护。若发现问题，要及时处理，从而确保设备的正常运行。

（2）静电

静电引发火灾或爆炸的主要原因是：由于在可燃混合介质中存在足够大的电场强度或电位差的静电场，当可燃混合介质处于爆炸极限内，一旦发生放电现象，即会产生可燃混合介质的燃烧和爆炸。在炼油厂由静电产生的火灾、爆炸事故较多，大都是发生在向油罐中倒油时，由于在操作过程中胶管未插入液面以下，致使发生喷溅，从而导致油品与空气产生摩擦形成静电火花，发生火灾或爆炸。因此应该按照 GB 50074—2014《石油库设计规范》中“14.2”落实相关消除静电的措施，改进相关的工艺，保证操作的准确性，对甲、乙类和丙 A 类储罐应安装消除人身带静电的设备。还需要加强防静电的管理，定期对设施进行检查，对发现的问题要及时解决，操作人员一定要按照相关规定进行操作，将静电产生的危害降到最低。

（3）人为因素

因人的不安全行为导致的油罐火灾和爆炸事故时有发生。有的是由于管理漏洞，员工作业时违反安全操作规程（如冒罐、违章电焊等）引发的火灾或爆炸；还有因偷油而引发的火灾；也有因人为蓄意破坏造成的火灾。2004 年山西运城半坡油库火灾就是由于偷油者从 6 号罐量油孔偷油，产生静电所引起的。

冒罐基本上都是因人为原因产生的，其次是油罐的液位报警设施出现问题（如不准、误报或漏失等）等引发，当然相关的管理出现漏洞也会产生引发因素。1993 年南京炼油厂万吨汽油罐火灾、2001 年沈阳大龙洋油库火灾、2005 年英国邦斯菲尔德油库火灾都是由于操作人员失误造成冒顶而引起的火灾。

在炼油厂日常的生产作业中，经常需要动火施工作业，因此需要给予更多的关注。在对含油污水罐、油罐和含硫污水原料水罐进行相关作业时，不能忽视其可能存在的重大风险，在这种情况下，一旦出现明火，就可能会引起火灾或爆炸。2004 年天津石化 5000m^3 杂油罐爆炸火灾就是由于违章焊接造成的。针对上述情况，需要工作人员充分认识到火灾或爆炸的风险性和危害性，在油罐上用火作业时，需要按照重大风险作业来认真对待，尽可能降低动火作业的次数，在动火作业时可以采取相应的特殊措施。

（4）硫化亚铁自燃

由于原油和石油产品中含硫量比较高，石油中的硫在与罐内壁、加热器和内浮盘等长时间接触的情况下，会发生化学反应产生硫化亚铁。硫化亚铁在常温下易于空气中的氧气发生氧化反应，这是一个放热的过程，同时会产生烟雾，这种情况下，一旦遇到可燃烃类物质，就有可能引起可燃物质发生燃烧或爆炸。储罐在检修时，如拆卸阀门、接管时，在接口处积累的硫化亚铁遇到空气会自燃，从而引起火灾。空置时间较长的油罐，进行电焊施工时，也会引起爆燃火灾。

1.3.2 油罐火灾风险评价方法

通过对油罐火灾或爆炸危害的分析与评价，可以明确油罐的消防安全状态，存在主要风险和隐患，以便于有关部门和人员采取有针对性的防治措施。

火灾或爆炸危害性的评价方法有近百种，下面介绍几种成熟而又实用的评价方法。

（1）故障树分析法（Fault Tree Analysis，FTA）

故障树分析法（又称事故树分析）是系统安全工程中的重要分析方法之一，它采用演绎法的原理，从要分析的特定事故或故障（顶上事件）开始，层层分析其发生原因，直到找出事故的基本原因（底事件）为止。这些底事件又称基本事件，它们的数据已知或已经有统计或实验的结果。故障树分析法将石油库系统中可能导致的灾害后果与可能出现的事故条件（如油罐与其他设备装置的故障及误动作、作业人员的误判断、误操作及毗邻场所的影响等）用一种逻辑关系表达出来。在事故树分析中，与事故有关的三大因素——人、机、环境都将被涉及，因此分析要全面、透彻又有逻辑性。

（2）火灾爆炸指数法

火灾爆炸指数法在对油罐火灾或爆炸的评价中已受到广泛应用，它是根据评价对象的具体情况选定评价项目，对每一个评价项目确定系数，然后通过一定的运算方法求出总分值。火灾爆炸指数法是目前公认的火灾、爆炸危险评价法，它包括：道化学公司的火灾、爆炸指数法；英国帝国化学公司蒙德工厂的蒙德评价法；日本化工省的六阶段安全评价法等。

① 道化学公司的火灾、爆炸指数法。道化学公司的火灾、爆炸指数法是化工领域广泛应用的一种安全评价方法，其原理是通过对工艺单元危险物质的辨识，以评价单元中的重要物质系数（MF）为基础，用一般工艺危险性系数（F_1）确定影响事故损害的大小，以特殊工艺危险性系数（F_2）来表示事故发生的主要概率，根据 MF、F_1、F_2 三者之间的关系来确定工艺单元的危害系数（DF）和火灾爆炸危险指数 F&EI，并以此来确定危害区域和危害程度。

② 英国帝国化学公司蒙德工厂（ICI）的蒙德评价法。道化学公司推出火灾、爆炸指数

法后，各国竞相研究，推动了这项技术的发展，在它的基础上提出了一些不同的评价方法，其中尤以英国ICI公司蒙德分部最具特色。ICI的蒙德火灾爆炸毒性指数评价法是将装置划分成单元，通过在评价前获取单元的各种重要系数，求出DOW/ICI总指标（D）、火灾负荷系数（F）、单元毒性指数（U）、主毒性事故指数（C）、爆炸指数（E）、气体爆炸指数（A）等基础系数，计算得出全体危险性评分（R），进行装置的危险性评价。蒙德评价法尽可能将各种影响因素都考虑进去，如火灾爆炸后产生的毒性。此外还把采取安全措施降低危险性后所抵消的部分也考虑在内，从而得出的危险性指数比较全面。

③ 日本化工省的六阶段安全评价法。日本化工省的六阶段安全评价法是日本劳动省提出的安全性综合评价方法，该法以道化学公司的火灾、爆炸指数法为基础，但对物质系数和修正系数的计算以及分级作了较大的改动和简化。六阶段安全评价法按下述六个步骤实施。

a. 资料准备。为进行预先评价，应将有关资料整理并加以讨论。

b. 定性评价。应用安全检查表对建厂条件物质理化特性、工程系统图、各种设备、操作要领、人员配备、安全教育计划等进行检查和定性分析。

c. 定量评价。把装置分成几个工序，再把工序各个单元的危险度定量，以其中最高危险度作为本工序的危险度。

d. 安全措施。根据工序评价出的危险度等级，在技术、设备和管理上采取相应的措施。

e. 用事故案例进行再评价。按照第d.步讨论安全措施之后，再参照同类装置以往的事故案例评价其安全性，反过来再讨论安全措施属于第Ⅱ、Ⅲ级危险度的装置，到此步便认为是评价完毕。

f. 用事故树（ETA）进行再评价。属于第Ⅰ级危险度的情况，进一步用ETA再评价。通过安全性的再评价，发现需要改进的地方，采取相应的措施后，再开始建设。

六阶段安全评价法综合应用安全检查表、定量危险性评价、按事故信息评价和事件树、事故树分析方法，分成六个阶段采取逐步深入，定性与定量结合，层层筛选的方式对危险进行识别、分析和评价，并采取措施修改设计，消除危险。该方法是一种考虑较为周到的评价方法。

目前处于探索阶段的评价方法有多元统计分析法、模糊综和评价法、层次分析法、改进的层次分析法及贝叶斯概率评价方法等，随着非线性科学的发展，火灾、爆炸危险评价也已开始引入非线性科学的方法，如火灾危险评价的确定性混沌分析方法、网络火灾分叉现象研究等。这些新理论及数学思想引入危险性评价中虽然尚不够完善，但为危险性研究开辟了新的途径。油罐的火灾、爆炸与其他火灾、爆炸有所不同，但它们在危险性评价方面确存在必然的内在联系，评价方法可以相互借鉴。

参考文献

[1] 中国产业信息网. 2017—2023年中国石油行业发展现状分析及行业前景预测报告 [R/OL]. www.chyxx.com.

[2] 超大型油罐区火灾爆炸事故处置技术及装备（2016YFC0800609）[R]. 2016国家重点研发课题（2016—2019），2019.

[3] 李思成，杜玉龙，张学魁，等. 油罐火灾的统计分析 [J]. 消防科学与技术，2004，23（2）：117-121.

[4] 朱明远.成品油库安全评价技术研究 [J]. 智能城市，2018，4（16）：53-54.

[5] 刘昉.加油站储油罐火灾、爆炸危险性定量分析 [J]. 当代化工研究，2018（3）：5-6.

[6] 翟克平，单秀华，李江飞，等. 风速作用下大型原油储罐火灾特性与危害研究 [J]. 油气田地面工程，2018，37（5）：54-58，64.

[7] 吉灵，牛丁.大型油罐火灾爆炸事故演化规律研究 [J]. 消防科学与技术，2018，37（5）：593-596.
[8] 赵雪娥，刘梦洋，候聪.基于小尺寸油罐实验的沸溢火灾特性分析[J]. 消防科学与技术，2018，37（1）：10-13.
[9] 余勇. 外浮顶罐全液面火灾风险分析 [J]. 2017 中国消防协会科学技术年会论文集，2017：3.
[10] 国家安全生产监督管理局. 安全评价 [M]. 3 版. 北京： 煤炭工业出版社，2004.
[11] 刘铁民，张兴凯，刘功智. 安全评价方法应用指南 [M]. 北京： 化学工业出版社，2005.
[12] 石磊. 道化学火灾爆炸法在某原油储备库安全评价中的应用 [J]. 西安科技大学学报，2014（4）：467-472.

2

大型油罐火灾或爆炸典型案例

下面对国内外油罐火灾或爆炸案例进行分析，从这些案例中，总结经验教训，归纳典型场景，为油罐事故防治提供参考，为科技攻关提供技术路径。

2.1 国外油罐火灾或爆炸案例

2.1.1 英国邦斯菲尔德油库火灾

（1）发生时间

2005 年 12 月 11 日。

（2）发生地点

英国邦斯菲尔德油库。该油库位于赫特福德郡赫默尔亨普斯德城（Hemel Hempstead），距小镇赫梅尔亨普斯德城大约 4.8km。

（3）事故单位基本情况

邦斯菲尔德地区是一个大型的油料储存区，位于伦敦的东北部约 40km，具备战略储备油库的功能。该地区有多家储油公司是依照原有的英国健康安全署土地规划法发展起来的。这部法案按照已建设危险源为起点，不断向外扩展安全距离，并规定在不同的安全距离内允许被规划的土地使用，因此多家公司毗邻建设，甚至互相渗透，形成事故当时的格局。该库容积为 150000m^3，不仅储备原油和汽油，还储备航空煤油，供应伦敦希思罗机场和卢顿机场。该油库从 1968 年开始使用，在最初的 15 年里，一直由美国德士古石油公司和法国道达尔石油公司共同经营，英国其他石油公司（如 BP、壳牌）也使用该油库，见图 2.1.1。

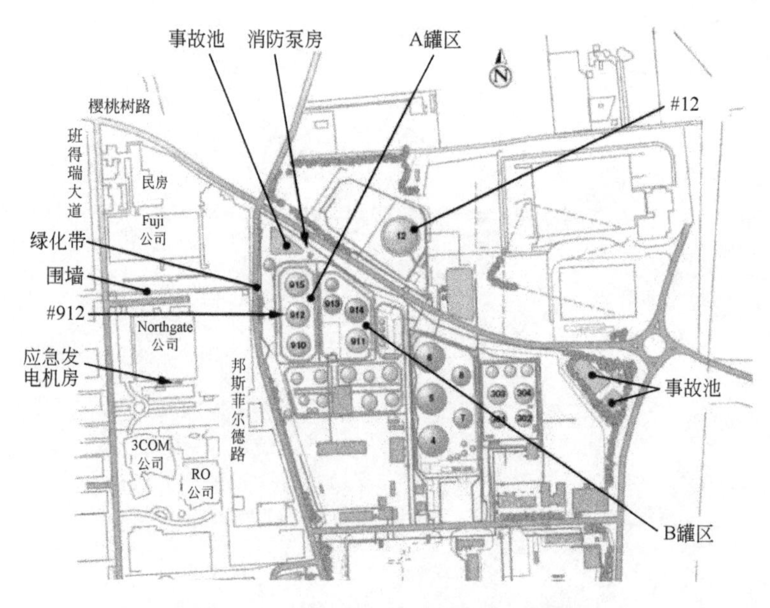

图 2.1.1　邦斯菲尔德库区区域布置图

（4）事故发生经过及原因

2005 年 12 月 10 日 19 时，英国邦斯菲尔德油库 HOSL 西部区域 A 罐区的 912 号储罐开始接收来自 T/K 管线的无铅汽油，油料的输送流量为 550m^3/h（该流量在允许范围以内）。

12 月 11 日凌晨零时，912 号储罐停止收油，工作人员对该储罐进行了检查，检查过程大约在 11 日凌晨 1 时 30 分结束，此时尚未发现异常现象。

从 12 月 11 日凌晨 3 时开始，912 号储罐的液位计停止变化，此时该储罐继续接收流量为 550m^3/h 的无铅汽油。912 号储罐在 12 月 11 日 5 时 20 分已经完全装满。由于该储罐的保护系统在储罐液位达到所设置的最高液位时，未能自动启动以切断进油阀门，因此 T/K 管线继续向储罐输送油料，导致油料从罐顶不断溢出，储罐周围迅速形成油料蒸气云。运送油品的油罐车辆经过邦斯菲尔德油库时，汽车排气管喷出的火花引燃了外溢油品形成的蒸气云引起爆炸、燃烧。

6 时 01 分，发生了第一次大爆炸，紧接着更多爆炸发生。爆炸引起大火，超过 20 个储油罐陷入火海。爆炸造成 40 多人受伤，但无人员死亡；现场附近的商业和民用财产遭到很大破坏。

6 时 10 分，消防人员到达现场。大火持续燃烧了 3 天，破坏了大部分现场设施，并向空中释放出大团的黑色烟雾。12 月 13 日晚，除 2 个储油罐外，其余的大火全部被扑灭。

事故是由于 912 号罐液位计失灵导致过量充装，汽油从液位计、检查口等溢流泄漏造成的。泄漏后的汽油蒸气被引燃，从而引发了爆炸。

爆炸产生超压的范围与传播方向见图 2.1.2，闪火传播范围见图 2.1.3。

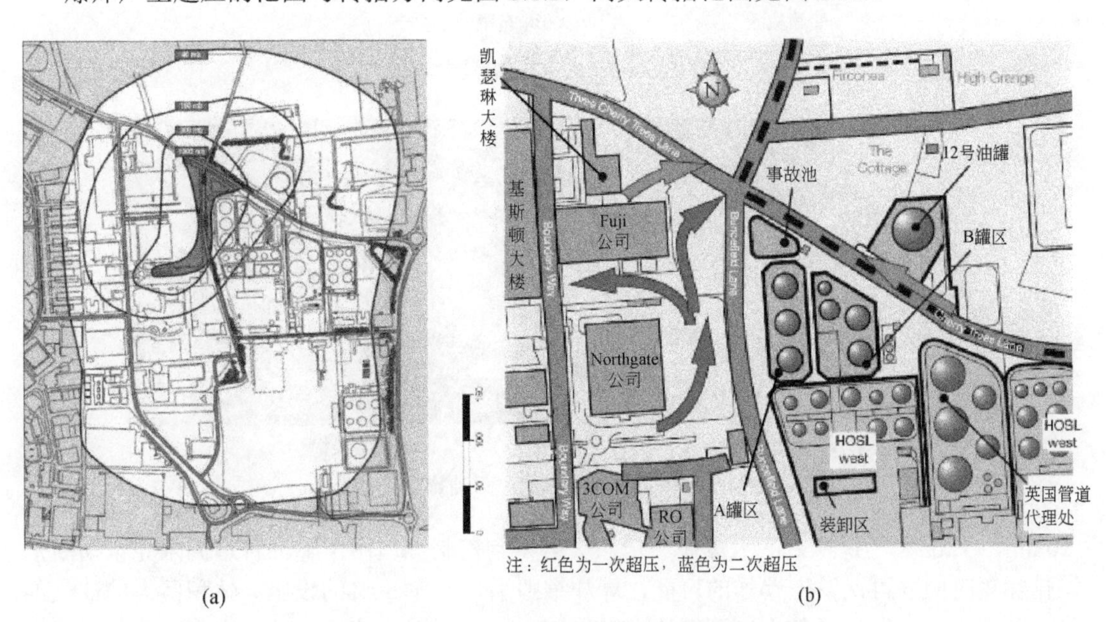

(a) (b)

图 2.1.2　爆炸产生超压的范围与传播方向

（5）事故损失

2005 年 12 月 11 日，英国邦斯菲尔德油库发生的爆炸火灾事故为欧洲迄今为止最大的油库爆炸火灾事故，共烧毁大型储油罐 20 余座，受伤 43 人，直接经济损失 25 亿英镑。现场形成的浓烟和灾后油罐受损情况图 2.1.4。

（6）灾害特点

发生爆炸前，912 号油罐大约有 300t 汽油外溢，在储油罐周围形成比较大的可燃蒸气云团，大约 8000m^2，爆炸威力比较大，声音传出 100km，周围 40km 受到影响。第一次大爆炸

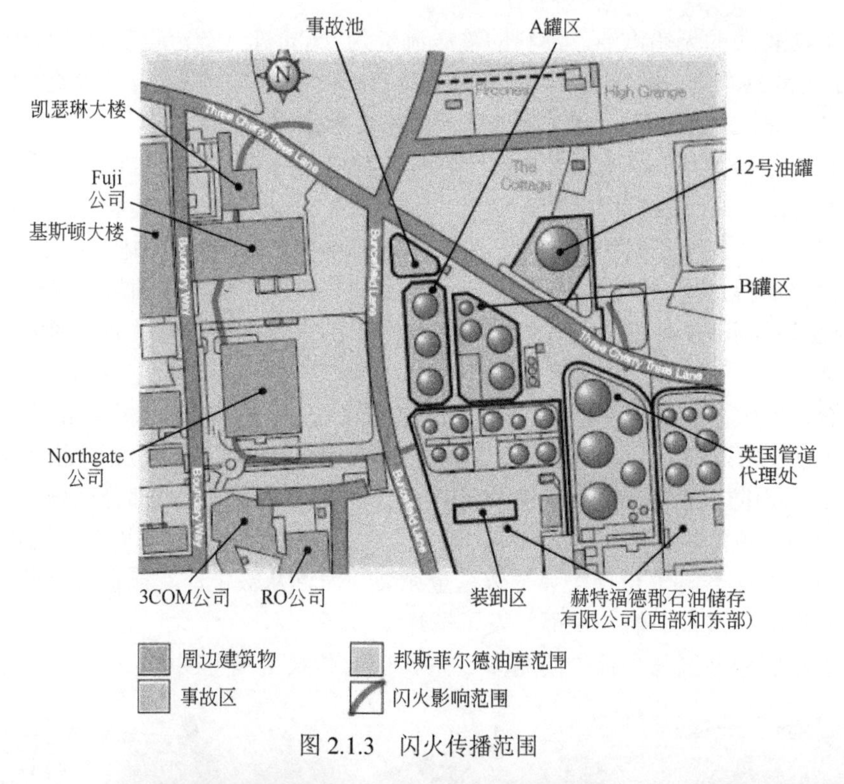

图 2.1.3　闪火传播范围

(a) 现场浓烟　　(b) 油罐受损

图 2.1.4　现场形成的浓烟和灾后油罐受损情况

后 20min，又连续发生了 2 次大爆炸。虽然火势得到控制，但由于输油管道尚未完全切断，无法排除短时间内再次发生爆炸的可能，爆炸摧毁了该油库 50%的设施。体积巨大的油气混合物遇到点火源后发生了数次剧烈爆炸，并燃起大火。周围建筑物的结构遭到严重破坏。在距离爆炸点 2km 处，当地房屋的玻璃被震碎。爆炸引发了汽油、柴油、煤油及航空用油混合在一起的燃烧，大火产生了高达 80～100m 的黑色烟柱，燃烧非常猛烈。

（7）火灾扑救过程

伦敦消防局接到油库工作人员的报警后，于 11 日 6 时 10 分到达火场进行扑救，而此时邦斯菲尔德油库已有数座储油罐爆炸起火。消防人员用高压水枪在燃烧的油罐和其他油罐之间形成了一道水墙，同时向正在燃烧的油罐喷射了大量的泡沫。然而由于扑救力量不足，现场火势失控，火场温度骤升，浓烟遮天蔽日。经过现场侦察，火场指挥官预测未来几分钟内，熊熊燃烧时火焰将会诱发周边其他储油罐爆炸。在此危急时刻，火场指挥官指挥消防人员迅速关闭油库输油管总阀门，下令一线灭火人员全部撤退到安全区域，以避免储油罐再次爆炸而造成灭火人员的大量伤亡。同时，通报警方立即疏散附近居民，附近商店停止营业，学校也停止上课。

此后，在遥控消防设备扑救无效的情况下，大火引起许多储油罐相继发生连环爆炸、燃烧。12 日零时，火场指挥官再次下令暂缓施救。火势因此反扑，20 多座大型储油罐顿时陷入了熊熊大火之中，烟尘和大火形成了高达 60m 的火柱，空气中充满了浓烈的汽油味。油库附近的许多民房被摧毁，到处都是倒塌的墙、烧裂的大门及半截的窗户。至 12 日天明时分，消防人员才恢复灭火行动。

12 日下午 3 时，150 名消防队员经过几十个小时的奋战扑灭了 12 座着火的储油罐之后，再一次撤离了火场。此后，未熄灭的火苗又引燃了刚刚被扑灭的储油罐。消防员担心油库再次发生爆炸。政府关闭了附近的高速公路，扩大了油库周边的疏散范围。中断灭火 5h 后，消防员于 12 日晚重新进入火场，消防专家经过评价认为 20 多座装满汽油、柴油和航空煤油的油罐火灾，没有什么灭火的好办法，只能切断油管，等待其自然熄灭。消防指挥官也认为，冒险灭火，会造成消防员伤亡，同时大量射水和泡沫，造成污染，油品漂浮在水面进入下水道，可能引起二次爆炸。13 日，大火经过 60 多个小时的燃烧后，消防员终于扑灭了最后一座油罐大火，至此，20 多座油罐的大火都被熄灭。

整个灭火过程中，使用 25 台水泵、20 辆消防车，180 名消防员参与行动，用了 78.6t 泡沫液、6800t 水。

（8）专家评析

这次火灾是欧洲颇具影响的重大火灾事故，英国消防部门在处置本次火灾中有以下几个特点。

一是十分注意保护消防员的安全。指挥官在没有绝对的把握，宁可撤出火场，任其燃烧，也不让消防员冒险进攻，整个扑救过程未造成消防员伤亡。从已知的信息来看，此次火灾主要是燃料燃尽，火势减弱后熄灭，消防主动强攻较少。

二是非常注意环境保护。在没有有效的环保措施时，不盲目射水和使用泡沫灭火剂，没有造成大的环境污染，也没有形成二次灾害。整个过程中，水和泡沫灭火剂消耗量比较小。

三是出动的消防装备比较少。据现场指挥官介绍，整个灭火行动只用了 20 多辆消防车，这在我国是不可思议的。采用了远程供水系统，前线部署车辆较少，没有因消防车辆前往救援而造成交通拥堵和现场混乱现象。由于一线车辆少，一旦爆炸范围扩大，撤退比较方便，损失也会相对减小。

四是事故起因带有普遍性。这次事故是由于液位计失灵，致使 912 号油罐冒顶，造成汽油外溢，大量可燃蒸气笼罩油库，而未被发现，国内外发生过多起类似案件。目前国内大型油罐普遍安装了双液位计系统、远程监控系统，加强了人员巡查，可有效避免类似事故发生。

2.1.2 美国俄克拉荷马州康菲石油公司油罐火灾

（1）发生时间

2003 年 4 月 7 日晚 20 时 55 分。

（2）发生地点

美国俄克拉荷马州 Glenpool 市的康菲石油公司所属油库。

（3）事故发生经过及原因

2003 年 4 月 7 日晚 20 时 55 分，位于美国俄克拉荷马州 Glenpool 市的康菲石油公司所属油库的一个油罐发生了爆炸，之后燃起大火（罐区平面布置如图 2.1.5 所示）。发生爆炸的 11 号罐为内浮顶罐，储存能力约为 10000m^3，结构如图 2.1.6 所示。事发当天，工作人员将原本储存于该油罐中的汽油抽走后，向罐内输入 737760 桶柴油。在事故发生当天下午，11 号罐内原本储存约 8710 桶汽油。由于 Explorer 管道公司计划在当晚 20 时 30 分向该储罐内输入柴油，因此需将罐内汽油转输至位于同罐区的 12 号罐。下午 16 时，康菲石油公司操作人员准备开始将汽油从 11 号罐转输至 12 号罐。

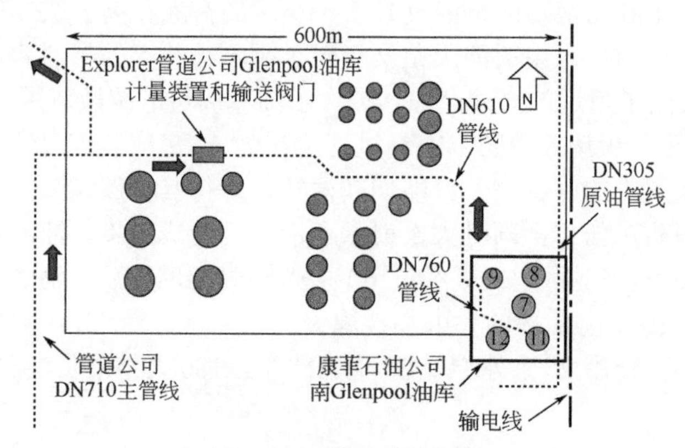

图 2.1.5　罐区平面布置

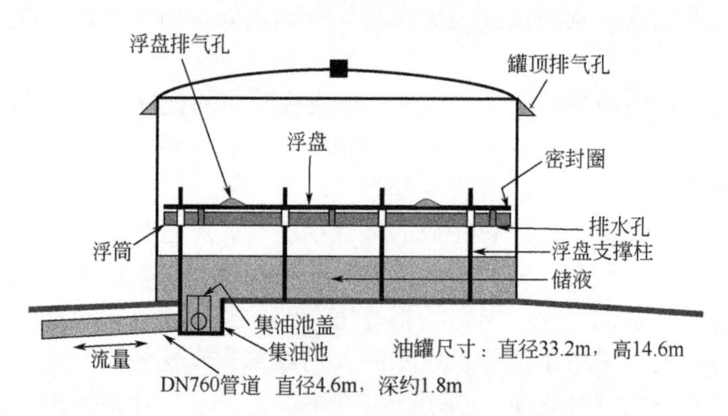

图 2.1.6　11 号罐结构

18 时 10 分，汽油转输完成。

操作人员调整阀门，以便进行柴油的接收工作。此时 11 号罐内及管线内已无残留汽油，但在罐底与用于进料和出料的 60m 输油管之间的集油池（直径 4.6m、深约 1.8m）中仍有约 55 桶汽油。

18 时 15 分，康菲公司操作人员告知 Explorer 公司，11 号罐已准备好接收 24500 桶（约 3900m^3）柴油。接收的柴油通过 Explorer 公司直径 70mm 主管线输送进入库区，经计量和取样后，经直径 610mm 管线（Explorer 公司）和直径 760mm 管线（康菲公司）进入 11 号罐。康菲公司操作人员同时确认 11 号罐的最大装油量为 75079 桶（约合 11900m^3）。康菲公司操作人员首先将位于 Explorer 公司院内的两个阀门开启，之后由 Explorer 公司人员将总供油阀开启。

18 时 30 分，所有阀门均正常开启。康菲公司操作人员返回 Glenpool 油库。20 时 33 分，康菲石油公司的工作人员开始向 11 号罐内输油。输油速度为 2800～3280m³/h。

20 时 55 分，康菲公司操作人员报告称 11 号罐出现高液位报警。由于输油工作刚开始，如此短时间内不可能注满，因而令工作人员感到很奇怪。随后 Explorer 公司操作人员报告 11 号罐着火了，大火很快吞没了 11 号罐。随后 11 号罐发生了爆炸，罐顶被炸飞，11 号罐完全烧塌，见图 2.1.7。

图 2.1.7　火灾后 11 号罐完全烧塌

事故原因分析：汽油转输过程中，由于汽油液面不断下降，直至不能将浮盘浮起，导致液面和浮盘之间存在油气混合物，这些油气混合物处于爆炸范围之内。装卸油品过程中，油品的流动速度过快，会由于强烈摩擦而产生静电积累。ARP 203 中规定了相关的保护措施，其中包括限制油品的流速、管道注油口浸入液面以下的深度等。油品流速应低于 1m/s。本次充注柴油的流速为这一流速的 2.3～3 倍，远远高于相关标准的规定值。油料的高速流动、湍流乃至飞溅导致静电的大量积累。经测定，爆炸发生时罐内油面与浮顶间距离仅为 0.6m。携带大量静电的柴油与浮顶下部突出的排水管放电产生静电火花，由于当时浮顶下部空间可燃气体处于爆炸范围内，火花随即引发爆炸。

（4）处置过程

爆炸发生后，20 时 59 分，Explorer 公司工作人员立即关闭通往 11 号罐的管线阀门，停止向 11 号油罐内注油，将输油线路切换至 Explorer 公司油库内的其他储罐，通过将康菲公司隔离于 Explorer 管道系统以外，防止火灾顺着管线蔓延。

同时通知 Explover 公司中央调度员和康菲公司 Glenpool 油库，告知油料转输已切换至其他储罐等相关事宜，并拨打 911 报警。与此同时，康菲公司工作人员获知 11 号罐起火，注油工作已停止，立刻通知公司上级领导。

21 时 33 分，Explorer 公司事故应急处置小组在库区中央控制室成立。

21 时 35 分，Explorer 公司关闭 710mm 主管线。

21 时 45 分，Glenpool 油库所有阀门均被关闭。

4 月 7 日 21 时整，Glenpool 市消防部门接到 911 报警。约 6min 后，消防部队抵达火场，此时 11 号罐已坍塌，火焰高达 20 多米。火灾发生后，共有来自 13 个消防部门和机构的人员参与了应急救援行动，包括康菲公司企业消防队、太阳能炼油厂（Sun Refinery）企业消防队、威廉姆斯火灾与风险控制中心工作人员等。康菲公司此前与太阳能炼油厂有消防互助协定。消防队员首先从着火罐西侧位于 7 号罐和 12 号罐之间的防火堤上向 11 号罐喷洒泡沫，但由于 11 号罐坍塌，泡沫无法达到预期效果。与此同时，消防人员对装有汽油的 12 号罐进行了冷却。康菲公司工作人员确认了防火堤排水阀处于关闭状态。

8 日凌晨 3 时 43 分，风向转为西风。由于 7 号罐和 12 号罐的冷却取得很好的效果，火势仍然被限制在防火堤范围内，火情趋于稳定。1h 后，可能由于罐内泡沫的逐渐消泡，11 号罐内火情开始恶化 04 时 45 分，由于火情加重，现场人员通知电力公司检查位于东侧的输电线路。5 时 30 分，电力公司维护人员抵达火场并注意到输电线已略有下垂，但并未及时通知事故应急处置中心。约 20min 后，输电线滑落并引发防火堤北侧区域柴油起火，同时装有石脑油的 8 号罐内浮顶密封圈区域起火。

6 时 10 分，由于火焰烘烤，位于 7 号罐和 8 号罐之间的直径为 305mm 的原油管线管路系统法兰连接失效，带压输送（压力为 3.8MPa）的原油从法兰连接处喷出并起火。6 时 17 分，康菲公司将管线输油泵关闭，并关闭了管道阀门。由于担心储备的泡沫液不足，现场指挥人员从康菲石油公司彭卡市分公司紧急调运了一批泡沫液进行补充，此外还调集了附近的辛克莱炼油厂及塔尔萨国际机场的泡沫液。

为确保周边居民的安全，对附近的 300 个家庭进行了疏散。康菲石油公司为这些紧急疏散的居民提供了临时安置房。附近的学校也被迫关闭了两天。

大约 21h 后，在全体消防人员的努力下，大火被扑灭。

（5）事故损失

大火持续了 21h 才被扑灭，所幸没有造成人员伤亡。罐内柴油燃尽，并导致邻近 2 个储罐严重损坏，共造成直接和间接经济损失 236 万美元。周围 300 多居民撤离，附近的学校关闭了两天。

（6）事故当日气象情况

发生火灾时气温约为 11℃，相对湿度 54%，风速 11～26km/h。当时没有雷电。

（7）专家评析

一是应急处置得当，避免了事故进一步扩大。从事故一开始，操作人员就发现了异常情况，马上现场巡查。当发生火灾后，无论从公司层面、员工层面及消防队层面，响应都非常积极，处置措施没有明显不妥。

二是美国多种体制的消防互助协定发挥了重要作用。除市政消防机构外，企业通过签订互助救援协定，获得了邻近的太阳能炼油厂消防队的增援，同时通过购买服务，得到威廉姆斯公司救援队的支援，形成了比较大的消防优势，将大火扑灭。

三是为扑救超大型油罐火灾积累了经验。这次火灾是全液面燃烧，十分猛烈，辐射热极强。火灾扑救多得益于威廉姆斯公司的大型消防炮，流量可达 24000L/s。他们还总结了扑救大型油罐全液面火灾的足印战术理论（Foot Mark），对此类火灾扑救有一定的指导意义。

四是充足的高效泡沫液储备是成功扑救大型油罐的前提。从本次火灾扑救情况来看，始终保持高强度的泡沫灭火，没有出现供给中断的现象，也是保持火灾控制在移动范围内的关键。但高效泡沫灭火剂储备不足，导致供水供泡沫强度过大，势必造成环境污染。

五是浮顶油罐充氮保护装置能有效避免此类火灾发生。从事故原因分析来看，油罐内部有空气进入，形成可燃混合气体是造成爆炸的必要因素之一，目前国内推行的氮封装置可避免空气进入油罐，即使产生静电，也不至于引起火灾爆炸。

2.1.3 印度拉贾斯坦邦斋浦尔市油库火灾

（1）发生时间

2009 年 10 月 29 日 19 点 30 分。

（2）发生地点

印度拉贾斯坦邦斋普尔市市郊约 16km 处的斋浦尔工业区油库。

（3）事故单位及周边基本情况

印度石油公司斋浦尔市共有 11 个储罐，总容积 $100000m^3$。事故发生时，库区有汽油（约 $18800m^3$）、煤油（约 $2100m^3$）、柴油（约 $40000m^3$）。罐区主要设施包括油罐车灌装所需要的装运设施以及将油品输送到附近其他公司的输送泵与管道系统。

（4）事故经过及原因

2009 年 10 月 29 日夜间，位于印度斋普尔的 Sanganer 印度石油公司（IOC）的石油润滑油油库（POL），正准备将煤油和汽油转输到邻近的 Bharat 石油有限公司（BPCL）的油库。17 时 10 分，当班班长带领两名操作工进行转输作业。首先完成了煤油储罐的转输操作，包括检查阀门、计量、打开出口管线的阀门。17 时 50 分左右，班长与操作工来到汽油储罐区，打算采取与煤油储罐区相同的操作完成转输作业。18 时 10 分左右，班长正在储罐顶部进行计量作业，听到其中一个操作工大喊汽油正在大量泄漏，班长当即喊道："关闭阀门"，并迅速跑到储罐边，看到汽油像喷泉一样喷射出来，该操作工全身被汽油浸透，因窒息昏迷。班长试图救出该操作工，但也因汽油蒸气太浓，不得不放弃，立刻离开现场，并用对讲机求救，然后他也因吸入大量汽油蒸气而昏倒。第二个操作工试图救出倒下的第一个操作工，也被汽油蒸气熏倒，昏倒在现场。18 时 30 分，门卫拉响了警报。18 时 20 分至 19 时 15 分，控制室打电话向外部应急救援队报警，整个罐区停止作业并进行人员疏散。同时，营救昏迷的操作工，但由于没有自给式空气呼吸器，未能成功营救。19 时 20 分，从 BPCL 油库带来两个空气呼吸器，进入现场进行营救。19 时 35 分，高浓度的汽油蒸气遇点火源发生了第一次爆炸，随后又发生了一系列小爆炸，11 个储罐中 9 个起火。在开始泄漏的 1h 15min 后，发生了大规模的爆炸，巨大的火球覆盖着整个装置。据估计，在这 1h 15min 或 20min 泄漏失控中，约 1000t 的汽油泄漏，并产生大量汽油蒸气，引发的爆炸释放的能量约为 20 吨 TNT 当量。爆炸和火灾的点火源可能来自行政楼的一个非防爆电气设备，或来自一个在装置旁正在发动的汽车。爆炸引起的大火很快蔓延到所有油罐，并持续肆虐 11 天。为防止装置可能产生进一步的事故，印度石油公司的管理层决定，让石油产品进一步燃烧。

事故的直接原因：一是员工违反安全操作规程，在管线连接中阀门的操作顺序出现错误；二是设计存在缺陷。设计上使用了落锤式盲板阀，落锤式盲板阀用来单向隔断管道，设计上允许在每次改变阀门位置时，阀门顶端阀盖处与大气相通，不是密闭设计，存在汽油泄漏的可能性。在油罐管道已经被接通（准备向 BPCL 公司油泵）输送汽油时，落锤式盲板阀在转换位置，而储罐出口的电动阀被打开，液体汽油通过落锤式盲板阀的阀门顶盖处喷出。

（5）造成损失

事故造成 11 人死亡、45 人受伤，当地政府连夜疏散近 50 万人。此次大火燃烧 11 天，直到 11 月 10 日完全熄灭。事故造成整个油库中的石油产品（相当于 1000～1200 零售网点的储量）被消耗，而且装置完全被毁。紧邻的建筑物严重受损，事故点周围 2km 范围内的建筑物的玻璃窗被发现破损。据印度石油公司在新闻中的报道，发生在大火和爆炸中的总损失（包括成品、商店、固定资产和第三者赔偿）高达280亿卢比。

（6）灾害特点

油库储存量大，特别是汽油储存量大，一旦泄漏，很容易达到爆炸极限，遇火源而发生爆炸。燃烧热值高、速度快，火灾持续时间长，达11天之久。

爆炸威力大，人员伤亡惨重。这次事故泄漏了1000t汽油，油蒸气爆炸释放的能量约为20吨TNT当量，共造成56人伤亡。

（7）扑救过程

当地政府与印度石油公司并没有制订灾害管理计划来应对这种类型的灾难。在事故处置过程中采取的措施可以简单地概括为以下几个方面。

① 疏散与救护。火灾发生后，当地政府把油库周边半径5km区域划为“危险区”，并限制人员及车辆进入该区域。同时组织人员疏散，附近景区大约30名游客撤到安全地区，为防止火势进一步蔓延造成新的伤亡，当地政府连夜撤离近50万名附近居民，切断这一地区全部供电。爆炸发生后，救援人员迅速把受伤人员送往斋普尔各家医院救治。国家高速公路12号线被迫关闭并造成了20km长的交通堵塞。

② 冷却。当地政府迅速组织灭火，至少35支消防队赶赴现场，斋普尔市所有消防队员出动，然而当地的消防配置不足以应对如此巨大的火灾事故。消防队员无法靠近着火罐30m范围内，使用直升机灭火的方案也被否定，因为热强度会使该方法失效。他们只能用冷却水冷却着火罐附近的煤油和柴油罐。还有一些消防队从350km远的首都新德里赶来支援。同时约270名陆军士兵于30日中午抵达现场，协助灭火。

③ 防止蔓延措施。军队和当地政府人员沿着储罐防火堤挖沟，这种方法用于阻止地面上的火焰蔓延到油罐底部。从印度石油公司其他厂区赶来的5个泡沫灭火消防队被派遣到现场，参与控制火焰的蔓延。

④ 控制燃烧。尽管罐区内的11个储罐接二连三地着火，但是当地政府给消防队的任务是限制火灾蔓延到其他储罐区域，允许罐内的油品进行燃烧。

（8）专家评析

这次事故有很多教训，主要体现在以下几方面。

一是安全管理十分薄弱，无专业的安全培训。现场没有书面的操作规程，培训存在缺陷，没有提供专业的安全培训，致使操作工没能在第一时间控制汽油的泄漏。

二是风险管理存在缺陷，缺少远程遥控关闭泄漏的设施。机械的完整性存在缺陷，电动控制阀无法远程关闭，缺少对事故后果的评价。

三是应急预案与应急反应缺失，没有处理重大事故的应急预案和应急装备。发生泄漏后，由于没有应急预案，未能采取正确处置措施，致使事故逐步扩大，由泄漏升级为爆炸火灾事故，造成重大财产损失和人员伤亡。由此可见预案建设的重要性。

四是缺乏基本的个人防护装备，致使员工中毒晕倒无法施救。油库一类重要场所，必须配备应急器材，特别是个人呼吸保护装置，因此应建立应急物资储备点，以备不时之需。

五是消防设施不完善，罐区3个消防水池都没有投用。消防设施应该是开工运营的前置条件，如消防设施不全或损坏，一旦发生火灾，后果将十分严重。我国部分地区和企业也存在类似问题。建设工程“三同时”是确保安全设施完备的重要手段，能够从源头上解决这个问题。

六是灭火能力不足，缺乏有效的大型灭火装备和战术。这次火灾扑救突显出当地政府消防队和油库自身消防部门灭火救援力量薄弱，没有应对大型油罐火灾的经验，没有正确的战术指导思想和战法，致使火灾连续燃烧十多天。

2.1.4 新加坡梅里茂岛炼油厂储罐区火灾

（1）发生时间

1988年10月25日。

（2）发生地点

新加坡梅里茂岛一炼油厂。

（3）事故单位及周边基本情况

该炼油厂位于新加坡城市中心西南约16km的梅里茂岛，距新加坡主岛1.6km，当时两岛之间尚无隧道和桥梁连接，救援与疏散交通不便，消防设备车辆只能通过轮渡运送。该炼油厂始建于1973年，经过改建、扩建后，日产能力45300m^3。由于岛上土地面积紧张，多个老式储罐修建在同一防火堤内，按照规范允许的最小间距布置。发生事故的3座油罐建于1973年，高19.8m、直径41m，单罐容积24500m^3，防火堤容积为单罐容积的110%，罐壁间距最近21m。

（4）事故经过及原因

10月24日和25日，新加坡连降两场大雨。从10月23日白班起，1号罐开始接收来自两座原油精馏塔的石脑油产品。液位计读数显示罐内液面以每班平均300mm的速度上升。在事故发生24h前，液位计读数显示液面上升了490mm，超过每班平均上升速度190mm，这一异常情况并没有引起当班工作人员的注意。第二天油料加入后显示上升约100mm，仅为正常值的1/3，这一异常现象同样未引起工作人员注意。随后的液位计读数显示罐内液位下降了190mm，这个异常现象依然没有引起有关人员注意。10月25日清晨，换班后的操作人员开始检查前一天晚上的记录，随后注意到液位计最后读数比进油前更低。为确认这一数据，操作人员复查液位计读数，发现到10月25日8时30分，罐内液位又下降了585mm。到9时40分，再次下降3800mm。

此时，操作人员前往现场检查，发现1号罐的浮盘几乎沉到液面以下（图2.1.8），仅剩下止动杆两侧部分区域仍处于液面以上，浮顶上方可观察到气泡。止动杆与罐壁连接处的罐壁发生轻微变形。浮盘的排水系统被限定在开启位置无法关闭，防火隔堤内有油气味道，已有油品从排水口流出。

图2.1.8 浮盘沉没

10时15分，应急部门决定将1号罐内的油料转移至同一隔堤内的2号储罐，当时可燃气体检测仪显示下风方向隔堤处可燃气体浓度为爆炸下限的8%。为减少石脑油的挥发，同时决定对1号罐暴露的石脑油进行泡沫覆盖。

11时30分，经过谈论决定午休后开始喷洒泡沫。

12时30分，发现止动杆连接处的罐壁严重变形。由于罐壁向内扭曲，顶板几乎呈45°。为避免更严重的变形，决定停止转输石脑油作业。

12时50分，一辆泡沫消防车进入罐区就位，并准备通过油罐半固定泡沫灭火系统向罐内喷射泡沫灭火剂。

13时15分，开始向罐内喷射泡沫灭火剂。

13 时 25 分，油罐内部整个液面突然爆燃起火，此时距最早发现事故已经过去 3 个多小时。在此期间，罐内液面又下降了 1300mm，罐内约有 12000m^3 石脑油。

（5）造成损失

此次火灾造成 4 名消防员受伤，3 座石脑油罐被完全烧毁，火场附近的其他储罐受到不同程度的损坏。事故期间损失石脑油 46800m^3，从新加坡本岛紧急调入泡沫液 18.2t。直接经济损失 66 万美元，间接经济损失 1880 万美元。

（6）火灾扑救过程

火灾发生后，新加坡消防署迅速启动互助救援计划。

炼油厂消防队迅速通过位于隔堤上的便携式控制装置启动了 1 号储罐冷却喷淋装置进行降温。

13 时 35 分，互助救援计划的第一组成员到达现场，并带来一套移动式消防装备。在此后 2h 内，消防队主要任务就是对着火罐冷却降温，以防止罐壁坍塌。在着火罐与邻近罐之间设置水幕，防止着火罐对邻近罐的热辐射。

为扑救罐内大火，在防火堤西侧设置了一台移动式泡沫炮，一辆泡沫消防车为泡沫炮提供泡沫液，厂内消火栓提供消防水。但由于压力不足，泡沫很难到达罐顶。

为减少罐内燃料，重启了 1 号罐（着火罐）内石脑油向其他储罐转输的作业。最初，主要接收罐是位于同一隔堤的 3 号罐。但很快在库区内无法找到更多空间储存转输出的油品。10 月 25 日 20 时，一艘油轮被紧急调拨过来转输石脑油。3h 后，着火罐内的石脑油被转输至油轮中，同时密切监控其温度，防止沸腾。

1 号罐起火 90min 后，消防人员通过 2 号罐的半固定系统，向 2 号罐密封圈处灌注泡沫灭火剂，希望能阻止 2 号罐密封圈起火。此时，新加坡港口管理局的消防船以及来自互助救援计划内的其他炼油厂的消防队抵达现场，并带来更大型的消防装备。

1 号罐起火 2h 后，2 号罐靠近着火罐一侧的密封圈起火。由于接收了 1 号罐的石脑油，2 号罐几乎全满。17 时 30 分，也就是 2 号罐起火 2h 后，浮盘开始下沉，油罐发展为全液面火灾，形成一片火海，形势严峻。此时互助救援计划全面启动，来自新加坡樟宜机场、民防部队和武装部队的更多支援力量紧急待命。

18 时（1 号罐起火 5h 后），3 号罐半固定灭火系统启动，以防止密封圈起火。由于泡沫喷射口被阻塞，泡沫喷射效果受到严重影响。几分钟后，2 号罐开始通过人孔泄漏石脑油，引起防火堤内池火发生。25 日午夜，3 号罐密封圈起火，2h 后发展为全液面火灾。此时，消防队的任务已经演变为将火灾限制在防火堤内。

26 日白天，由于风向改变，强烈的辐射热炙烤着东侧的 4 座小型固定顶煤油罐和 1 座小型石脑油罐（4 号罐），这些油罐直径均为 23m，都是满罐。炼油厂见受威胁最大的一座石脑油罐和一座煤油罐的油品同时向外转输，立即启动冷却水系统和移动水炮进行降温冷却。同时开启了附近的 LPG 罐区的冷却系统，以防止 LPG 罐爆炸。

在受到 2 号、3 号罐直接烘烤 1h 后，27 日 7 时 30 分，4 号石脑油罐终于起火，由于管线破裂，4 号罐固定灭火系统无法启用，消防员冒险登顶作战，用移动泡沫枪迅速扑救密封圈火灾。

由于灭火射水和泡沫以及石脑油的泄漏，造成防护堤崩塌，经过消防员的紧急抢救，排水堵漏。

27 日，随着燃料逐渐烧尽，大火被扑灭。

（7）专家评析

这次事故有很多教训，主要体现在以下几方面。

一是油罐设备老化。连降大雨，使老旧的油罐覆盘发生故障，操作人员责任心不够强，没有及时发现液位计发生异常，终于使浮盘倾覆沉没，这是造成事故的主要原因。

二是消防设施状态不佳。油库的半固定泡沫灭火系统基本没有发挥作用，说明平时的维修保养不当，发生火灾时达不到灭火要求，致使火灾不断扩大。

三是火灾初期控制不力。由于客观原因，消防力量调集困难，第一时间调集的消防救援力量不足，导致初战不利。虽然有互助救援计划，但附近救援力量有限，新加坡主岛与油库之间当时没有桥梁和隧道，靠船舶运输，第一出动力量不足，延误了救援时机。

四是消防冷却水压力不足。由于油库建设时间久远，油库消防水压力、流量不足，不能充分冷却邻近油罐，致使火灾逐步升级。

五是油罐布局密集。受土地资源限制，油罐布置距离过近，一个油罐起火，邻近罐受到的火灾辐射热大，容易被引燃，且不利于火灾扑救。

2.2 国内油罐火灾或爆炸案例

2.2.1 辽宁“7·16”大连中石油国际储运有限公司保税区油库火灾

（1）发生时间

2010年7月16日18时12分。

（2）发生地点

大连市大孤山新港码头大连中石油国际储运有限公司保税区油库。

（3）事故单位及周边基本情况

大孤山新港码头位于大连市东北端，是我国重要的石油战略储备基地之一，规划设计储量1000万立方米，当时总储量达7574500m^3。油库内建有100000m^{3}原油罐17个，50000m^{3}原油罐3个，总储量为185万立方米。东临储量120万立方米的南海罐区和124500m^{3}的液体化工原料仓储区，储存成品油、苯、甲苯等危险化学品，南邻在建液化天然气接收站和居民区、港区单位及加油站等附属建筑，北邻储量300万立方米的国家原油储备库。油库内有多条直径700～900mm的输油管线，成组布置、纵横交错，见图2.2.1。

（4）事故经过及原因

7月15日15时30分左右，新加坡太平洋石油公司所属30万吨“宇宙宝石”油轮在向国际储运公司原油罐区卸送原油，卸油作业在两条输油管道同时进行；中油燃料油股份有限公司委托天津辉盛达石化技术有限公司（以下简称辉盛达公司）负责加入原油脱硫剂作业，辉盛达公司安排上海祥诚商品检验技术服务有限公司大连分公司（以下简称祥诚公司）在国际储运公司原油罐区输油管道上进行现场作业。20时左右，祥诚公司和辉盛达公司作业人员开始通过原油罐区内一条输油管道（内径0.9m）上的排空阀，向输油管道中注入脱硫剂。7月16日13时左右，油轮暂停卸油作业，但注入脱硫剂的作业没有停止。18时左右，在注入了88m^{3}脱硫剂后，现场作业人员加水对脱硫剂管路和泵进行冲洗。18时8分左右，靠近脱

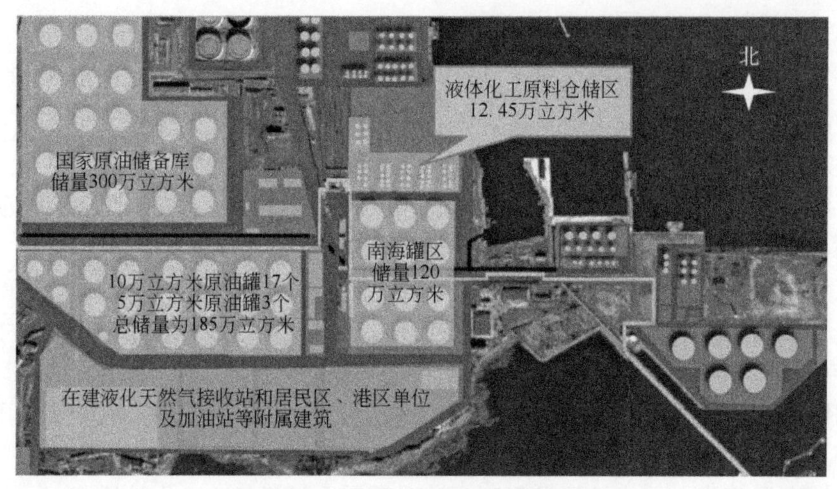

图 2.2.1　事故单位及周边企业布局情况

硫剂注入部位的输油管道突然发生爆炸，引发火灾，造成部分输油管道、附近储罐阀门、输油泵房和电力系统损坏和大量原油泄漏。事故导致储罐阀门无法及时关闭，火灾不断扩大。原油顺地下管沟流淌，形成地面流淌火，火势蔓延。

（5）造成损失

大火持续燃烧 15h，造成 103 号罐（100000m^3）和周边泵房及港区主要输油管道严重损坏。部分原油流入附近海域，引起污染。1 名人员失踪、1 名轻伤，救援过程中 1 名消防员牺牲、1 名重伤。事故造成直接经济损失 22330.19 万元。

（6）气象情况

火灾发生当天，大连市多云，温度 22～27℃，东南风 4～5 级。

（7）灾害特点

① 火场燃烧面积大，火势蔓延途径多。这起爆炸火灾事故发生后，大量原油从管道破裂处喷涌燃烧，流淌火沿输油管线、管沟、排污渠、坡地面迅速扩散，造成相邻的输油泵房、原油计量房、管线和阀组联箱相继起火，并迅速向地势较低的南海罐区和液体化工原料仓储区蔓延，同时由下水井、排污井进入地下空间燃烧的原油沿排水、排污管道进入码头海域，造成万余平方米的海面流淌火，严重威胁着停靠在码头的船舶和油轮。整个现场在短时间内形成了一个总面积约 60000m^2 的巨大火海。

② 库区整体布局密集复杂，多个罐区受到严重威胁。此次灾害事故现场，中联油大连储备库与相邻的南海罐区、国家原油储备库之间的距离较近，尤其是火场东侧的南海罐区与液体化工原料仓储区之间仅一道之隔。库区内每个原油储罐均有进出管线，成组设置的直径为 700～900mm 的输油管线（每组管线 4～9 条），有的明铺、有的暗设、有的高架，纵横交错。爆炸火灾事故发生后，现场多个 10 万立方米原油储罐周边的输油管线被炸断，储罐周围形成大面积流淌火，造成多个罐体和液体化工原料仓储区受到火势严重威胁。

③ 原油带压运行，管线多次爆炸。爆炸火灾事故发生后，由于罐区入口处控制输油管线阀门的多个阀组联箱被烧毁，不能及时关闭阀门，造成原油在管线中带压运行。在高温作用下，管内原油所产生的油蒸气迅速集聚，压力逐渐增大，最终产生爆炸。在爆炸与燃烧并存的复杂现场，大量原油带压喷涌燃烧，火势瞬间就形成猛烈燃烧扩散的态势。

④ 着火罐体坍塌变形，灭火难度极大增加。此次灭火的重点对象是 T103 号着火罐，在

大火长时间的熏烤下，罐壁北侧上部受热变形，向内塌陷，致使罐内浮船挤压变形，加上燃烧液面处在浮船下方，且油罐截面积有5000m²，沿罐壁注入的泡沫液很快被高温破坏，灭火剂难以达到覆盖燃烧区的效果，因而造成罐内火势扑灭难度极大，着火罐本身和毗邻罐体冷却保护任务异常艰巨繁重。火灾及油罐受损情况见图2.2.2。

(a)　　(b)

图2.2.2　火灾及油罐受损情况

（8）救援经过

在这次爆炸火灾事故中，辽宁省消防总队共调派全省13个公安消防支队、14个企业专职消防队的220台消防战斗车辆、1380余名消防员增援火场。处置分为四个阶段：一是堵截火势蔓延阶段；二是全面控制火势阶段；三是总攻灭火阶段；四是实施现场监护阶段。

第一阶段：堵截火势蔓延。16日18时19分，大连消防支队到场时，T103号罐已经起火，北侧输油管线已经炸断，大面积流淌火直接威胁毗邻的T102号、T106号油罐和邻近的南海储油区、液体化工原料仓储区及油火经过区域的油泵房、管线和阀组等设施，现场多处输油管线、排水排污管道井连续发生爆炸。大连支队现场指挥部立即做出战斗部署：一是派出灭火攻坚组，在单位技术人员指导下，深入罐区关阀断料；二是利用14门车载水炮、3门移动水炮对T103号罐和毗邻的T106号、T102号罐及南海罐区的T037号、T042号罐进行冷却抑爆；三是利用6门车载、移动泡沫炮和25支泡沫枪全力堵截消灭地面流淌火，压制输油管线火势，保护液体化工仓储区的安全；四是协调海事部门出动消防艇和拖消两用船，控制海面火势。第一阶段灭火力量部署见图2.2.3。

第二阶段：全面控制火势。21时30分，省公安厅、省消防总队领导陆续到场，当时现场输油管线、泵房、明沟暗渠、污油池等处连续发生爆炸，原油从破裂管道、阀组处带压喷涌燃烧，巨大火柱照耀如同白昼，地面原油流淌火顺坡向四面八方急剧扩散，库区及毗邻的南海原油罐区、液体化工仓储区等6大储罐区受到大火严重威胁，危在旦夕。特别是T103号罐，火势异常猛烈，火焰高达几十米。以消防总队的总队长为总指挥的现场指挥部，确立了“先控制、后消灭”“确保重点、攻克难点、兼顾一般”的原则，迅速调整作战力量，将火场划分为4个战斗区域并设置分指挥部，每个分指挥部由一名总队领导和一名灭火高级工程师作为指挥员。

在第一战斗区域，命令本溪消防支队、锦州消防支队和大连石化消防队、大连机场消防队在先期力量部署的基础上，出3门车载水炮、2门移动泡沫炮和4支泡沫管枪对T106号、T102号罐进行冷却；压制T103号罐东侧泵房及邻近管线的大火，堵截地面流淌火向东侧蔓延，消灭罐区阀组火势。

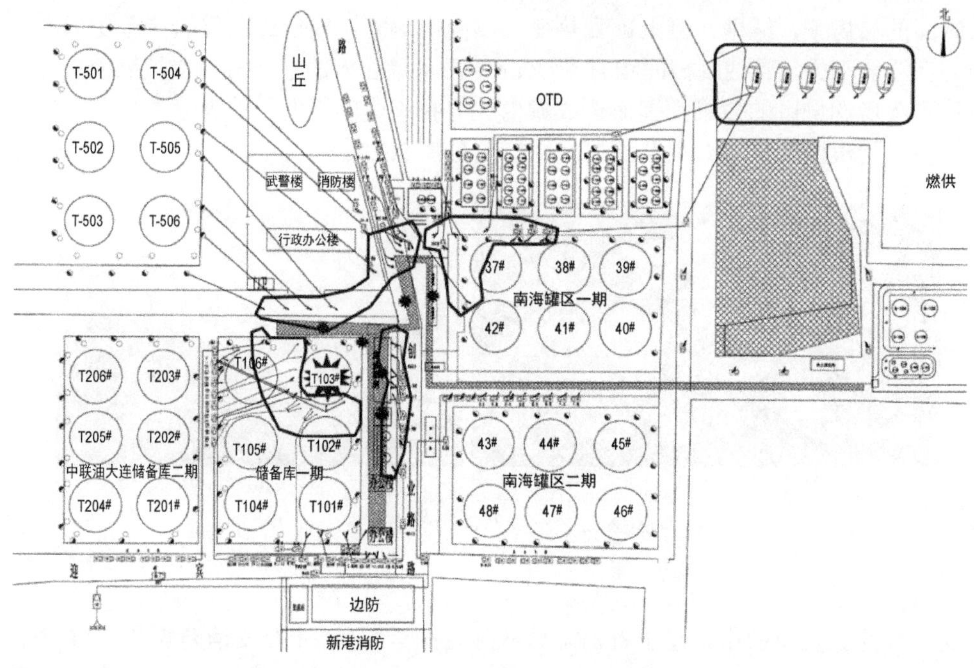

图 2.2.3　第一阶段灭火力量部署

在第二战斗区域，命令营口支队、沈阳支队和辽阳支队在先期力量部署的基础上，出 1 门车载水炮、2 门移动水炮、1 门移动泡沫炮和 9 支泡沫管枪对 T037 号原油储罐进行冷却；压制 T037 号、T042 号罐邻近输油管线、阀组的火势，全力消灭地面流淌火。同时利用 2 台铲车，采取沙土筑堤、覆盖的措施配合泡沫管枪，全力堵截、消灭地面流淌火势。

在第三战斗区域，命令鞍山消防支队、抚顺消防支队和抚顺石化消防队在先期力量部署的基础上，出 2 门车载水炮、10 支泡沫管枪对 T042 号罐进行冷却；堵截向 T048 号、T043 号罐蔓延的流淌火势；消灭 T042 号罐邻近输油管线和地下沟渠内的火势。

在第四战斗区域，命令丹东消防支队和盘锦消防支队在先期力量部署的基础上，出 8 支泡沫管枪、2 门移动水炮堵截火势向液体化工原料仓储区和输油管线蔓延；冷却码头区域南侧输油管线，消灭船舶燃料供应公司院内的地面流淌火，堵截火势向成品油桶区域蔓延。

第三阶段：总攻灭火。17 日 8 时 20 分，4 个战斗区域的火势基本得到控制，现场车辆装备人员就位，泡沫灭火剂准备充足，后方供水线已全部形成。在现场各种条件都已具备、时机成熟的情况下，火场总指挥发出总攻命令。4 个战斗区域利用车载泡沫炮、移动泡沫炮和泡沫管枪全力扑灭罐体、阀组、沟渠的大火，采取水流切封法彻底扑灭管线火灾，利用消防艇及拖消两用船，扑灭海面浮油火。经过 1h35min 的艰苦奋战，9 时 55 分，大火被全部扑灭（T103 号罐仍有残火，但已在掌控之中），灭火战斗取得了决定性的胜利。

第四阶段：实施现场监护。总攻结束后，现场指挥部命令 4 个战斗区域继续加强火场重点部位的冷却，并消灭残火。各战斗区域采取地毯式排查，不留任何死角，对发现的残火组织力量及时扑灭。对重点部位持续冷却，防止复燃复爆。尤其是在对 T103 号罐保持冷却的同时，利用远程供水线强行注水，然后利用泡沫消防车连接油罐固定管线向罐内灌注泡沫实施灭火。20 日 8 时 20 分，T103 号罐内残火彻底消灭，至此，整个灭火战斗行动圆满结束。

（9）专家评析

一是全国一盘棋，迅速形成合力。国务院副总理、公安部副部长、公安部消防局及辽宁省、大连市政府领导亲临一线指挥协调，全国范围内调集消防装备和泡沫液，共调用泡沫液1300余吨，充分发挥了全国一盘棋的制度优势。

二是战斗精神的传承依然是扑救此次大型火灾制胜的关键要素。领导率先垂范，坚持靠前指挥，采用战术符合实际；指战员面对凶险的爆炸与大火，没有畏惧情绪，不怕牺牲、不怕疲劳、连续作战，是成功扑救的关键。

三是新装备的运用大大提升了灭火战斗力。在这次爆炸火灾事故处置过程中，首次运用大连消防支队远程供水系统，每分钟供水流量可达22000L，供水最长距离可达6km，实现了全程不间断供水，承担了现场近1/2的供水量，发挥了重大作用。促进了我国消防救援队伍远程供水系统的广泛配备与应用，也促使大型火灾扑救装备与战术的改革。近年来，消防科研单位与企业创新能力加强，研发了很多新型装备，如复合射流消防车，射程150m、流量超过159L/s的车载炮，消防机器人等先进装备，可以使战斗力倍增。

四是高效灭火药剂储备难以满足大型灾害事故处置需要。灭火剂储存数量不足，整个辽宁省仅有900t，从山东、黑龙江等地调用了400余吨；灭火剂的型号不兼容，同时喷射效果不理想；缺乏高效泡沫灭火剂，特别是缺乏高效灭火剂和耐海水灭火剂的储备，影响灭火效能的发挥。

五是通信装备与信息报送是大型火场的共性问题。由于火场规模大，现场指挥员很难及时掌握准确情况，加上各级领导都要迅速了解情况，信息报送难免出现疏漏。现场信道繁忙，指挥信息难以及时传达到每个区段，造成火场混乱，这也是所有大型灾害救援的共性问题。

2.2.2 福建省漳州“4.6”PX项目火灾与爆炸

（1）发生时间

2015年4月6日晚18时56分。

（2）发生地点

位于福建省漳州市漳浦县古雷半岛上的古雷腾龙芳烃（漳州）有限公司。

（3）事故单位及周边基本情况

腾龙芳烃（漳州）有限公司位于漳州市漳浦县古雷半岛古雷经济开发区腾龙路1号（古雷半岛西南面），占地面积2085.6亩[❶]，距离漳浦县和漳州市区分别约38km和83km，总投资额138亿元，该公司目前拥有两条PX（对二甲苯）生产线，年产160万吨PX及邻二甲苯、苯、轻石脑油、液化气、硫磺等石化产品，是目前国内规模最大的PX项目。厂区分为原料罐区和仓库、中间罐区、成品罐区以及生产和配套设备区等部分，由储罐区、PX工厂、热电站及制氮站、循环水场、水处理及空压制冷站、变配电设施，各类仓库、维修中心等辅助设施区等组成。厂区内共有各类化学品储罐76个（内浮顶罐41个，外浮顶罐2个，固定顶罐20个，球罐13个，气柜1个），总容积70.8万立方米。

着火中间罐区位于厂区中，由607～610号罐共4个10000m³内浮顶罐组成。每个罐高

❶ 1亩=666.7m²。

16.58m、直径 30m。其中 607、608 号罐为重石脑油罐，609、610 号罐为轻重整液罐。着火当日，607 号罐储量6622m³、608 号罐储量 1837m³、609 号罐储量 1563m³、610 号罐储量 4020m³。罐区共用一个长 95m、宽 95m、高 2.1m 防护堤。罐距离围堰 10m，罐与罐间距 15m。

罐区毗邻情况：罐区东面间隔道路为吸附分离装置，间距 62m；西面间隔道路为凝析油罐区（有 2 个 50000m³内浮顶储罐，编号 201、202 号罐，高度 19.3m，直径 60m，罐与罐间距 25m，防护堤长 165m、宽 82.5m、高 2.2m），间距 72m；南面间隔道路为常渣油罐区（有 2 个 20000m³外浮顶储罐，编号 101、102 号罐，高度 17.8m、直径 40.5m，罐与罐间距 19.5m，防护堤长 136m、宽 89m、高 2.2m），间距 55m；北面为对二甲苯等中间油罐区（有 8 个 10000m³内浮顶储罐，编号 601～606、611～612 号罐，高度 16.58m、直径 30m，罐与罐间距 15m，防护堤长 145m、宽 100m、高 1.4m），间距 48m。凝析油罐和常渣油罐各通过 7.5km 输油管道同厂区码头相应各 30 万立方米储罐区连接。着火罐区距离东侧管廊 30m、北侧管廊 40m。东侧通道宽 9m，南、西、北侧通道 6m。

毗邻情况：厂区东面为翔鹭石化 PTA 厂区，南面为海顺德厂区，西面为新杜古线，东面为腾龙路。

（4）事故经过及原因

2015 年 4 月 6 日晚 18 时 56 分，古雷应急指挥中心视频监控发现事故现场福建漳州古雷腾龙芳烃 PX 项目发生爆炸。主要是 33 号腾龙芳烃装置发生漏油着火事故，引发装置附近中间罐区 3 个储罐爆裂燃烧，分别是重石脑油储罐 607 号罐、608 号罐及轻/重整液罐 610 号罐。

二甲苯装置在开工引料过程中，出现流量和压力波动，引发液击，在存在焊接缺陷的管道接口处断裂。从断口处泄漏的物料被鼓风机吸入，经空气预热器后进入炉膛，形成爆炸性混合气体被炉膛内高温引爆，同时引起泄漏空间的混合爆炸物一起爆炸撞裂储罐。这次事故，实际上是岗位责任不到位、操作不到位，缺乏安全生产意识，和整体 PX 生产工艺无关。

（5）造成损失

此次事故共造成 6 人受伤（其中 5 人被冲击波震碎的玻璃刮伤），另有 13 名周边群众陆续到医院检查并留院观察，直接经济损失 9457 万元。

（6）灾害特点

事故发生在石化企业，特别是 PX 项目，社会关注度高。尤其是漳州这个项目，原选址在厦门，后改迁漳州，使事件更为复杂，一旦处置不当会造成社会恐慌，造成舆情事件，政府和消防部门压力大。

石化企业发生火灾，比单纯油库发生火灾更为复杂，主要体现在以下几点。

① 物料易燃易爆，危险程度高。厂区内危险化学品包括苯、甲苯、凝析油、轻/重石脑油、轻/重整液以及多种中间产物，其蒸气与空气混合均能形成爆炸性混合物，且吸入较高浓度均可对人的生命安全构成危害。发生爆炸燃烧的 4 个 10000m³ 重石脑油、轻/重整液储罐火势异常猛烈，火焰高达百米，温度极高，辐射热极强。燃烧油罐区四周有 12 个危化品储罐，集高压、高温、有毒、有害、易燃、易爆等危险因素于一身，如冷却不到位，极易引发大规模爆炸燃烧，造成现场全面失控，给整个半岛带来毁灭性灾难。

② 参战力量多，扑救难度大。爆炸起火的腾龙芳烃有限公司是目前国内规模最大的 PX 生产商，4 个 10000m³ 着火罐位于厂区中间罐区，厂区内有 76 个储量从 3000～50000m³ 不等的储罐，储存各类危化品近 70 万立方米，并通过 7.5km 输油管道同厂区码头 60 万立方米储罐区连接。厂区生产工艺复杂，管线众多，需要大量灭火冷却保护力量，以及地方政府、有

关部门、厂方人员、技术专家协同处置，涉及部门、人员多，协作难度大。

③ 工艺处置难，技术要求高。厂区内涉及提炼重组工艺环节多，塔釜管道密布。如何针对不同物料、不同工艺，采取相应措施，是此次灾害处置的一大难题。火灾扑灭后，在利用罐体自动和手动脱水器以及人孔排除残液时，仍发生闪燃闪爆10余次，处置工艺难度大。爆炸火灾现场见图2.2.4。

(a)

(b)

图2.2.4　漳州古雷PX项目爆炸火灾现场

（7）气象情况

4月6日：多云转阴，气温23～29.9℃，偏北转偏东风，平均风速2级（1.9m/s），阵风4级（6.3m/s）。

4月7日：阴有小雨，气温17.4～24.5℃，偏东风，平均风速4级（6.7m/s），阵风7级（15.1m/s）。

4月8日：阴有小雨，气温13.6～16.5℃，偏东风（133°），平均风速3级（5.7m/s），阵风6级（15.4m/s）。

4月9日：阴有小雨，气温11.6～17.2℃，偏北转偏东风（133°），平均风速3级（3.4m/s），阵风6级（12m/s）。

（8）救援过程

4月6日18时56分，漳州消防支队古雷大队接警后，迅速调集10车60人到场处置，并逐级向消防支队、消防总队、省公安厅、公安部消防局指挥中心报告灾情，总队指挥中心同时将情况通报省政府值班室。各级迅速启动应急预案。漳州消防支队指挥中心调集所辖79辆消防车、329人到场处置，总队指挥中心一次调集厦门、龙岩、泉州、福州、莆田、三明等8个地市消防支队和炼化企业专职消防队、长乐机场专职消防队108辆消防车、500人赶赴现场。公安部消防局调集广东消防总队2个重型化工编队和1个供水泵组编成、38辆消防车、179人，调集山东、江苏、广东、江西桶装泡沫液1048t赶赴现场增援，抽调河北、甘肃、辽宁等地化工灾害处置专家到场指导，通知江西消防总队增援力量在瑞金集结待命。福建省政府先后调集货运专机8架次、大型运输车30辆，调集全省桶装泡沫液425t、各类灭火器材13000余件（套）、油料150000L，为灭火提供保障。

① 初战控制。4月6日19时03分，辖区古雷大队到场侦察发现，厂区中的腾龙芳烃吸附分离装置发生爆炸，造成装置西侧中间罐区607、608号重石脑油储罐和610号轻重整液罐破裂发生猛烈燃烧。罐区固定消防设施受损严重，现场有多人受伤，邻近的半湖村12名村民

被浓烟围困。大队官兵实施人员抢救和疏散，现场成功搜救 6 名受伤企业职工，疏散半湖村村民 12 人。同时，召集厂方技术人员研究处置措施。组织人员关闭相关输送管道阀门，检查并开启尚未破坏的固定消防炮和自动喷淋冷却系统，防止火势蔓延；出 2 门水炮冷却 609 号罐、1 门水炮冷却 202 号罐，出 2 门水炮冷却燃烧罐区下侧风方向 101 和 102 号罐。组织腾龙芳烃专职队出水炮冷却已发生爆炸的吸附分离装置区。

② 漳州消防支队到场处置。21 时 18 分，支队全勤指挥部到场成立现场指挥部，立即与厂方技术专家、管委会人员研究处置措施，并及时向总队指挥中心报告现场情况。支队增援力量相继到场并投入战斗：专职消防队继续冷却吸附分离装置；支队对着火罐、周边邻近罐加强灭火冷却强度，保护南面下风向 101 和 102 号常压渣油罐、西面 202 号凝析油罐、北面的对二甲苯罐区，防止邻近罐区受火势威胁；古雷大队铺设 1 套远程供水系统，确保火场供水；厂区工程人员对现场未被破坏的固定消防设施进行调试、启动；关闭非邻近罐的喷淋设施，加强对邻近罐的冷却强度；加快调集灭火所需泡沫；组织工程技术人员及相关专家对现场灾害进行评估；加强官兵安全防护，确保官兵安全；设立安全警戒，防止无关人员、车辆进入现场。其中，东北角由特勤、石码、蓝田、南诏、西埔中队使用水炮对着火罐区北面 602、604 号罐，以及着火罐区 607、609 号罐进行冷却；南面由凌波、小溪、龙池、角美、岱仔、武安中队使用水炮对着火罐区 608 号罐，以及着火罐区西面 101、102 号罐进行冷却保护；由古雷、绥安、山城、金峰、东岳、云陵中队使用水炮对 606、612、609、610、202 号罐进行冷却保护。

③ 总队全勤指挥部到场指挥。22 时 45 分，副省长、公安厅厅长、副厅长和总队全勤指挥部到场，立即召集现场指挥员、地方领导和专家技术人员听取现场处置情况汇报，研讨处置对策。总队指挥部要求到场的厦门支队快速增设一套远程供水系统；增援力量加强对着火区域罐体的冷却，全力保护周边油罐。厦门支队出 1 门车载炮对 202 号罐冷却，出 3 门移动炮加强对 609 号罐体冷却；泉州支队出 2 门移动炮分别加强对 609 号罐和 606 号罐冷却；龙岩支队在火场东南侧部署一台登高车和 1 门移动炮冷却 102 号罐，出 1 门移动炮冷却 608 号罐；莆田支队在火场西南面出 2 门移动炮冷却 101 号罐；三明支队出 2 门移动炮冷却 607 号着火罐；福州支队出 2 门水炮冷却保护 609 号罐，出 1 门移动炮冷却 610 号着火罐。

23 时 40 分，厂区南面的燃煤发电总降站起火。一旦总降站失去供电功能，将导致厂区停电、供水中断、生产设备及物料化学反应失控，后果不堪设想。指挥部及时调派漳州支队一台干粉泡沫联用车灭火。

次日凌晨 2 时 50 分，102 号常渣油外浮顶罐罐顶密封圈着火。在罐体固定泡沫设施损坏、地面喷射泡沫灭火效果不佳的情况下，漳州支队指挥员带领精干力量登罐灭火，成功将火扑灭。

期间，吸附分离装置多次发生爆闪。现场力量始终保持安全距离实施灭火冷却，并积极配合厂方技术人员对周边设施开展工艺排险。

④ 灭火进攻。第一次灭火进攻：4 月 7 日 9 时 30 分，全省增援力量陆续到场，现场泡沫液总量已达 500t 以上。为降低 3 个着火油罐对 609 号轻重整液罐的威胁，现场全勤指挥部决定开展一次灭火进攻：加强对 609 号罐冷却保护，同时按照上风至下风方向依次逐个扑灭 607、608、610 号着火罐。

厦门支队 1 台强臂破拆高喷车、福建炼化专职队 2 辆重型泡沫车向 607 号重石脑油罐喷射泡沫灭火；三明支队增设 2 门水炮进行冷却；漳州、龙岩、三明支队 7 门移动炮在 607 号罐火势熄灭后，向608罐喷射泡沫灭火；漳州、三明、泉州支队和长乐机场、福建炼化专职队在608号罐火势熄灭后，利用车载炮和移动炮向610号罐喷射泡沫灭火。

9时50分左右，607号罐火势被扑灭。10时25分，608号罐被扑灭。

10时40分，公安部消防局领导专家抵达灾害现场，听取情况介绍，要求：火场指挥部前移至着火罐附近装置区；加大进攻和冷却力度；由总队两名灭火和防火高工带队，协同厂方技术人员全面检查着火罐区和毗邻罐区管道阀门、着火罐区东侧和北侧管廊阀门，确保全部关闭，防止火势沿管道蔓延。

11时30分，现场指挥部再次对力量部署进行调整，补给灭火剂，对610号轻/重整液油罐发起进攻。期间，608号重石脑油罐发生复燃，指挥部再次组织力量实施灭火冷却，于13时30分扑灭。

第二次灭火进攻：16时30分，广东总队增援力量陆续到达，在610号罐侧风方向设6门移动炮，福建总队原有力量部署不变，集中力量对尚未熄灭的610号罐发起进攻。

17时05分，610号着火罐明火完全熄灭。现场继续喷射泡沫覆盖油面，射水冷却罐壁。定期对罐体温度进行测量，至19时，607号罐罐壁温度21℃，608号罐、610号罐罐壁温度24℃，610号罐罐顶温度60℃，各罐温度快速下降。

复燃：19时40分，610号罐油面泡沫覆盖层被强风和雨水破坏，高温油品暴露后与空气接触发生复燃。指挥部立即组织现场力量增强冷却强度。

第三次灭火进攻：23时19分，泡沫液补给到位（已达180t）。现场指挥部决定对复燃的610号罐发起进攻。23时30分，610号罐火势被扑灭。随后，参战力量继续使用泡沫覆盖油面，用水冷却罐体。期间，608号罐由于燃烧罐体坍塌形成灭火死角，不时有火光和黑烟冒出。

⑤ 紧急撤离。4月8日2时30分，大量油品从608号罐破裂处泄漏，防护堤内出现大面积流淌火，引燃607、608、610号罐，并快速向堤外蔓延。防护堤附近的一线参战力量随时有被大火吞噬的可能。面对险情，现场指挥部果断发出撤离信号。现场官兵迅速撤离至厂区外安全地带。经人员核对，确认无一伤亡。

随后，公安部消防局、总队、支队领导和厂方技术人员组成侦察组，重新深入火场进行火情侦察，经侦察发现现场有2台消防车，数门移动炮被烧损，流淌火已对管廊和相邻罐区构成威胁；命令福建总队调集第二批81车、298人到场增援。

⑥ 重返阵地。5时，公安部消防局局长到达现场，组织召开指挥部会议，研究部署作战计划。此时608、610号罐火势减弱，607号罐处于猛烈燃烧中，现场已无流淌火。指挥部决定组织参战力量重新进入火场，迅速扑灭608、610号罐残火，重点对607、609号罐、202号罐、4个对二甲苯罐和101、102号罐进行冷却。同时，组织当地驻军增运沙袋进入现场，以备用于围堵可能再次发生的流淌火。

10时20分，由于607号罐火势猛烈，相邻的609号罐在长时间辐射热作用下易被引燃。为保护609号罐，指挥部在增援泡沫液到齐后，决定立即调整力量对607号罐发起进攻：漳州、厦门、泉州、三明、莆田支队出3门移动炮对607号罐体进行冷却，4部高喷车、2门移动炮对着火607号罐进行灭火；广东总队、龙岩支队、福州支队出3门移动炮、1门车载炮对毗邻609罐进行冷却保护；广东总队出1部高喷车、6门移动炮对202号罐进行冷却保护；福州支队、泉州支队、厦门支队出4门移动炮对燃烧罐区北侧4个对二甲苯罐进行冷却保护；3套远程供水系统保障现场供水。

10时58分，609号罐被引燃，罐顶爆裂掀开并呈猛烈燃烧状态，现场指挥部立即下达紧急避险命令。10min后，罐体稳定燃烧，官兵再次进入阵地。根据火情，现场指挥部确定了“冷却控火，稳定燃烧，重点保护”的作战思路，重点冷却着火罐，保护邻近罐。在对二甲苯罐区增设6门移动炮冷却保护；在202号罐原有的冷却力量基础上，增设3门移动炮冷却；同时不间断测试邻近罐温度。

4月9日1时10分，607号罐明火被扑灭；2时57分，609号罐明火被扑灭，现场继续保持对607、609号罐冷却；4时10分，根据专家建议，停止对607罐的冷却，降低对609号罐冷却强度；11时30分，指挥部根据现场情况，决定由总队指挥人员、漳州支队参战力量留守现场实施监护，其余增援力量有序返回归建。

⑦ 工艺排险。12时，现场指挥部使用无人机勘测中间罐区情况：607、608、610号罐内还有一定深度的残液；609号罐内物料已基本烧干。根据现场情况，指挥部决定由总队全勤指挥部和漳州支队100余官兵继续监护现场，组织工艺排险：在607、608、609、610号罐区周边部署21部消防车、16门移动炮实施监护，并在罐区北侧、东侧防护堤上设置6个泡沫钩管；按照每个罐体设置上、下2门水炮同时冷却的原则，在602、604、606、612号罐周边重点部署8部消防车待命；在西侧2个50000m^3凝析油储罐周边部署6部消防车（其中1部车为高喷车）、2门移动炮待命冷却；在4个方向设置4个固定观察哨和2个流动巡查组负责现场监控。现场采取白天工艺排液，夜间关阀观察的方法，逐个提取化验罐内残液，定期监测罐壁温度，组织技术骨干逐个罐做好残液排放和污水处理。至4月15日，罐内残液基本排空，险情完全排除。

某师防化营紧急出动118人，动用核爆探测车、防化侦察车、防化化验车、洗消车等25台车辆，携带侦毒器、侦毒管、辐射仪等500余套侦毒设备，以及防毒服、防毒面具等200余套防护器材，到现场增援。

各阶段灭火战斗部署分别见图2.2.5～图2.2.7。

（9）专家评析

一是顺畅的指挥体制和集中统一的指挥模式对战斗效能的发挥起到关键作用。近年来，我国消防部门已经形成一套从国务院、公安部、各省市纵横协调的消防指挥体系，在历次特大火灾扑救中，发挥了重要作用，既便于协调统筹全国的救援力量，又能够发挥当地的主体作用。在这次火灾扑救中，除调集福建省各消防支队的力量到场增援外，还调集了广东省的重型专用装备，山东、江苏、广东、江西桶装泡沫液1048t。2018年应急管理部成立后，对各类灾害及救援力量统一管理，将会更好地统筹资源、发挥优势。与2018年美国加州森林大火救援相比，更显示出我国应急救援体制的先进、高效。

二是扑救石化企业火灾必须熟悉生产工艺及物料性质，掌握工艺排险措施。为更好地应对此次火灾，公安部消防局抽调了河北、甘肃、辽宁等地化工灾害处置专家到场指导，对工艺排险起到关键作用。

三是消防员的体能、技能、战术、勇敢精神，是扑救大型火灾的基本要素。石油化工火灾扑救，既充满危险，又辛苦劳累，需要在恶劣环境下长时间作战，同时又要求很高的技术战术素养，消防员职业化后，要加强技战术训练，提升专业水平，以应对大火和恶仗。

四是大型新装备的运用发挥了重要作用。自2010年大连“7.16”火灾之后，全国各地消防部门都配备了大流量远程供水系统，在这次火灾扑救中，该设备发挥了重要作用，保证了火场不间断供水。其他重型装备也发挥了不可替代的作用。

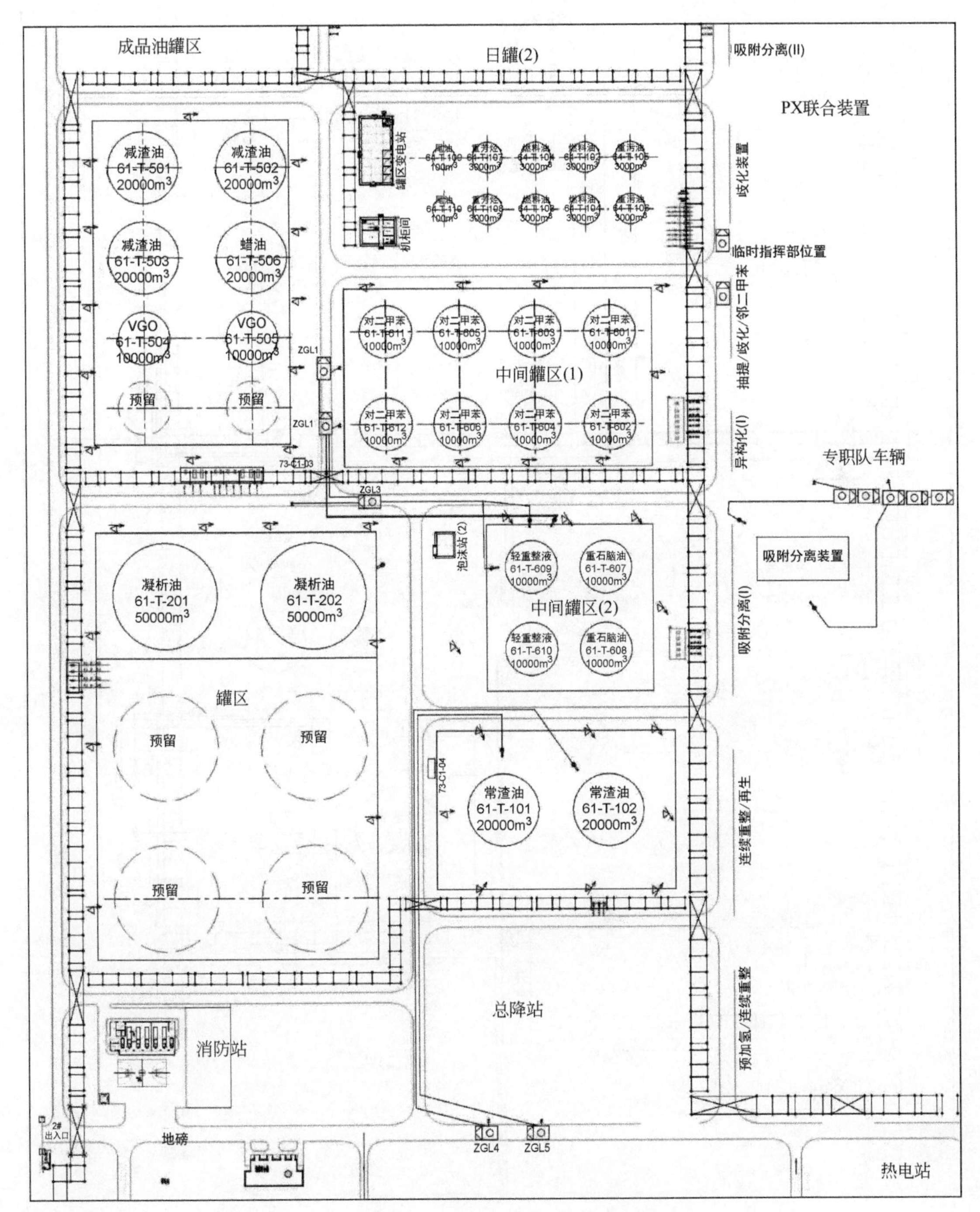

图 2.2.5 辖区大队灭火战斗部署

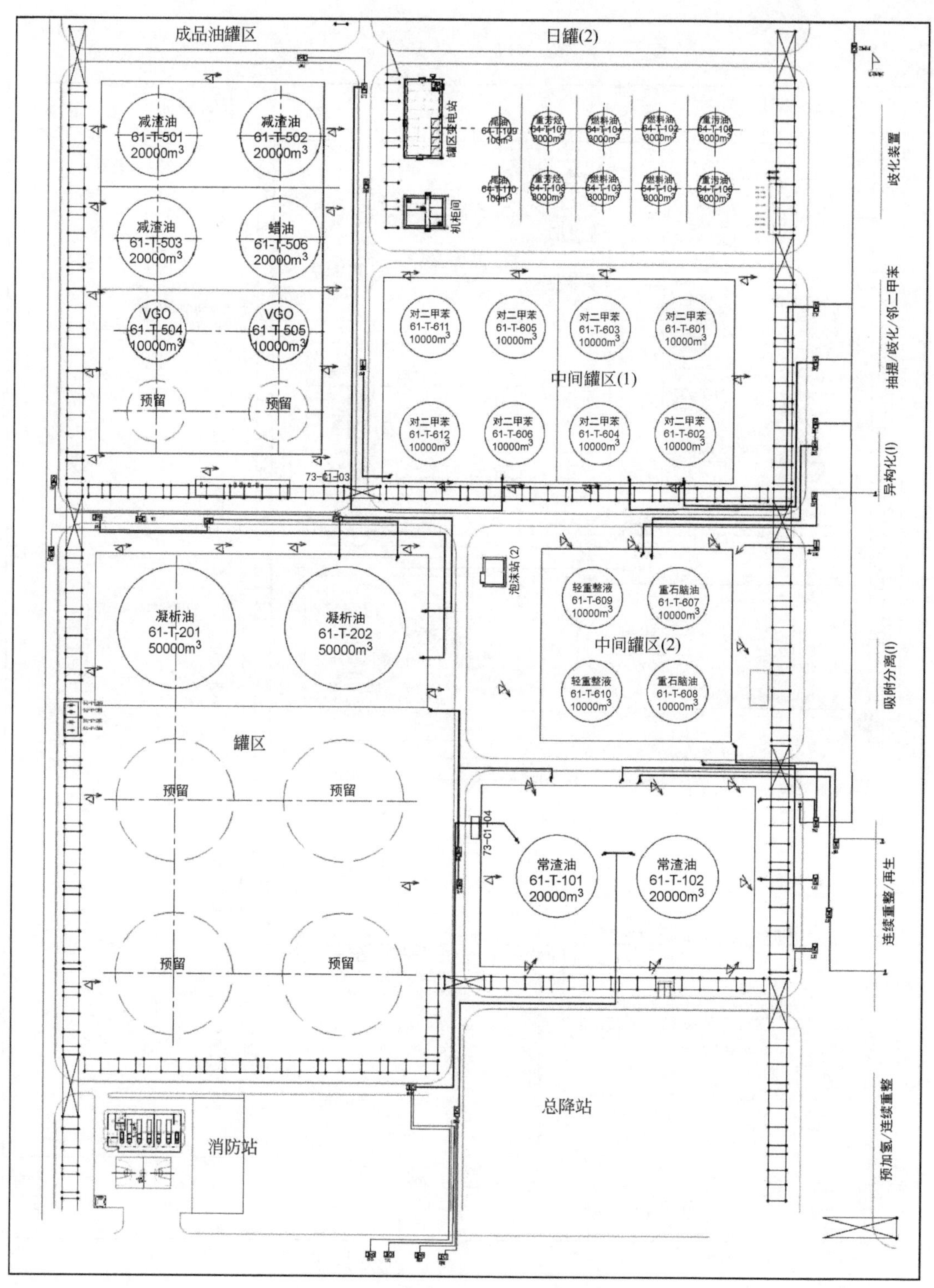

图 2.2.6　漳州市消防支队灭火战斗部署

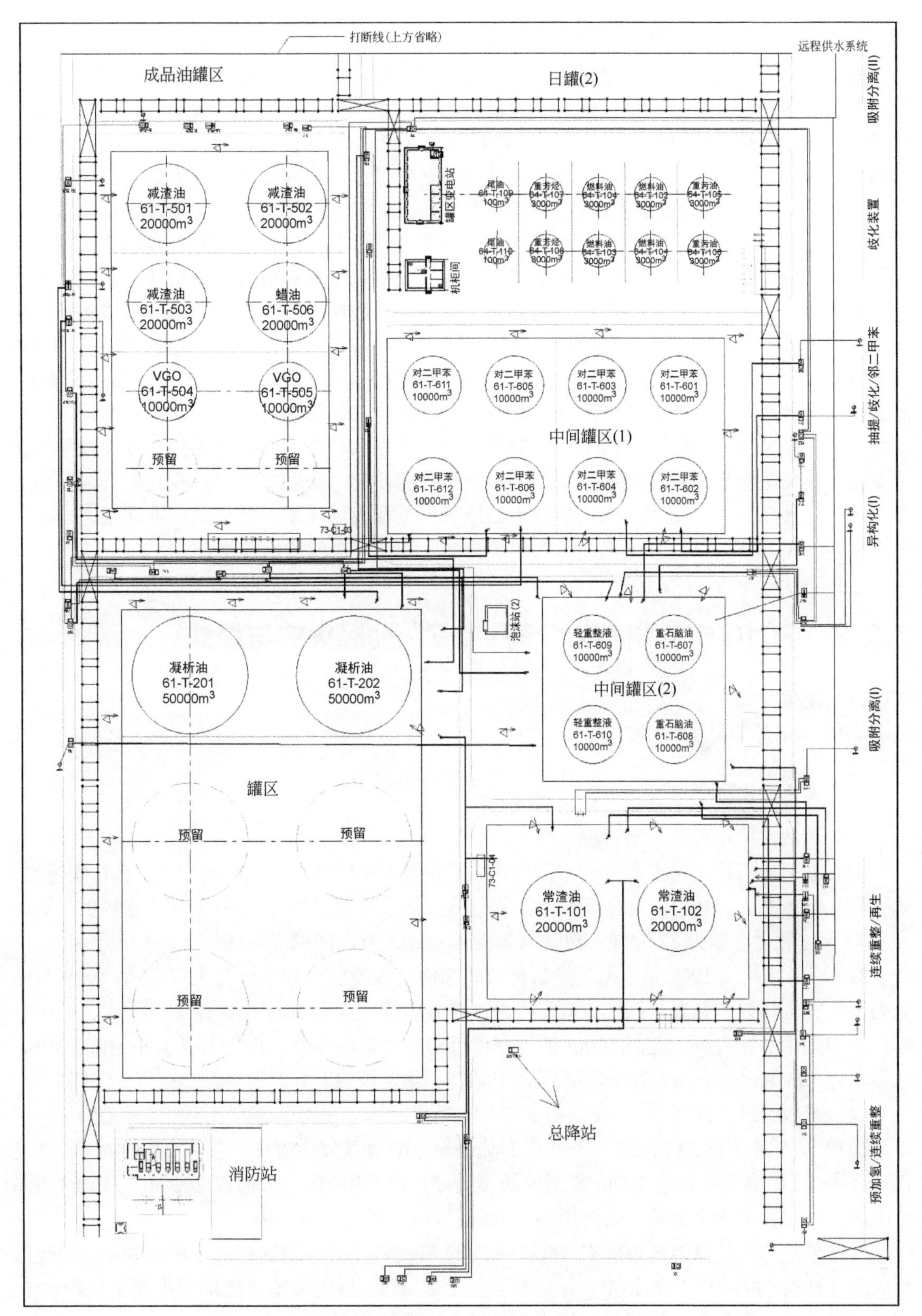

图 2.2.7 福建省消防总队灭火战斗部署

五是仍需进一步加强体制改革与条件建设。①要进一步加强石油化工事故处置战勤保障体系建设。针对石油化工企业数量和生产能力不断增加，火灾危险性和复杂性不断增大，事故处置所需器材装备、灭火剂、油料和生活保障物资多的特点，应加大灭火救援物资的储备数量，配齐配强高精尖的车辆装备、灭火器材和高效灭火剂。进一步完善战勤保障体系建设，与地方灭火剂厂家加强协作，加大石化企业灭火药剂储量，建立战时保障机制，实现警地联勤。②要进一步加强石油化工事故处置专家骨干队伍建设。重特大化工灾害近年在我国并不少见，其处置专业性强、难度大。应成立化工灾害处置专家小组，定期召开联席会议，分析评估行业事故发展趋势，提出相应消防建设措施。建立化工事故处置专业培训机制，在消防部门内培养一批不同化工灾害类型处置的业务骨干并形成梯次，实施传帮带，形成每个总队都有应对本省主要化工灾害事故的骨干队伍。③要进一步加强石油化工事故处置应急联动体系建设。完善政府各部门联动机制，通过定期演练提升联合处置重特大化工灾害事故的能力。建立健全与各单位技术人员的互联互通和应急调度机制，确保消防部门在参与各类化工灾害事故处置中，从物质特性、生产工艺、储罐类型、医疗急救等方面能及时得到专业指导和技术支持。④要进一步加强新装备、新药剂、新战术的研究、研发与应用。石化企业很多都是靠海边建设，应该研究海水灭火、耐海水泡沫灭火剂及应用技术；研究固定顶油罐、内浮顶油罐爆炸时机判断的模型与仪器；研究消防机器人和无人机的应用技术。

2.2.3 2010年兰州石化公司“1.7”油罐火灾与爆炸

（1）发生时间

2010年1月7日17时22分。

（2）发生地点

甘肃省兰州市中石油兰州石化公司。

（3）事故单位及周边基本情况

中石油兰州石化公司位于兰州市西固区，是我国西部地区最大的石化企业。公司集炼油、化工和化肥生产为一体，公司总资产达340亿元，年原油加工能力1050万吨，乙烯生产能力70万吨，化肥生产能力52万吨，位居甘肃工业百强之首，能源战略地位十分突出。

316罐区始建于1969年，由兰州石化公司303合成橡胶厂和304化工厂共用。东侧50m处为8万吨乙烯裂解装置，西侧150m处为铁路专用线。南侧80m处为储罐、泵房、火车装卸栈桥和汽车装卸栈桥，北侧100m处是空压机房、丙烯制冷站。现有各类大小储罐52具，总容积为10358m^3。分别储存混合碳四、甲苯、丙烯、丙烷、1-丁烯等近20种化工物料。

（4）事故经过及原因

2010年1月7日17时22分，兰州石化公司316罐区发生爆炸，导致11个储罐相继发生连环爆燃，距离中心位置700m范围内的设施被损毁，中心区过火面积8000m^2，周边1.7km范围内房屋门窗玻璃全部被冲击波震碎，20km区域内均有明显震感。

这次事故的直接原因是裂解C_4球罐（R202）管线弯头处焊缝热影响区组织缺陷，导致弯头处脆性开裂，内部C_4物料泄漏，并扩散至整个事故区，遇丙烯腈焚烧炉明火发生爆炸。316罐区消防设施除地下供水管网外，其余均被爆炸冲击波损毁。

灭火作战和灾后情况见图2.2.8。

(a)

(b)

图 2.2.8　灭火作战和灾后情况

（5）造成损失

事故造成 316 罐区发生爆炸，导致 11 个储罐相继发生连环爆燃，距离中心位置 700m 范围内的设施被损毁，中心区过火面积 8000m^2，周边 1.7km 范围内房屋门窗玻璃全部被冲击波震碎，20km 区域内均有明显震感。事故造成 6 人死亡、6 人受伤。

（6）灾害特点

这起火灾爆炸事故由于整个罐区内储罐形状尺寸不一、储存形式不一，各个储罐所储存的物质（包括碳四、甲苯、丙烯、丙烷、1-丁烯等）种类不一、性质不一，既有液态的也有液化的，既有常压的也有带压的，既有常温的也有低温的，各种物质的理化性质、爆炸极限、最小点火能量均不相同，给处置工作带来极大挑战，处置难度相当大。

（7）气象情况

7 日，温度-6～8℃，多云，偏东风 2～3 级。

8 日，温度-5～7℃，晴，偏东风 2～3 级。

9 日，温度-5～3℃，阴，偏东风 1～2 级。

（8）救援过程

① 力量调集。接到报警后，兰州市消防支队第一时间调集市区 10 个中队、34 台消防车、270 名官兵和全勤指挥部人员赶赴现场投入战斗，同时向总队战勤值班室报告。

17 时 32 分，兰州支队 119 指挥中心迅速调集“静中通”通信指挥车、消防坦克、充气照明车、器材监测车、炊事车及备用空气呼吸器、泡沫、特种防护装备等物资赶赴现场；报告兰州市政府立即启动应急预案，并调集相关联动单位到场；通知市自来水公司为火场附近管网增压供水；通知市环卫局紧急调集 24 辆洒水车在兰州石化公司 303 厂外围集结待命。

17 时 35 分，总队全勤指挥部人员赶赴现场。途中，又调集白银支队特勤中队火速赶往兰州跨区域增援。

② 处置经过。这次灭火战斗行动从 1 月 7 日 17 时 29 分开始，到 1 月 9 日 15 时 30 分基本结束，战斗主要分为四个阶段。

a. 迅速展开，阻止蔓延。17 时 50 分，到场的西固中队在进行火情侦查时，位于 5 号罐群的 F5 重碳 9 储罐发生第三次爆炸。根据火场情况，西固消防中队官兵在罐区东、南两侧各出 1 门水炮阻止火势蔓延。兰州石化公司消防支队在罐区西北侧出 2 门水炮、东北侧出 4 门水炮阻止火势蔓延，在罐区 500m 范围内实施警戒。

18 时 05 分，现场成立火场指挥部，下设灭火救援、火情侦察、通信联络、医疗救护、后勤保障、火场供水、宣传报道、观察警戒8个小组展开工作，确定了“分段包围、划定区域、强制冷却、控制燃烧、工艺处置”的总体作战原则。各战斗小组按照指挥部分工，迅速展开行动。

18时08分，火场发生第四次爆炸。待形势稍现平稳，指挥部当即命令七里河、龚家湾中队两个战斗组在罐区南侧各出1门水炮进行冷却堵截，特勤一中队、拱星墩中队两个战斗组各出1门移动水炮，控制罐区西侧火势，东岗、盐场、广场、高新区、安宁中队5个战斗组采用接力、拉运方式，确保火场供水。

这个阶段采取的主要措施：集中兵力于火场的主要方面，对已经爆炸燃烧的储罐采用冷却降压控火，使其稳定燃烧，防止蔓延扩大，对毗邻罐体和管线采取强制冷却保护，防止灾害扩大。

b. 冷却抑爆，控制火势。19时05分，火场指挥部按照省市领导指示精神，根据火情侦察组提供的信息和兰石化技术专家的意见，立即对现场力量进行调整：一是盐场、广场、高新区、安宁4个战斗组在罐区西、南两侧各出1门水炮，与前期堵截火势的6门自摆式水炮对1、4号罐群及南侧列车槽车进行控火冷却，防止再次发生爆炸；二是再次组织现场技术人员继续采取装置停车、切断物料、火炬排空减压等工艺措施控制火势。

21时50分，观察哨发现火场4号罐群的F8A号罐火焰燃烧突然增大、现场情况再度发生异常。观察哨立即发出撤退信号，现场所有参战人员、厂区人员迅速转移到安全区域。约2min后，F10号罐在邻近罐火焰的长时间炙烤下被烧裂，扩散出的部分油蒸气发生爆燃，随后呈稳定燃烧状态。指挥部命令两个攻坚组在消防坦克的有效掩护下，近距离对燃烧罐群实施高强度冷却保护。

c. 控而不灭，稳定燃烧。23时53分，1号罐群的F2/A罐体发生爆燃，形成稳定燃烧。

8日零时50分，指挥部按照“控而不灭，稳定燃烧”的战术措施，在罐区东、西、南侧留6门水炮及消防坦克，集中兵力对受火势威胁的罐体进行重点冷却；石化企业队在罐区东、西、北侧利用10门水炮和2门车载炮对火势进行有效控制。

13时30分，通过实时监测，火场温度逐渐降低，现场除1号罐群的F2/A-F3/A罐、2号罐群东侧管线阀门和4号罐群南侧管线3处稳定燃烧的火点外，其余火点均已熄灭。

d. 排查断源，消灭残火。17时20分，指挥部根据F2/A-F3/A罐内液面下降、气相空间增大、爆炸危险性增加的实际情况，重新调整了部署力量：在罐区西、南两侧分别增加1门水炮，以加强对1号罐群、甲苯和液化气槽车的冷却保护。

9日2时50分，1号罐群的F3/A罐体火焰突然窜高、颜色由蓝变白，同时发出“嘶嘶”的声响，观察哨立即发出撤退信号，所有参战人员立即撤离到安全区域。在现场3门水炮的不间断冷却下，F3/A罐体燃烧渐趋平稳。

10时20分，指挥部及相关技术人员深入罐区逐一排查，寻找3处明火的物料来源，发现阀门阀芯因高温损坏造成物料倒流，随即采取了更换阀门、加装盲板等技术措施切断物料来源。

13时30分，管线余火被彻底扑灭，现场仅剩F2/A-F3/A号罐余火，在3门水炮的持续冷却下呈稳定燃烧。

15时30分，指挥部根据现场情况，命令西固、七里河中队留守4台水罐车继续对F2/A-F3/A号罐进行冷却监护，其余参战力量安全撤离。至此，持续46h的灭火行动宣告结束。

此次火灾共调集兰州、白银2个现役支队和1个企业消防队，85辆消防车、487名指战员，用水量达20余万吨。

（9）专家评析

这起火灾爆炸事故与普通油罐火灾相比具有更大的危险性。由于整个罐区内储罐形状尺寸不一、储存形式不一，各个储罐所储存的物质（包括碳四、甲苯、丙烯、丙烷、1-丁烯等）种类不一、性质不一，既有液态的也有液化的，既有常压的也有带压的，既有常温的也有低温的，各种物质的理化性质、爆炸极限、最小点火能量均不相同，给处置工作带来极大挑战，处置难度相当大。

一是处置大型灾害事故必须反应迅速、综合化调度、全面响应。此次爆炸火灾事故发生后，甘肃省各级消防部队快速反应，兰州支队迅速启动灭火救援预案，在第一时间调集市区10个中队、34台消防车、270名官兵和全勤指挥部人员赶赴现场投入战斗，并调集“静中通”通信指挥车、消防坦克、充气照明车、器材监测车、炊事车及备用空气呼吸器、泡沫、特种防护装备等物资赶赴现场；报告兰州市政府立即启动市政府应急预案，协调相关联动单位、人员和装备到场；通知市自来水公司为火场附近管网增压供水；通知市政公司调集各类大型挖掘、运输车辆8台；通知卫生部门调集“120”急救车辆13台；通知环保部门调集检测车和仪器到场；通知市环卫局紧急调集24辆洒水车集结待命。一次性调集了足够灭火救援力量，第一时间到场增援，掌握了作战行动的主动权。

二是处置大型灾害事故，现场必须建立高效统一的作战指挥模式。在第一时间到场的各级指挥员迅速成立现场指挥部，建立了统一高效的指挥模式。各点、段、面上指挥员分工负责、坚持靠前指挥、坚决执行指挥部的决策。现场专家组发挥重要作用，提出了“冷却抑爆、控而不灭”的战术措施，取得了明显的灭火成效。

三是处置大型灾害事故，必须系统地做好供水、供液工作。在处置大型灾害事故时，合理利用水源和组织好火场供水关系到整个灭火战斗的成败。因此，必须根据火场灭火力量及火场的实际需要，选择最佳的供水方法，保证火场不间断和科学供水，满足整个火灾现场灭火用水的需要。要确保泡沫液的足够供给，选择型号与火灾匹配的泡沫液，并掌握正确的喷射时机与喷射方法，方能发挥作用。

四是处置大型灾害事故，必须有精良的装备做保障。在这次火灾扑救中，充分发挥装备效能，首次在火场上使用具备防辐射、耐高温、防爆炸的消防坦克强攻近战；调集“静中通”移动消防指挥车并利用单兵无线传输设备，始终坚持在一线实时传输火场实况，为指挥部及时科学决策提供了可靠依据；油罐车为长时间作战车辆在现场补给油料7t；器材检测车对20余件（套）一线车辆器材及时进行维修检测，充装空气呼吸器120余具；移动炊事车为300名参战官兵提供了46h的饮食保障。特别是利用自摆式水炮进入爆炸危险区设立水炮阵地，射水冷却灭火，有效置换了现场战斗人员，既保证了灭火救援行动的进行，又避免了数次爆炸中可能造成的官兵伤亡。

五是处置大型灾害事故，必须建立“全天候、全过程、全方位”的应急通信保障。在处置大型灾害事故时，对消防救援队伍的应急通信保障能力提出了比以往更高的要求，为应急救援提供层次清晰、调度有序的通信指挥网络，对灾害事故处置将起到决定性的作用。在这次火灾扑救中，在纵向上利用350M集群网络形成三级灭火战斗指挥网，由消防部队承担现场组织指挥，减少指挥层次；在横向上，利用支队自己建设的350M常规网络组成协调指挥网，同兰州石化消防支队及其他配合单位协调配合，达到了无缝链接，形成了纵横统一的指挥关系。并且在整个处置过程中，利用“静中通”指挥车的微波单兵图传系统，将现场图像实时、不间断地传输到现场指挥部，为指挥员的指挥决策提供了宝贵的资料。

六是处置大型灾害事故，必须搞好联勤协作，做到共同配合，全面出击。在此次火灾事故中，各参战力量各司其职，协同配合。特别是兰州石化消防支队充分发挥专业优势，与现役消防部队并肩作战、密切配合。省、市两级政府先后启动石油化工事故应急救援预案，并及时调集公安、交通、城建、医疗、环保、电业等社会联动单位到现场协同处置，全力救治受伤人员，及时疏散周边数万名群众，实施现场警戒和环境检测，并从人力、物力和技术等方面协助消防部队进行灭火救援。

七是培养和确定专业人员担任灾害事故现场观察哨。在这次火灾事故处理过程中，由于各个储罐储存物质种类较多，爆炸和燃烧面积较大，并前后发生了 4 次爆炸，现场危险性相当高，撤离信号发布是否及时有效，直接关系到参战官兵的人身安全。因此，必须加强现场观察哨的配置和培训工作。在处置大型灾害事故现场时，应当确立多名专业人员担任现场观察哨，并加强专业知识培训，尤其是要对各类灾害事故现场的危险征兆进行学习，培训出专业素质过硬、经验丰富的专业观察哨，并研制配发专业撤离联络和信号发布器材。

八是优化装备配置结构，构建合理、均衡、实用的消防装备体系。加强车辆装备建设，是提高部队灭火救援实战能力的基础保证，建议根据各地经济发展、城乡布局情况，重大危险源和重点单位分布特点，结合灭火救援的实际需求，组织专家抓好装备建设的评估论证，制定出科学、周密的装备建设规划，用于指导本地区装备建设，避免出现盲目的求新求贵的现象，要做到“土”“洋”结合，常规和特勤装备有效搭配，有计划确保装备配备的科学、合理和实用。

2.2.4 黄岛油库特大火灾

（1）发生时间

1989 年 8 月 12 日。

（2）发生地点

位于山东青岛黄岛上的中国石油天然气总公司胜利输油公司黄岛油库。

（3）事故单位及周边情况

① 黄岛油区总体布局。中国石油天然气总公司胜利输油公司黄岛油库位于青岛市区以西 2.5 海里（约 4.6km）的黄岛镇（现改为青岛市黄岛经济技术开发区）黄山东侧山坡地带，占地 446 亩，与市区隔海相望。油区和输油码头紧扼胶州湾咽喉，是青岛海港进出的必经水域。自 1974 年开始，国家石油部（中国石油天然气总公司前身）和青岛港务局相继在此建造储油区。黄岛油库一期工程占地 253 亩，建有 5 座万吨以上油罐和 1 座 15 万吨水封式地下油库，总储油量 226000 吨，后来，在一期油区北侧 100m 处，又开建了二期工程，占地 196 亩，建有 6 座可容 5 万吨原油的立式金属浮顶油罐，总储油量 526000 吨。位于二期工程北侧 72m 处，并与之仅一路之隔的是青岛港务局油区，建有 4 座可容 2 万吨原油的地下油罐和 11 座立式金属成品油罐，总储油量 11 万吨。港务局油库以北与年输油能力 1000 万吨的一期输油码头相连；以东 500m 处为年输油能力 1700 万吨的二期输油码头。

在黄岛这个弹丸小岛上，油罐遍布，罐群相连，总储油量达 63 万余吨。一旦发生火灾，极易引起连锁反应，威胁黄岛乃至青岛市区的安全。同时，从胜利油田至黄岛长 280km 的输油管线一旦停止输油，将会被原油凝固堵死报废，年产原油 2700 万吨的胜利油田，将不得不封井停产，其后果十分严重。

② 油库概况。黄岛油库建于黄岛镇制高点的黄山东坡地带，西倚黄山海监局观测站，东侧以石岛街做隔，与航务二公司（内有小型油罐群）、长途汽车站、油库生活办公区相

接，北邻港务局油区。库内南侧并列一、二、三号直径 33m、高 12m 的立式金属油罐，罐距 11.5m，分别储油 7330t、7570t 和 7394t；库内中部分别是长 72m、宽 48m、深 10.78m 的四号、五号容量为 23000t 的长方形半地下钢筋混凝土油罐，两者相距 25m。当时五号罐距三号罐 60m，四号罐距一、二、三号罐都在 35m 以内，高差均为 7m。库内东侧和北侧为锅炉房、阀组间、计量站、变电站、加温站等。二期油区在一期油区五号罐以北 150m 处（高差 16m）。其中二期油区一、二、六号罐分别储油 4000t、13900t 和 5000t；三、四、五号罐尚未投入使用。

③ 油库消防设施。油库设有专用消防泵房，各罐顶部安装有泡沫发生器，油罐周围设置了泡沫灭火管线和冷却给水管线，供泡沫能力为 1400L/s。油库内部除泵房一处储量 4000t 封闭式水池外，别无其他水源。库西滨海北路虽设有几处消火栓，但因距离远、水压低，基本不能利用。可停车吸水处距油库近 2000m。油库设有专职消防队，原编制 35 名，实有 22 名（含 4 名操泵工和 1 名长期病号）；原有消防车 7 辆，因损坏报废和调往外地等，仅剩 3 辆。起火时，该队有 8 人执勤，只有 1 名司机。

（4）事故经过及原因

1989 年 8 月 12 日 9 时 55 分，中国石油天然气总公司胜利输油公司黄岛油库一期工程五号油罐，因雷击爆炸起火，青岛公安消防支队接警后，迅速派出 26 辆消防车，257 名官兵赶到火场灭火。战斗中，由于五号油罐原油大火猛烈喷溅，导致四号油罐突然爆炸，继而引起一、二、三号原油罐和 4 个储油量 40t 的成品油罐相继爆炸，近 40000t 原油燃烧，形成面积达 $1000m^2$ 的恶性火灾。青岛公安消防支队与专职消防队密切合作，与全省消防部队和各路灭火大军并肩作战，连续奋战五昼夜 104h，终于将这起大火彻底扑灭。

（5）事故损失

这次事故造成四号、五号油罐爆炸起火，完全破坏。灭火过程中 8 辆消防战斗车、1 辆指挥车以及其他单位 3 辆消防车和 2 辆吉普车被烧毁，近海大面积污染。青岛公安消防支队 13 名官兵和青港公安消防队 1 人，油库消防队 1 人及 4 名油库职工牺牲；81 名消防指战员和 12 名油库职工受伤。火灾直接经济损失 3540 万元。

（6）灾害特点

由于着火油库和油罐本身结构特点，所处的地理环境，储存油品的性质，当时的天气情况，油库内部及当地消防等方面的实际状况，使这起特大火灾具有以下几个方面的特点：一是燃烧具有沸溢喷溅性。由于着火油罐储存的是原油，属于具有热波特性的油品，燃烧一段时间后，会发生沸溢和喷溅，使火势蔓延扩大，影响灭火战斗行动；二是储存油品的储罐是半地下钢筋混凝土结构，在油品液面和罐顶之间容易形成爆炸性混合油蒸气，遇火源极易发生爆炸，爆炸造成的罐顶钢筋水泥混凝土碎块四处飞散，可能造成重大人员伤亡；三是油库规模大，储油量大，一旦发生火灾，灭火所需的力量多；四是油库本身的消防能力和当地扑救大型油库储罐火灾的能力都相对较弱，不能满足一次进攻灭火的需要；五是由于油库建在山坡上，在周围属于制高点，沸溢喷溅的燃烧油品，很容易顺势向四周流淌，造成大面积蔓延；六是着火当时的天气正在下雨，风力较大，气压较低。

（7）天气情况

8 月 12 日上午，黄岛地区有雷阵雨，风向东南，风力 3～4 级，气温 25℃，相对湿度 90%，气压上升。

（8）扑救过程

在扑救黄岛油库特大火灾中，青岛公安消防支队出车 26 辆、参战官兵 257 名。山东省消防部队增援车辆120辆、官兵1000余人。灭火战斗具有战场广、战线长、地形复杂、火情凶险等特点。经过104h灭火作战，取得了灭火战斗胜利。此次灭火战斗，大体上可分为三个阶段。

① 冷却控制阶段。8月12日10时至13日6时，油库烈火异常凶猛，情况极为复杂，灭火力量不足。指挥部坚决贯彻“先控制、后消灭”的战术原则，战斗部署以冷却防御，控制火势为主。

9时55分，黄岛油库五号罐遭雷击爆炸起火，形成约3400m^{2}的大火。油库专职消防队立即出动，利用库区固定灭火设施，向邻近的四号罐内罐射泡沫。同时出水枪冷却三、四号罐和下风方向的汽油罐，并用湿棉被将四号、三号罐顶的通风孔、呼吸阀封闭。随即，港务公安消防二中队一辆消防车也赶到火场。

10时15分，青岛消防支队接到报警，立即调派附近经济技术开发区、胶州市和胶南县3个消防中队各两辆消防车从陆路赶赴现场。同时，紧急调动10辆消防车、65名官兵，在市公安局、消防支队领导带领下，乘坐两辆指挥车赶到轮渡码头，启航向黄岛火区开进。航行途中，见油库上空烟云火柱扶摇升腾、遮天盖日。因此，紧急调动市区中队10辆消防车随后赶往火场。指挥员在船上一面观察火情，一面召集干部会议分析火场情况，研究灭火对策，要求全体官兵在思想上充分做好打硬仗、打恶仗的准备，到场后，各车一律暂停在油库门外，战士一律在车上待命，所有指挥员首先进入火场侦察火情，待统一部署后，再同时展开战斗。

11时05分，第一批力量到达火场。各级指挥员立即进入火场侦察火情，并成立了前线灭火指挥部。指挥部决定首先进行三方面工作：一是由油库和黄岛公安分局紧急疏散周围群众和油库职工，搞好火场警戒，禁止无关人员进入。二是由战训科长、参谋带领中队干部全面侦察火场，立即部署冷却力量。首先利用库区给水管道出水，重点冷却三、四号油罐和下风向4个40t成品油罐，控制火势发展。三是由支队和战训科领导迅速估算扑救大火所需力量，提供灭火方案。经估算灭火力量需要有3000L/s的泡沫供给强度，即黄河泡沫炮车10辆，一次灭火需泡沫液10t。由于到场力量较薄弱，灭火指挥部决定加强冷却，等待增援。做了以上部署并分头实施后，指挥部对火场情况及火情，尤其对四、五号罐的地下管道连通情况和15万吨地下油库的受威胁程度进行了周密调查和分析研究。派人用装填水泥、沙土的方法，将五号罐管道井封闭，防止火势从底部引起蔓延。鉴于五号罐储量较大，油层较厚（6.7m）的情况，指挥部决定利用库区输油设施，从罐底输油管道向外排油，以减少燃烧罐内原油储量，减轻经济损失和潜在危险。油库立即将此方案付诸实施，随即以每小时1000余吨的速度向二期工程六号罐紧急输转原油。

11时49分，青岛消防支队第二批灭火力量12辆消防车抵达火场。此时，五号罐大火仍处于稳定燃烧状态，各邻罐和火区情况正常。指挥部基于以下考虑，决定对五号罐实施攻击灭火。库区情况复杂，地上、地下管道纵横交错，互相连通，油品遍布，火势有可能通过管道蔓延。若其他部位再出现爆炸燃烧，将可能引起连锁反应，局面会更加复杂；根据原油燃烧的性质分析，随着燃烧时间增长，温度升高，可能出现沸溢或喷溅，情况将会十分凶险；目前风向对冷却和进攻灭火较有利（上风方向便于靠近），如风向发生变化，主要邻罐均可能处于不利位置，冷却防爆和灭火任务更加艰巨和困难；潍坊等地虽已派出20多辆大型消防车增援，但路途远，所需时间长，到达之前的三四小时内很难保证火场不出现更大险情；泡沫灭火力量虽不足（已有4辆黄河炮车、2辆东风炮车、6辆普通泡沫车），但可利用水罐车直接吸液出泡沫灭火，已接近所需力量，扑灭大火也是有可能的；能一次扑灭更好，即便灭不了，也能压制一下火势，减缓燃烧强度，为以后总攻打下基础。

12时，青岛市领导同志先后到达现场。侦察火情，听取并同意指挥部攻击五号油罐的作战方案。

12时13分，按照指挥部的具体部署，4辆黄河炮车、2辆东风炮车、6辆普通东风水罐车迅速开进库区，按预定的位置停靠做战斗准备。当各车基本到位，指挥员即将下达进攻命令时，五号罐火势突然增强，消防车漆顿时被烤焦。由于处境危险，指挥部被迫下令后撤，进攻灭火方案暂缓执行。同时命令各车迅速撤出库区，车头向外，驾驶员不准下车，时刻做好撤离准备。各级指挥员要密切注视火情变化，及时察觉喷溅前兆，以防不测。

13时，风向突然发生变化，由东南风转为北风偏西，风力五、六级。使一、二、三、四号罐火场处于下风向，浓烟烈火压得很低，猛烈扑向三、四号罐，火场情况更加危急。灭火的最佳位置，也是火场上最危险的地带。灭火官兵们面对的是凶猛燃烧的大火。脚下和身后则是处于烈火威胁的巨大油罐。浓烟烈火不时向官兵们卷来，作战条件相当艰苦。指挥部面对险情做了以下紧急部署：一是各作战部位的指战员都要严密注视火情变化和其他险情（如避雷塔倒塌伤人等），及时报告各部位情况，并坚决迅速地执行指挥部各项命令。二是加强对一、二、三、四号罐的冷却。鉴于库区给水管道压力不足，指挥部调集消防车连接库区消火栓，出水枪冷却油罐。三是前方阵地人员尽量减少，每支水枪只留一人或二人操纵，其余人员撤至150m以外，轮流作业。

上述措施实施后，火场共有31支水枪出水，其分布情况为三号罐6支、二号罐4支、一号罐2支、四号罐6支、五号罐3支，向罐壁射水冷却降温。另有10支水枪在三、五号罐之间组成一道水幕，一齐向烟雾射水，起到了抬高烟雾、阻止烟雾直扑三号罐和降低烟温的作用。为防止三号罐顶在烟雾作用下升温，另调一辆黄河炮车向三号罐顶射水降温。

14时35分，稳定性燃烧达4个半小时之久的五号原油罐火情突变，火势骤然增大，原来的浓烟全部变为火焰，且颜色由橙红色变为红白色，异常明亮。指挥员当即判断这是原油喷溅的前兆，预感可能出现大喷溅，于是急命全体撤退。听到命令，官兵们相互照应，急速撤离火场。在撤退命令下达十几秒时，四号原油罐突然爆炸，将油罐顶部半米多厚的水泥层炸向高空，烈焰形成一团巨大的火球，呈蘑菇状冲天而起。几乎同时，一、二、三号油罐也相继发生爆炸，并燃烧起熊熊大火，刚刚撤退到四号罐附近的指战员，均被强大的冲击波推倒，石块水泥板纷纷坠落，原油烈火呼啸喷溅流淌，燃烧面积瞬间扩至1km^2。青岛消防支队13名官兵英勇牺牲、66名官兵受伤，8辆消防车、1辆指挥车被烈火焚毁。二期工程油罐也被烈火包围，油火顺坡迅速向港务局油区蔓延，情况万分危急。刚从火场脱险的领导同志，在库区墙外重新聚拢、召集撤出脱险的指战员（现场86人，撤出72人），紧急部署：一是迅速清点人数，寻找失散的官兵，尽最大力量抢救伤员；二是尽快将火区情况和有可能继续发生的重大险情报告上级领导，请求支持。官兵们立即分头行动，并迅速用电台向支队、市局报告火灾情况。

15时20分，支队领导率领30名官兵、渡海赶到火场支持灭火抢险，并进一步召集失散官兵，清点人数，协助组织用直升机运送伤员。市局也迅速组织治安、刑侦、武警和市区各分局的干警，调动三艘巡逻艇和部分车辆投入抢运伤员的战斗。

15时30分，市长听取现场情况后指示，尽管部队付出了沉重的代价，但有一线希望，也要保住港务局油区。否则，整个黄岛和胶州湾水域甚至青岛市区将会陷入更大的灾难之中。刚刚在死亡线上挣扎出来的官兵，在人员装备极为不足，火区达1km^2，火势已将二期工程油罐烧损并封锁了通往港务局油区道路的险恶条件下，再次请缨上阵。指挥部一方面组织人员用石棉被遮挡与火区最近的金属立式油罐，阻挡热辐射；另一方面利用消防支队4辆消防车和青港公安消防队一辆消防车，由消防艇接力供水，出水保护阻击逼近烈火。此间，市长也赶到港务局油区，组织冷却防御。16 时 20 分，被雷击爆炸的五号油罐第二次发生喷溅，火势直接逼向港务局罐区，门前道路被烈火封锁。市长见情况危急，下令车辆迅速后撤，人员全部上消防艇，驶离码头观察火情，以防不测。

18 时 30 分，省政府、省消防总队等领导同志相继赶到现场，听取汇报，并参与火场总指挥部领导工作。19 时 50 分，指挥部派青岛消防支队战训科到火场侦察。他们仔细勘察，当时的情况是：一期油区仍是一片火海，且火势十分猛烈；二期工程油罐周围仍明火燃烧，人员车辆难以靠近；港务局油区门前和滨海北路也有多处明火；油火继续穿越路面向外流淌，港务局油区仍处于危险中。21 时，胜利油田、齐鲁石化总公司等消防队 10 辆大型泡沫车赶到火场，进入二期工程罐区，扑灭了油罐附近部分明火，后见处境危险，迅速撤离。

21 时 30 分，经再次进入火区侦察后决定，由青岛消防支队组成两条干线，对二期工程二、六号罐实施冷却保护。火场总指挥部鉴于火情复杂，指挥员安全无保障，决定暂缓实施。

13 日零时 10 分，江泽民总书记亲自打电话询问火情。

总指挥部决定立即对二期油罐工程二、六号油罐实施冷却保护，以消除火势对二期油罐区的威胁。

零时 50 分，正在海滨北路集结待命的青岛消防支队接到命令，支队 6 辆消防车，会同胜利油田、齐鲁石化总公司和烟台增援力量，立即进入二期罐区，按预定方案进行战斗。1 时 20 分，五号罐出现第三次大喷溅，火势猛烈扑向二期罐区，刚刚部署完毕的消防车，又一次被迫撤离火区，此次喷溅大火持续猛烈燃烧，整个库区烈焰熊熊，火光映红了黄岛上空。

3 时，在烈焰稍有下降、略趋平稳的情况下，各路力量重新进入库区，按原方案进攻。青岛消防支队出车 5 辆，烟台、潍坊、临沂、威海等地和胜利油田、齐鲁石化总公司出车 20 辆，分 4 条干线，出水枪 4 支，重点冷却二期二、六号罐，连续不间断地出水至凌晨 6 时，有效地阻止了火势蔓延，实现了冷却控制的预期目的。

② 集中兵力，总攻灭火阶段。13 日上午 8 时至 14 日 21 时，经过一天一夜凶猛燃烧的油库大火，在继续喷溅爆炸后，开始趋于稳定。总指挥部坚决贯彻李鹏总理指示，调集全省百余辆消防车组成强大灭火阵容，采取“集中兵力打歼灭战”和分割包围、各个击破的战略战术，不失时机地对油罐大火展开总攻。相继扑灭了五、三、二、一号油罐大火，彻底消除了火势继续蔓延扩大的威胁，取得了灭火战斗的决定性胜利。

13 日凌晨至 6 时，省内各地消防部队派出的增援消防车辆装备和富有经验的指战员纷纷赶到，灭火指挥部认为，集中优势兵力，组织大兵团作战，向各油罐逐个发起总攻的时机已到，并决定首先消灭燃烧时间最长，对二期油区威胁最大的五号罐，经报告总指挥部同意，立即调集 10 辆大型泡沫炮车，于 8 时 30 分开始总攻，攻击力量分 3 组，每组 3 辆泡沫炮车、一辆干粉炮车轮番上阵，经 3 次攻击后，五号罐大火被压住，转为罐底弱火和内部暗火。在总攻五号罐的同时，灭火指挥部又派出一辆泡沫车和一辆水罐车，压制泵房处火势，进而扑救新港路两侧大火。

13 日 11 时 30 分，灭火前沿指挥部召集全省各地消防部队带队干部开会，分析火情，并针对火场实际情况，决定继续攻击尚未彻底熄灭的五号罐，14 时 21 分，五号罐大火被彻底扑灭，此刻取得了总攻灭火阶段的初步胜利。在此基础上，指挥部又调齐鲁石化总公司高喷消防车到场，由原来 5 条供水线，扑救阀组间大火，减轻火流淌对二期油罐威胁，取得明显效果。

15 时 15 分，灭火指挥员对火场进行了全面勘察。此时一期油区一、二、三号油罐和阀组间、计量室、新港路东侧民房等处大火依然猛烈燃烧。

16 时，李鹏总理在国务院秘书长罗干，能源部及山东省、青岛市等领导同志陪同下，亲临火场视察、慰问，并作了重要指示。

21 时，由于夜间照明差，指挥部决定灭火战斗部署。为防止火情变化，威胁二期工程二、六号罐的安全，以原接力供水线路为主，继续冷却监护二期油罐群。

14 日凌晨 7 时，各路人马经过短暂休整重新上阵，向库区各油罐大火冲击，先后扑灭了阀组间大火、新港路两侧大火、库区东部墙外地沟内大火和进攻地带。前线指挥员经过认真分析火情，认为灭一、二、三号油罐大火条件已经成熟，决定利用消防车运水供给前方 10 辆大型泡沫车灭火，为增强后方供水力量，经请示总指挥部同意，又将在胶州湾待命的济南、济宁、德州等地消防部队 20 辆消防车调到火场，参加总攻灭火战斗。

14 日 14 时，仍在猛烈燃烧的三号油罐周围南、北、西三面阵地上，集中了 10 辆黄河炮车，准备分两批轮番向罐内喷射泡沫，后方 50 辆消防车由消防艇供水，运水供水，形成了强大的灭火阵容。

14 日 16 时 30 分，总队指挥员下达了总攻命令，5 辆黄河炮车同时喷出强大射流，以铺天盖地之势射入三号罐，15min 后，大火被压住；经第二次攻击后，火势迅速减小，只剩下罐底残火。指战员乘胜再次发动进攻，19 时 30 分，三号罐大火被彻底扑灭。指战员群情振奋，不顾疲劳，连续作战，先后向二号、一号罐发起攻击，很快将一、二号罐大火控制住。21 时 30 分，一、二、三号罐大火被彻底扑灭。至此，灭火战斗取得决定性胜利。

③ 全面出击扑灭地下管道暗火和残火阶段。14 日 21 时至 16 日 17 时，在扑灭油罐大火基础上，指挥部继续调兵遣将，乘胜追击，不给大火以喘息、复燃的机会。灭火大军兵分三路，相互配合，采取分段截击、逐片消灭的战术，将库区地下管道暗火、残火彻底歼灭。

14 日 22 时，油库大面积猛烈燃烧被扑灭，库区只有阀组间、锅炉房、计量站等处，由于管道原油外溢，火势较大，其他部位还有残火和零星火，指挥部认为，当夜油库局部燃烧不会出现大的变化，且经过几昼夜连续奋战的战斗部队已十分疲劳，决定撤出战斗，留下一定力量监护火场，大部分撤出火场休息。青岛消防支队 4 部消防车执行监护火场任务。

15 日凌晨 1 时 05 分，库区锅炉房处再次猛烈燃烧，并直接威胁二期工程六号罐的安全。在场监护力量全力扑救，并紧急调出青岛消防支队休整待命的 4 辆消防车，胜利油田两辆消防车增援灭火。2 时 30 分将火扑灭。青岛消防支队留下 8 辆消防车继续监护到 7 时。

15 日 7 时，灭火大军重新上阵，兵分三路扑救地下管道各处暗火、残火，向火区地下管道残火发起全面攻击。采取先向管道沟内灌注泡沫，然后调铲车向沟内填沙掩埋分段截击等措施，有效地阻击了管道内原油流淌和暗火流窜、扩大了战果。

16 日上午，开始恢复输油。灭火大军兵分两路：一部分监护输油；另一部分继续消灭残火。

16 日零时 30 分左右，阀组间明火再次出现大面积复燃，在场监护力量紧急扑救。青岛消防支队四辆消防车在支队指挥员带领下，迅速增援，连续扑救 2 个多小时，使火势转为暗火燃烧。

16 日上午，灭火指挥部抽调胜利油田 5 辆消防车现场保护输油。库区灭火战斗仍采取向内灌注泡沫、填沙土的方法，分为 3 个战斗片，继续扑救库区内外管道井暗火。

16 日下午 5 时，库区各处火点全部扑灭，最后一支水枪停止出水。灭火指挥部经全面勘察火场，正式宣布，经过 5 个昼夜顽强奋战，油库大火已被彻底扑灭。

（9）专家评析

黄岛油库火灾是新中国成立以来影响最大的一次油库火灾，造成重大经济损失、人员伤亡和环境污染，惊动了党中央和国务院，也吸引了全世界的关注。对中国消防来说，它是一个油罐火灾防治的里程碑。

一是进一步提升油库消防安全标准和改进油罐结构。黄岛油库总体布局有很大的不合理性。这次火灾之所以迅速蔓延扩大，与油库选址有很大关系，该库一期工程位于山坡的制高点，一旦发生沸溢、喷溅，燃烧的油品必然沿山坡下流，火情迅速扩大，不仅包围相邻的罐组，还会烧毁不少建筑物和消防车辆，迫使指挥部撤离，直接污染海域。由于油罐是钢筋混凝土结构，传热不均匀，极易造成坍塌和爆炸。各油罐间距较小，且一、二期工程罐群与港务局储油区紧密相连。这种布局本身潜伏着重大危险，一处油罐起火爆炸，引发多米诺骨牌效应，产生连锁爆炸。由于一期工程油罐间距小，布局严重不合理，消防员只能深入罐群中间，在最危险的狭小地带冷却灭火。五号罐周围无环行消防信道，消防车停靠灭火和回转困难，遇到紧急险情不能及时撤出危险区，给指战员生命安全造成极大威胁。这次火灾直接推进了油库标准的提升和油罐结构的改进。

二是进一步推进协同作战和跨地区增援模式建设。在党中央、国务院、山东省和青岛市的直接领导协调下，省内外、市内外各部门、各种力量统一协调，取得最终胜利，对后来的跨地区、跨部门救援、指挥调度和协同作战具有重要意义。爆炸起火后，市公安局立即成立了后方指挥部，时刻同火场保持着密切联系，及时传递各种信息和向火场输送物资。第二次爆炸后，市局指挥部快速反应，一方面迅速派出治安、刑警、武警和边防近百名干警和3艘巡逻艇，渡海抢救伤员；另一方面与北航、港务局、卫生局等部门联系，派出直升机、船只和救护车全力抢运伤员。省消防总队先后调动了青岛市、烟台市、潍坊市、威海市、临沂市、淄博市等地消防力量到场增援，是早期的跨地市增援模式，推进了跨地区灭火救援的发展完善。

三是消防指战员战斗精神依然是灭火胜利的重要保障。在这次灭火战斗中，消防指战员面对凶猛肆虐的大火和随时可能喷溅爆炸的危险，表现出了大无畏的英雄气概。在生死考验面前，各级领导干部从容镇定，冲锋在前，撤退在后，总队及各地市消防队指挥员，坚决在前沿指挥战斗。广大消防指战员把生死置之度外，共产党员、共青团员站在最危险、最艰巨的战斗岗位。在冷却邻罐的战斗中，指战员距烈焰只有 20m、30m，全部被浓烟烈火笼罩，有的头盔烤得变形，有的皮肤被烤伤，烟火呛得他们呼吸困难，泪流满面，在火场相互照应、相互鼓励，顽强坚守阵地，决不后退半步。在五号罐发生喷溅和四号罐爆炸、天空沙石纷飞、地面烈焰升腾的危急关头，广大官兵舍生忘死，奋力掩护战友。充分显示了无私无畏、连续作战的作风和顽强意志，成功地保住了二期罐群、港务局油区的安全。

四是油库应进一步加强本身的自救能力。由于油库火灾的危险性和特殊性，要切实加强油库消防设施的建设。黄岛油库一期工程油罐，均未按要求安装自动冷却装置。除固定消防装置应健全外，还应充分考虑这些装置遭受破坏后的消防能力。此次五号罐因雷击爆炸开始燃烧面积并不太大，如果油库有足够的移动灭火力量，则有可能及时扑灭。但当时，该库消防队只能出动一辆车，无力扑救。此外，还应在库区周围建设消防水源，储存较为充足的灭火剂等，此次黄岛油库大火在第二次爆炸后，库内给水设施全部被破坏，库区周围无一处可利用消防水源。消防车只得往返4000余米到港务局码头拉海水，供水路线需用十几部消防车才能接力供水，大大削弱了冷却和灭火强度。如果在建库时，就能充分考虑消防水源问题，将海水用固定管道输送至库区周围，灭火效率会大大增强。

五是消防队伍的灭火救援能力需要进一步提升。平时应对官兵进行险恶环境中如何撤离、保证自身安全的训练，加强官兵的自我防护施救能力。此次灭火，在喷溅爆炸紧急撤退时，部分战士特别是新战士撤退和防护经验不足，如有的战士听到撤退命令，反应不快，不能按事先部署迅速撤出，有的甚至顾及战斗器材，还有的在撤退时，盔帽掉落，不知拾捡起来重新佩戴防护等。这些现象表明，部队官兵在险恶环境中安全防护、自我施救能力有待进一步训练加强。

附：灭火战斗部署见图 2.2.9、图 2.2.10。

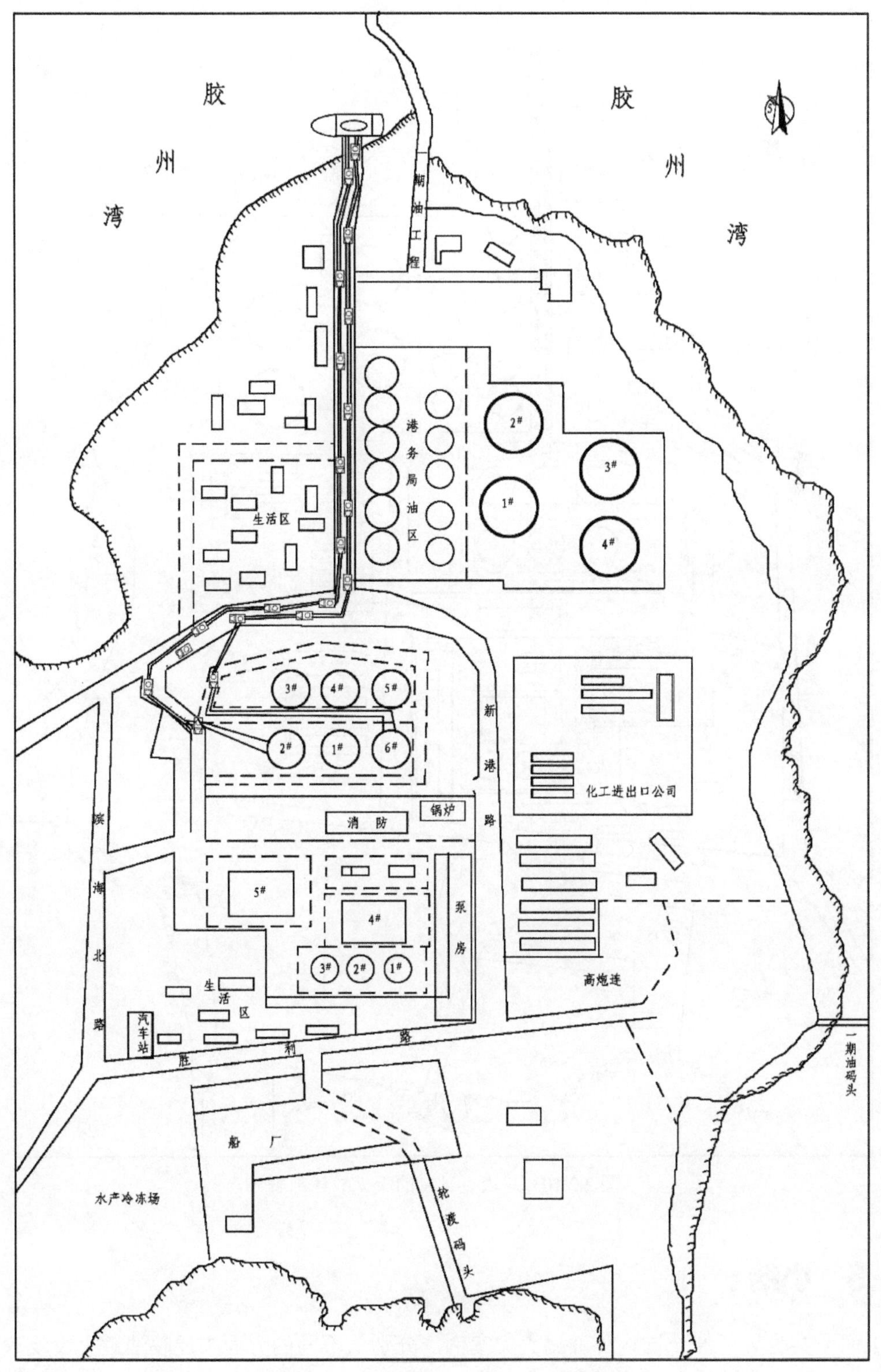

图 2.2.9　冷却二期工程的灭火战斗部署

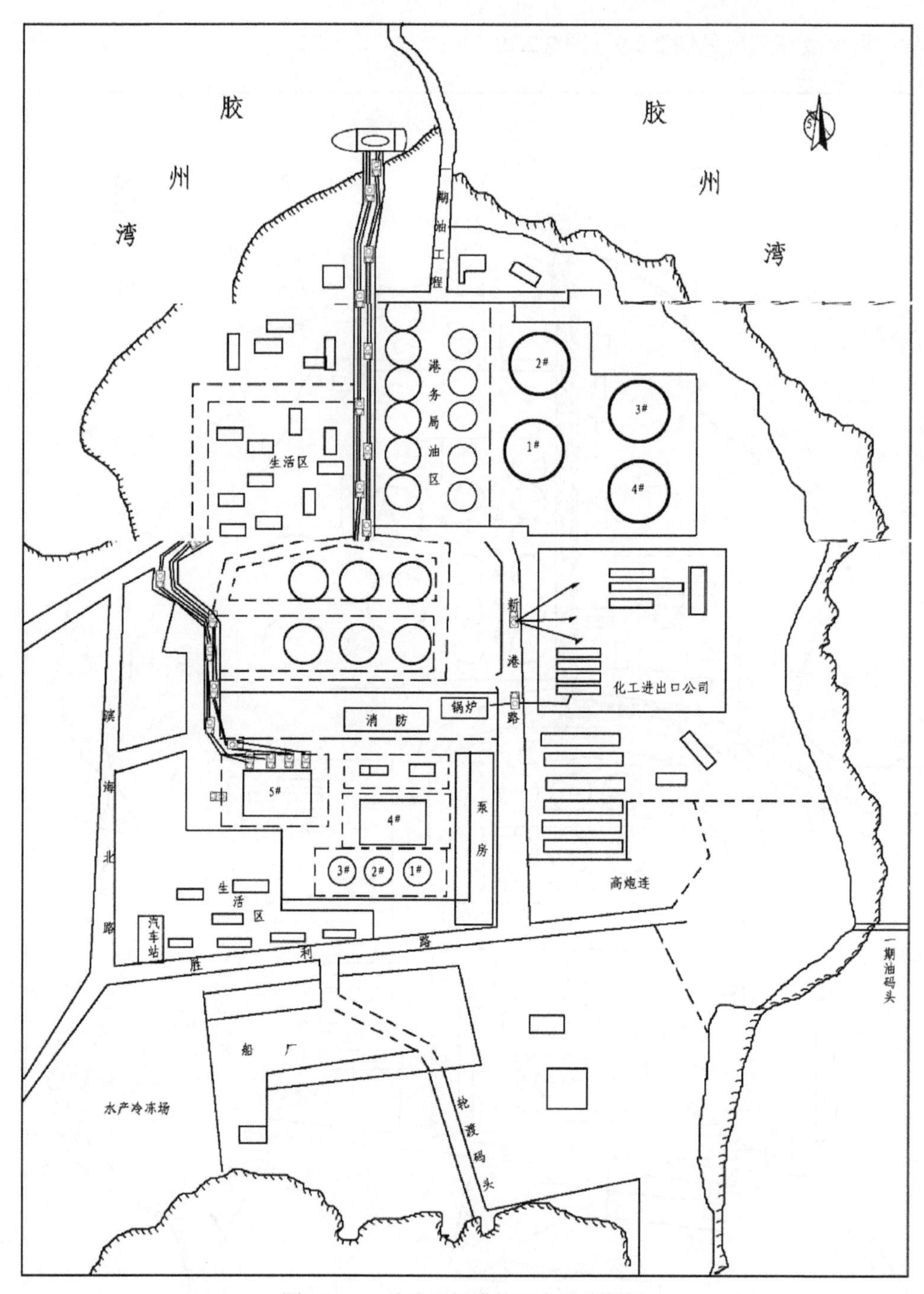

图 2.2.10 总攻五号罐的灭火战斗部署

2.2.5 小结

上面一共收集了 8 个国内外油罐火灾案例，分别从不同的方面来反映油罐火灾及灭火救援的情况，目的是让读者对油罐火灾防治知识有更深刻的理解。由于国外资料有限及篇幅问题，有的案例介绍比较简化，国内有些重要案例，由于后面会涉及，上面也没有列出，为弥补这个不足，用表 2.2.1 做了简单补充。

表 2.2.1　国内外油罐火灾案例一览表

序号	名　称	发生时间	发生原因	说明
1	南京炼油厂 310 号汽油罐火灾	1993 年 10 月 21 日	违章操作	过量重装
2	武汉市蔡甸区石油总公司蔡甸油库火灾爆炸	1997 年 7 月 18 日	违章操作	过量重装
3	山东省潍坊市弘润石油化工总厂油罐火灾	2000 年 7 月 2 日	违章操作	违章电焊
4	沈阳大龙洋油库火灾	2001 年 9 月 1 日	违章操作	过量充装
5	广东省茂名市重油罐爆炸	2006 年 5 月 21 日	违章操作	违章电焊
6	江苏泰州润滑油厂爆炸火灾	2007 年 5 月 4 日	违章操作	违章电焊
7	美国孟菲斯市炼油厂油罐爆炸	1988 年 6 月 17 日	违章操作	
8	美国佛罗里达州达斯图尔特石油公司油罐火灾	1993 年 1 月 2 日	违章操作	过量充装
9	日本名古屋市油罐火灾	2003 年 8 月 29 日	违章操作	违章电焊
10	中石化仪征输油站 15 万立方米原油罐火灾	2006 年 8 月 7 日	雷击起火	
11	宁波镇海国家石油储备库 10 万立方米原油罐火灾	2010 年 3 月 5 日	雷击起火	
12	中石油大连新港 10 万立方米原油罐火灾	2011 年 11 月 22 日	雷击起火	
13	美国路易斯安那州诺科市奥莱恩炼油厂火灾	2001 年 6 月 17 日	雷击	10 万立方米原油罐沉盘
14	波兰切比尼亚炼油厂火灾	2002 年 5 月 5 日	雷击	
15	解放军 9846 厂油罐火灾	1999 年 4 月 19 日	静电引起	
16	安庆石化柴油储罐爆炸事故	2006 年 1 月 20 日	静电引起	
17	上海高桥炼油事业部轻质油罐火灾	2010 年 5 月 9 日	静电引起	
18	中国石油大连石化公司柴油储罐火灾	2011 年 8 月 29 日	静电引起	与违章操作有关
19	以色列阿什杜德炼油厂火灾	1997 年 11 月 2 日	静电引起	
20	美国俄克拉荷马州康菲石油公司油罐火灾	2003 年 4 月 7 日	静电引起	
21	日本北海道苫小牧浮顶油罐火灾	2003 年 9 月 28 日	地震引起	引起油罐下沉
22	中石油山西石油分公司半坡油库火灾	2004 年 4 月 24 日	偷油引起	偷油过程中引起静电火灾

从表 2.2.1 中收录的案例可以看出，油罐火灾原因无外乎人为因素和非人为因素。人为因素如员工误操作、冒顶、违章电焊等，非人为因素中雷击和静电占多数。

燃烧的样式有火炬式稳定燃烧、敞开式燃烧、塌陷式燃烧、密封圈局部燃烧、环状燃烧等，火灾样式有稳定燃烧、爆炸燃烧、沸溢喷溅和立体燃烧等。

2.3　油罐火灾或爆炸事故的一般场景典型案例

从国内外火灾爆炸案例可以看出，油罐储存油品类型不同、结构形式不同、所处的环境不同，其火灾爆炸事故的发生发展趋势也不同，产生的场景也不同，防治手段和措施也不同。尽管油罐火灾爆炸事故复杂多样，但可以归纳为若干典型场景。提炼油罐火灾爆炸事故的典型场景，不仅有利于掌握油罐火灾爆炸事故的规律，而且可以提出有针对性的应急救援措施，开展有针对性模拟训练。这些都具有十分重要的意义。

2.3.1 油罐火灾基本场景

通过对国内外油罐火灾案例的研究，将油罐火灾归纳为 12 种常见场景，见表 2.3.1。

表 2.3.1　油罐火灾基本场景一览表

序号	名称	简　图	文字描述
1	火炬式稳定燃烧	 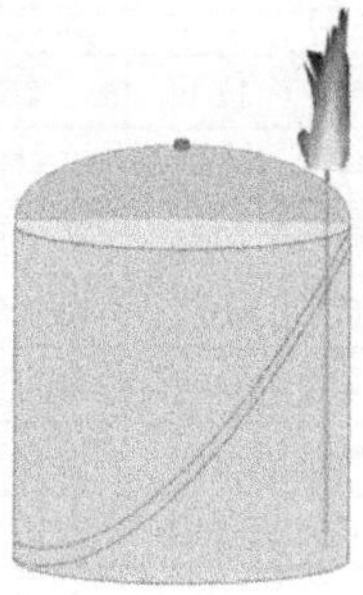 （1）直喷式 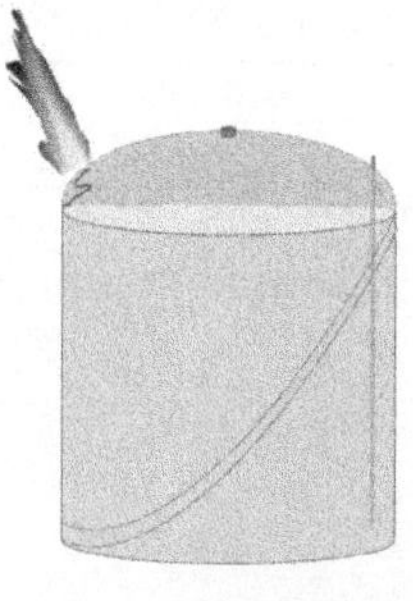 （2）斜喷式	油罐发生火灾爆炸事故，油罐顶盖未被炸掉，可能在破裂处、呼吸阀、测量孔、采光孔等部位，形成稳定的火炬式燃烧的火灾，分为直喷式和斜喷式 直喷式稳定燃烧一般发生在呼吸阀、安全阀等接管处，斜喷式稳定燃烧主要发生在罐内液体上部的罐壁裂缝处。火焰从裂缝处窜出，呈扇形燃烧 其扑救方法如下 ① 水流封闭法。根据火炬直径大小、高度，组织数个射水组，部署于不同的方向，同时交叉向火焰根部射水。用水流将火焰与未燃烧油气隔开，造成瞬时断供，使火焰熄灭；或用数支水枪同时由下向上移动，射击的水流将火焰“抬走”，使火焰熄灭 ② 水喷雾灭火法。根据火炬直径大小、高度，组织数支喷雾水枪，射到火焰根部。利用水雾吸热降温，稀释油气和氧含量的原理，使火焰熄灭 ③ 覆盖灭火法。覆盖灭火法是用覆盖物将火焰盖住，形成瞬时油气与空气隔绝层，使火焰熄灭。这种扑救方法对呼吸阀、测量孔、采光孔等处火炬式燃烧极其有效。其具体方法是将扑救队伍分成相应数量的覆盖组和射水掩护组，穿好防护服。在覆盖进攻前，将覆盖物浸湿，对燃烧部位进行冷却。进攻中射水掩护覆盖人员，从上风方向靠近火焰，用覆盖物将火焰盖住，使火焰熄灭。覆盖物可用棉被、麻袋、石棉被等
2	固定顶油罐敞开式稳定燃烧	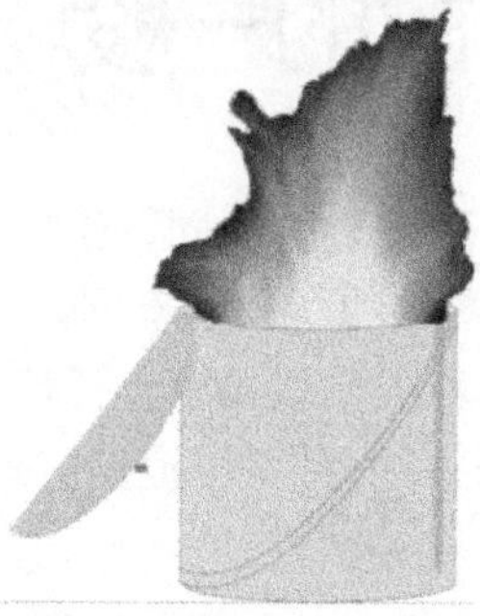	它是在爆炸威力较大，将整个罐盖掀掉后，火焰在整个油面上燃烧的一种形态，在上部罐口形成圆柱立锥形，火焰高度一般比较稳定。燃烧火势比较猛，罐口火风压较大，扑救时需要投入较大力量。一般是采用泡沫或泡沫干粉联用灭火

续表

序号	名称	简图	文字描述
3	固定顶油罐塌陷式燃烧	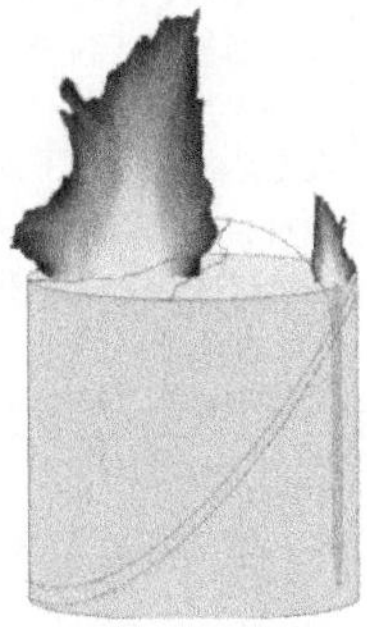	塌陷式燃烧是指金属油罐的爆炸威力相对敞开式燃烧小一些，是罐盖掀掉一部分后，而塌陷到油品中的一种半敞开式的燃烧。会因部分金属构件塌陷在油品中，导致灭火时出现死角，泡沫不易覆盖到塌陷构件下的油面。此外，也会因塌陷构件温度高、传热快，而导致复燃，或引起油品过早出现沸溢、喷溅，应对塌陷构件加强冷却
4	外浮顶罐密封圈局部稳定燃烧	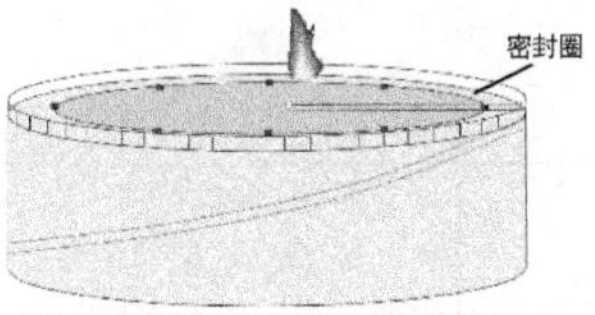	在外浮顶油罐中，浮盘边缘与罐壁之间约有250mm的环形间隙，此间隙是油罐浮盘上下运行的空间，同时也是油罐散发油气的主要通道。为阻止油气散发，必须依靠密封装置来减少油品的蒸发损失，然而密封装置并非绝对密封，仍然有部分油气挥发至空气当中，当受到雷击、静电及硫化亚铁自燃等因素影响可能会发生燃烧、爆炸。火灾初起，一般是密封圈局部稳定燃烧。可采用第三章介绍的光纤报警与定点喷射灭火技术；也可采用2.2.2节案例介绍的消防员登顶灭火技战术
5	外浮顶罐密封圈全环形面积燃烧	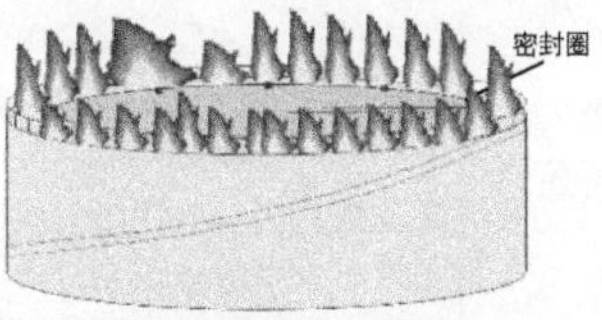	如果密封圈局部燃烧处置不及时，火势将扩大为整个密封圈带式燃烧，此时人员很难登顶灭火，需要借助储罐自身的消防设施及移动消防力量处置
6	外浮顶罐全液面燃烧（沉盘）	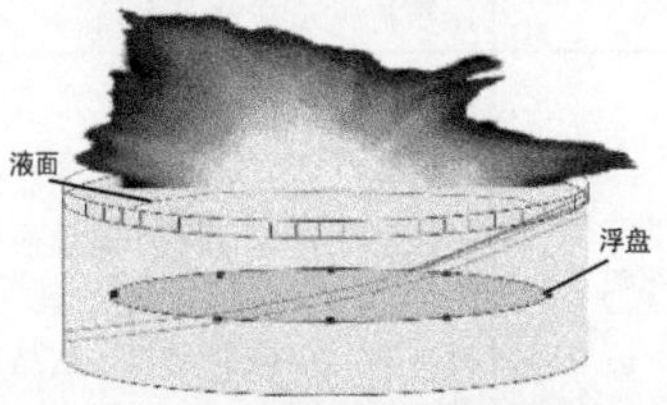	密封圈火灾处置不当或其他原因导致浮盘沉盘，密封圈火灾将发展为全液面燃烧火灾，给灭火指挥、后勤保障、消防设备提出了很大挑战。这也是一种敞开式燃烧，采用第六章介绍的新技术灭火
7	浮顶罐卡盘式燃烧	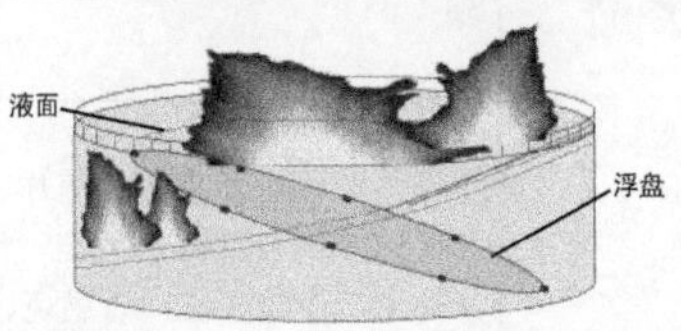	由于火灾中不均匀受热等原因，浮盘变形倾斜，不能自由上下浮动，被卡在某一处，造成类似塌陷式燃烧，灭火泡沫不能覆盖到全液面，浮盘下的火很难灭掉，要采用打洞灌注泡沫等方法灭火
8	爆炸型火灾	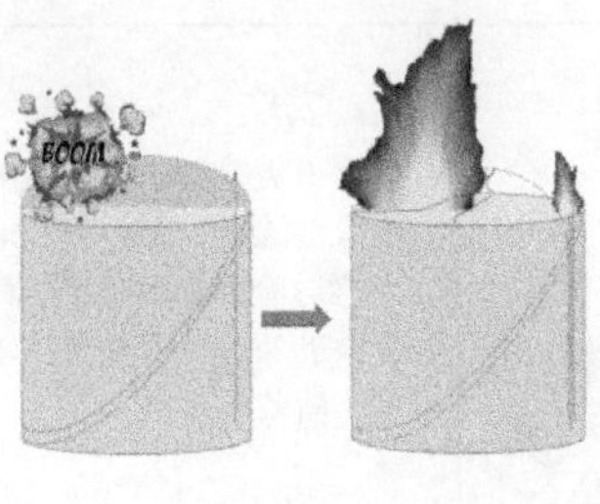 （1）先爆炸、后稳定燃烧	先爆炸、后稳定燃烧指油罐的火灾是由爆炸引起的。油罐爆炸按性质可分为化学性爆炸和物理性爆炸两大类，通常情况下，化学性爆炸威力较大，引发火灾的概率也更高。爆炸后的燃烧，在一定时间内处于稳定状态，但随着燃烧时间的延长，可进一步导致再次爆炸，或出现油品沸溢情况

续表

序号	名称	简图	文字描述
8	爆炸型火灾	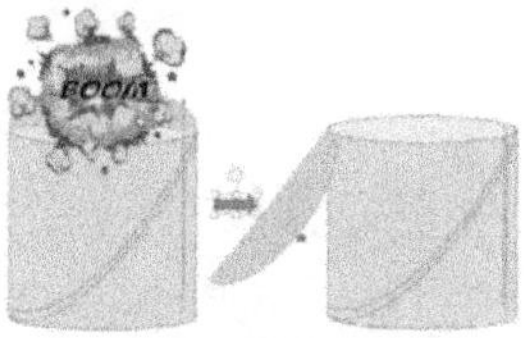 （2）只爆炸、不燃烧	只爆炸、不燃烧是一种一闪即逝的瞬间爆炸现象。有些空油罐由于洗罐不彻底，油品挥发的油蒸气与空气在空罐内形成爆炸性混合气体，遇明火或达到自燃温度而发生爆炸。但由于罐内没有油品，失去持续燃烧的条件，而没有出现燃烧。重质油品储罐内的油蒸气浓度高于爆炸浓度下限，遇到火源虽也可能在罐内发生爆炸，但由于油品挥发速度跟不上燃烧的需要，因而也不能在爆炸后持续燃烧
		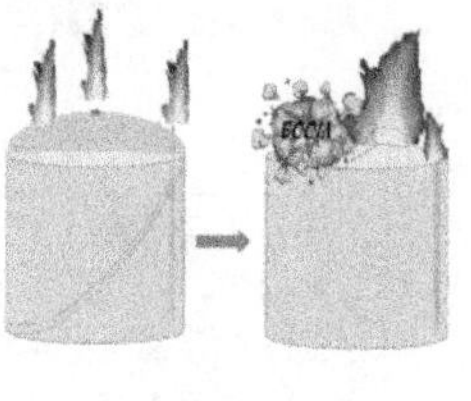 （3）先燃烧、后爆炸	火炬式稳定燃烧的油罐，在辐射热的作用下发生爆炸，邻近罐在燃烧罐火焰辐射下也可能发生爆炸，爆炸后情况可能如（1）或（2）所示
9	沸溢型燃烧		重质油品储罐发生火灾后，油品在燃烧过程中出现沸腾、溢流、喷溅等现象，称为沸溢型燃烧。沸溢型燃烧主要有以下两种形式 ① 沸腾溢流。沸腾溢流是指含水原油或重质油品储罐发生火灾后，由于油品热波性作用，在燃烧油面下形成稳定的高温油层，油品中的自由水或乳化水沸腾汽化，生成大量油泡，使油罐满溢外流，扩大火势 ② 发泡溢流。发泡溢流是指油罐发生火灾时，油品从罐顶边沿向罐外流出的现象。发泡溢流的原因较多，但无论是重质油罐还是轻质油罐，最主要的原因就是扑救措施不当，灭火中向罐内注水太多，水分蒸发形成气泡，体积扩大造成油品溢流
10	喷溅式燃烧	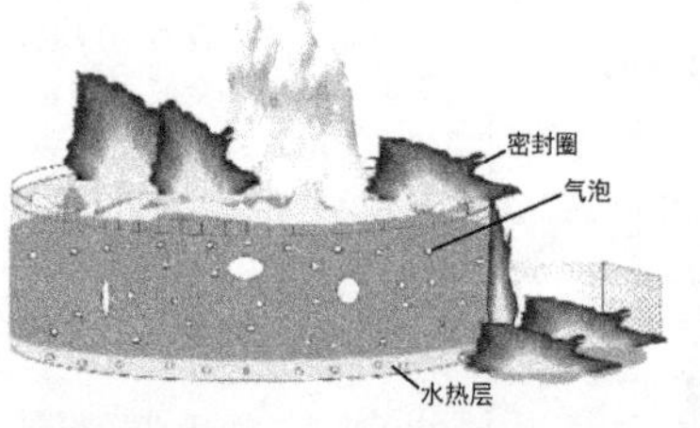	喷溅式燃烧是指重质油品储罐发生火灾后在辐射热和热波特性的作用下，高温热层向罐底传播，遇到罐底水垫层后引发的水突然沸腾，大量的水蒸气将上部油层从罐内喷溅出来的现象。油品发生突沸喷溅，给灭火救援带来极大困难
11	地面流淌火	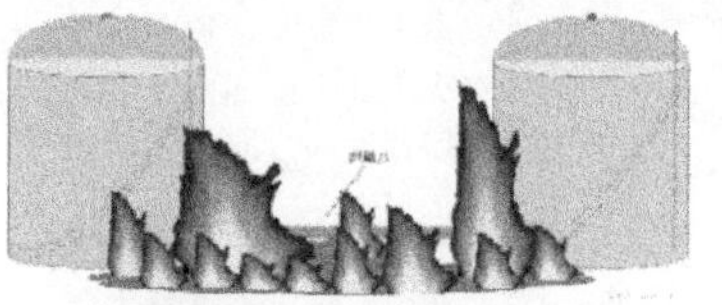	地面流淌火是指由于爆炸、沸溢、罐壁倒塌、管道破裂而造成的液体流淌燃烧。地面流淌火一般火区较大，往往火焰围住多罐同时燃烧，给冷却油罐带来极大负担，扑救工作极其艰难且复杂
12	立体火灾	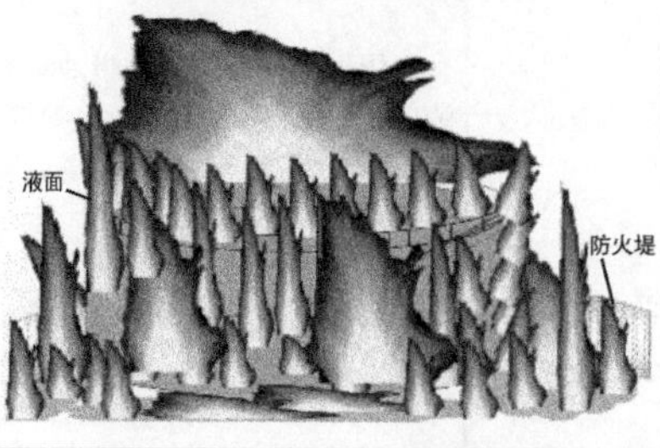	立体火灾是指由于油品沸溢、喷溅、溢流或其他原因而形成的罐内、罐外壁和地面同时燃烧。这种形式的燃烧，将对着火罐本身产生极大的破坏作用，给相邻罐带来极大的威胁，灭火难度较大。可采用第六章介绍的新技术、新装备灭火

2.3.2 油罐火灾场景设计

根据对国内外油罐火灾案例的研究，参考以上火灾样式，设计出 7 种油罐火灾可能发生的场景，以便采取针对性应对措施，见表 2.3.2。

表 2.3.2 油罐火灾场景一览表

序号	类型	描述	简图
1	单罐稳定燃烧	（1）背景与原因 某油库 1 台 5000m³ 的固定顶罐油罐，盛装汽油，由于天气炎热，加上油罐充装过满，大量油蒸气从呼吸阀溢出并引起燃烧——火炬式燃烧，无相邻罐 消防员首先对油罐进行冷却，这是避免灾情进一步扩大的最重要的措施 （2）发展趋势 这个例子采取的措施是得当的，没有进一步扩大，见图示	发生火炬式燃烧 第一时间启动固定喷淋冷却 消防员登顶用灭火毯灭火 启动氮气惰化系统灭火 结束 （1）火势不大，启动固定冷却系统 发生火炬式燃烧 第一时间启动固定喷淋冷却 消防员登顶用灭火毯灭火 启动氮气惰化系统灭火 结束 （2）如果火势比较大，增加移动冷却装置
2	单罐爆炸	（1）背景与原因 某油库 1 台 5000m³ 的固定顶罐油罐，盛装汽油，由于天气炎热，加上油罐充装过满，大量油蒸气从呼吸阀溢出并引起燃烧——火炬式稳定燃烧，无相邻罐 （2）发展趋势 与 2.2.1 同样灾情，如果处理不当，则会引起油罐物理爆炸。引起火灾的原因主要是第一时间未启用固定冷却系统和移动冷却力量不足等 第一，呼吸阀处先起火，火势在 30min 内可控 第二，如果 30min 内没有采取有效措施，由于火焰的热辐射作用，使油罐内蒸气压增大，安全阀开启，大量油蒸气外溢并被引燃起火，火势与辐射热更大 第三，此时，如果不能有效冷却，内压会持续增加，加上火焰烘烤会导致位于罐顶的采光孔、量油孔法兰连接面密封失效，泄漏燃烧，火势更大，内压持续上升	发生火炬式燃烧，且火势很大 第一时间未启动固定喷淋冷却，或者是固定设施损坏，移动力量部署不够 爆炸后呈敞开式燃烧 爆炸后呈塌陷式燃烧

序号	类型	描述	简图
2	单罐爆炸	第四，当压力上升到设计压力的2～3倍，罐体的顶盖首先被爆炸掀掉或部分掀开 第五，敞开燃烧或塌陷燃烧15min，或壁温达到500～700℃时罐壁上部部分塌陷，一般发生在罐盖拉拽处的罐壁受力处 以上情况发生都是由于冷却强度不够，或战术问题引起的 （3）爆炸前现象 火焰扩大、明亮耀眼、声音明显增大，辐射热增强	
3	多罐燃烧爆炸（以大龙洋火灾为蓝本）	（1）背景与原因 某石油有限公司油库在倒油过程中，油罐过量充装导致油罐内汽油外溢，大量流淌的汽油挥发，与空气混合形成爆炸性气体，遇到火源引燃，迅速回燃至油罐区，导致油罐起火爆炸。油罐区内为8个油罐，总容积3200m^3，分别盛装汽油和柴油。8个油罐全部引燃，处于猛烈燃烧阶段，大火直接烘烤着西侧距着火油罐最近油罐区内的5号1000m^{3}的汽油罐 （2）发展过程和趋势 最先到场的3个消防中队，启动固定喷淋设施和水枪进行冷却，后续到场力量重点冷却邻近罐组 4号着火罐在自身油火和邻近罐辐射热作用下再次发生物理性爆炸，罐内油火流淌到地面，形成立体火灾。后续3号、5号罐又相继发生大爆炸，油品大量泄漏，在罐区地面上形成1000m^{2}的流淌火，同时风向又由东南风转为西北风，西侧邻近罐区处于下风向的5号罐随时有爆炸危险 （3）现象 翻滚火焰高达数十米、明亮耀眼，爆炸火球飞出几十米远，爆炸声音巨响，火场温度骤升	“9.01”沈阳大龙洋石油有限公司火灾战斗部署图 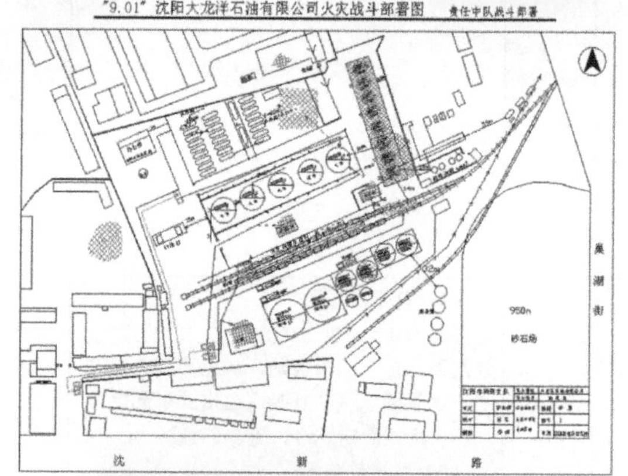 

续表

序号	类型	描　　述	简　　图
3	多罐燃烧爆炸（以大龙洋火灾为蓝本）		原案例描述： 着火油罐除自身着火外，地面上的油火还在烧着油罐，由于罐盖在爆炸时没有完全裂开，罐内的温度和压力急骤升高。8 时 40 分左右，着火的 4 号油罐“轰”的一声再次发生物理性大爆炸，整个罐盖被掀开，翻滚的火焰高达 70 多米，瞬间沸溢的油火犹如鼎沸的钢水、火的瀑布通过墙垛、窗口从墙壁上直泻下来，后续 3 号、5 号罐又相继发生大爆炸，火势向西侧联汇石油公司油罐区迅速蔓延，火场上的温度骤然升高，面对翻滚的火舌，猛烈的火势，消防员顽强地坚守着阵地，堵截火势，冷却油罐。9 时左右，着火油罐区上空突然白光一闪，随即“轰轰”两声巨响，2 号、6 号油罐再次大爆炸，建筑物西侧围墙一半以上轰然倒塌，空中一大团、一大团火球飞出二三十米远，落在官兵们的阵地上；地面上大火翻滚着冲过西侧和南侧的空地，冲过防护堤，冲过南侧铁路，冲向南侧油罐区，冲向联汇公司的油罐区。火场指挥部果断下令：立即撤退，转移阵地 当消防员后撤到 40m 处回头一看，大火已冲进西侧联汇公司油罐区内 30 多米，向南马上就要冲到南侧油罐区，原来的阵地一片火海，空中翻卷的火龙已将 5 号和 4 号油罐包围，5 号和 4 号油罐，特别是 5 号油罐马上就要爆炸 此时，每个消防员心里都非常清楚，不冲回去扑救，5 号油罐肯定保不住、1～4 号油罐肯定保不住、整个油罐区肯定保不住，更大的灾难很快就要发生。指挥员果断下令，马上反攻 指战员把火龙一步一步地推了回去，可是火龙又把官兵们一步一步地逼了回来，火逼人移，人进火退，展开了一场艰难的拉锯战，来回进行了三四个回合，才把火龙赶回着火油罐区，冷却 5 号罐的阵地马上又恢复了
点评：这次火灾先后共发生 5 次爆炸，由于对火场情况判断比较准确，及时撤退，攻防有序，未造成人员伤亡。这次消防队的主要功劳是通过强力冷却，保住了邻近公司的 5 个邻近罐，未使火势进一步失控。油罐火灾发展趋势与采取的技战术措施密切相关			
4	沸溢性油品固定顶罐雷击爆炸（以黄岛油库火灾为蓝本）	（1）背景与原因 某原油油库有 5 台油罐，储存原油、渣油和各类成品油，1、2、3 号罐为 10000m^3 金属拱顶罐，4、5 号罐为 30000m^3 钢筋混凝土，某日由于雷击，5 号罐发生爆炸火灾，罐顶炸掉一部分，呈半敞开式燃烧 （2）发展过程和趋势 初战中队启动固定喷淋设施，利用水枪进行冷却着火罐和邻近罐，利用库区输油设施，从罐底输油管道向外排油 灭火过程中，风向变化（东南风变为西北风），1、2、3、4 号罐都受到火势辐射热威胁，导致呼吸阀等部位起火，消防队登顶将 1、2、3 号罐火扑灭。4、5 号罐火势很大，只能加强冷却。由于燃烧时间长，5 号罐发生喷溅，流淌火面积达 1000m^2，引发 1～4 号罐的爆炸 （3）现象 火势骤然增大，原来的浓烟全部变为火焰，且颜色由橙红色变为红白色，异常明亮，罐体震动发出轰鸣声	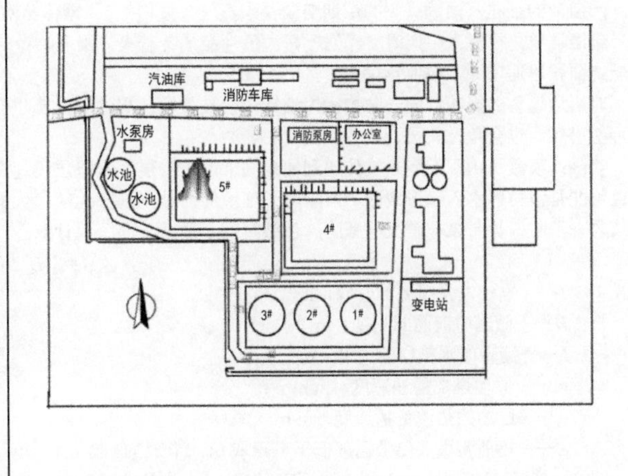

续表

序号	类型	描述	简图
4	沸溢性油品固定顶罐雷击爆炸（以黄岛油库火灾为蓝本）	（4）对周边设备影响 这个案例来自黄岛油库火灾，本来是4号罐由于雷击发生火灾，在扑救过程中，大量水和泡沫打进5号罐，结果发生了沸溢喷溅，由于风向发生改变，4号罐和1～3号罐突然处于下风方向，引起1～4号罐的陆续爆炸	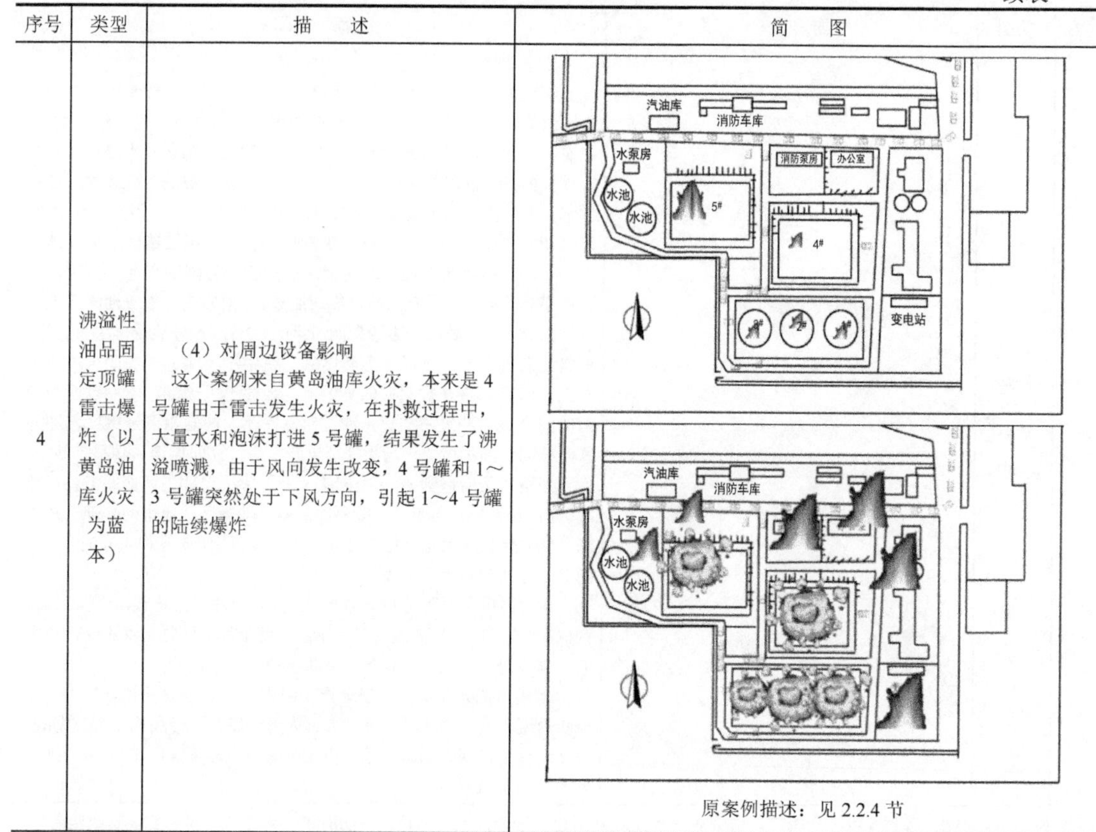 原案例描述：见2.2.4节

对沸溢性油品火灾发展过程的描述

沸溢性油品包括原油、重油、渣油、蜡油等沸程较宽的油品。用于储存沸溢性油品的储罐一般有外浮顶罐、内浮顶罐、固定顶罐、油池

储存沸溢性油品的外浮顶油罐由于雷击起火，开始火势往往位于密封圈处一处或几处，此时：①如果在初期阶段能够启动固定消防设施或登顶灭火，火灾被迅速扑灭，火灾结束；②如果固定消防设施破坏，登顶作战失败，火势扩大，造成浮盘倾覆，从此时算起大约70min，油罐可能会发生沸溢

沸溢前的征兆：油罐火灾的浓烟变淡（水蒸气含量增加）、罐体凸涨、火焰明亮，甚至涌出几次泡沫

沸溢现象：很像煮牛奶时“潽锅”，大量油品（带着火）沿着罐壁流下，迅速在防护堤内形成流淌火，有时还会越过防护堤，燃烧面积迅速增大，辐射热增强

对周边设备的影响：同一防护堤内油罐很快被引燃，周边邻近罐也会被引燃，甚至被“烤爆”，对架空的输油管线，同样有可能引燃，也会危及人员、装备安全

喷溅：喷溅是由于燃烧热波传递到油罐底部的水垫层，水垫层迅速汽化，从底部喷出，这些水垫层可能是油罐本身就有的，也可能是消防射水入罐形成的。喷溅不是连续的而是无规律地喷，大的“着火油滴”会喷出几十米甚至上百米，给其他油罐、装置、消防人员带来非常大的威胁。喷溅时间一般用下面公式计算

$$T=[(H-h)/(v_0+v_t)]-KH \tag{2.3.1}$$

式中 T——预计发生喷溅的时间，h；

H——储罐中液面的高度，m；

h——储罐中水垫层的高度，m；

v_0——原油燃烧的线速度，m/h；

v_t——原油的热波传播速度，m/h；

K——提前常数（储油温度低于燃点取0，高于燃点取 0.1，单位为h/m）。

例如，5000m^{3}油罐，高15m，油面高度11.5m，水垫层高度0.9m，储存重油，热波传递速度50cm/h，燃烧速度7.5cm/h，预测一下喷溅时间，油温在燃点以上

代入公式：$T=[(11.5-0.9)\div(0.50+0.075)]-0.1\times11.5=17.3$(h)

这个数据说明：喷溅一般发生在十几个小时以后，如果控制措施得当，也是可以避免的

续表

序号	类型	描述	简图
5	沸溢性油品外浮顶油罐火灾（以江苏仪征分输站火灾为蓝本）	（1）背景与原因 某原油分输站，150000m^{3}原油罐由于雷击起火，在密封圈处出现多个火点，油库职工登顶灭火。登顶灭火人员要身着隔热服、戴空气呼吸器，要有水枪掩护，还要开启固定冷却系统 （2）发展趋势 如果处置不当，密封圈就可能全面起火，火焰对邻近的13、14和16号罐造成威胁。此时，灭火只能靠固定泡沫灭火系统和移动泡沫喷射系统 如果燃烧时间长，油罐变形，或射水不当，有可能造成浮盘局部被卡住，不能上下自由移动，使灭火更加困难。由于在浮盘下局部形成燃烧空间，泡沫很难形成覆盖，因此灭火困难，可采用在罐壁上打孔，然后用灌注泡沫的方法灭火。也可以灌注同质冷油，提升液位，这有助于浮盘复位、灭火 （3）现象 油盘整个下沉，形成全液面火灾，火焰高、明亮耀眼，辐射热大，热累积效果明显，扑救困难。可用大流量泡沫炮、复合射流灭火技术灭火 右图为火势发展的四种情况	某输油站室外总平面图 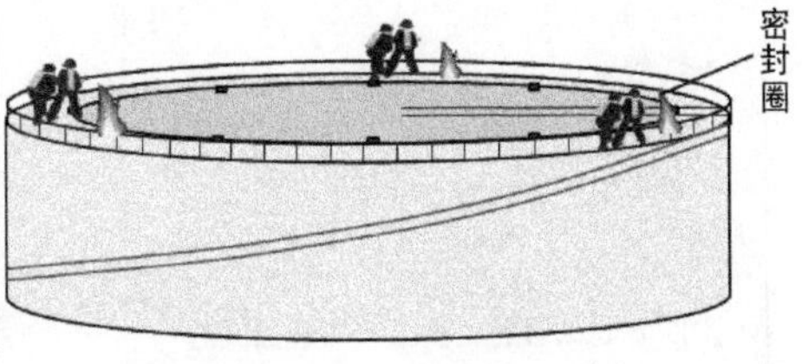 （1）密封圈局部火灾——消防员登顶灭火 （2）密封圈全面起火——启动固定系统灭火和移动泡沫喷射系统灭火 （3）卡盘——浮盘局部被卡，不能自由移动，采用灌注泡沫或同质冷油灭火 （4）浮盘沉没——形成全液面火灾，采用大流量泡沫炮、复合射流技术灭火

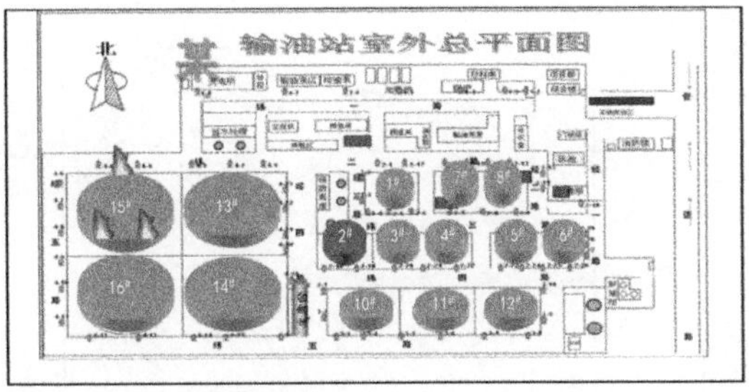

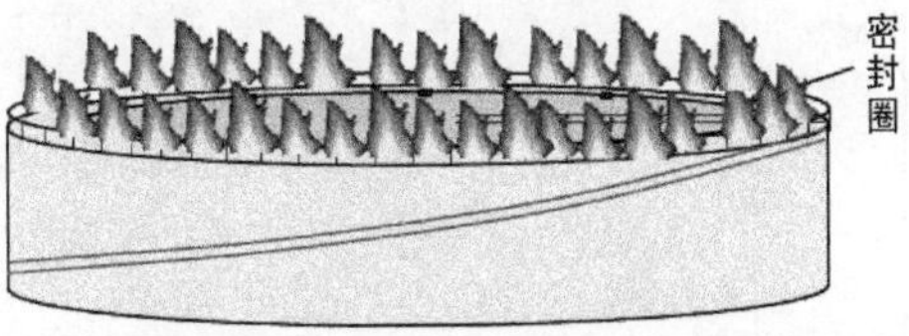

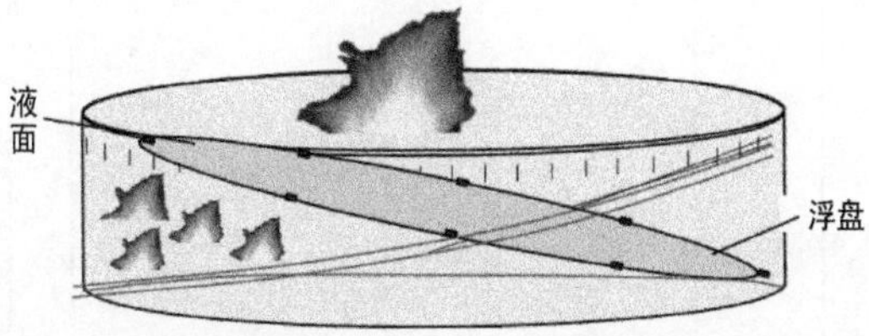

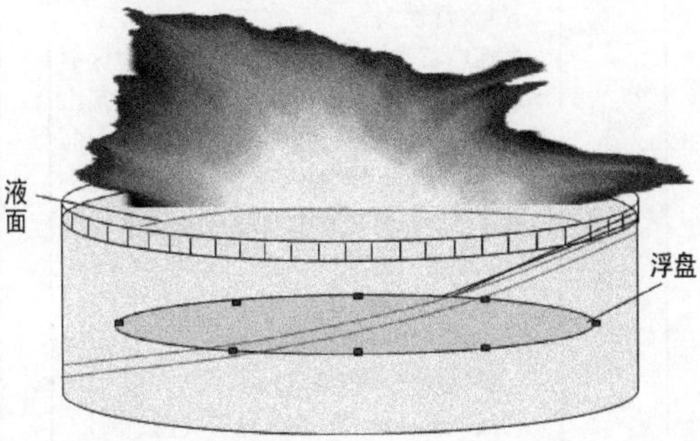

续表

序号	类型	描　　述	简　　图
6	渣油罐沸溢、喷溅	（1）背景与原因 某油库有4个油罐，其中2个重油罐、1个渣油罐、1个杂油罐，均为5000m³拱顶罐。某日由于渣油罐上部焊缝开裂，高温渣油泄漏，瞬间引起大火 （2）发展过程和趋势 消防队到场对着火油罐和邻近油罐进行冷却。大约70min后，由于罐内的温度和压力不断升高，渣油罐发生沸溢。造成流淌火及罐壁火，形成立体燃烧，致使杂油罐爆炸，并且直接威胁2个重油罐。8h后，发生喷溅。整个库区燃起大火 （3）现象 着火罐火势骤然增大，原来的浓烟全部变为火焰，且颜色由橙红色变为红白色，异常明亮，罐体震动发出轰鸣声，整个罐区一片火海。油罐出现涌涨，还会出现几次小的沸溢现象	渣油罐起火 渣油罐沸溢，杂油罐爆炸
7	综合复杂场景（以大连“7.16”火灾为蓝本）	（1）背景 大连中石油国际储运有限公司保税区油库位于大连市大孤山半岛新港码头。大孤山新港码头位于大连市东北端，是我国重要的石油战略储备基地之一，规划设计储量1000万立方米，目前总储量达7574500m³，详见2.2.1节 （2）火灾原因 加注氧化剂时违章操作 （3）处置过程和趋势 初战力量到场后，深入罐区关阀断料，利用水炮冷却着火罐和邻近罐，利用泡沫炮堵截地面流淌火	大连中石油国际储运有限公司保税区油库

续表

序号	类型	描　述	简　图
7	综合复杂场景（以大连“7.16”火灾为蓝本）	如果关阀断料失败，大量原油会带压喷涌燃烧，火势瞬间就形成猛烈燃烧扩散的态势。如果燃烧时间长、辐射热过强，致使罐内浮盘挤压变形，造成罐体坍塌，燃烧液面处在浮盘下方，灭火剂无法覆盖燃烧液面等情况。可采取强行冷却、稳定燃烧、灌注泡沫、强行注水、淹没残渣、抬高液面等方法灭火 （4）现象 整个油库一片火海，现场火势猛烈，燃烧与爆炸并存；油盘整个下沉，形成全液面火灾，火焰高、明亮耀眼，辐射热大，热累积效果明显，扑救困难。可用大流量泡沫炮、复合射流灭火技术灭火	 库区整体布局密集复杂，多个罐区受到严重威胁  原油带压运行，管线多次爆炸  火势燃烧猛烈，辐射热大  着火罐体坍塌变形，灭火难度极大 判断着火罐坍塌变形的方法： 从已经发生的案例来看，凡是满罐，一般不会出现烧塌变形，但罐上部为空或全部是空罐的则比较容易烧塌。罐上部为空时，若发生火灾，直接烧烤或辐射金属，在15min内基本达到500℃以上，温度继续上升则会导致罐坍塌。空罐则在流淌火或辐射热的作用下会全部烧塌 判断条件： ① 火势大、辐射热强 ② 燃烧时间长，达到30min以上 ③ 无有效冷却措施 ④ 油罐上部为空或全空罐

2.4 大型油罐火灾或爆炸事故防治关键技术

上面三节分析了油罐火灾爆炸事故案例，归纳了大型油罐火灾的规律及典型场景。从这些案例和场景可以看出，引发油罐火灾的原因，有的是自然灾害原因（如雷击、地震等），有的是技术原因（如静电等），也有的是由于人为操作失误（如违章动火、过量充装等）。通过分析不难发现，凡是造成重大损失的油罐火灾爆炸事故，都存在以下原因：

① 由于报警技术制约，事故发现晚或报警晚，未能及时处置；

② 由于联动技术制约，尽管发现事故，但早期处置技术未发挥作用；

③ 灭火剂不足或缺乏高效灭火剂，制约战斗力的发挥；

④ 由于缺乏高效消防技术装备，事故处置技术和战术未能发挥良好作用；

⑤ 由于缺乏爆炸监控装备，在处置过程中，造成人员伤亡；

⑥ 大型油罐火灾场景复杂，缺乏基于情景应对的训练技术。

随着国家经济发展和技术进步，这些问题逐步得到重视和解决。目前，针对大型油罐火灾爆炸事故，以下关键技术应予以重视，我们在“十一五”“十二五”国家科技支撑计划和“十三五”国家重点研发计划的资助下，开展了系列研究，也取得一些重要突破。

（1）基于光纤技术的大型油罐定点报警与分区灭火系统

该系统采用光纤报警技术，在沿大型油罐罐壁与堰板之间的密封圈上布置火灾报警光纤，按储罐直径划分灭火分区，可分为4、6、8、10、12、16等。通过报警光纤，准确探测到起火部位，联动泡沫灭火系统进行定点喷射，实行精准定位喷射，快速灭火，节约灭火剂60%以上，更加省时高效。

（2）油罐爆炸预测模型的构建及预警设备

基于油罐内部压力、热辐射等因素，分析火灾场景下油罐的热动力学响应规律，研究油罐的爆炸机理，建立失效判定准则和预测模型。将油罐火灾现场构成一个辐射热场，研究油罐在热场中热动力学热响应规律，利用有限元方法分析油罐应力分布，并用ANSYS软件实时仿真，确定油罐的最薄弱点。通过模拟油罐升压爆破试验，修正模拟仿真的吻合度。制作了与油罐上部弱焊连接处相同尺寸的力学试件，进行热力耦合拉力破坏试验，确定油罐在真实火场环境下的破坏应力条件，并将极限应力换算成极限应变，从而形成以应变为判断条件的油罐热失效模型，以失效和预警模型为基础，综合运用光学传输、雷达等多因素耦合识别技术，将现场测试、实验研究和爆炸动力学仿真相结合，研制油罐爆炸预测预警装备。

（3）高效复合射流消防车及灭火剂连续供给单元研发

这是一种专门扑救大型油罐和大面积流淌火的高效装备。可同时喷射水、泡沫、干粉等灭火剂，能够同时发挥抑制自由基、冷却降温、乳化隔绝、淹没窒息等灭火作用。难点是复合射流动力传送与喷射技术。受介质和驱动方式的影响，各输送单元喷射时之间不同步，需研究各动力系统启动与喷射之间的相互关系。通过模拟仿真设计，并不断实验改进，优化了系统设计提升喷射性能。研发水、泡沫液和干粉连续供给的模块，并设计成有机整体。复合射流中灭火剂的储存和注入较复杂，需综合运用工程力学、机械设计、自动控制等技术。重点突破大尺寸的泡沫比例混合器的流体力学设计，干粉驱动气体的替换与实验确定。通过理论分析和计算，研发设计了大尺寸泡沫比例混合器，应用 Fluent 模拟软件，模拟优化设计参数，探索基于大尺寸泡沫比例混合器的远程大流量、连续不间断泡沫供给技术。研究了干粉供给模块中驱动气体对复合射流性能的影响，开展了驱动气体对复合射流消防车灭火剂性能及灭火效能的实验研究，探究了压缩空气代替压缩氮气作为干粉的驱动气源应用于复合射流消防车的可行性。通过实验研究，压缩空气与氮气在复合射流效果没有变化，探索了一条复合射流消防车驱动气体的重要路径。

（4）高效环保泡沫灭火剂

从快速破坏燃烧条件入手，引用光化学冷火灭火原理，筛选最佳吸收自由基物质，并运用纳米加工技术保证了吸收光子的官能团物质的均匀添加，使制剂中的粒子小于 50nm，使产品的物理性状稳定，极少产生沉淀物，提高灭火剂的泡沫数量、流动性和耐烧性，使灭火效果更佳。产品经过权威部门测定，灭火时间小于 2min，抗烧时间大于 20min，超过 Ⅰ A 级国家标准，达到国内外领先水平。

（5）憎水性超细干粉灭火剂

在复合射流灭火技术中，需要干粉灭火剂与泡沫灭火剂和水复合喷射。普通干粉灭火剂存在易吸潮、易结块的技术缺陷，开发新型泡沫灭火剂和憎水性超细干粉灭火剂，提升现有灭火剂的灭火效能。采用新型环保原材料，针对市场上的超细干粉灭火剂易吸潮、结块开展攻关研究，解决复合射流高喷消防车喷射超细干粉的重点和难点技术问题。其技术路径是：选取灭火剂主组分→聚合度数值确定→确定灭火剂粒径范围→粉碎试制样品→高分子表面处理→灭火剂指标测试→第三方送检→实战或演练验证。憎水性超细干粉灭火剂本质上是一种“非高温气溶胶灭火技术”，是将平均粒径 5μm 的超细粉末灭火剂通过高速射流射入燃烧区域，其灭火机理是参与燃烧，阻断燃烧的链式反应，捕捉自由基，从而抑制燃烧。产品采用高聚合度的聚磷酸铵，不吸水、不结块，但是在加工细化后也存在团聚现象，为达到其符合作为灭火剂的技术要求，需要加入其他添加剂来改善性能。经过反复试验，选定聚 A 硅氧烷作为表面处理剂，通过纳米技术，达到对聚磷酸铵分子的包覆，使其接触角≥150°，灭火浓度达 $60g/m^3$。经过复合射流消防车的灭火实测，效果良好，完全满足复合喷射的要求。

（6）灭火救援行动安全防护技术

扑救大型油罐火灾，消防员面临着火灾热辐射、油罐和油蒸气爆炸等威胁，为保护消防员的人身安全，必须掌握油罐热辐射和爆炸的伤害范围计算方法，合理部署兵力，确保人员安全。同时，要加强个人防护，穿着可以防止长时间热辐射灼伤的主动式避火服等。从消防员实际穿着两种不同类型的避火服完成各种战术动作的实验数据来看，主动式避火服与传统的被动式避火服相比，消防员生理指标更好，感觉更舒适，更适合于消防员长时间阵地作战，对保护消防员健康有很大优势。

（7）油罐灭火技战术

根据统计，大型油罐火灾所用的消防力量远远高于理论计算值，甚至超过几倍。在传统计算方法中，既没有考虑风力和风向的影响，也没有考虑燃烧的热积累效应和多罐燃烧的热叠加效应，因此，导致数值偏小，本书第八章对模型进行了改进，形成一套快速计算火场力量的方法，建立基于远程供水、移动水炮等设备的油罐火灾灭火战斗编成。

参考文献

[1] 张清林等. 国内外石油储罐典型火灾案例剖析 [M]. 天津：天津大学出版社，2014.

[2] 康青春，黄金印等. 中外抢险救援典型战例精选 [M].北京：红旗出版社，2005.

[3] Accident Investigation Report（volume1），Buncefield Major Incident Investigation Board UK July 2008.

[4] Accident Investigation Report（volume2a），Buncefield Major Incident Investigation Board，UK. July 2008.

[5] Accident Investigation Report（volume2b），Buncefield Major Incident Investigation BoardJuly 2008.

[6] Explosion Mechanism Advisory Group Report，Buncefield Major IncidentInvestigationBoard. July 2008.

[7] DNV Illustrative model of a risk based land use planning，DNV Energy，May 2008.

3

大型油罐定点报警与分区灭火系统研发

3.1 光纤火灾报警技术及应用

火灾定点报警技术可以在火灾的初期阶段及时发现火灾的发生及规模，对起火位置进行准确报警，通过联动灭火系统，实现大型油罐初期火灾快速响应，对大型油罐初期火灾扑救具有重要意义。一般来说，火灾发生初期阶段特征较为明显。燃烧是一个化学反应过程，这一阶段最显著的特征是释放能量从而使环境温度持续上升。因此，大型油罐密封圈周围的环境温度可以作为火灾检测的重要对象。石油库普遍采用温度检测的方法进行火灾预警，即一旦火灾探测器探头的安装位置达到温度设定值，火灾探测器就会向控制系统发出信号，控制系统对火灾信号进行处理后，发出声光报警，经过一定时间，系统根据升温曲线，判定是否发生火灾，一旦确认，便自动或经过人工确认后启动泡沫灭火系统，对着火油罐进行泡沫覆盖。

大型油罐早期火灾自动探测报警系统大都使用线性感温电缆等传输电气信号的传感器。但是如果把电信号引入属于爆炸危险区域的大型储油罐上，就需要采取严格的安全措施。为能早期检测到火灾情况，一般都把线性感温电缆安装在密封圈附近，但是密封圈附近属于最危险的爆炸危险区域，因此不可避免地带来一定的安全问题。另外，在检测的温度值上，只能检测传感器设定的某一个值，而传感器的这个值一旦设定就不能更改，所以只有当温度达到设定值时才会报警，而在这之前温度升高的信息是检测不到的，且其测定点有限，只有在安装温度传感器的位置起火才能被及时探测到，其他地方起火只能等烧到装有传感器的点时才能被检测到，所以使用这种方式检测温度会发生一定的延迟，往往报警时已经造成了很大的损失。而且一旦某一传感器损坏，整个探测系统将无法工作。根据应用情况，该类系统在投入实际使用后效果不太理想，误报率很高。

20 世纪 70 年代，随着光纤及光通信技术的成熟，光纤传感技术的应用范围逐渐被拓宽。国际上出现了以光波为载体、光纤为媒质的光纤传感器及相关技术。由于采用非电气信号传输的方式，克服了传统的电类传感器的局限性，其本质安全的特性得到了人们的认可。

光纤是由折射率不同的石英材料组成的细圆柱体，在通信技术中主要用于长距离传递信息。光波在光纤中传播时，振幅、相位等表征的特征参量会发生一些变化，从而传感元件可以使用光纤进行各种物理量的探测。

光纤传感器是无源器件，不需要另外的能源。光纤既能感知信息又能传输信息，而且不受电磁干扰。以光纤传感器为核心的光纤温度在线监控系统还可以获取空间温度的分布信息。

目前，光纤传感技术主要分为光纤拉曼传感技术和光纤光栅传感技术。

3.1.1 光纤拉曼传感技术

（1）工作原理

当激光脉冲在光纤中传输时，由于两者间的相互作用，会产生三种不同的散射光——瑞利散射、布里渊散射和拉曼散射。在温度变化时，瑞利散射敏感度较低，而布里渊散射和拉曼散射较为敏感，可以用于温度的测量。但由于在频谱上靠得非常近，布里渊散射和瑞利散射难以区分，所以很难使用布里渊散射进行温度测量。

拉曼散射包括斯托克斯散射和反斯托克斯散射，两者在频谱图上的分布大致是对称的。

它们对温度的变化都比较敏感，但反斯托克斯散射的温度敏感系数远远超过斯托克斯散射。因此，信号通道通常选用反斯托克斯散射，作为计算温度的主要依据，而参考通道则选用斯托克斯散射，用来消除应力等其他因素的影响。

分布式光纤拉曼温度在线监控系统是利用光纤中传输光波，产生反向散射实现的，激光脉冲在光纤中传输时，会不断产生反向散射光波，其中光纤散射点温度的变化会影响反向散射光的状态。通过技术手段处理后，将状态改变后的反向散射光波送入信号系统便可实时显示温度信号。光波在光纤中传输的速度和背向光回波的时间可以对信息进行具体定位。光纤感温报警系统工作原理如图 3.1.1 所示。

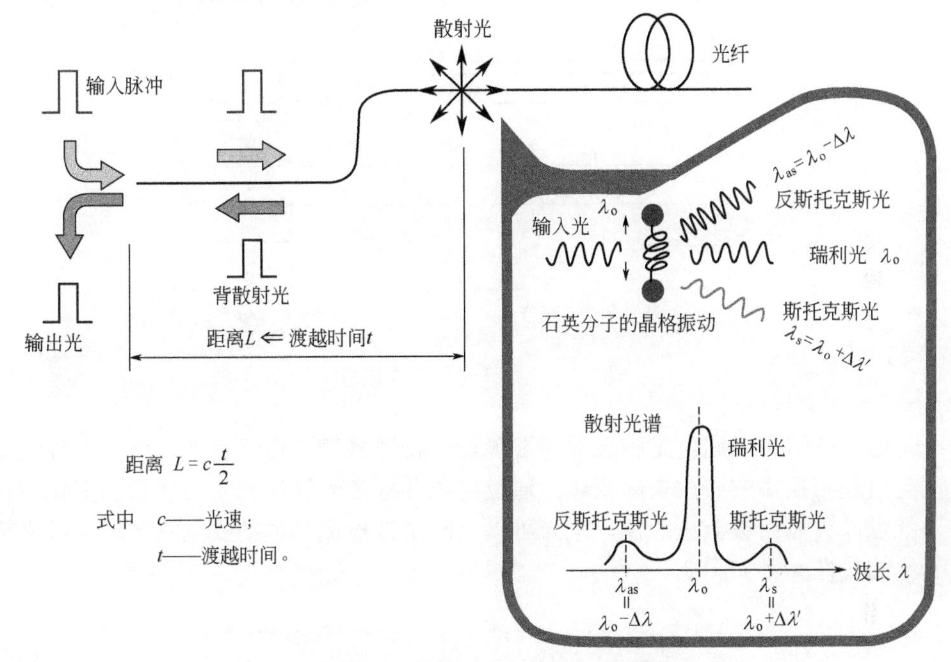

图 3.1.1 光纤感温报警系统工作原理

（2）技术应用

20 世纪 80 年代，随着光纤拉曼温度监测系统的出现，温度测量方式进入了一个新的时代。使用分布式光纤进行温度测量的优势逐渐显现。以光纤拉曼技术制作的分布式光纤温度传感系统在技术上比较成熟：可显示温度的传播方向、速度和受热面积；可将报警区域的平面结构图和光缆布线图预先输入计算机；可自动或手动实时显示温度报警或故障区域，进行火灾预警。

然而，随着光纤拉曼温度传感系统的应用，其劣势逐渐暴露出来。一方面，由于系统测量的是微弱的反射模拟信号，当光源起伏等情况出现时，容易受到干扰。另一方面，因其响应时间和测量精度相互制约，不能同时达到响应时间短和测量精度高的要求。同时，由于国外的技术垄断等因素限制，导致系统价格偏高，应用率较低。因此探索新的分布光纤测温原理引人关注。

3.1.2 光纤光栅传感技术

（1）工作原理

光纤光栅是一种特殊器件，能够对满足布拉格条件的光进行反射。它以光纤为基料，通过激光加工而成。温度、压力或其他条件的变化，会改变检测点的波长，这样该点应力的状况可以通过波长的变化反映出来。

光纤光栅的栅距和折射率会因温度的变化而发生改变，导致光纤光栅的反射谱和透射谱发生变化。光纤光栅测量温度的基本原理就是通过检测这些频谱的变化来获取相应的温度信息。光纤光栅结构原理如图 3.1.2 所示。

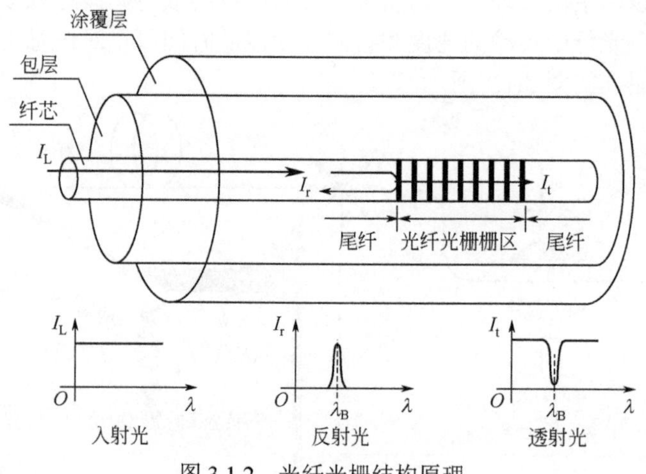

图 3.1.2 光纤光栅结构原理

光纤光栅传感器可以通过某种装置将被测量的物理量变化进行有效转化。光纤光栅上的温度变化会引起布拉格中心波长的变化，通过建立并标定光纤光栅中心波长的变化与被测量的关系，就可以计算出被测量的值，进而可以判断出被检测物体的安全状况。光纤光栅波长随温度变化的线性关系如图 3.1.3 所示。

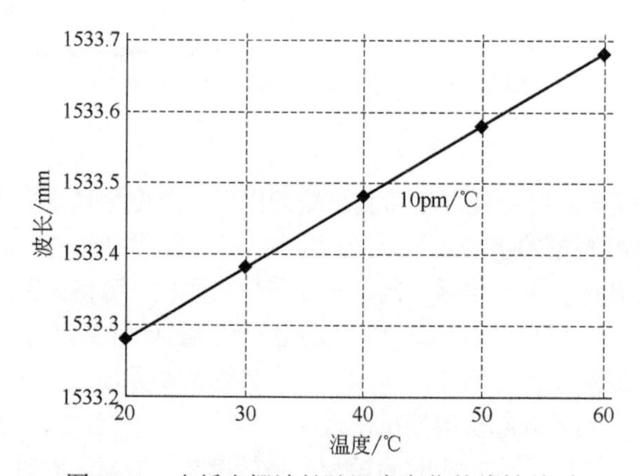

图 3.1.3 光纤光栅波长随温度变化的线性关系

表 3.1.1 给出了光纤光栅传感器的技术参数。

表 3.1.1 光纤光栅传感器的技术参数

技术参数	规格
测量范围/℃	−30～150
分辨率/℃	0.1

续表

技术参数	规格
测量精度/℃	±0.5
响应时间/s	≤12
光纤光栅波长范围/nm	1526～1563
外形尺寸/mm	ϕ8×88 或ϕ10×98
光纤安装方式	埋入、安装、捆扎
光纤外封装	不锈钢外壳，铠装引线（可定制其他形式）
光纤形式	防静电光缆

（2）技术应用

光纤光栅传感技术是 20 世纪 90 年代研发的新一代传感技术，具有测量精度高、使用寿命长的优点，由于使用光波信号进行传输，连接传输损耗大幅降低。当光源功率起伏时，测量信号几乎不受影响，即使环境温度超过 200℃，光纤光栅传感器仍具有测温能力，稳定性能优异。因此，光纤光栅传感技术在国内外获得了广泛认可，发展较为迅速。但是，当多个光栅复用进行分布式测量时，由于光源带宽的限制，光纤光栅复用数量一般不能超过 30 个，而石油化工火灾需要数百个探测点。同时，由于国外技术垄断，光纤光栅波长解调的核心技术始终无法突破。因此，该传感技术一直无法应用于石油化工火灾预警。

近年来，编码光纤光栅、全同光纤光栅等多项技术取得突破。其中，随着频率复用技术的应用，单根光纤上光纤光栅传感探头的复用数量成数量级增长，并广泛应用于石化领域，这为应用光纤光栅传感技术进行大型油罐火灾定点报警提供了理论基础和依据。

3.2 大型油罐光纤报警技术的设计与实现

要进行大型油罐火灾的定点报警，需要有配套的设备将报警信号进行处理后反映出来，光纤光栅感温火灾探测系统就是这样的设备。它的报警温度是在控制软件里设定的，可利用设置温度报警来进行连续监测，实时准确显示任何点的温度状态，在火灾发生初期进行早期预警。一旦有事故发生，控制软件就可以及时准确地判断温度变化的类型，显示事故点温度的读数及位置。光纤光栅火灾报警系统工作流程如图 3.2.1 所示。

外浮顶油罐的密封圈附近经常存在一定量的挥发性油蒸气，属于易燃易爆性气体环境区，对雷击、静电和电气火花等火源非常敏感。因此，测量元件的本质安全性十分重要。在 GB 50160—2018《石油化工企业设计防火标准（2018 年版）》中要求单罐容积大于或等于 30000m^3 的浮顶罐的密封圈处应设置火灾自动报警系统；单罐容积大于或等于 10000m^3 并小于 30000m^3 的浮顶罐的密封圈处宜设置火灾自动报警系统。大型油罐初期火灾规模较小，在低液面时更不易及时发现，因此，使用先进技术尽早探知火灾并在初期将火扑灭是防灾减灾的有效方法。

光纤光栅感温火灾报警系统是一种基于新一代传感技术的新产品，与其他技术相比，具有本质安全、运行稳定等诸多特性，能够胜任石化危险环境的火灾探测任务。传统测温系统和光纤温度在线监控系统的比较见表 3.2.1。

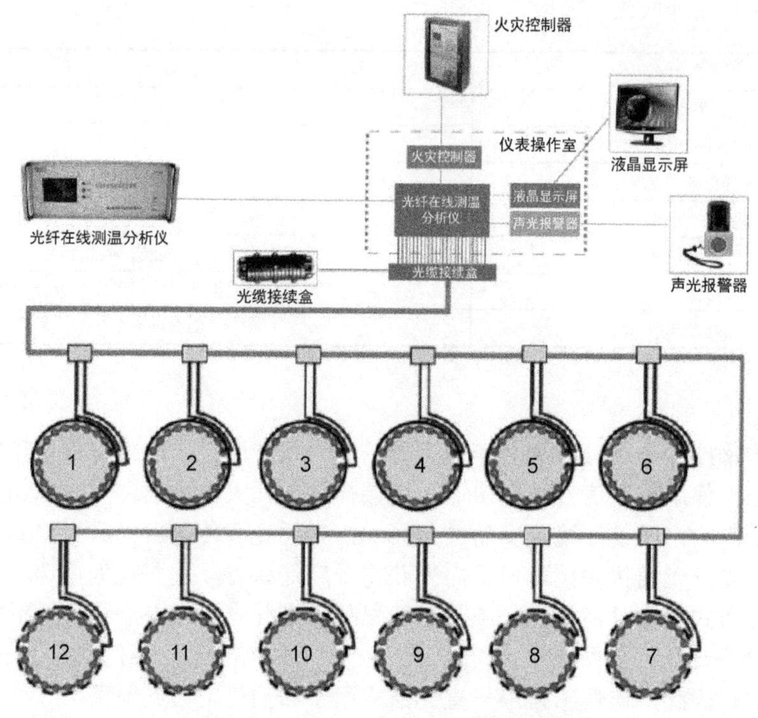

图 3.2.1　光纤光栅火灾报警系统工作流程

表 3.2.1　传统测温系统和光纤温度在线监控系统的比较

比较内容	传统测温系统	光纤拉曼在线监控系统	光纤光栅在线监控系统
分布特性	监控点间断	监控点连续	监控点连续
测量精度	低	中	高
误报率	高	低	低
安全性	存在隐患	本质安全	本质安全
信号监控	模拟电子	光电技术	光电技术
信号传输	弱电信号	模拟光信号	数字光信号
测量温度	固定	-30～150℃任意设定	-30～150℃任意设定
系统价格	较低	偏贵	适中
系统稳定性	超温将被破坏	经常维护	稳定

由表 3.2.1 可以看出，光纤光栅感温火灾报警系统突破了传统使用电信号进行火灾探测的弊端，具有本质防爆、抗电磁干扰、测量精度高、环境适应性强等优点，非常适合在储油罐区等复杂恶劣环境中的应用。

不仅如此，光纤光栅传感技术与其他传感技术相比，具有明显优势。在一根光纤上，可以串接复用多个相同或不同类型的传感器，系统集成化程度较高；且其传感参量检测及传输均为光信号，不受电磁干扰及核辐射的影响；此技术不受光强波动及传输光纤弯曲损耗等因素的影响，测量精度和分辨率也比其他光纤传感技术高，环境适应性强，可长期在恶劣环境中使用，体积小，重量轻，安装和使用便捷，传感器工作稳定性优于其他同类产品。

同时，光纤光栅传感器具有自愈合功能。在正常工作时，只需将传感串接链的一端接入信号处理系统，即可实现所有信号的同时检测。一旦因意外情况损坏了传感器串接链，就可以将传感链的两端同时接入信号处理系统。此时，左右两侧分布的传感器以断点为界，分别通过串接链的首端和尾端连接到信号处理系统进行检测，实现了自愈合。

采用光纤光栅传感器实现对大型油罐群信息及状态的监控方案，是把光纤检测技术、信号处理技术和计算机技术集成为一体，实现大型油罐区温度实时在线的分布式监测，从而提高了石化罐区的监测水平，具有良好的应用前景。据调研情况看，青岛、大连、上海等新建大型油罐中，已经开始推广和使用光纤光栅感温火灾探测技术（图3.2.2)，大型油罐火灾报警技术已逐渐由传统电信号火灾探测器向光纤光栅感温火灾探测系统过渡，成为一种重要的发展趋势。所以，选用光纤光栅感温火灾探测技术作为大型油罐火灾初期预警的工具，具有反应速度快、报警位置准、测量精度高等优点，适合与分区灭火进行联动控制，及时有效扑救初期大型油罐火灾。

(a) (b)

图 3.2.2 大型油罐火灾报警光纤安装位置

大型油罐直径往往较大，如果两个相距较远的位置先后发生火灾，报警光纤会因第一个起火点的长时间高温烘烤，而导致光纤熔断，无法为第二个起火点报警。而现阶段，大型油罐报警信号的处理主要以消防值班员人工确认为主，且泡沫喷射方式采用全淹没覆盖，所以，报警光纤的串联布置的方式对大型油罐先后起火的预警作用意义不大。

如果使用定点报警与分区灭火进行联动控制，报警光纤的布置显得尤为重要。而采用串联布置的方式将导致后起火分区无法完成火灾预警与信号传输，所以，大型油罐火灾定点报警与分区灭火联动控制技术要求报警光纤划分区域布置安装，进行分区温度监测，光纤光栅火灾报警系统可在直径为 80m 的 10000m^3 大型油罐上划分 4 个区域进行温度监测，并行传输报警信号，这样可有效避免因油罐不同位置先后起火而导致的漏报。大型油罐火灾分区监测报警光纤布置顶视图如图 3.2.3 所示。

光纤传感技术由于其本质安全的特性逐渐得到人们的认可，其中光纤光栅传感技术较光纤拉曼传感技术在响应时间和测量精度等方面具有明显优势，能够胜任大型油罐火灾定点探测任务。应用光纤光栅传感技术作为大型油罐火灾定点报警和实时监测的工具，该技术所采用的分区监测预警方式，适合与分区灭火进行联动控制，及时扑救大型油罐初期火灾。

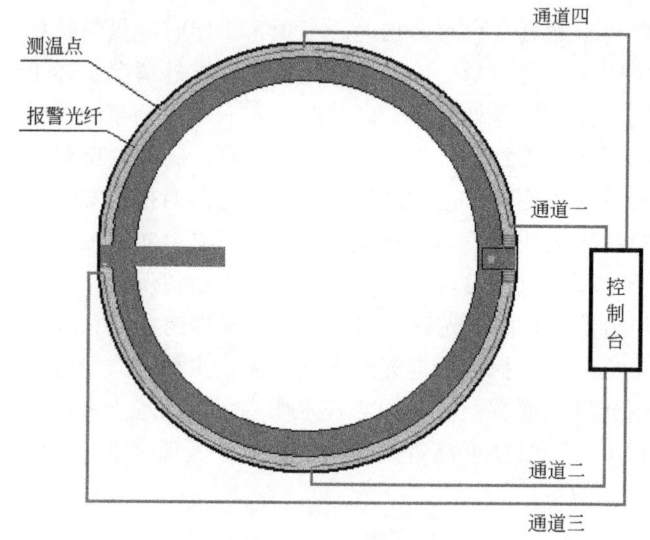

图 3.2.3　大型油罐火灾分区监测报警光纤布置顶视图

3.3 大型油罐定点喷射灭火技术与分区灭火技术

3.3.1 大型油罐定点喷射灭火技术

3.3.1.1 大型油罐固定灭火设施的分类设置

超大型油罐主要采用外浮顶设计，浮顶是一个漂浮在储液表面上的浮动顶盖，浮顶外缘与罐壁之间有一个环形密封装置，浮顶及其密封装置随着液面升降上下浮动。罐内液体在顶盖上下浮动时与大气隔绝，从而可减少 80%左右油品损失。但由于浮顶长时间上下浮动，使环状密封圈区域积累大量油品蒸气，一旦有油品蒸气泄漏并达到可燃浓度，遇到点火源就可能引起火灾。

浮顶式油罐在罐壁与浮盘之间安装有防止油气挥发的一、二次密封，一次密封是机械密封或软密封，二次密封是下端固定在浮盘边缘，上端与罐壁搭接，成密封状。浮顶油罐发生火灾一般是由一、二次密封之间的油气引起的，油气爆燃后，一次密封被破坏，直接与油面接触，二次密封由于机械作用，易成 V 形开口状，火焰在 V 形开口处燃烧。

为保证浮顶在储罐内部随液位变化而上下浮动，浮顶与罐壁之间留有环形间隙，环形间隙的大小根据储罐直径确定，当储罐直径大于 80m 时，环形间隙取 250～300mm。为保证储罐严密性，此间隙内需要设置浮顶密封系统。目前广泛应用的密封装置由一次密封（主密封）和二次密封（辅助密封）组成，二次密封安装在一次密封上部作为一次密封的补充。

对大型储罐火灾案例进行分析可以发现，大型浮顶储罐最主要的火灾形式是密封圈火灾，因此，有效控制和成功扑救大型浮顶储罐密封圈火灾是大型油罐火灾控制研究的重点。固定式低倍数泡沫灭火系统是目前国内外大型储罐常用的固定灭火系统，能够有效控制油罐火灾的蔓延，对扑灭密封圈火灾具有较好效果。目前大型油罐已设置的泡沫灭火系统根据喷射口设置位置的不同，分为罐壁式泡沫灭火系统和中心软管分配式泡沫灭火系统（又称浮盘边缘式泡沫灭火系统），分别如图 3.3.1、图 3.3.2 所示。

图 3.3.1　罐壁式泡沫灭火系统喷射口

图 3.3.2　中心软管分配式泡沫灭火系统喷射口

3.3.1.2　罐壁式泡沫灭火系统的工作原理及应用特点分析

罐壁式泡沫灭火系统的泡沫管线固定在罐壁外侧，泡沫产生器安装在罐壁顶部，泡沫喷射口在罐顶圆周上等角均布，喷射口一般设置在罐壁顶部的梯形护板上，设有泡沫导流板，用于疏导泡沫流向密封圈，减少泡沫损失。

当密封圈发生火灾，灭火系统启动后，泡沫混合液经罐壁外侧消防立管输送到罐顶的泡沫产生器产生泡沫，泡沫喷射口喷出的泡沫在导流板的作用下沿罐壁从罐顶流至浮盘的泡沫堰板与罐壁之间的环形空间内，流下的泡沫沿环形空间向两侧自然流动，由多个泡沫喷射口喷出的泡沫在该环形空间内相互汇合形成具有一定厚度的泡沫带，待泡沫带完全淹没密封圈后，泡沫即从密封圈着火点的裂口进入密封圈内部进行灭火。

罐壁式泡沫灭火系统是应用最广泛的固定灭火系统，具有一次性投资少；管理、检修、维护方便等优势，我国绝大多数大型浮顶储罐均采用罐壁式泡沫灭火系统，但该灭火系统存在着一些明显的缺点：由于罐壁式泡沫灭火系统的喷射口设置在罐壁顶部，当灾害现场伴有大风或涡流较大时，泡沫产生器产生的泡沫容易被风吹散；当液位较低时，泡沫产生后，需要经过较远距离传送才能到达密封圈，火焰产生的高温对输送过程中的泡沫造成一定程度的破坏；当密封圈的着火点不在罐顶泡沫喷射口正下方时，喷射口喷出的泡沫需要形成闭合的泡沫带并完全淹没密封圈后，才能进入密封圈内部灭火，对体积在 100000m^3 以上的大型浮顶储罐，泡沫在环形空间的汇集至少需要 9min，即该系统启动 9min 后才开始灭火，不利于把握有利灭火时机，进一步造成火势扩大；此外，雷击是造成油罐火灾的主要原因之一，由雷击引发的密封圈火灾往往伴随着大雨，降雨会使泡沫大量被稀释破坏，同时，雨水还会夹带着大量的泡沫穿过堰板底部的排水口流失到浮盘上，在一定程度上影响了灭火效果。

3.3.1.3　中心软管分配式泡沫灭火系统的工作原理及应用特点分析

中心软管分配式泡沫灭火系统的混合液传输通道为穿越油罐内部的可以反复扭转的耐压软管，油罐发生火灾时，混合液由位于浮顶中央的泡沫液分配器和浮盘上的泡沫管线均匀分配给均布于浮盘边缘的泡沫产生器，泡沫喷射口可设置在泡沫堰板与二级密封装置支撑板（或挡雨板）之间的开放空间，也可直接伸入密封圈内部。若泡沫喷射口设在密封圈外部，则泡沫直接喷入堰板与罐壁之间的环形空间，待泡沫层完全淹没密封圈后，泡沫即从密封圈顶部被炸开的裂口处溢流进入密封圈内部实施灭火；若泡沫喷射口伸入密封圈内部，则喷出的泡沫直接覆盖在油面上实施灭火，见图 3.3.3、图 3.3.4。

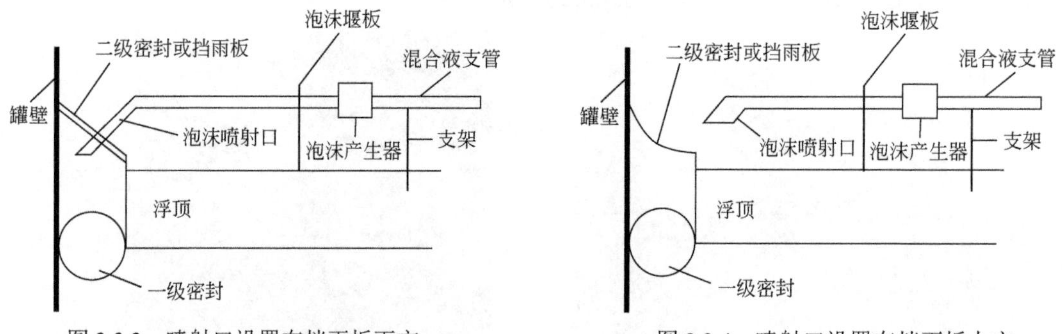

图 3.3.3　喷射口设置在挡雨板下方　　图 3.3.4　喷射口设置在挡雨板上方

泡沫喷射口设在密封圈外部，喷射的泡沫能有效喷射至泡沫堰板与罐壁之间的环形空间，可避免外界风力、热气流等对泡沫的破坏，同时避免了浮盘与泡沫喷射口的高度差而造成的泡沫损失，但是这种设置形式的泡沫灭火系统依然不能解决泡沫只有完全淹没金属支撑板后才能进入密封圈内部灭火的问题。

而当泡沫喷射口设置在密封圈内部时，喷出的泡沫可直接覆盖在油面上实施灭火，泡沫分布速度快且分布均匀，泡沫不受风、热的影响，还可以避免雨水的稀释和冲刷。灭火时泡沫只需覆盖浮顶与管壁之间的环形面积，覆盖空间大大减小，采用此种设置形式的系统可节约大量泡沫灭火剂。在密封圈内喷射泡沫灭火速度快，泡沫液直接喷射到燃烧表面，隔离油面与密封圈，可避免密封圈的着火点向两侧蔓延，有效阻止密封圈火灾的扩大。

近年来，虽然新建油罐对中心软管分配式泡沫灭火系统的应用有所增加，但该系统应用仍旧不普遍，我们认为其中的主要原因在于泡沫喷射口设置在密封圈内部同样存在一些不利因素。首先，该设置不便于系统的日常维护和检修；其次，管线需穿越二级密封金属支撑板，若密封措施不当，容易导致密封圈内的油气从穿越处泄漏。

虽然中心软管分配式泡沫灭火系统的灭火效率明显高于罐壁式泡沫灭火系统，但目前国内采用中心软管分配式泡沫灭火系统的油罐较少，已投入使用的，其泡沫喷射口一般设置在泡沫堰板与二级密封装置支撑板之间的开放空间。而且罐内泡沫输送管线穿越油罐内部油层，密闭性难以保证，存在泄漏、位移或脱落等现象，可能会导致油品反灌入灭火系统影响泡沫输送效果，在不清罐的情况下，无法对损坏的罐内泡沫管线进行维修。不仅如此，当前大型储罐周转频繁，生产载荷大，检修周期长，清罐费用高昂、耗时长，清罐还会中断企业正常生产，因而造成较大经济损失。如果泡沫喷射口设置在密封圈内部，不便于工作人员日常维护和检修，且二级密封金属支撑板的管线穿越处需要有效密封，否则容易导致密封圈内的油气从穿越处泄漏。另外，罐内泡沫管线对耐腐蚀、耐高温、耐高压等性能的要求较高，一般需要进口，成本较高。这些都是阻碍中心软管分配式泡沫灭火系统在国内广泛应用的主要原因。

3.3.2　大型油罐分区灭火技术

油罐区现有的泡沫灭火系统采用全淹没泡沫填充的灭火方式，即无论着火位置在何处，无论初期火势大小，都会启动所有泡沫发生器进行泡沫喷射，泡沫流至浮盘的泡沫堰板与挡雨板之间的环形空间内，沿环形空间向两侧流动。由多个泡沫发生器喷出的泡沫在该环形空间内相互汇集，形成具有一定厚度的泡沫层，待这些泡沫完全淹没浮盘的泡沫堰板与挡雨板之间的环形空间后，泡沫才能从着火位置的裂口进入密封圈内部进行灭火。

这种工作方式在应对大型油罐火灾，尤其是国家石油战略储备基地内的油罐火灾时存在一定的局限性，这种局限性主要体现在系统对保护对象的淹没时间上。由于国家石油战略储备基地内的大型油罐公称容积通常在 100000m^3 及以上级，油罐环状密封圈的面积很大，采用完全填充时，需要的泡沫供给量就很大，泡沫对保护对象的淹没时间就相对较长。同时，绝大部分泡沫灭火剂覆盖了未燃烧区域，对火灾的扑救实际作用不大，对泡沫造成了巨大的浪费。以 100000m^3 的超大型浮顶油罐为例，泡沫在该环形空间的汇集至少需要 9min，经石化装备现场测试的情况来看，从消防泵启动到第一个泡沫发生器喷出泡沫大约需 3min，这样看来，从消防泵启动到泡沫发挥灭火作用，已经超过 10min，很有可能错过最佳的灭火时机，造成了火势的扩大。

综合上述提到的两种泡沫灭火系统的优点，我们可以看出中心软管分配式灭火系统设计的主要目的在于节省泡沫液用量和缩短泡沫在泡沫堰板与罐壁之间的环形空间的堆积时间，但增加了检修和维护成本，导致应用率不高。所以，选取最常见的罐壁式泡沫灭火系统，并在其原有的基础上，研发大型油罐的分区灭火方案，使泡沫灭火剂只覆盖燃烧区域，达到缩短灭火时间和节约泡沫液用量的目的势在必行。

3.3.2.1 灭火区域的划分

在使用现有固定消防系统的前提下，通过在泡沫堰板与罐壁之间的环形空间安装泡沫挡板实现分区（挡板穿过二级密封装置支撑板插入油面以下），可在着火分区内实现泡沫的迅速堆积，到达一定厚度的泡沫带后，泡沫即从密封圈着火点的裂口进入密封圈内部实施灭火，从而大大节省泡沫用量，实现快速初期响应，研究成果可应用于新建超大型储油罐区。

在现阶段大型油罐的建设中，100000m^3 的大型油罐建设和使用成本较为经济，大部分储油罐区采用此类油罐进行油品储运。所以，本节以 100000m^3 油罐为例（相关参数见表 3.3.1），沿环状密封圈对泡沫堰板与罐壁之间的环形空间进行分区，并对分区灭火理论的可行性进行求证。

表 3.3.1 100000m^3 超大型浮顶油罐相关参数

序号	名称	参数
1	公称容积/m^3	10×10^4
2	公称直径/m	80.0
3	罐壁高度/m	21.98
4	罐壁周长/m	251.2
5	泡沫发生器个数/个	12
6	泡沫堰板与罐壁间距/m	1.2
7	泡沫堰板高度/m	0.6

理论上，分区越多，灭火时间越短，泡沫用量越少。但分区越多，系统越复杂，成本越高，可靠性越差。所以，考虑到经济性、实用性、可操作性等因素，将泡沫堰板与罐壁之间的环形空间按数学圆形等分 4 个象限，将 100000m^3 大型油罐浮顶划分为 4 个灭火区域，如图 3.3.5 所示。

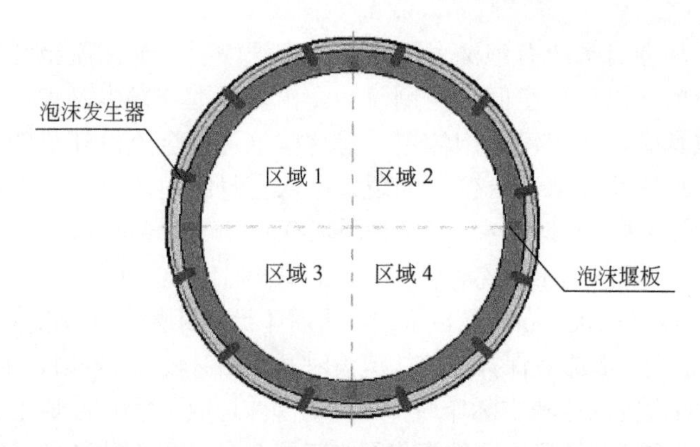

图 3.3.5　100000m³ 大型油罐浮顶分区灭火方案顶视图

3.3.2.2　大型油罐分区灭火方案的理论研究

大型油罐区大部分采用平衡式泡沫比例混合装置进行泡沫液混合与输送供给。平衡式泡沫比例混合装置是向泡沫消防系统提供泡沫混合液的新型泡沫灭火装置（技术参数见表 3.3.2）。在灭火过程中，因其采用常压泡沫液储罐，泡沫液可以边使用边补充，从而保证了泡沫灭火系统的工作连续性，不会因为补充泡沫液而中断工作，影响灭火进程。因此平衡式泡沫比例混合装置被广泛应用于石油化工、港口码头、油库、机场（库）、海上平台等大规模的泡沫消防系统。

表 3.3.2　平衡式泡沫比例混合装置技术参数

型号	进出口通径/mm	流量范围/（L/s）	工作压力/MPa	混合比/%	压力损失/MPa	使用温度/℃	储罐容积/m^3
PHP3/64	φ80	18～64	0.6～1.2 或 0.6～1.6	3 或 6	≤0.15	0～40	8～25
PHP6/64							
PHP3/100	φ100	24～100					
PHP6/100							
PHP3/120	φ150	30～120					
PHP6/120							
PHP3/160	φ150	36～160					
PHP6/160							
PHP3/260	φ200	60～260					
PHP6/260							

PC 型低倍数空气泡沫产生器是泡沫灭火系统中产生和喷射泡沫的关键组件，常用于液上喷射泡沫灭火系统，本书所选取的罐壁式泡沫灭火系统即使用此类型低倍数空气泡沫产生器（技术参数见表 3.3.3），它能够将泡沫比例混合设备输送的泡沫混合液与空气发泡喷入燃烧液体表面形成连续的泡沫层覆盖灭火。

表 3.3.3　低倍数空气泡沫产生器技术参数

型号	工作压力范围/MPa	额定压力 p/MPa	发泡倍数	额定流量/（L/s）	流量系数 K
PC4	0.3～0.6	0.5	≥5	4	108
PC8				8	220
PC16				16	432
PC24				24	648

PC型空气泡沫产生器与泡沫比例混合装置配套使用，在其工作范围内工作时，产生的泡沫质量最高，但是超过泡沫比例混合装置供给更大压力时，仍能够正常工作，泡沫产生效果相对较差。在工作压力范围内，空气泡沫产生器在0.3～0.6MPa压力下，流量可根据下式计算

$$Q = K\sqrt{10p} \tag{3.3.1}$$

式中 Q——泡沫流量，L/min；

p——泡沫产生器实际工作压力，MPa。

在分区灭火条件下，原系统中12个泡沫发生器中只有一个分区或几个分区工作，在一个分区工作时，系统压力可由原来额定压力 p_1=0.5MPa 升至峰值 p_2=0.6MPa，由式（3.3.1）可得流量提升的百分比为

$$\frac{Q_2}{Q_1} - 1 = \frac{K\sqrt{10p_2}}{K\sqrt{10p_1}} - 1 = 9.5\% \tag{3.3.2}$$

所以，当分区灭火时，泡沫发生器的流量会有一定程度的增加，相应灭火效率会有一定提高。同时，分区灭火主要目的在于节省泡沫用量，以 $10\times10^4\text{m}^3$ 油罐为例，在分4个区域进行灭火时，如果仅启动一个分区的泡沫发生器，此时泡沫的节约量估算可以达到75%，但考虑分区内泡沫发生器流量会有一定增加，喷射过程中会造成一定损失等因素，计算后仍可达到65%左右。

3.3.2.3 大型油罐分区灭火方案的实例研究

当罐顶泡沫发生器不能直接作用于油罐V形开口处的火灾时，只有等泡沫灌满整个油罐的泡沫堰板与油罐挡雨板等高之间的环形空间，泡沫越过挡雨板上沿后，才开始起到灭火作用。以 100000m^3 大型油罐为例，浮顶油罐挡雨板结构如图3.3.6所示。

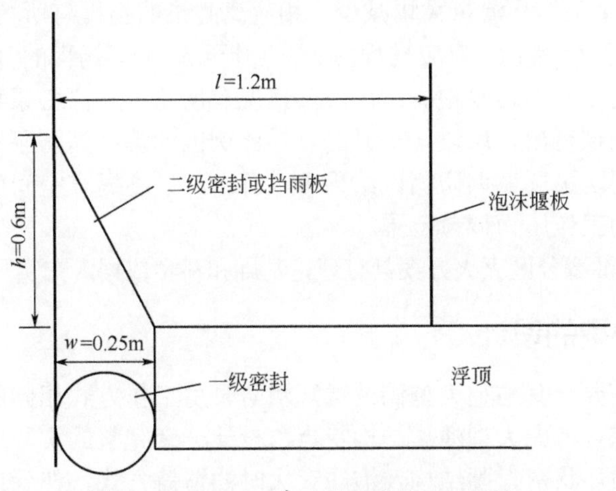

图3.3.6 100000m^3 浮顶油罐挡雨板结构

经计算，此环形空间的体积约为160000L，若进行不分区灭火，按照现有消防系统工作方式，12个PC8泡沫发生器全部工作，每个泡沫发生器产生的泡沫流量均为 q=2880L/min（以发泡倍数为6计算），油罐泡沫发生器每分钟产出的总泡沫量 Q 应为34560L/min，扣除泡沫损失率30%，得 Q_1 应为24192L/min，因此，填补空间所需的时间 t_1 约为6.61min。

如果进行分区灭火，当罐顶泡沫发生器不能直接作用于油罐V形开口处的火灾时，泡沫只需灌满相应着火分区的泡沫堰板与油罐挡雨板等高之间的环形空间，泡沫越过挡雨板上沿

后，开始起到灭火作用。仍然以 100000m^3 浮顶油罐挡雨板为例，在分 4 个区的情况下，泡沫覆盖的环形区域为原区域的 1/4，使用 3 个 PC8 泡沫发生器，关掉其他分区泡沫发生器后，着火分区泡沫流量可在原基础上提高 9.5%，即分区后每个泡沫发生器产生的泡沫流量 q_1 均为 3153.6L/min（以发泡倍数为 6 计算），油罐每个分区泡沫发生器每分钟产出的总泡沫量 Q_2 应为 9460.8L/min，扣除泡沫损失率 30%，得到填补空间所需的时间 t_2 为 6.04min。

由此可得泡沫节约比例α为

$$\alpha = 1 - \frac{V_1}{V} = 1 - \frac{40000}{160000} = \frac{3}{4} \tag{3.3.3}$$

可知，分区灭火后，泡沫用量大幅度减少，同时，灭火时间有所降低，灭火效率有所提高。因此，使用分区灭火的方式对浮顶油罐灭火起到一定的积极作用。

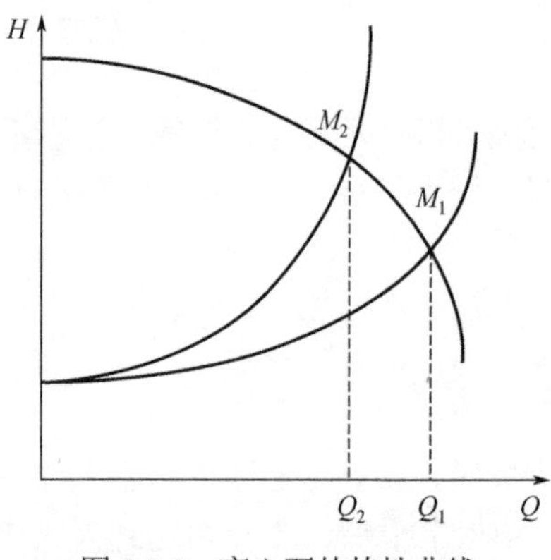

图 3.3.7　离心泵的特性曲线

平衡式泡沫比例混合装置采用离心式消防水泵供给压力水，离心泵的性能参数——扬程、流量、转速、效率、轴功率之间并不是孤立的，而是相互联系、互为制约的。泵的标牌上所列的数值均是指该泵在额定状态下的性能。一台离心泵可以在一定的流量范围内运转。当流量变化时，其他性能参数如扬程、功率、效率等都跟着一起变化。这些参数之间的定量关系通常由实验测定，并用曲线的形式在泵的样本中表示，称为离心泵的特性曲线（图 3.3.7）。借助这些特性曲线，可以完整地了解一台离心泵的性能，并合理地选用和指导操作。

在 4 个分区情况下，当分区灭火时，泡沫发生器由原有 12 个工作变为 3 个工作，流量大幅减少，相应离心泵的扬程有所增加。如图 3.3.7 所示，当流量由 Q_1 点减小至 Q_2 点时，对应扬程由 M_1 点升至 M_2 点，扬程的升高会导致压力的提升。因各油罐区泵房所使用的消防泵根据厂区实际情况有所不同，离心泵特性曲线也是根据每个泵出场后进行实验测试得出，所以，提升的具体比例因油罐区消防泵和管路系统不同而存在差异。通过对相关消防泵厂家调研测试结果可以看出，最终提升空间可达 20%以上，完全可以满足泡沫发生器的工作压力调节范围。

综上所述，大型油罐分区灭火方案具有理论基础和科学依据，在实际应用中有一定可行性。

3.3.2.4　实验模型的设计

分区灭火实验需要一套与超大型储油罐区消防泵房工作方式相同的动力输出装置和泡沫液输送管路，需要综合考虑大型油罐结构特点，设计一套完整的实验模型和误差控制方案，可模拟大型油罐浮顶环状密封圈结构及泡沫灭火时的覆盖方式，在保证同等实验条件下，进行分区灭火与全淹没式灭火的对比实验。同时需要使用油库消防系统常用灭火剂进行实验，观察泡沫覆盖灭火机理，采集相关图像资料、灭火时间、泡沫用量等数据，得出分区灭火相对于传统灭火方式的优势。

（1）燃烧装置设计

① 油盘装置设计。为模拟大型油罐浮顶发生火灾后的形式和灭火方式，我们自行设计加工一套实验装置。该装置设计了两种形式油盘，一种是钢制环状油盘（图 3.3.8），为实现分区，需要在泡沫堰板与罐壁之间的环形空间安装阻止泡沫流动的挡板，可在很小的一个区域

实现泡沫的迅速堆积。因此按照分区理论设计了 4 片可移动式钢制挡板，挡板安装后，将环状油盘划分为 4 个区域，模拟分区灭火的实际工况（图 3.3.9），挡板拆下后，可模拟真实油罐泡沫堰板与挡雨板之间的环形区域。为与钢制环状油盘进行对比实验，设计了另一种钢制圆形油盘。两种油盘的规格参数及实验用途见表 3.3.4。

图 3.3.8　钢制环状油盘

图 3.3.9　安装挡板后形成 4 个灭火分区

表 3.3.4　油盘规格参数及实验用途　　mm

名称	尺寸	油盘壁深度	用途
钢制环状油盘	外径 D_1=2500 内径 D_2=1800	外壁 h_1=400 内壁 h_2=300	泡沫挡板缝隙参数测定实验 分区灭火实验
钢制圆形油盘	D=1500	180	泡沫挡板缝隙参数测定对比实验

② 泡沫挡板装置设计。分区挡板要穿过二次密封装置支撑板（挡雨板），如果与罐壁间进行焊接将导致浮顶无法浮动。在不进行焊接的情况下，如果金属挡板与罐壁接触，随着浮顶的上下浮动，很可能因摩擦产生火花，因此，挡板与油罐壁间需要留有一定缝隙，保证在发生浮顶密封圈初期火灾时，灭火泡沫可以在任何一个着火分区内迅速堆积，而遇到大型火场全部泡沫发生器启动后，灭火泡沫堆积到一定高度后，4 个分区的泡沫可以通过缝隙相互流动达到液面水平，从而形成泡沫闭合带。

如果挡板与罐壁间缝隙过大，有可能造成火灾初期大量泡沫流向其他分区，无法起到预期效果。如果缝隙过小，一旦发生大面积燃烧，启动所有分区泡沫发生器工作时，各分区灭火泡沫将无法形成闭合。通常为保证灭火，泡沫覆盖厚度一般不小于 100mm。所以，挡板与罐壁间应留有一定缝隙，通过预留挡板与油盘壁的缝隙，喷射泡沫灭火剂达到或超过 100mm 厚度后，泡沫能够从缝隙中流出。所以将环状油盘上用的挡板设计为双层钢板，钢板可平行滑动以调整挡板与罐壁的间距，如图 3.3.10～图 3.3.11 所示。

图 3.3.10　挡板可完全阻挡形成分区

图 3.3.11　挡板可在一定范围内活动

③ 点火装置设计。在实验中，将大型油罐浮顶结构进行了物理模型简化，没有加工密封装置及密封顶部挡雨板倾斜面，通过在环状油盘某一分区环状平面开口，在开口位置焊接钢制环状槽，环状槽高度可调（图 3.3.12）。将点火容器垂直置于开口正下方，根据不同点火容器规格，使用双层可滑动盖板调节环状槽平面开口空间（图 3.3.13），从而模拟真实油罐因雷击等情况将挡雨板炸开形成的不同开口面积。如果向点火容器内加注燃油后点燃，火焰可通过开口喷出，使用泡沫喷射装置将泡沫喷射至油盘壁后流下，堆积至一定高度后，即可从开口位置流入点火容器，从而实现灭火效果，实验装置可模拟大型油罐浮顶密封圈发生火灾后的形式和灭火方式。

图 3.3.12　开口位置焊接钢制环状槽（高度可调）

图 3.3.13　开口空间可进行调节

（2）灭火系统设计

① 动力输出源。因超大型储油罐区普遍采用离心泵进行消防系统动力供给源，为模拟离心泵工况，本实验装置采用消防手抬机动泵进行动力供给与输出，最大限度模拟真实油罐消防系统工作状态。

② 喷射系统及输送管路。我们参考 GB/T 15308－2006《泡沫灭火剂》制作 4 支新型标准泡沫喷枪喷射低倍数泡沫灭火剂，口径ϕ15mm，通过阀门开关可调节流量大小，将吸水管与手抬机动泵连接后置于泡沫液储罐内，使用ϕ65mm 中压水带连接手抬机动泵，前端连接直流水枪，通过对直流水枪进行加工改造，将前端枪头拆下，露出螺纹，加工螺纹钢套管（规格为ϕ50mm）与其连接，前端使用三通将主管道一分为四，通过管道变径，将软管（规格为ϕ20mm）与分管道相连接，进行液体输送，最前端通过变径连接泡沫标准枪。实验装置连接示意图如图 3.3.14 所示。

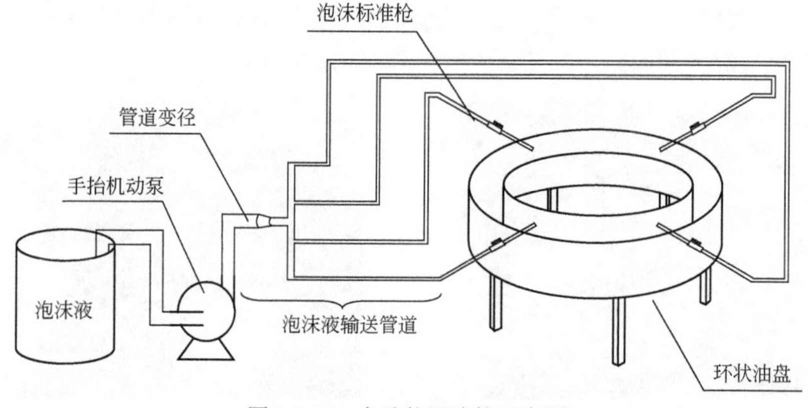

图 3.3.14　实验装置连接示意图

实验结果表明，在环状区域内人为设置挡板后，针对不同种类泡沫，通过调整至适当缝隙大小，可将90%以上的泡沫挡在本区域内。在真实大型油罐安装时，考虑到挡板与浮盘边缘接触可能因摩擦而引起静电，可在挡板与罐壁之间留有一定缝隙，这样做有两点好处：一是可以避免挡板与浮盘边缘接触，从而不会产生静电；二是在实际灭火中，一旦火势迅速扩大，分区灭火失败，随着泡沫堆积到一定厚度以后，泡沫会经过缝隙流向其他区域。在最不利的情况下，一旦形成全面积火灾，可在全部泡沫发生器开启后，4 个区域所产生的泡沫会在一定高度后，汇合达到液面的持平。

通过多组对比实验可以发现，在室外温度为18℃和3℃的情况下，实验结果几乎相同。温度因素对缝隙大小及泡沫流出量基本没有影响。当喷射器具喷射方向改变或泡沫喷射且有较强风力等因素影响时会使结果有所不同。当更换不同种泡沫后，由于泡沫本身表面张力的不同，会影响实验结果，但通过对目前应用较多的氟蛋白、抗溶氟蛋白和水成膜泡沫灭火剂进行测试结果来看，挡板与罐壁间缝隙小于 30mm 且泡沫厚度堆积至 100mm 时，经过缝隙的流出量极少。实验结果表明，安装挡板对扑救初期火灾泡沫量的积累具有重要意义。

此外，通过对比实验可以看出，泡沫流出量与缝隙大小间的对应关系和油盘的形状、大小基本无关，说明该理论及相关设备可推广至大型油罐。

3.3.2.5 大型油罐分区灭火实验

使用点火容器 1 进行实验。将点火容器 1 放在环状油盘开口正下方并保持水平，加入清水将底部全部覆盖，水层厚度达到 20mm。将泡沫标准枪沿 4 个分区均匀布置，使泡沫射流的中心可喷射至环状油盘内壁并可沿盘壁流下，加入燃油保证油层深度 40mm，分别使用量筒和钢尺测量。加注燃料 1min 后点燃，预燃 55s，4 人每人手持一把泡沫喷枪，站于各分区边界处，另有一人在保持油门位置不变的情况下，使用电子打火开关启动消防手抬机动泵，待 5s 后，泡沫标准枪的喷射达到稳定状态，4 人同时开始向环状油盘施加泡沫。待泡沫覆盖至油盘火焰完全熄灭后视为灭火成功，记录灭火时间、泡沫流量、灭火后测量泡沫覆盖高度等数据。更换点火容器 2 进行重复实验，并记录灭火时间、泡沫流量、灭火后测量泡沫覆盖高度等数据。

（1）使用点火容器 1 的实验结果

当使用点火容器 1 进行实验时，火势相对较小，辐射热较低，泡沫达到一定厚度后，即从开口处流至点火容器 1，当点火容器 1 中火焰完全熄灭后记录灭火时间。

表 3.3.5 分别给出了使用点火容器 1 时，未分区与分区灭火后的实验结果。

表 3.3.5 点火容器 1 灭火参数

比较项目	同时出枪数量	实验压力/MPa	时间/s			流量/（L/s）
			实验一	实验二	实验三	
未分区	4	0.30	93	92	93	0.50
分区	1	0.38	93	90	92	0.64

泡沫喷射总量可按下式计算

$$Q = nqt \tag{3.3.4}$$

式中 Q——灭火泡沫喷射总量，L；

n——泡沫枪实际出枪数量；

q——每支泡沫枪喷射泡沫的实际流量，L/s；

t——三次实验灭火时间的平均值，s。

将表3.3.5未分区同时出4支泡沫枪的灭火参数和分区后出1支泡沫枪的灭火参数代入式（3.3.4），得到 Q_1=185.32 L，Q_2=58.67 L。

分区后与分区前泡沫节约比α可按下式计算

$$\alpha=\frac{Q_m-Q_n}{Q_m}\times 100\% \tag{3.3.5}$$

式中 Q_m——未分区同时出4支泡沫枪的喷射总量，L；

Q_n——分区后出1支泡沫枪的喷射总量，L。

将 Q_1、Q_2 分别代入式（3.3.5），经计算，分区后与分区前泡沫节约比 α=68.34%。

由此说明，出4支泡沫枪未分区灭火与出1支枪分区灭火的时间基本相同，但从分区后与分区前泡沫节约比 α 计算结果可以看出，泡沫节约量相对较大，说明分区灭火节约泡沫效果显著。

（2）使用点火容器2的实验结果

当使用点火容器2进行实验时，火势相对较大，辐射热较强，火焰对泡沫的销蚀作用明显。泡沫达到实验（1）中堆积高度后，并没有立即从开口处流至点火容器2，而是在开口处不断积累固化，经一个时间段后，集中灌入点火容器2，当点火容器2中火焰完全熄灭后记录灭火时间。

表3.3.6给出了使用点火容器2时的实验结果。

表3.3.6 点火容器2灭火参数

比较项目	同时出枪数量	实验压力/MPa	时间/s			流量/（L/s）
			实验一	实验二	实验三	
未分区	4	0.30	178	180	178	0.50
分区	1	0.38	175	176	178	0.64

同理可得，未分区同时出4支泡沫枪的灭火参数为 Q_3=357.33 L，分区后出1支泡沫枪的灭火参数为 Q_4=112.85 L。分区后与分区前泡沫节约比 β 经计算得68.42%。

虽然由于火灾荷载增大，使灭火时间与泡沫用量有所增加，但分区与不分区相比，泡沫节约量的趋势与实验（1）是一致的。说明在不同火灾荷载的情况下，分区灭火可以实现大量节约泡沫的功能。

具体表现在灭火时，分区后1支枪增加的流量会高于未分区4支枪同时喷射时其他区域内泡沫流向着火分区的泡沫量，而远远小于未分区其他区域泡沫的消耗，从而使最终在相同的实验条件下，分区相对于未分区的灭火时间略有减少，即保证了灭火效率不降低，而泡沫用量却大大减少。无论火灾荷载大小，在4个分区下，分区灭火方式下1个分区的泡沫用量比未分区时节约68%左右。

实验结果表明，无论火灾荷载的大小，在相同的实验条件下，同时出4支泡沫枪分区灭火所用时间略有减少。这是因为实验模拟真实油罐火灾场景，泡沫喷射采用缓释放方式，即泡沫枪垂直向环状油盘壁喷射，泡沫均匀向两侧流动。在不分区的情况下，泡沫不仅向着火分区流动，而且向未着火区域流动，当未着火分区内的泡沫相互汇集时，在汇集点会产生泡沫的大量堆积，从而阻碍一定数量的泡沫向着火分区流动。当泡沫达到一定厚度后，才会集中向着火分区涌入（图

3.3.15)。所以，在火灾初期阶段，灭火泡沫的主要来源为本分区内的泡沫，其他分区内只有少量泡沫流入着火分区，未分区时大部分泡沫在未燃烧分区内堆积，造成了较大的浪费。如果初期火势较大，全淹没灭火方式会因泡沫供给量不足而造成火势的蔓延。

图 3.3.15　泡沫堆积至 100 mm 时从开口灌入油盘

3.4 大型油罐火灾定点报警与分区灭火技术的联动控制

3.4.1 原有油罐固定灭火系统的操作方式及存在问题

国内超大型油品储罐区有些是在原有基础上改建和扩建，固定消防系统并没有进行同步升级，部分仍然采用手动控制的操作方式。

油罐原有固定消防系统的操作流程如图 3.4.1 所示，其操作方式如下：消防值班人员接到某一油罐发生火灾的报警后，立即电话告知变电所的值班人员合闸；消防值班人员确认其合闸供电后，进行试跳、盘车，完成以上操作后，再用电话通知变电所值班人员；由其逐台启动消防泵、打开出口阀门。同时，另一消防值班人员迅速跑到罐区，根据着火罐关闭相应的泡沫混合液截断阀，打开泡沫液上罐控制阀。这种方式需要的控制设备和阀门数量较多，操作时间长，且流程复杂，极易发生误操作，因此带来了一定的安全隐患。

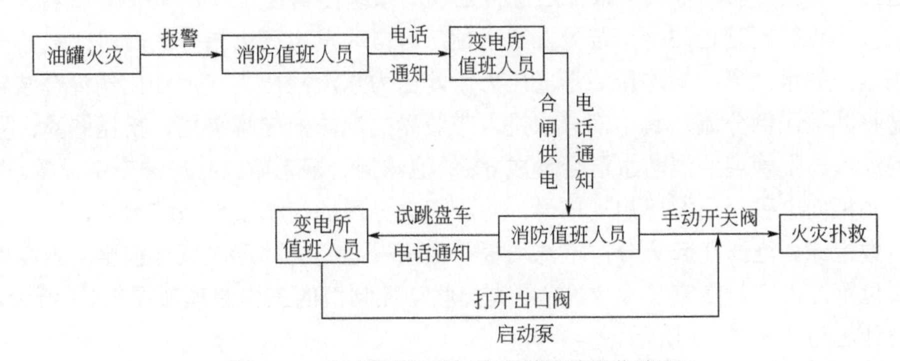

图 3.4.1　油罐原有固定消防系统的操作流程

储油罐区消防最不利点为距离消防泵房最远的油罐，经实测以上人工操作过程需要大约12min。而且由于油罐区逐年扩大，由人工定点巡检不能及时发现火情，显然无法与当前的实际消防需求相符。如果将其改为自动化控制，不仅节约了人工成本，而且可以使灭火响应时间大幅缩短，一旦火灾发生，从光纤光栅火灾定点报警到消防泵自动启动，时间不会超过1min，最大限度地控制了初期火灾的发展。

3.4.2 联动控制系统的设计及测试

大型油罐火灾定点报警与分区灭火系统联动控制系统在每座油罐上都设置了光纤光栅报警装置，当火灾在环状密封圈的某一位置发生时，光纤光栅火灾感温探测器首先感觉到温度的变化，将报警信号和具体报警位置传给联动控制台。火灾自动或经人工确认后，首先向电动消防泵控制柜及泡沫站控制柜发出PLC火灾信号，自动启动消防泵站的电动消防水泵及泡沫站的泡沫原液泵，同时联动控制台将工作信号传给对应区域电磁阀，通过电磁阀自动启动相应着火分区内的泡沫发生器，从而实现系统的联动控制。当电动泵不能正常启动时，自动启动备用的柴油泵，消防控制室可接收并显示消防泵房及泡沫站内的消防泵运行状态。

3.4.2.1 联动控制系统样机的设计思路

开展大型油罐的全尺度实验，对场地、仪器、配套设施和气象条件等方面要求非常严格，实验结果基本不可重复，相关研究经费极为昂贵，而且这种实验将造成严重的环境污染等问题。因此，现阶段条件下，几乎无法完成在真实大型油罐上的应用对比，但通过不同的小尺寸实验可基本模拟火灾发生后联动控制系统的工作情况，联动控制技术本身不存在大小油罐的类比问题。在泡沫节约用量上可通过理论计算得出，灭火效率因大型油罐起火位置及火势大小不确定，无法给出具体量化指标，但通过大小尺寸的多次实验后发现，在保持火势和系统条件不变的情况下，和原有系统相比，分区灭火效率会略有提高。

我们设计并加工一个浮顶油罐，在挡雨板上沿设置光纤光栅报警光缆，并将光缆末端连接至光纤光栅感温火灾探测系统控制柜。在挡雨板4个对称位置下方设置点火油盒，当向任意一个油盒内加注燃料并将其点燃后，报警光纤都可迅速感知温度变化，并且符合火灾升温规律，达到一定温度后，将火灾报警信号传至联动系统控制柜（台），控制柜（台）发出声光报警后，按预设时间延迟30s，若无人工干预，可自动发出灭火指令。此时，离心式消防泵启动，水罐内的水经离心泵加压后形成压力水，压力水流经压力式泡沫比例混合装置后，比例混合器将其按比例分流，其中部分水进入带胶囊的泡沫液储罐夹层，挤压胶囊，置换出等体积的泡沫液与主管道的消防水混合形成6%的泡沫混合液，输送给泡沫产生设备。同时，联动系统控制柜向电磁阀门发出启动信号，对应起火分区的泡沫喷射系统启动，泡沫发生装置喷出低倍数泡沫。泡沫在起火分区泡沫堰板与挡雨板之间的环形区域堆积至一定高度后，由起火开口位置灌入密封圈窒息灭火。光纤光栅联动控制柜的工作原理如图3.4.2所示，联动控制平台设计思路如图3.4.3所示。

表3.4.1给出了联动控制系统样机主要组件的名称、设置要求和作用。

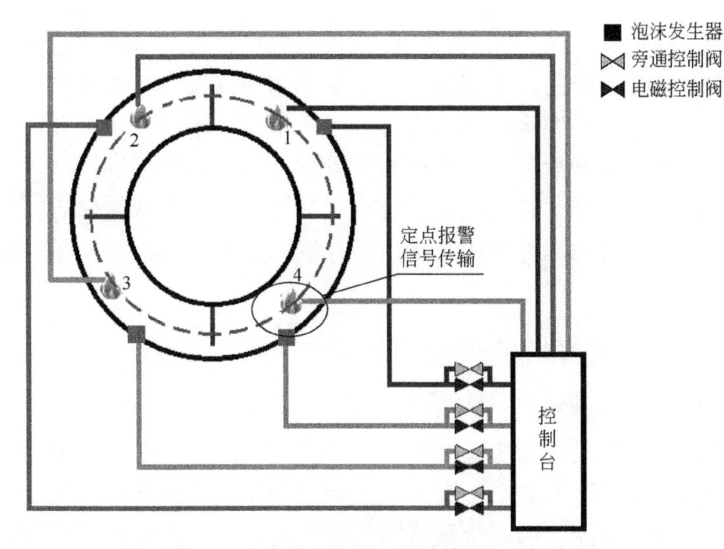

图 3.4.2　光纤光栅联动控制柜的工作原理

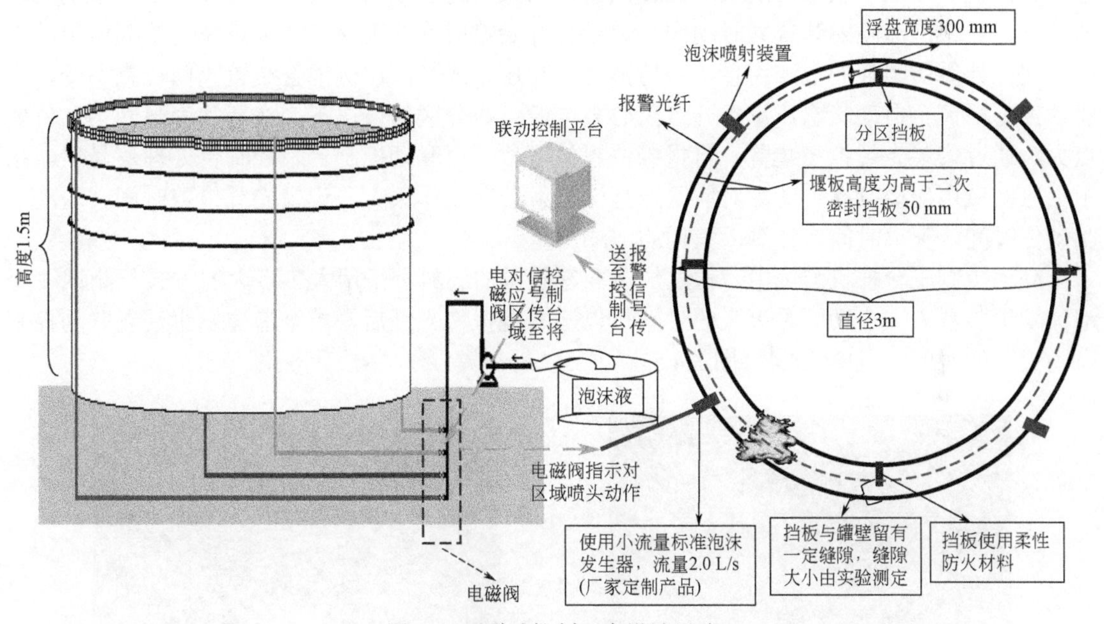

图 3.4.3　联动控制平台设计思路

表 3.4.1　联动控制系统样机主要组件列表

序号	配套设施名称	设置要求	作用
1	报警光纤	每隔 0.5m 设一个报警点	实现初期火灾的自动报警 将信号传至控制台
2	联动控制平台	设置手动/自动控制 可设置延迟时间	接受并处理报警信号 可根据信号启动电磁控制开关
3	泡沫发生器	标准泡沫发生器喷头	按预先设定的流量喷射泡沫
4	泡沫液储罐	$1m^3$	直接可以储存泡沫混合液
5	泡沫液输送管路	ϕ50 mm	输送泡沫混合液，流速不大于 3m/s
6	消防泵	离心式	为泡沫混合液的输送提供动力
7	电磁控制阀	每个电磁阀旁设有手动控制阀	实现泡沫喷射装置的自动工作
8	泡沫挡板	与罐壁留有一定缝隙	阻挡泡沫在不同分区间的快速流动

将离心泵分别与储水罐和压力式泡沫比例混合装置相连接，压力式泡沫比例混合装置末端设置电磁阀门和手动控制阀门。前端通过软管与小型泡沫发生装置连接，通过固定支架，将 4 个小型泡沫发生装置及管路系统固定在浮顶油罐上沿，泡沫发生装置前端安装导流罩，使其喷出的泡沫可以垂直向下喷至泡沫堰板与挡雨板之间的环形区域。

将以上主要组件报警光纤、联动控制平台、泡沫发生器、泡沫液储罐、储水罐、消防离心泵和电磁控制阀通过不同输送管路相连接，搭建联动控制平台，实现了火灾定点报警与分区灭火联动控制。

3.4.2.2 联动控制系统样机的测试

因样机测试中使用泡沫量较大，氟蛋白泡沫灭火剂的灭火原理与蛋白泡沫灭火剂基本相同，故采用成本较为低廉的蛋白泡沫灭火剂进行实验。该灭火剂可以按 3%或 6%的比例与水进行混合，通过低倍数泡沫产生器产生泡沫，主要用于扑救非水溶性易燃、可燃液体火灾。

打开消防泵和压力式泡沫比例混合装置阀门，并将联动控制柜调至手动控制状态；在未分区的情况下，在环状密封圈某一位置点火，由人员通过观察，确认火灾发生后，手动启动消防泵，4 个泡沫喷射装置同时动作，记录从开始喷射泡沫灭火剂至火焰完全熄灭所用的灭火时间，计算所消耗的泡沫用量；保持消防泵和压力式泡沫比例混合装置阀门位置不变，将联动控制柜调至自动状态，重新开启离心泵电源；在分区的情况下，在环状密封圈某一位置点火，通过安装光纤报警装置，将报警位置信号传送至联动控制台，控制台处理信号后，指示相应区域电磁控制阀启动，对应区域泡沫喷射装置动作灭火，记录光纤报警时间、联动控制动作时间、灭火时间，计算所消耗的泡沫用量。

联动控制平台样机测试中，通过加注同等质量的燃料，采用人工点火的方式，测试 4 个泡沫发生装置人工启动同时灭火的时间，以及布置报警光纤后，单个泡沫发生装置联动控制自动灭火的时间，见图 3.4.4、图 3.4.5。

图 3.4.4 四喷头手动控制同时动作灭火

图 3.4.5 单喷头联动控制自动灭火

表 3.4.2 给出了联动控制平台样机三次实验后的测试结果。

表 3.4.2 联动控制平台样机三次实验后的测试结果

测试项目	同时开启泡沫喷头数量	实验压力/MPa	灭火时间/s			流量/（L/s）	报警联动平均时间/s
			实验一	实验二	实验三		
未分区	4	0.75	41	41	40	2.11	—
分区	1	0.90	34	36	34	3.69	10

通过样机测试结果对泡沫用量进行计算，将表 3.4.2 的实验数据代入式（3.3.4），得到未分区 4 支泡沫喷头和 1 支喷头的灭火泡沫用量分别为 Q_m=343.23L，Q_n=127.92L。

将 Q_m、Q_n 代入式（3.3.5），经计算，分区后与分区前泡沫节约比 α 计算得 62.73%。

在直径为 3m 的浮顶油罐平台进行测试后，4 个分区下，分区灭火方式的泡沫节约量仍能够保证在 60%以上。燃烧装置尺寸增大后，灭火时间的差别逐渐显现，分区灭火的方式使起火区域的喷头工作压力升高，流量增大，灭火时间缩短，灭火效率提高。

测试中发现，如果火灾较大，燃烧时间较长，有可能会烧断火灾报警光纤。如果光纤采用串行连接，就会造成多个分区先后起火无法报警的现象。所以，联动控制系统报警光纤应采用分区布置方式，并行连接联动控制柜。这样避免了两个或多个分区先后起火，光纤无法有效报警的问题，即不会因一个分区内燃烧时间过长导致报警光纤烧断而影响其他区域报警。

光纤光栅火灾定点报警系统与感温电缆有着本质区别。火灾发生后，着火区域温度一般呈线性上升趋势，而光纤光栅感温火灾探测系统采用的是差温报警方式，即火灾报警并不一定是温度到达某一个设定值，而是看两次之间的温度变化率，超过这个温度变化率，系统就可进行声光报警，并将报警位置信息传至监控中心屏幕。这样可以有效避免非火灾因素引起升温后导致的误报发生。火灾报警系统升温方式如图 3.4.6 所示。

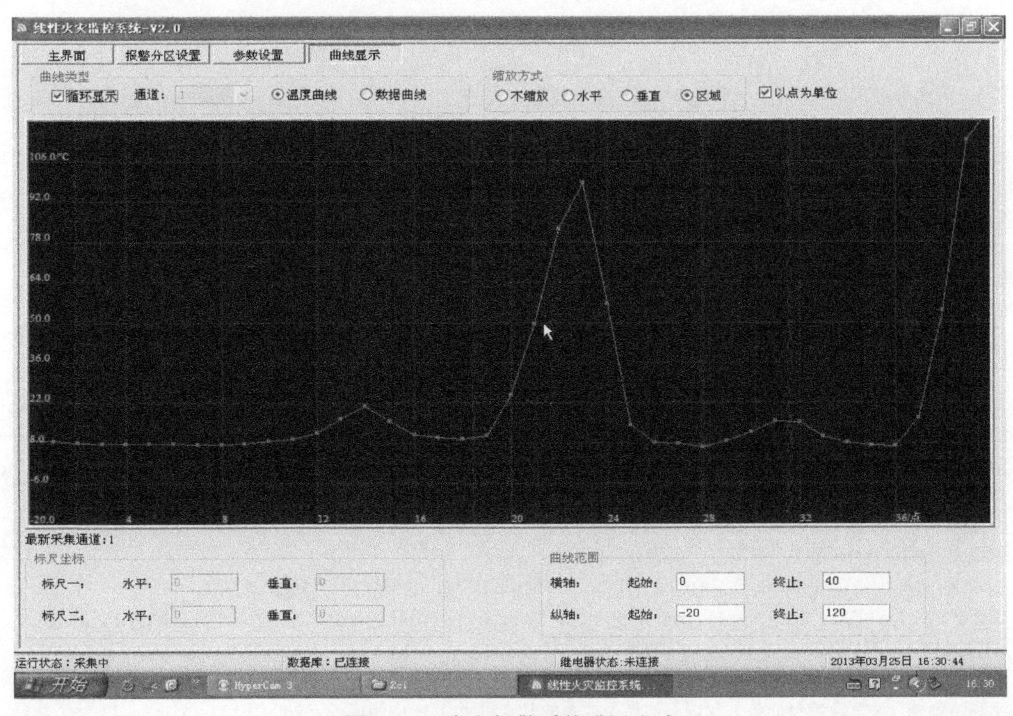

图 3.4.6　火灾报警系统升温方式

点火升温一般在一个采集周期里，系统采集周期为 12s。火灾定点报警时间最长不会超过系统的一个采集周期。联动控制平台样机三次测试相关时间参数平均值汇总数据如表 3.4.3 所示。

表 3.4.3　联动控制平台样机三次测试相关时间参数平均值汇总数据

采集周期/s	火灾报警时间/s	联动控制时间/s	灭火时间/s	光纤在火灾中持续工作时间/min
12	5.17	5.57	34.67	>5

我们设计研发了超大型油罐火灾定点报警与分区灭火联动控制系统样机，并对其相关参数进行了测定，通过对测试数据进行分析可以发现，联动控制系统样机可实现自动控制。在浮盘某一位置开口，在开口处点火可实现下方油面持续燃烧，通过安装光纤报警装置，将火灾及其位置信号传送至联动控制台，控制台处理信号后，指示相应区域电磁控制阀动作，对应区域泡沫喷射装置启动扑灭火灾。整个过程小于 1min。

此外，样机可实现任意分区起火后定点报警，联动控制相应分区泡沫灭火系统工作。多个分区同时或先后起火后，联动控制平台也可启动对应多个分区泡沫灭火系统同时工作。联动控制样机中泡沫灭火系统工作方式与真实油罐一致，泡沫在堆积至一定厚度后从起火位置集中流入环状密封圈覆盖灭火。同时，为防止误报和停电等特殊因素影响，联动控制装置可调至手动控制状态。报警信号传至控制台后还可调整延迟启动电磁阀启动的时间。此外，分区灭火的时间小于未分区全淹没灭火时间。分区灭火后泡沫用量节省 60%以上。

研究成果可实现超大型油罐火灾定点报警、联动快速喷射和分区灭火的功能，在油品储存领域具有广阔的应用前景。超大型油罐发生小型密封圈火灾的比例较大，使用火灾定点报警与分区灭火的方法不仅可以快速准确扑救超大型油罐初期火灾，有效阻止由初期火灾向全面积火灾发展，还可以节约泡沫液用量，提高灭火效率，减小泡沫对储罐内原油的大面积污染。

参考文献

[1] 中国安防贸易网. 油库消防安全自动控制报警系统设计方案 [EB/OL]. http：//fangan.afb2b.cn/200609/22631.html.

[2] 陈涛. 光纤传感技术在隧道火灾监测中的应用研究 [D]. 武汉：武汉理工大学，2009.

[3] 张在宣，刘红林，王剑锋，等. 分布式光纤拉曼散射测温技术的进展 [J]. 世界仪表与自动化，2005（1）：25-27.

[4] 杨国平，支元彦，戴银禄. 分布式光纤测温系统在变电站温度监控中的应用 [J]. 电气开关，2006（5）：39-41.

[5] 高雪清. 光纤光栅感温火灾探测方法的研究 [D]. 武汉：武汉理工大学，2007.

[6] Morgan. New fire detection concepts with fiber optics technology [J]. Fire Safety Engineering，2000（4）：57-58.

[7] 冯王碧，周次明. 光纤光栅感温火灾探测技术研究和应用 [J]. 消防科学与技术，2007（2）：174-177.

[8] 张虎城，李玉权. 光纤 Bragg 光栅调谐特性的研究 [J]. 军事通信技术，2004，25（1）：5-8.

[9] 祁耀斌. 基于光纤传感的危险环境安全监测方法和关键技术的研究 [D]. 武汉：武汉理工大学，2009.

[10] 汤健. 浅谈分布式光纤感温线预警系统新技术在变电站中的应用 [J]. 内蒙古石油化工，2005（6）：14-17.

[11] 彭金城. 分布式光纤感温故障监测系统在封闭式开关柜的应用 [J]. 大众用电，2011（2）：23-24.

[12] Explosion of solvent vapor in a ring partition of the floating roof [J]. Journal of Loss Prevention in the Process Industries，2008（21）： 642-645.

[13] 慧聪网. 压力校验仪表 [EB/OL]. http：//b2b.hc360.com/supplyself/52620073.html.

[14] 褚佩华. 光纤光栅火灾自动探测系统在石油化工企业中的应用 [J]. 石油化工自动化，2006（6）：21-22.

[15] 范继义. 油罐 [M]. 北京：中国石化出版社，2009.

[16] 张国政. 外浮顶储罐泡沫灭火设施的选型 [J]. 安全、健康和环境，2006（10）：18-20，23.

[17] Bror P. FOAMSPEX： Large Scale Foam Application-Modeling of Foam Spread and Extinguishment [J]. Fire Technology，2003（39）： 347-362.

[18] 郎需庆，刘全桢，宫宏. 大型浮顶储罐灭火系统的研究 [J]. 消防科学与技术，2009（5）：342-345.

[19] 王越，赵强. 对完善当今形势下我国石油储备体系的几点思考 [J]. 中国矿业，2009（10）：11-13，22.

[20] 樊宝德. 油库消防员 [M]. 北京：中国石化出版社，2006.

[21] 张学魁，闫胜利. 建筑灭火设施 [M]. 北京：中国人民公安大学出版社，2004.

[22] 王秀杰. 大型油罐区消防及自动控制设计探讨 [J]. 给水排水，2003（7）：64-67.

[23] 黄子芸. 大型外浮顶油罐的消防及自动控制设计 [J]. 科技创新导报，2008（26）：3.

[24] 赵炯，郎需庆，刘全桢. 应对大型油罐特大火灾的研究——LASTFIRE 项目组简介 [J]. 安全、健康和环境，2009（5）：2-4.

[25] 王善忠. 十万立方米原油储罐的设计 [D]. 天津：天津大学，2006.

[26] 十二五国家科技支撑计划课题：超大型油罐火灾防治与危险化学品事故现场处置技术研究（2011BAK03B07）研究报告（R）.

4

大型油罐火灾扑救的灭火剂选择与高效灭火剂研发

4.1 油类火灾灭火剂技术进展

4.1.1 泡沫灭火剂发展历程

泡沫灭火剂是用于油罐火灾扑救的主要灭火剂。泡沫灭火剂是一种通过化学反应或机械方法产生泡沫，以达到灭火目的的灭火剂。泡沫灭火剂最初出现在20世纪初，由美国海军发明，这是人类历史上第一种针对油品火灾的灭火利器。20世纪20年代发明了蛋白泡沫灭火剂，利用动植物蛋白（动物蹄脚、毛发、豆粕等），通过水解，产生水解蛋白作为主要发泡剂，再加上泡沫稳定剂、抗冻剂、防腐剂、抗蚀剂等，以改善其性能。与化学泡沫灭火剂相比，蛋白泡沫生产成本更低，发泡倍数更高，获取更加容易，对环境的污染和对设备的腐蚀都要轻一点，因此迅速得到广泛应用。但蛋白泡沫灭火剂也存在流动性差、灭火效率低的缺点。20世纪60年代人类又发明了氟蛋白泡沫灭火剂，即在蛋白泡沫灭火剂的基础上，添加了氟碳表面活性剂，既保留了蛋白泡沫灭火剂稳定性好、抗烧性好的优点，又克服了流动性差、灭火效率低的缺点，是一种比较理想的灭火剂。随着石油化工产品的多样化，人们发现，现有的泡沫灭火剂不能扑救醇醛醚脂酸等水溶性液体。20世纪70年代，人类又发明了抗溶性泡沫灭火剂，专门扑救水溶性液体火灾。至此，人类已经研发了扑救各种液体火灾的泡沫灭火剂，但人类对泡沫灭火剂的研发脚步并没有停止。20世纪80年代，人类又发明了水成膜泡沫灭火剂，仅用氟碳表面活性剂和碳氢表面活性剂作为发泡剂，克服了蛋白、氟蛋白泡沫灭火剂污染的缺点，灭火效率更高，储存时间更长。20世纪90年代发明了扑救A类火灾的A类泡沫灭火剂，并有扩大的趋势。进入21世纪，泡沫灭火剂产品的更迭速度加快。一方面从灭火效果出发，新的高效泡沫灭火剂产品不断投入市场，如“微包囊”灭火剂、具有“茧覆”惰化效果的烃类物质灭火剂；另一方面从环保角度出发，特别是随着《蒙特利尔条约》《维也纳公约》《斯德哥尔摩公约》的签订，人类对环保型灭火剂的研究达到了新水平，可降解的高分子泡沫灭火剂、生物型泡沫灭火剂、纯植物型无污染泡沫灭火剂不断涌现。我国泡沫灭火剂的研发工作是从20世纪60年代开始，由公安部上海消防研究所和天津消防研究所研制，主要产品有蛋白泡沫灭火剂、氟蛋白泡沫灭火剂、水成膜泡沫灭火剂和抗溶性泡沫灭火剂，与国外先进技术相比，处于跟跑状态。近年来，随着我国科技研发投入的不断加大和开发交流的持续深入，整体创新能力得到前所未有的加强。我国灭火剂领域产品研发能力进一步提高，新产品也层出不穷，如冷火灭火剂、微生物蛋白泡沫灭火剂等。有的泡沫灭火剂已经达到或超过欧美发达国家的同类产品，技术状态处于并跑甚至领跑状态。

4.1.2 泡沫灭火剂存在问题

近年来，国内发生了多起石油化工储罐重特大爆炸火灾事故，造成了严重的人员伤亡和财产损失，带来了恶劣的社会影响，例如，2010年“7.16”大连新港码头保税区油库火灾爆炸事故；2011年，“8.29”大连石化柴油罐火灾事故，福建漳州“4.6”古雷石化PX爆炸火灾事故；2017年“8.17”大连石化分公司火灾事故等。在这些重特大火灾的扑救过程中，无一例外地显示出泡沫灭火剂储备不足、种类不全和类型不匹配等问题。目前，泡沫灭火剂存在的主要问题有两个方面：一是如何研发灭火效能更高、环保性能更好、储存时间更长、使用更为方便、成本价格更为低廉的新型高效灭火剂，对这个问题；国内外的科研机构、高校和消防企业都在不懈追求解决方案，新技术、新产品也不断涌现。二是面对种类繁多的泡沫灭火剂市场，如何根据本地火灾对象的特点筛选储备型号数量匹配的灭火剂。从目前情况看，国家还没有关于如何确定地区泡沫灭火剂储备种类与储备量的成文规定，国内外目前也没有相关研究出现，所以，面对各种泡沫灭火剂如雨后春笋般涌现的市场，如何全面评价泡沫灭火剂的性能优劣、选择适合不同地区消防部门自身需求的泡沫灭火剂并制定储备方案，是消防部门当前面临的一大难题。并且，随着泡沫灭火剂研究的发展，市场上各式泡沫灭火剂品种繁杂。据公安部消防产品合格评定中心最新统计显示，截至 2017 年，国内仅泡沫灭火剂生产厂家就多达 121 家，市场上产品有 1000 多种，且商家的营销宣传也是花样繁多，令人眼花缭乱，特别是国外产品，有宣称适用于 A、B、D 类火灾等多种场景的某型 500、有宣称能灭各类液体火灾的某型 2000，价格更是高得令人咋舌。对同一种类的泡沫灭火剂而言，由于其化学组分、加工工艺各有不同，其各项性能指标也有很大区别。面对性能差别迥异、价格相差悬殊的泡沫灭火剂，以 2006 年颁布的 GB 15308—2006《泡沫灭火剂》为主的国家标准规范规定了每类泡沫灭火剂应达到的最低性能标准，规范了泡沫灭火剂行业的发展。但随着泡沫灭火剂行业近十几年的发展，产品性能有了较大突破，社会、消防部门对泡沫灭火剂的各项性能指标也产生了更多、更高的要求，例如环境友好性、泡沫兼容性、储存条件、对水质的要求、综合灭火成本等方面。对这些指标，现阶段还没有统一的规范标准加以要求，消防部门也缺乏统一的、量化的、针对不同地区适用性的判别标准，更没有针对本地区储罐类型、水源情况等对应的灭火剂储备方案。因此，有必要研究一种新的综合评价优选体系，建立统一的评价优选方法，可以全面地分析泡沫灭火剂各项性能指标，结合地区特色，量化泡沫灭火剂各项性能，能够筛选出针对不同地区最适用的泡沫灭火剂，并给出储备方案建议。

4.2 油罐火灾扑救灭火剂的筛选

正是由于泡沫灭火剂在实际应用中存在上述问题，并且目前使用部门在选购配备泡沫灭火剂的种类和数量上并没有明确的参考标准，对泡沫灭火剂各类性能参数指标的判定主要依赖厂家出具的泡沫灭火剂合格检验报告和自我宣传材料，因而较难切实符合各地区消防部门的实际需要。所以，有必要在现行的 GB 15308—2006《泡沫灭火剂》等国家标准规范的基础上，结合地方实际需要，构建更加符合能力建设、契合实战需求的泡沫灭火剂综合评价优选体系，为企业和消防应急部门泡沫灭火剂装备建设提供参考。

4.2.1 评价指标的选择与设定依据

怎样从众多的灭火剂产品中筛选合适泡沫灭火剂呢？这是购买者应该考虑的重要问题。一是选择的灭火剂必须满足使用需要，也就是灭火剂应具有良好的性能；二是灭火剂使用与储存上比较便利；三是价格合理，在满足其他要求的前提下，要尽可能便宜；四是要满足环保方面的要求；五是要与当地的情况相适应。从这几个方面确定了选择灭火剂的基本原则，也就是一级评级指标。下面就每个方面分别进行分析。

（1）泡沫性能方面

评价泡沫灭火剂的优劣，最重要的因素是其性能的高低，泡沫性能主要包括理化性能、灭火性能、灭火针对性等。泡沫的理化性能是指泡沫灭火剂本身固有的基本理化性质，如发泡倍数、析液时间、pH 值等。这些指标的高低决定了泡沫灭火剂的基本性能水平。泡沫的灭火性能是指泡沫灭火剂在扑救火灾时的性能表现，是使用部门在选购泡沫灭火剂时最关注的性能指标。GB 15308—2006《泡沫灭火剂》规范中给出了在标准油盘、规定条件下，由标准泡沫枪施放，进行灭火实验所得泡沫灭火剂灭火时间和抗烧时间的最低标准。要对灭火剂的灭火性能进行全面地评价，除了参照按规范规定的实验条件得到的结果，还可结合灭火实际，从中归纳出能全面体现泡沫灭火剂灭火性能的指标，并对灭火性能进行分级，从而可以全面衡量泡沫灭火剂在实际应用中的灭火能力，评定泡沫灭火剂在不同工况条件下的灭火性能。火灾灭火针对性是指泡沫灭火剂所针对的不同火灾场景的类型，见表 4.2.1。

表 4.2.1　泡沫灭火剂适用火灾类型

序号	泡沫灭火剂种类	适用范围
1	普通蛋白泡沫灭火剂（P）	主要用于扑救 B 类火灾中的非水溶性易燃液体火灾，也适用于扑救木材、纸、棉、麻等一般固体火灾。不能扑救醇、醛、酮等水溶性易燃液体火灾，也不宜用于扑救醇含量 10%以上的加醇汽油火灾；不能扑救 C、D 类及其他遇水反应物质火灾，不能扑救 E 类火灾；不能与干粉灭火剂联用灭火，不适合液下喷射灭火
2	氟蛋白泡沫灭火剂（FP）	可以与干粉灭火剂联用灭火，适合液下喷射灭火；其他适用范围同普通蛋白泡沫灭火剂
3	水成膜泡沫灭火剂（AFFF）	主要适用于扑救 B 类火灾中的非水溶性易燃液体火灾、A 类火灾；可扑救部分分子极性较小的水溶性液体火灾等。不能扑救 C、D、E 类及其他遇水反应物质火灾
4	抗溶性泡沫灭火剂（AR）	主要用于扑救 B 类醇、醛、酮、醚、有机酸等极性液体火灾，A 类火灾等。不能扑救 C、D、E 类及其他遇水反应物质火灾
5	A 类泡沫灭火剂	主要用于扑救 A 类火灾，如建筑物、植物、轮胎等
6	“微包囊”类水系灭火剂	适用于扑救 A 类（如橡胶、轮胎、合成纤维）及一般固体火灾，B 类水溶性及非水溶性液体火灾、C 类和部分 D 类（如镁、铝、钛等）火灾，E 类（电线、变压器）火灾等

（2）使用与储存的便利性

在泡沫灭火剂的使用方面，主要包括其在使用中的便利性和适用性。灭火战斗行动的复杂性较高、时间紧迫，在这种情况下，就需要泡沫灭火剂在使用上具有较高的便利性和广泛的适应性。如在大型火灾扑救现场需要用到大量的泡沫灭火剂，这就需要部分战斗力量承担泡沫灭火剂的运输、转移、补充等工作。如果泡沫灭火剂的混合比可以降低至原来的 50%，所需的原液量就会随之大幅降低，消耗的人力和物力也会大幅降低，极大地提高了泡沫灭火剂的使用便利性；如果泡沫灭火剂的使用对泡沫消防车、泡沫比例混合器、泡沫喷射器具等装备器具的专用度要求较低，也会大大增加其使用便利性；如果泡沫灭火剂使用温度范围较宽、可以与海水混合使用，就会大大增强其适用性。此外，使用压力范围、混用性能等指标也会影响泡沫灭火剂的使用便利性及适用性。上述泡沫灭火剂使用性能指标，虽然一直是消防部门重视程度较高的方面，但在实际选购泡沫灭火剂过程中也存在着指标难以量化、不便与灭火性能等其他指标比较权衡等问题，所以要对泡沫灭火剂的使用方面涉及的指标进行全面评价。

（3）环保方面

环境是人类生存和发展的基本前提，随着社会经济的发展，环境问题已经作为一个不可回避的重要问题提上了各国政府的议事日程，因此，保护环境，减轻环境污染，遏制生态恶化趋势已成为政府社会管理的重要任务。保护环境是我国的一项基本国策，解决全国突出的环境问题，促进经济、社会与环境协调发展和实施可持续发展战略，是政府面临的重要而又艰巨的任务。由于泡沫灭火剂主要由发泡剂、稳定剂、助溶剂及其他化学添加剂组成，在生产、储存、使用过程中，其中的化学物质会进入环境，对大气、土壤、水体及动植物造成一定影响，因此有必要对泡沫灭火剂的环保指标进行系统评价。

泡沫灭火剂的环保指标主要包括泡沫灭火剂的生物危害性、水体土壤危害性和生产过程中的环保性。对市场上常见的泡沫灭火剂而言，普通蛋白灭火剂以水解动物蛋白为主要原料，虽然其水解产物中的含硫化合物容易产生“恶臭”，但可生物降解程度高，环境友好性强，生产成本低。添加了氟碳表面活性剂的氟蛋白泡沫灭火剂所使用的通常是阴离子型或非离子型氟碳表面活性剂，例如 $(C_2F_5)_2(CF_3)C(CF_3)C{=}C(CF_3)OC_6H_4SO_3Na$、$C_{10}F_{19}O(C_6H_4)SO_4Na$ 等，增强了泡沫层的密封性能，降低了泡沫表面张力和剪切力，使灭火效率大大提升，但是由于不同厂家所使用的氟碳表面活性剂各有不同，其对环境造成的潜在危害性并没有引起足够的重视。在水成膜泡沫灭火剂中普遍添加的“C_8 类”氟碳表面活性剂，即全氟辛烷磺酸盐（PFOS），能极大地提高泡沫灭火剂的效率和抗烧效果，但是由于其对生物和人体健康构成潜在威胁，且生物降解难度极大，2009 年4 月，联合国环境规划署（UNEP）在《关于持久性有机污染物的斯德哥尔摩公约》大会上正式将全氟辛烷磺酸盐（PFOS）及其衍生物列入持久性有机污染物（POPs）受控名单。美国国家环境保护局（EPA）积极鼓励开展相关环境风险研究并提出了自主削减计划。一些厂家采用调聚法生产的全氟辛酸（PFOA）类表面活性剂虽然不被 EPA 限制生产，但也被怀疑与 PFOS 具有相似危害性，安全环保的表面活性剂研发仍然是相关科研难点。我国目前尚没有相关规范对PFOS/PFOA 等物质的应用加以控制，市场上宣称的环保型水成膜泡沫灭火剂也多使用 PFOS/PFOA 作为表面活性剂，使判别灭火剂环保性能的难度更加提升，所以，有必要制定一套判定规则，对泡沫灭火剂的环保性能进行评价。

（4）经济方面

由于泡沫灭火剂在购买、储存、使用等活动中会产生各种各样的成本，所以也要评价泡沫灭火剂在经济方面的指标，尤其是在当前消防部门发展条件下，泡沫灭火剂的经济成本是不得不考虑的一个重要的方面。但是，单纯地看泡沫灭火剂的购买价格并不能真实反映泡沫灭火剂的综合应用成本的高低。例如，在泡沫灭火剂的使用过程中，单价昂贵的高端泡沫灭火剂的灭火性能往往优越并且用量少、控火快；而普通泡沫灭火剂价格虽然便宜，但使用量大、控火速度相对较慢，这时就需要综合考量泡沫灭火剂的消耗成本及火灾造成的财产损失成本。此外，在泡沫灭火剂的储存过程中，储存年限与储存温度应当与当地的气候条件及泡沫灭火剂的轮转使用周期相契合，以取得最佳使用效率，降低储存和管理带来的成本。常见灭火剂的一般储存年限和储存温度如表 4.2.2 所示。

表 4.2.2　常见灭火剂的一般储存年限和储存温度

灭火剂名称	储存年限/年	储存温度/℃
普通蛋白泡沫灭火剂（P）	2	−5～40
水成膜泡沫灭火剂（AFFF）	8～12	−10～45
抗溶性泡沫灭火剂（AR）	2～12	−5～40
f-500	15	1～49
A 类泡沫灭火剂	8～12	0～40

4.2.2 评价指标体系的构建

针对上一节研究得出的主要评价指标，制定具体通用的评价方法，对泡沫灭火剂进行系统、全面评价。评价指标分为定性指标和定量指标。其中，定性指标实行无量纲化，根据专家打分法进行评定；定量指标的分数划分由我们调研目前市场常见的各类泡沫灭火剂相关技术参数后，以中位数指标定为基准分，拉开评分梯度制定，使指标划分基本涵盖各类泡沫灭火剂性能区间范围。本评价优选体系共设置 4 个一级指标、12 个二级指标和 32 个三级指标进行评价（指标体系层次见表 4.2.3）。

评价优选体系所有观测点均按百分制进行设置，最后加权得到泡沫灭火剂最终评分。

表 4.2.3 指标体系层次

优化目标	一级指标	二级指标	三级指标（观测点及采分值说明）
泡沫灭火剂综合评价优选体系	灭火效果	理化性能指标	25%析液时间 发泡倍数 比流动性 沉淀物 腐蚀率 pH 值
		灭火效能指标	B 类非水溶性液体灭火时间、抗烧时间 A 类木垛灭火时间 B 类水溶性液体缓施加灭火时间、大型火灾实验效果
		灭火针对性指标	普通 A 类火灾 橡胶、外墙保温类等特殊 A 类 非水溶性 B 类 水溶性 B 类 D 类火灾
	便利性指标	使用便利性指标	泡沫混合比 装备器具专用性 使用压力范围
		适用范围指标	最低使用温度 水源适应性 混用性能 喷射方式
	环保指标	生物危害性	生物毒性 PFOS/PFOA 类表面活性剂
		水体土壤危害性	水体土壤危害性测定
		生产过程环保性	生产工艺环保性 生产能耗
	经济指标	采购成本	泡沫灭火剂购买价格
		储存成本	储存期限 最低储存温度、泡沫液储存器具
		使用成本	单位控火面积泡沫液消耗量
		财产损失成本	起火物燃烧损失 灭火用水损失

4.2.2.1 泡沫灭火效果指标

此指标下的二级评价指标主要包括泡沫灭火剂的理化性能指标、灭火效能指标、灭火针对性指标，此指标主要针对泡沫灭火剂的基础灭火性能进行全面的评价。

（1）理化性能指标

① 25%析液时间。泡沫灭火剂25%析液时间是指从泡沫混合液新产生的泡沫中析出25%的泡沫混合液所需的时间，析液时间的长短是衡量泡沫灭火剂发泡稳定性的重要指标，由于泡沫灭火剂在灭火过程中要受到火焰热辐射、高温油面及炙热罐壁的灼烧，泡沫因此发生液体流失和内液膜破裂从而产生消泡现象，进而影响灭火效果。因此，泡沫灭火剂的析液时间越长，证明泡沫稳定性越强，封闭油面效果越好，灭火效果越好。我们通过收集市场上各类泡沫灭火剂析液时间相关数据后，制定表 4.2.4 所示析液时间评分标准。

表 4.2.4　析液时间评分标准

析液时间/s	≤30	60	90	120	180	240	300	360	＞420
分数/%	20	30	40	50	60	70	80	90	100

② 发泡倍数。发泡倍数可以衡量泡沫灭火剂的发泡性能，当泡沫液按规定混合比制成泡沫混合液后，泡沫混合液产生的泡沫体积与泡沫混合液的体积的比值即为发泡倍数，见式（4.2.1）。

$$k_{泡}=\frac{V_{泡}}{V_{液}} \tag{4.2.1}$$

式中　$k_{泡}$——发泡倍数；

$V_{泡}$——发泡后的体积，L；

$V_{液}$——混合液体积，L。

扑救油罐火灾最常用的泡沫灭火剂，绝大多数均属于低倍数泡沫灭火剂，即 $k_{泡}\leq 20$，对低倍数泡沫灭火剂而言，通常发泡倍数在 6～8 倍时，灭火效果较好，具体最佳发泡倍数由于泡沫灭火剂采用的发泡剂和表面活性剂成分不同而略有差异，根据不同泡沫灭火剂发泡倍数的特征值，实际发泡倍数与特征值偏差不大于 20%的，得分记为 100%；实际发泡倍数与特征值偏差大于 20%～50%的，得分记为 60%；实际发泡倍数与特征值偏差大于 50%～80%，得分记为 40%；其他记为 0。

③ 比流动性。泡沫灭火剂的比流动性是指泡沫液在标准实验环境下与标准参比液（90%丙三醇溶液）的流动性比值，是评价泡沫液黏度性能的重要指标。泡沫灭火剂的黏度直接影响泡沫混合器具的适用范围及泡沫液的扩散性能。当泡沫液的比流动性＜1 时，得分记为 100%；当泡沫液的比流动性≥1 时，得分记为0。

④ 沉淀物。沉淀物是指泡沫液在（6000±600）m/s^2 的离心条件下离心（10±1）min 之后所分离出的固体不溶物质。沉淀物含量高低体现了泡沫液的均一性，良好的均一性使泡沫灭火剂在长期存放之后仍能发挥其应有的灭火效能。在泡沫液经过老化处理后[即于（60±3）℃条件下保持 24h 后冷却至室温]，产生沉淀物的体积分数应≤1.0，并能通过 180μm 筛。符合此项条件的，得分记为 100%；反之记为 0。

⑤ 腐蚀率。由于泡沫灭火剂中的一些化学添加剂（如金属盐离子或铵离子等）具有较强的腐蚀性，会对金属类储存和输送设备产生腐蚀，发生如管路穿孔、阀门泄漏等故障，所以需要对泡沫灭火剂的腐蚀率进行评价。目前国内标准中对泡沫灭火剂腐蚀性的重视程度不足，导致标准规定的实验条件与泡沫灭火剂应用实际贴合不紧密，实验方式不全面，实验过程要求不规范，包括实验材质种类过于单一、未考虑不同金属耐腐蚀性的差异、只对全浸没条件

下的腐蚀率进行测定等。但考虑到获取实测数据的可行性，由于腐蚀率测定对实验设备精度要求较高，实验周期相对较长（21d），所以仍然采用标准规定的实验结果作为参考依据，例如以Q235钢片和LF21铝片经腐蚀率测定实验后腐蚀结果较差的作为泡沫灭火剂腐蚀性评分参照点，腐蚀率评分标准如表4.2.5所示。

表4.2.5　腐蚀率评分标准

腐蚀率/[mg/(d·dm)]	0～5	5～10	≥10
评分/%	100	50	0

⑥ pH值。由于泡沫灭火剂中添加的一些化学助剂会对其pH值产生影响，从而使泡沫灭火剂一般呈弱酸性或弱碱性，而泡沫灭火剂的酸碱性会对其在运输、储存、使用过程产生一定的影响，因此需要对泡沫灭火剂的pH值进行评价。以呈中性（即pH=7）为最佳，pH值评分标准如表4.2.6所示。

表4.2.6　pH值评分标准

pH值	≤6	6～6.5	6.5～7.5	7.5～8.5	≥8.5
得分/%	0	50	100	50	0

（2）灭火效能指标

本项指标主要将对泡沫灭火剂的实际灭火性能进行评价，泡沫产生装置为GB 15308—2006《泡沫灭火剂》标准规范中所规定的标准泡沫枪及泡沫产生系统，满足在泡沫枪入口压力为（0.63±0.03）MPa情况下，泡沫枪流量为（11.4±0.4）L/min。泡沫产生系统安装示意图如图4.2.1所示。

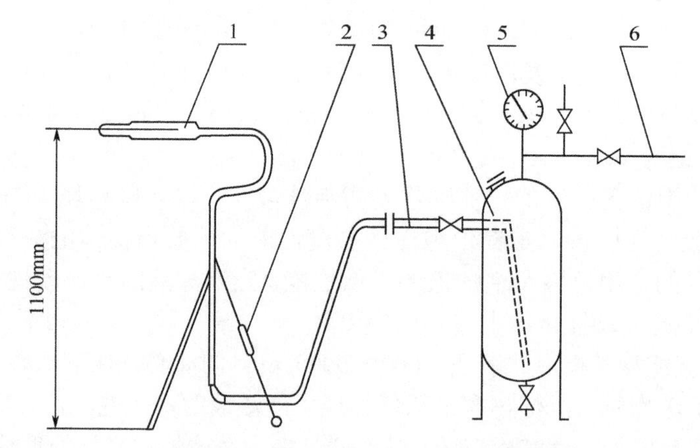

图4.2.1　泡沫产生系统安装示意图

1—标准泡沫枪；2—可调支架；3—泡沫液输送管；4—耐压储罐；5—压力表；6—进气管

对评分标准的制定，我们通过阅读大量相关文献与检测报告，遵循相关标准规范所规定的灭火等级，并加以细化，使其对常见类型泡沫灭火剂灭火性能有良好的覆盖能力，并基本上对不同种类泡沫灭火剂的灭火性能有较好的层次划分。

① B类非水溶性液体灭火时间及抗烧时间。由于泡沫灭火剂在灭火实战中主要应用于灭B类易燃液体火灾，所以选取GB 15308—2006《泡沫灭火剂》标准规范中规定的液体燃料火

标准实验为测试方法。设备与材料：

a. 钢制油盘，内径（2400±25）mm，深度（200±15）mm；

b. 钢制挡板；

c. 泡沫枪和泡沫产生系统；

d. 钢制抗烧罐，内径（300±5）mm，深度（250±5）mm；

e. 秒表。

橡胶用工业溶剂油，符合 SH0004 的要求。实验方法：

将油盘水平放置在地面，加入 90L 淡水将底部全部覆盖。泡沫枪水平放置并高出燃料面 1m，使泡沫射流中心打到挡板中心并高出燃料面 0.5m。

加入 144L 燃料油并在 5min 内点燃油盘，预燃 60s，开启泡沫枪进行灭火，并记录灭火时间。灭火时间评价标准如表 4.2.7 所示。

300s 后关闭泡沫枪，等待 300s，将装有 2L 燃料油的抗烧罐放在油盘中央并点燃，当油盘 25%的燃料面积被引燃时，记录 25%抗烧时间。抗烧时间评价标准如表 4.2.8 所示。

表 4.2.7　灭火时间评价标准

分数/%	100	90	80	70	60	50	40
灭火时间/min	≤1	1～1.5	1.5～2	2～2.5	2.5～3	3～3.5	＞3.5

表 4.2.8　抗烧时间评价标准

分数/%	100	90	80	70	60	50	40
抗烧时间/min	＞20	18～20	16～18	14～16	12～14	10～12	≤10

② 灭 A 类火灭火时间。在灭火实战中，橡胶火灾、汽车火灾、建筑外墙保温材料火灾等一些 A 类火灾一旦发生，扑救难度大，常常需要使用泡沫灭火剂才能进行有效扑救，但我国现有标准规范中只对手提式灭火器灭 A 类火性能进行了要求，对泡沫灭火剂灭 A 类火性能并没有强制要求。因此，有必要对各类泡沫灭火剂灭 A 类火性能进行评估，以发挥泡沫灭火剂性能优势。

设备与材料：我们通过阅读国内外相关标准及文献中关于灭 A 类火性能实验的方法，发现基本采用木垛燃烧作为实验模型。所以，在本实验中同样采用 GB 4351.1—2005《手提式灭火器》中相关性能实验所采用的 2A 木垛（每根木条 635mm，按每层 7 根，码放 16 层）进行实验。

实验方法：

a. 在引燃盘里加入 30mm 厚度的清水，再加入 2L 燃料油，放置于木垛正下方点燃；

b. 引燃 2min，将油盘从木垛下撤出，继续预燃 6min；

c. 启动泡沫灭火系统，打开泡沫枪开始灭火，待可见火焰全部熄灭后，记录灭火时间。灭 A 类火灭火时间评价标准如表 4.2.9 所示。

表 4.2.9　灭 A 类火灭火时间评价标准

分数/%	100	90	80	70	60
灭火时间/s	0～40	40～60	60～80	80～100	≥100

③ B 类水溶性液体灭火时间。对抗溶类泡沫灭火剂，不仅要对其灭非水溶性液体火进行评价，也要对其灭水溶性液体火性能进行评价。

设备与材料：

a. 钢制油盘，内径（1480±15）mm，深度（150±10）mm；

b. 钢制挡板；

c. 泡沫枪和泡沫产生系统；

d. 秒表；

e. 纯度不小于99%的工业丙酮。

实验方法：将油盘水平放置在地面，加入90L淡水将底部全部覆盖。泡沫枪水平放置并高出燃料面1m，使泡沫射流中心打到挡板中心并高出燃料面0.5m。

加入125L燃料油并在5min内点燃油盘，预燃120s，开启泡沫枪进行灭火，并记录灭火时间，B类水溶性液体灭火时间评价标准如表4.2.10所示。

表 4.2.10　B 类水溶性液体灭火时间评价标准

分数/%	100	90	80	70	60
灭火时间/s	0～120	120～180	180～240	240～300	≥300

④ 大型火灾实验效果。大型储油设施一旦起火，燃烧往往十分猛烈，其火灾规律与一般标准实验中的油盘火有很大不同。在这种情况下，泡沫灭火剂的灭火能力表现也与小尺寸火灾实验有很大不同。因此，近年来国外一些先进消防公司和机构，例如威廉姆斯公司和LASTFIRE，都对泡沫灭火剂在大型火灾实验场景下的灭火能力进行了较为深入的研究。目前国内相关研究比国外起步晚，国内规范中也没有对相关内容进行强制要求，在这种情况下，能对自身产品进行大型火灾实验灭火能力测试并取得良好效果的，说明该泡沫灭火剂实战性能较强，应考虑优先选用，得分记为100%；大型火灾实验效果一般或没有进行过大尺寸火灾实验验证性能的，应酌情减少得分。我们于2015年6月在黑龙江省大庆市，组织了20000m^3油罐的灭火测试，这是迄今为止国内最大规模的灭火实验。

（3）灭火针对性指标

本项指标针对泡沫灭火剂所能应用的主要火灾类型给出评价，根据灭火实战中可能应用到泡沫灭火剂的火灾场景，我们归纳出几类火灾，如表4.2.11所示。

表 4.2.11　泡沫灭火剂可能适用的火灾场景

火灾场景
普通A类火灾
橡胶、EPS等聚合物类固体火灾
非水溶性B类易燃液体火灾
水溶性B类易燃液体火灾
D类金属火灾、E类带电物体或精密仪器等物质的火灾等

将不同种类泡沫灭火剂针对上述火灾场景的适用程度分为五个等级——不适用、较不适用、一般、较适用、非常适用并进行量化，对应评分如表4.2.12所示。

表 4.2.12　火灾针对性评价标准对应评分

适用度	不适用	较不适用	一般	较适用	非常适用
评分/%	0	25	50	75	100

4.2.2.2 便利性指标

此指标下的二级评价指标主要包括泡沫灭火剂的使用便利性指标和适用范围指标。此指标主要针对泡沫灭火剂在实际储存和使用过程中需要注意的方面进行评价。

（1）使用便利性指标

① 泡沫混合比。对同等灭火能力的泡沫灭火剂，泡沫混合比低 50%，泡沫原液消耗量就会大大减少，相应的其在储存、运输、使用上的便利性就会大大增加，所以需要对泡沫灭火剂的混合比进行评价，综合市场上常见泡沫混合比数据，制定评价标准，如表 4.2.13 所示。

表 4.2.13 泡沫混合比评价标准

混合比	＜1%	3%	6%
评分/%	100	90	80

② 装备器具专用性。在泡沫灭火剂的实战应用当中，是否需要专用装备器具配套使用会大幅影响灭火行动的便利性。例如部分合成泡沫需使用压缩空气泡沫消防车才能达到优良的灭火效果、部分凝胶型泡沫由于黏度较高必须使用专用泡沫吸液设备、一些泡沫灭火剂必须使用专用泡沫枪等。在火场形势十分危急的情况下，如果泡沫灭火剂不能依靠通用设备简单、快速地开展扑救活动，泡沫灭火剂的实用性和便利性就会大打折扣。所以，需要对泡沫灭火剂是否依赖专用性装备器具进行评价，不需要专用性装备器具配合使用的，得分为 100%；需要部分专用性装备器具配合使用的，得分为 60%；全部需要专用性装备器具配合使用的，得分为 40%。

③ 使用压力范围。一般来说，泡沫灭火剂的使用压力越低，灭火实战中的便利性越高。常见泡沫灭火剂的使用压力范围一般为 0.5～0.7MPa，超过一定的使用压力范围，消防部门普遍装备的泡沫消防车就不能适用。所以，需要对泡沫灭火剂的使用压力范围进行评价，评价标准如表 4.2.14 所示。

表 4.2.14 使用压力范围评价标准

使用压力/MPa	＜0.5	0.5～0.7	＞0.7
评分/%	100	90	60

（2）适用范围指标

① 最低使用温度。泡沫灭火剂须在其使用温度区间内使用才能发挥相应作用，否则会影响泡沫灭火剂发泡后的理化性能，从而影响其灭火效能。泡沫灭火剂检测报告中注明不受冻结融化影响的，说明该产品已通过 GB 15308—2006《泡沫灭火剂》规范所规定的反复冻结融化实验，此项评价指标得分为 100；由于规范中已对所有泡沫灭火剂样品进行 60℃ 的温度处理测试，所以，泡沫灭火剂在使用过程中，只需满足其最低使用温度低于当地一月平均最低气温。即

$$T_{使} \leqslant T_{1月低} \qquad (4.2.2)$$

满足上述条件的，应得分 100%；不满足上述条件的，得分为 0。

② 水源适应性。在沿海地区发生重大火灾时，灭火用水量巨大，市政消防给水管网往往不能提供足够的灭火用水。配合大功率远程供水装置抽取江河湖海等天然水源进行灭火会大大加快灭火战斗进程。但一些天然水源（如海水等）中的金属阳离子会与普通泡沫灭火剂中

的发泡剂产生反应导致灭火剂不能正常发泡，因此，对泡沫灭火剂水源适应性进行评价，耐海水型泡沫灭火剂得分应为100%，不耐海水型泡沫灭火剂得分为0。

③ 混用性能。在大型火场实战扑救过程中，由于泡沫灭火剂消耗量巨大，动辄数百吨，所以不可避免地存在泡沫灭火剂的混用问题。泡沫灭火剂的混用性能一般与其使用的碳氢表面活性剂的极性有关。市场上常见的表面活性剂有阴离子型、阳离子型和非极性表面活性剂，使用非极性碳氢表面活性剂的泡沫灭火剂理论上可以与任意泡沫灭火剂混用，性能最为优异，但由于非极性碳氢表面活性剂普遍成本较高且对泡沫灭火剂流动性的改善不如离子型碳氢表面活性剂，所以应用较少；市场上常见的蛋白类与合成类泡沫灭火剂目前均添加离子型碳氢表面活性剂改善泡沫流动性能，当添加阴离子型表面活性剂的泡沫灭火剂与添加阳离子型表面活性剂的泡沫灭火剂混用时，会发生化学反应，大幅影响泡沫灭火剂的灭火性能。一般来说，市场上的氟蛋白泡沫灭火剂多添加阳离子型表面活性剂，合成类泡沫灭火剂添加的表面活性剂多为阴离子型，所以一般情况下氟蛋白泡沫灭火剂不能与合成类泡沫灭火剂混用，但具体混用性能还要分析泡沫灭火剂的添加剂成分。对泡沫灭火剂的混用性能进行评价，使用表面活性剂成分为中性的，得分为100%；使用离子型表面活性剂但极性偏弱的，得分为 80%；使用极性较强的离子型表面活性剂的，得分为60%。

④ 喷射方式。泡沫灭火剂在扑救大型油罐火灾时，一般分为液上喷射、液下喷射和半液下喷射三种方式，由于液上喷射时泡沫受到高温辐射作用破坏较明显，导致灭火性能下降，所以在相关条件允许时往往需要用液下喷射的方式进行扑救，但是，某些泡沫灭火剂（如普通蛋白泡沫等）不能适用于液下喷射方式，所以需要对泡沫灭火剂适用的喷射方式进行评价，适用液下喷射方式的，得分为100%；不适用液下方式的，得分为60%。

⑤ 与干粉联用性。泡沫干粉联用是扑救油罐火灾的一种重要战术，但不是所有泡沫灭火剂都适合与干粉联用。可以联用的得分100%，否则得分60%。

4.2.2.3 环保指标

市场上各类泡沫灭火剂中的发泡剂、稳定剂、表面活性剂、抗冻剂、助溶剂等添加剂多种多样，部分添加剂会对生态环境和人类健康造成潜在危害。如氟蛋白泡沫灭火剂中添加的全氟壬烯氧基苯磺酸钠（OBS）抗冻剂、水成膜灭火剂中添加的全氟辛烷磺酸盐（PFOS）类添加剂等。但当前国家标准规范中对泡沫灭火剂的环保性能并没做出明确的要求。我们通过阅读国内外文献及相关研究之后，制定以下二级评价指标进行评价。

（1）生物危害性

① 生物毒性评价。目前国内外研究化学物质生物毒性试验采用的试验对象种类繁多，如小球藻、大肠杆菌、发光菌、斑马鱼、小鼠等。斑马鱼是一种同人类较相近的可试验用脊椎动物，斑马鱼试验具有良好的试验精度及较好的可操作性，因而广泛应用于人体毒性物质模拟试验。因此，采用斑马鱼毒性试验评价泡沫灭火剂生物毒性。

试验根据GB/T 13267—1991《水质物质对淡水鱼（斑马鱼）急性毒性测定方法》规定的相关试验方法进行。主要实验步骤如下：

a. 配置标准稀释水2000mL和样品12mL制备试验液体并放置于染毒瓶中；

b. 将10条试验用斑马鱼放入染毒瓶中进行周期为 96h 的染毒试验；

c. 在周期内定时记录斑马鱼死亡数量；

d. 多次实验获得斑马鱼致死率数据。

生物毒性评价标准如表 4.2.15 所示。

表 4.2.15　生物毒性评价标准

致死率/%	0	10	20	30	40	50	60	70	80	90	100
得分/%	100	90	80	70	60	50	40	30	20	10	0

② PFOS/PFOA 类污染物评价。虽然早在 2009 年 4 月，联合国环境规划署（UNEP）在《关于持久性有机污染物的斯德哥尔摩公约》大会上就正式将全氟辛烷磺酸盐（PFOS）及其衍生物列入持久性有机污染物（POPs）受控名单，一些厂家采用调聚法生产全氟辛酸（PFOA）类表面活性剂也被怀疑与 PFOS 具有相似危害性。但由于这种“C_8、C_6 类”氟碳表面活性剂大幅增强了泡沫层的密封性能，使灭火效率大大提升，且价格低廉，所以在国内相关法规仍不完善的情况下，仍有大量泡沫灭火剂生产厂家选择此类物质作为表面活性剂改善泡沫灭火剂性能。而作为泡沫灭火剂的主要购买者，消防部门在考虑灭火效能的前提下要充分考虑泡沫灭火剂对生态环境造成的潜在危害，通过要求厂家提供泡沫灭火剂主要成分，或采用液相色谱-串联质谱（HPLC-MS/MS）系统对泡沫灭火剂中所含表面活性剂成分进行测定，优先选用非“C_8/C_6 类”PFOS/PFOA 表面活性剂的泡沫灭火剂，推进泡沫灭火剂行业逐渐淘汰此类泡沫灭火剂的生产。对泡沫灭火剂 PFOS/PFOA 类污染物进行评价，完全不含此类物质的，得分为 100；含有 PFOS 类物质的，得分为 0；含有 PFOA 类物质的，根据其含量高低情况酌情评分。

（2）水体土壤危害性

泡沫灭火剂在使用后，残液也随着污水排入环境，对水体和土壤环境产生一定破坏作用。从泡沫灭火剂的成分分析来看，蛋白类泡沫灭火剂以动植物水解蛋白为主要原料，较容易被环境所降解，但其添加的氟碳类表面活性剂（如 OBS 或 6201）和硫酸亚铁及硫酸镁等无机盐类稳定剂会对水体和土壤造成一定影响；合成类泡沫灭火剂如水成膜泡沫灭火剂主要由表面活性剂、助溶剂、稳定剂等化学品组成，其中部分添加剂难以被生物降解。目前国内外关于泡沫灭火剂对水体土壤的危害性研究主要集中在生物降解性上，一般采用二氧化碳呼吸法对泡沫灭火剂的 20d 生物降解性进行评价。一般来说，20d 生物降解性小于 60%的，被认为生物降解性能较差，而 20d 生物降解性大于 85%的，生物降解性能较为优异。

评价泡沫灭火剂对水体土壤的危害性，要综合判断其中有机物的生物降解性及无机盐对水体土壤带来的破坏作用。完全没有水体土壤危害性的，得分应为 100；存在潜在水体土壤的危害性的，应根据实际情况酌情评分。

（3）生产过程环保性

此指标下的二级评价指标主要包括泡沫灭火剂的生产工艺环保性指标、适用性指标。此指标主要针对泡沫灭火剂在生产过程中的环保性进行评价。

① 生产工艺环保性。蛋白类泡沫灭火剂主要以动植物蛋白质水解产生。目前市场上的蛋白类泡沫灭火剂基料主要由两种水解方式产生：一是普通水解法，即使用碱性物质（如氢氧化钠或氢氧化钙混合加热）水解；二是酶水解法，即使用蛋白酶在一定条件下对原料进行水解。使用普通水解法生产泡沫灭火剂的过程中，会产生大量有毒废水、废气（如氢氧化钠、硫化氢等），若不经过处理直接排放到环境中会造成严重污染；酶水解法较为环保，但由于此法成本较高，企业采用较少。

合成类泡沫灭火剂的生产主要为多种添加剂按一定次序在一定温度条件下混合搅拌，生产过程中的污染较小。但其所用添加剂组分的生产过程是否产生其他污染应根据实际状况进行分析。

对泡沫灭火剂生产工艺环保性进行评价，生产过程中不会向外界排放污染物的，得分应为100%；生产过程中存在一定污染的，应根据实际情况酌情评分。

② 生产能耗。生产能耗可以在一定程度上反映企业的碳排放，从而体现泡沫灭火剂生产过程的环保性。蛋白类泡沫灭火剂在使用普通水解法生产的过程中，需要较高温度来维持碱的水解反应，并且后续需要多道工序才能完成泡沫灭火剂的整个加工过程，生产过程能耗较高；合成类泡沫灭火剂在基料的混合搅拌操作过程中不需要太高温度，整个工艺流程也较为简单，所以生产能耗较低。

对泡沫灭火剂生产能耗进行评价，生产过程中，能耗较低的，得分应为100%；能耗较高的，应根据实际情况酌情评分。

4.2.2.4 经济指标

此指标下的二级评价指标主要包括泡沫灭火剂的购买成本、使用成本、储存成本和财产损失成本。此指标主要对泡沫灭火剂在购买、储存、使用等活动中形成的成本进行分析，所涉及统计数据是我们收集各地消防部门目前装备的 20 余种各类泡沫灭火剂相关性能指标后进行计算、数据处理之后得到。

（1）采购成本

泡沫灭火剂的购买成本是指消防部门购买泡沫灭火剂所消耗的成本。在当前地区经济发展不平衡、消防经费不充裕的条件下，泡沫灭火剂的购买成本是经济指标中的一个重要方面。由于高中低端泡沫灭火剂价格相差悬殊，从低端普通泡沫灭火剂的 5000 元/t 左右，到进口高端泡沫灭火剂价格每吨达到数万元甚至十几万元，所以要对泡沫灭火剂的购买成本进行评价，才能进一步判断泡沫灭火剂是否有与其售价相匹配的综合性能。成本评价标准如表 4.2.16 所示。

表 4.2.16 采购成本评价标准

采购成本/万元	＜1	≥1～1.5	＞1.5	＜8	≥8～12	＞12
普通/%	100	50	0	—	—	—
高端/%	—	—	—	100	0.5	0

（2）储存成本

泡沫灭火剂在日常储备中也会消耗一定的人力、财力、物力，因此，评价泡沫灭火剂在储存中产生的成本时，主要从以下方面进行分析。

① 储存期限。由于在较短的时间跨度内泡沫灭火剂的消耗存在极大不确定性，在泡沫灭火剂使用频率不高的地区，较短的泡沫灭火剂储存期限带来的过期泡沫灭火剂的处理、替换、补充等行为，造成人力、物力、财力的浪费，也就增加了泡沫灭火剂的储存成本。针对市场上常见的泡沫灭火剂储存期限，我们制定的评价标准如表 4.2.17 所示。

表 4.2.17 储存期限评价标准

分数/%	60	70	80	90	100
储存期限/年	≤2	3～5	6～8	9～12	＞12

② 最低储存温度。北方地区冬季气温较低，由于泡沫灭火剂一般储存于仓库、车库和泡沫消防车内，保暖工作一旦产生疏漏，使泡沫灭火剂长期处于低于其储存温度条件下，容易使泡沫灭火剂产生分层、沉淀、变性等，影响其灭火效能。

所以，泡沫灭火剂最低储存温度应低于当地1月历史平均最低气温，即

$$T_{储} \leqslant T_{1月低} \tag{4.2.3}$$

此时，不需要在泡沫储存设施增加相应采暖设备，不会带来额外增加的储存成本，因此得分为100%。

当泡沫灭火剂最低储存温度高于当地历史平均最低气温时，需要在泡沫储存设施增加相应采暖设备，带来了额外增加的储存成本，因此应酌情减少得分。

需要说明的是，泡沫灭火剂检测报告中注明不受冻结融化影响的，说明该产品已通过GB 15308—2006《泡沫灭火剂》规范所规定的反复冻结融化实验，所以此项得分为100%；由于GB 15308—2006《泡沫灭火剂》规范中已对所有泡沫灭火剂样品进行60℃的温度处理测试，所以最高储存温度在此不做评价。

③ 泡沫液储存器具。当前泡沫灭火剂盛装容器规格从20～1000kg多种多样，没有统一标准；容器形状也有桶形、箱形等。从储存、转移的角度来说，泡沫灭火剂盛装容器规格越大，容器形状越规整，就越方便叉车进行装卸工作，节省人力、物力。所以，应制定评价标准评价泡沫液储存器具，如表4.2.18所示。

表4.2.18 泡沫液储存器具评价标准

容器规格/kg	＞500	100～500	＜100
得分/%	100	80	60

当泡沫液储存容器形状不规整时，扣20%。

（3）使用成本

在这里使用成本是指泡沫灭火剂扑灭单位面积火灾所消耗的泡沫原液的成本。由于不同火场条件所需的泡沫灭火剂灭火强度是动态变化的，受多重因素影响，通常难以准确计算。本指标假定扑救对象为固定顶汽油储罐全液面燃烧火灾，以消防装备学经验公式和相关标准规范为依据，估算泡沫液的消耗量，为现实火场条件下泡沫灭火剂的使用成本提供一定参考依据。

由相关经验公式可知，扑救汽油储罐火灾时泡沫混合液供给强度为5～8L/（min·m^2），此处假定供给强度为6L/（min·m^2），对泡沫混合液的供给时间，国内一般给出的要求为60min，但是，由于高性能泡沫灭火剂的不断发展问世，其对火灾的控制能力有了很大提升，所以将GB 15308—2006《泡沫灭火剂》标准中规定的达到灭火性能最高等级的Ⅰ级的泡沫灭火剂的供给时间定为 60min，通过标准实验中实测的灭火时间对泡沫混合液供给时间进行换算，得到不同泡沫灭火剂的实际供给时间。

定义使用成本为C_1，则

$$C_1 = A \times q \times \frac{T}{z_{\mathrm{I}}} \times 60 \times W \tag{4.2.4}$$

式中 A——泡沫混合比；

q——泡沫混合液供给强度，L/（min·m^2）；

T——泡沫灭火剂检测报告中的灭火时间，min；

z_{I}——Ⅰ级灭火性能应达到的灭火时间，min；

W——泡沫灭火剂原液每升单价，元。

通过收集目前消防部门装备的常见泡沫灭火剂的相关性能数据后，按照上述公式进行计算，发现使用成本区间为97.2～259.2元，所以将使用成本为150元作为基准分（50%），泡沫灭火剂使用成本越高的，得分应越低；反之，使用成本越低的，得分越高。

（4）财产损失成本

在使用泡沫灭火剂扑救火灾的同时，伴随着起火物质的燃烧、灭火用水的消耗等，必然会造成一定的财产损失。下面以扑救 10000m³原油储罐全液面火灾为例，对泡沫灭火剂在使用过程中造成的财产损失进行分析。

① 起火物燃烧损失。起火物燃烧损失是指在扑救过程中起火物燃烧所产生的消耗。以扑救 $10000\mathrm{m}^3$ 原油储罐全液面火灾为例，可以看作直径31.2m的油池火。根据燃烧学理论，油池火灾是受浮力影响的湍流扩散燃烧。这种燃烧形态的特点是当油池火直径达到一定长度之后，燃料的质量燃烧速率趋于定值。

经查找相关数据可知，原油的最大质量燃烧速率为 $0.078\mathrm{kg/(m^2 \cdot s)}$，假设在使用泡沫灭火剂进行扑救时，泡沫在原油表面近似均速铺展，定义在扑救过程中原油燃烧造成的损失 C_2，则

$$C_2=0.078\times60\times60\times\frac{T}{2z_{\mathrm{I}}}\times\pi r^2 \tag{4.2.5}$$

式中　T——泡沫灭火剂检测报告中的灭火时间，min；

z_{I}——Ⅰ级灭火性能应达到的灭火时间，min；

r——原油储罐半径，m。

通过收集目前消防部门装备的常见泡沫灭火剂的相关性能数据后，按照上述公式计算，发现起火物燃烧损失区间为49.6～132.4t，所以将起火物燃烧损失为100t作为基准分（50%），泡沫灭火剂起火物燃烧损失越高的，得分应越低；反之，起火物燃烧损失越低的，得分越高。

② 灭火用水损失。在灭火行动过程中，会消耗大量的水用于与泡沫灭火剂混合对储罐进行扑救以及使用冷却水枪等对储罐进行冷却。由相关规范得知，对固定顶着火罐进行冷却的供水强度 $q_{水}$ 为 $2.5\mathrm{L/(min \cdot m^2)}$ 所以定义在扑救过程中灭火用水造成的损失为 C_3，则

$$C_3=\left[(1-A)\times q+q_{水}\right]\times\frac{T}{z_{\mathrm{I}}}\times60\times\pi r^2 \tag{4.2.6}$$

式中　T——泡沫灭火剂检测报告中的灭火时间，min；

z_{I}——Ⅰ级灭火性能应达到的灭火时间，min；

r——原油储罐半径，m；

A——泡沫混合比；

q——泡沫混合液供给强度，$\mathrm{L/(min \cdot m^2)}$；

$q_{水}$——冷却供水强度，$\mathrm{L/(min \cdot m^2)}$。

通过收集目前消防部门装备的常见泡沫灭火剂的相关性能数据后，按照上述公式进行计算，发现灭火用水损失区间为172.5～460.1t，所以将灭火用水损失300t作为基准分（50%），

泡沫灭火剂灭火用水损失越高的，得分应越低；反之，灭火用水损失越低的，得分越高。

4.2.3 基于 AHP 的指标权重确定

在建立了泡沫灭火剂评价优选体系的基本架构之后，就要对评价指标的权重进行确定。通过对比常见确定指标权重的方法（如二项系数法、环比评分法、主成分分析法、层次分析法等）之后，发现层次分析法在处理多准则、多指标、定性与定量结合的系统评价体系上有天然的优势，符合本评价体系的最终目标，所以决定使用层次分析法对指标权重进行确定。

4.2.3.1 层次分析法的原理

层次分析法（Analytic Hierarchy Process，AHP）是美国著名运筹学家 T.L.Satty 等人提出的一种定性与定量分析相结合的多准则决策方法。它是将复杂问题分为若干层次和因素并两两比较其重要性，然后通过科学计算得到最终各指标的权重。它将复杂的评价指标数学化、简单化，是使用较广泛的系统评价方法。

4.2.3.2 权重确定的主要步骤

运用层次分析法对评价优选体系权重进行确定，主要步骤如下。

（1）建立层次结构模型

根据本章确定的泡沫灭火剂指标体系结构，建立多层次结构模型，如图 4.2.2 所示。

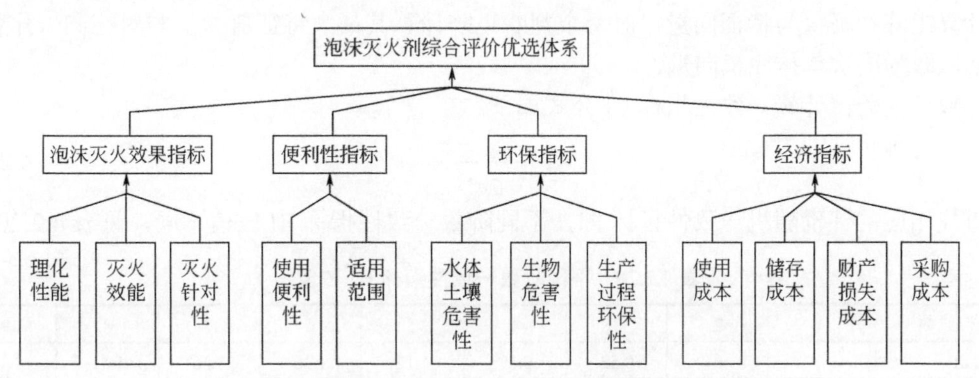

图 4.2.2 泡沫灭火剂综合评价优选体系层次结构模型

之所以只将层次结构建立到二级指标，是考虑到三级指标层涉及的评价指标较多，如果将三级指标纳入层次结构中，会使问卷复杂度和判断矩阵数量成倍增长，大幅增加专家测评难度。为使专家群体决策环节提高简洁性与客观性，在建立层次结构时只纳入一、二级指标，每个二级指标下的三级指标（即观测点）的权重按照均分原则进行分配。

（2）制作 AHP 调查表并收集专家群体决策数据

在层次分析法中，为科学的使定性结果定量化，须采用一致矩阵法，即将所有要素进行两两比较，制作专家调查表收集专家群体决策数据，然后进行集中数据处理。在比较过程中，采用托马斯·赛蒂的“1～9 标度法”对两两比较的标度进行划分，评估标度及含义如表 4.2.19 所示。

表 4.2.19 AHP 专家评估标度及含义

标度	含　义
1	表示两个因素相比，具有同等重要性
3	表示两个因素相比，一个因素比另一个因素稍微重要
5	表示两个因素相比，一个因素比另一个因素明显重要
7	表示两个因素相比，一个因素比另一个因素强烈重要
9	表示两个因素相比，一个因素比另一个因素极端重要
2，4，6，8	上述两相邻判断的中值

（3）数据处理分析

将专家反馈的群体决策数据，按照以下方法进行统计与处理。

要计算同一层次的各个指标 B_i 对上一层指标 A 的权重，可把权重记为

$$\omega=\left[\omega_1 ?\omega_2\ \omega_3 \ldots \omega_{n-1}\omega_n\right] \tag{4.2.7}$$

对同一层次的各个指标 B_i，$B_{ij}=\omega_i/\omega_j$，即矩阵满足 $B_{ij}>0$；$B_{ii}=1$；$B_{ij}=1/B_{ji}$（i，j=1，2，3，…，n），则判断矩阵如下：

$$\mathbf{A}=\begin{pmatrix} B_{11} & B_{12} & \cdots & B_{1j} \\ B_{21} & B_{22} & \cdots & B_{2j} \\ \cdots & \cdots & \cdots & \cdots \\ B_{i1} & B_{i2} & \cdots & B_{ij} \end{pmatrix} \tag{4.2.8}$$

计算矩阵特征值与特征向量：对每个判断矩阵计算其最大特征值 λ_{max} 与对应归一化特征向量 ω，即为层次单排序权向量。

一致性检验：计算一致性指标 CI 公式如下。

$$\mathrm{CI}=\frac{\lambda_{max}-n}{n-1} \tag{4.2.9}$$

查找相应的评价随机一致性指标 RI，不同阶数一致性指标 RI 数值不同，见表 4.2.20。

表 4.2.20 不同阶数一致性指标 RI 数值

矩阵阶数	1	2	3	4	5	6	7	8	9
RI	0	0	0.52	0.89	1.12	1.26	1.36	1.41	1.46

计算检验系数 CR：判断矩阵一致性，需要计算 CR 值。

$$\mathrm{CR}=\frac{\mathrm{CI}}{\mathrm{RI}} \tag{4.2.10}$$

当 CR=0 时，说明矩阵有很好的一致性。

当 CR＜0.1 时，说明矩阵一致性较好。

当 CR≥0.1 时，说明矩阵一致性较差，应对矩阵各项数值进行调整，直到 CR＜0.1。

4.2.3.3 结果分析

在收集了 6 位行业领域内有一定权威专家的 AHP 专家调查表后，将群体决策数据按照上述方法使用 MATLAB 进行处理，得到结果如表 4.2.21～表 4.2.24 所示。

（1）泡沫灭火效果指标

表 4.2.21　泡沫灭火效果指标处理结果

一致性比例：0.0516；对“泡沫灭火剂综合评价优选体系”的权重：0.3383；λ_{max}：3.0536

泡沫灭火效果指标	理化性能	灭火效能	灭火针对性	ω_i
理化性能	1	1/3	1/2	0.1571
灭火效能	3	1	3	0.5936
灭火针对性	2	1/3	1	0.2493

（2）便利性指标

表 4.2.22　便利性指标处理结果

一致性比例：0.0000；对“泡沫灭火剂综合评价优选体系”的权重：0.2879；λ_{max}：2.0000

便利性指标	使用便利性	适用范围	ω_i
使用便利性	1	1/2	0.3333
适用范围	2	1	0.6667

（3）环保指标

表 4.2.23　环保指标处理结果

一致性比例：0.0624；对“泡沫灭火剂综合评价优选体系”的权重：0.1692；λ_{max}：3.0649

环保指标	生物危害性	水体土壤危害性	生产过程环保性	ω_i
生物危害性	1	3	7	0.6491
水体土壤危害性	1/3	1	5	0.279
生产过程环保性	1/7	1/5	1	0.0719

（4）经济指标

表 4.2.24　经济指标处理结果

一致性比例：0.0845；对“泡沫灭火剂综合评价优选体系”的权重：0.2046；λ_{max}：4.2255

经济指标	使用成本	储存成本	财产损失成本	采购成本	ω_i
使用成本	1	6	8	3	0.5795
储存成本	1/6	1	5	1/3	0.1264
财产损失成本	1/8	1/5	1	1/5	0.0457
采购成本	1/3	3	5	1	0.2483

综合上述计算结果，“泡沫灭火剂综合评价优选体系”权重分配如表 4.2.25 所示。

表 4.2.25“泡沫灭火剂综合评价优选体系”权重分配

指标类别	权重	指标类别	权重
灭火效能	0.2008	理化性能	0.0531
适用范围	0.1919	采购成本	0.0508
使用成本	0.1186	水体土壤危害性	0.0472
生物危害性	0.1098	储存成本	0.0259
使用便利性	0.096	生产过程环保性	0.0122
灭火针对性	0.0843	财产损失成本	0.0094

4.2.4 泡沫灭火剂综合评价优选体系的应用方法

4.2.4.1 模糊综合评价法（FCE）

由于泡沫灭火剂综合评价优选体系中的评价指标由定性指标与定量指标共同组成，要应用该体系对泡沫灭火剂进行评价，就要引入模糊综合评价法（Fuzzy Comprehensive Evaluation，FCE）。这是一种基于模糊数学的综合评价方法，它运用隶属度理论将定性指标定量化，从而将整个体系的定性指标和定量指标进行了统一，使评价结果最终量化。

模糊综合评价法主要依靠FCE测评问卷的方式进行实现。即对所有备选测评对象按照泡沫灭火剂综合评价优选体系中的评价指标制作测评问卷。对可以定量分析的指标按照相关数据给出客观评分；对无法定量分析的指标由相关专家对指标进行打分。

4.2.4.2 应用泡沫灭火剂综合评价优选体系的具体流程

应用泡沫灭火剂综合评价优选体系筛选适用于本地区的泡沫灭火剂，进而对地区泡沫灭火剂储备方案进行确定，应按照以下步骤进行：

① 以层次模型的评价指标作为评价因素，制作FCE专家测评问卷；

② 邀请专家对所有备选泡沫灭火剂按照FCE测评问卷进行打分；

③ 收集专家问卷，并根据专家打分结合AHP权重数据进行加权计算，得出所有备选泡沫灭火剂各项指标初步评分；

④ 根据地区自身特点确定差异性因子对指标得分的影响，获得所有备选泡沫灭火剂的最终评分；

⑤ 根据得分高低选定泡沫灭火剂的储备品种；

⑥ 计算相应泡沫灭火剂的储备量，确定储备方案。

4.2.5 合理应用泡沫灭火剂综合评价优选体系的关键

4.2.5.1 把握地区差异性

对泡沫灭火剂的评价选择必须基于使用者的需求，而使用者的需求由于区位差异、经济发展条件、工业产业结构等因素的共同影响而不尽相同。所以，应用本泡沫灭火剂评价优选体系必须把握地区差异性，从寻找泡沫灭火剂使用方的不同需求入手，研究该地区历年火灾统计数据与地区经济发展情况、产业结构等数据，做到尽可能贴近地区实际情况，从中发掘可以影响泡沫灭火剂评价指标权重的参考条件，从而使评价结果更具有参考性。

4.2.5.2 优先选类

应用泡沫灭火剂评价优选体系为泡沫灭火剂储备方案提供建议，要遵循优先选类，即通过泡沫灭火剂使用方的实际需求决定指标权重，进而通过指标评价优先确定储备某一种或几种符合要求的泡沫灭火剂，然后再根据选定泡沫灭火剂的性能特点确定泡沫灭火剂的储备量，进而形成储备方案。

（1）保证足量

保证是指一个地区泡沫灭火剂的储备量应当满足该地区一次泡沫灭火剂的使用量。由于国内尚没有规范对地区泡沫灭火剂储备量的计算方法进行规定，本书参考了 GB 50016—2014《建筑设计防火规范》中关于城市消防给水流量设计的相关要求、GB 50160—2008《石油化工企业设计防火规范》与 GB 50074—2014《石油库设计规范》中对石油化工企业与石油库消防给水与泡沫灭火系统设计的相关要求，建立了一套计算地区泡沫灭火剂储备量的计算公式和折算方法，配合地区历年泡沫灭火剂使用量数据，综合确定一个地区应达到的泡沫灭火剂储备量。

（2）品种统一

为避免泡沫灭火剂的交叉混用造成灭火剂的浪费和灭火效率的下降，地区内泡沫灭火剂储备的种类不宜过多，相邻地区储备泡沫灭火剂种类应尽量保持一致，在不一致的条件下，应了解辖区所储泡沫灭火剂表面活性剂极性，从而充分考虑是否满足可以混用的条件。

4.3 新型高效环保泡沫灭火剂研发

泡沫灭火剂是扑救油罐火灾最重要的灭火剂，市场上泡沫灭火剂有三大主要类型：一是以水解蛋白为基础原料的蛋白、氟蛋白泡沫灭火剂；二是成膜类泡沫灭火剂；三是合成类泡沫灭火剂。

蛋白类型的泡沫灭火剂有两种：一种是以动物蹄脚、毛发为原料经过水解后，形成的动物蛋白泡沫灭火剂，由于加工过程中和使用过程中存在环境污染，这种灭火剂已逐步淘汰；另一种是以豆粕等为原料的植物蛋白泡沫灭火剂，由于污染小，臭味轻，在国外市场得到一定的应用。PFOS 是成膜类泡沫灭火剂中含氟表面活性剂的主要成分，由于 2009 年 4 月签署的《关于持久性有机污染物的斯德哥尔摩公约》，对持久性有机污染物受控名单限制使用，全氟辛烷磺酸盐及其盐类（Perfluorooctahe Sulfonates，PFOS）在受控名单内。因此，近些年在国外市场，蛋白类泡沫灭火剂的使用有所增加，占主要份额。我国泡沫灭火剂还是以成膜类为主。随着《关于持有性有机污染物的斯德哥尔摩公约》的履行，成膜类泡沫灭火剂所用的表面活性剂亟待替代，由此引发了一场新的技术竞赛。国内外都有新的概念和新的产品出现，如国外有借用医学概念的“微包囊”灭火剂，国内有“茧覆”惰化灭火剂的新概念提出。

我们在“十三五”国家重点研发计划课题“超大型油罐区火灾爆炸事故处置技术及装备”（课题编号：2016YFC0800609）的支持下，借鉴国内外新技术，开展深入的实验研究，在新型环保高效泡沫灭火剂研发上取得突破性进展，如图 4.3.1 所示。

图 4.3.1　灭火剂研发与实验

新型环保高效泡沫灭火剂采用新一代环保材料为基材，应用纳米粉碎技术进行制备，基材粉碎更为均匀（粒子<50nm），泡沫灭火剂的稳定性得到了大幅提升，极少产生沉淀物，如图 4.3.2 所示。采用高强度的磁化和螯合技术，大幅提升了泡沫灭火剂的灭火速度、流动性和抗烧性。经权威部门检测，新型环保高效泡沫灭火剂的灭火指标已达到灭火时间≤2min，抗烧时间≥25min。达到领先水平。

图 4.3.2　新型灭火剂生产线

同时，该灭火剂还具有可以扑救油类、酮类、醇类等多类物质的优势，与国外同类产品相比，灭火速度更快、抗烧性更强、价格更便宜。新型环保高效泡沫灭火剂的研发成功，使我国在世界高端灭火剂市场占据一定的地位，极大地增强了消防部队扑救重特大石油化工火灾的能力。

4.3.1　研究的主要内容

采用环保新型原材料（不含 PFOS 产品），解决现有泡沫灭火剂对石油化工类火灾扑救效率低、速度慢、降温效果差、防复燃效果不佳等问题，提高了灭火剂的灭火速度和抗复燃能力。

① 筛选具有光化学冷火的物质，增强灭火剂的降温能力，达到迅速降温的目的，缩短灭火时间。

② 选择更加适宜的泡沫稳定剂，提高泡沫的保水性，增加泡沫的稳定性，延长析液时间，增强泡沫的抗烧能力。

③ 为增加产品的稳定性、延长有效期，选择添加适宜的螯合剂。

④ 设计采用纳米技术加工处理原材料，增加磁化和螯合等生产加工工艺。

⑤ 优化配方，试制新产品，按照 GB 15308—2006《泡沫灭火剂》和企业标准对产品进行理化和灭火性能测试。达到要求后送国家检验机构（国家固定灭火系统和耐火构件质量监督检验中心）进行试验检测。

⑥ 大型实火灭火现场实验测试，进一步优化产品性能，探索技战术实战指标。

4.3.2　新产品的设计原理及实施路线

（1）设计原理

① 破坏燃烧条件是灭火的出发点。物质燃烧燃烧包含四个要素：可燃物（燃料）、氧气

（氧化剂）、能量（点火源）、自由基（维持连锁反应）。能量（明火、火花、高温等）使可燃物失去稳定，分裂出反应活性非常强的原子、分子碎片或其他中间物，即自由基。自由基与氧气和燃烧物之间发生连锁反应，便出现了有焰燃烧现象，从而驱动可燃物分裂出更多的自由基，使火焰燃烧持续进行。阻断任何一种要素，燃烧就会终止。

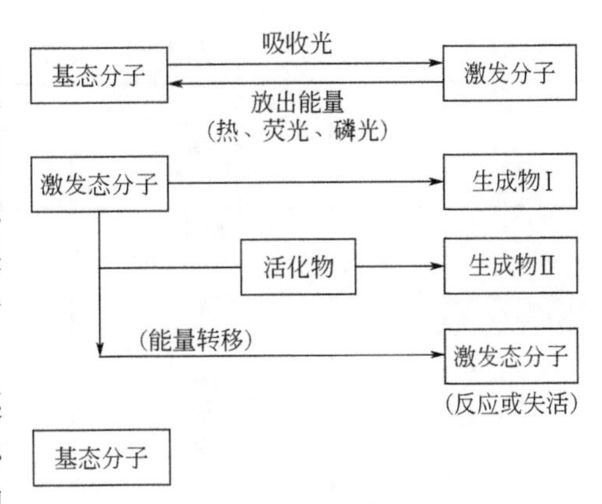

图 4.3.3　光化学反应

冷火灭火剂灭火原理除包括上述四个方面外，还利用了光化学原理。光化学反应的必要条件是分子必须吸收具有足够能量的光量子后成为激发态分子。同时根据爱因斯坦光化学当量定律，每一个光子只能活化一个分子，同一分子在同一瞬间只能吸收一个光子。分子吸收一个光子后，电子层的电子发生了向高能级位的跃迁，发生电子跃迁的分子被称为激发态分子。吸收的能量就等于两定态的能量之差。这种激发态的分子寿命很短，一般为 10^{-7}～10^{-10}s。激发态分子释放能量后回到基态。只有某些种类的分子在特定条件下，可能成为寿命长的准稳定的激发态分子。这种准稳定的激发态分子很可能向其他分子转移能量或产生自由基、离子能等活性物质，从而发生化学反应。

光化学反应可由图 4.3.3 表示。

实验证明，光量子的能量与频率 v 成正比即

$$E=hv \tag{4.3.1}$$

式中　E——能量；

h——普朗克常数（6.625×10^{-34}J・s）；

v——频率。

$$v=\frac{c}{\lambda} \tag{4.3.2}$$

式中　c——光速；

λ——波长。

代入式（4.3.1）得

$$E=\frac{hc}{\lambda} \tag{4.3.3}$$

可见光能和波长成反比，波长越短的光线能量越大。

表 4.3.1 列出各种不同波长的光和能量之间的关系。从光化学角度讲，当物质燃烧时，能量是通过光能再转化为热能辐射出来的。物质在燃烧过程中，不断地发出高能光量子。根据上述原理，这些光量子的波长比较短，因而能量比较高。冷火灭火剂中含有光激发官能团的物质，可以有选择性地强烈吸收某一波长段的光量子，官能团上的电子发生跃迁，成为激发态。电子所吸收的高能量以更长的波长被再辐射，高能于是转变成低能，电子回到基态，释放了能量的电子不再会影响燃烧反应。从宏观上看，反映出来的是这些带有光激发官能团的物质极大地增加了水的热容，使水的吸热能力大幅提高，快速灭火和冷却效果十分明显。

表 4.3.1 各种不同波长的光和能量之间的关系

波长/nm	光的颜色	能量		
		eV（每个光子）	1×10^{-19}J（每个光子）	kJ/mol（kcal/mol）
300	紫外	4.13	6.60	397.75（95.0）
395	紫外	3.15	4.97	300.61（71.8）
455	紫	2.72	4.32	260.84（62.3）
490	青	2.53	4.01	242.00（57.8）
575	绿	2.15	3.42	206.41（49.3）
590	黄	2.10	3.33	200.97（48.0）
650	橙	1.90	3.02	182.54（43.6）
750	红	1.65	2.62	158.26（37.8）
900	红外	1.39	2.20	<158.26（37.8）

② 提升泡沫灭火效能的途径。传统的泡沫灭火剂在扑救火灾时，主要有降温和阻止油品蒸发、隔绝氧气等作用。降温主要是利用泡沫析出的水进行降温，水是自然界热容量最大的物质，水的比热容是 4.18×10^3J/（kg·℃），表示质量是 1kg 的水，温度升高（或降低）1℃，吸收（或放出）的热量是 4.18×10^3J。水是最廉价，也是最好的降温材料，但是纯水的热导率比较小，也就是说遇到加温吸收热量速度比较慢，要想迅速降温，最高效的实现方法就是蒸发汽化，但实际情况是当泡沫喷射到燃烧的燃料油上时，泡沫覆盖着，阻止了泡沫析出的水溶液蒸发汽化，往往达不到有效降温的目的。隔绝氧气是泡沫扑救液体油类火灾最有效的办法，黏度大的泡沫覆盖性好，但流动性比较差，造成灭火速度偏慢，而流动性好的泡沫又比较稀薄，隔绝氧气的性能也比较差。油类火灾一旦发生会迅速产生很高的热量，火场的热辐射很强，灭火剂产生的泡沫能够足够抗烧才是关键所在。能够快速有效地扑救油类火灾，是一个综合协同作用过程，除了利用水降温和泡沫隔离氧气，还需要采用光化学冷火原理，加入具有冷火降温的物质。燃烧产生的辐射热，是通过光子传播的。高能光子撞击可燃物，将能量传递给可燃物，从而使可燃物分裂出自由基。灭火剂施加伤亡瞬间将短波的光转变为长波光，使热能迅速通过长波的光子辐射出去，快速降低火场温度，光子撞击可燃物产生自由基的能力瞬间大幅下降，使燃烧的链式反应中断。

③ 最佳吸收自由基物质的筛选。我们经过对若干物质的筛选，选出最佳光激发官能团物质：带有芳基的磷酸酯类和植物蛋白类，蛋白质分子二端氨基和羧基，蛋白质在紫外光谱区有特征吸收峰，大部分蛋白质都含有带芳香环的苯丙氨酸、酪氨酸和色氨酸。这三种氨基酸在 280nm 附近有最大的吸收，因此大多数蛋白质在 280nm 附近显示强的吸收，与浓度成正比关系。可以有选择地大量吸收这些波段的光量子，使官能团上的电子发生跃迁，成为激发态电子，所吸收的高能量以更长的光波辐射出去，成为低能量光子，其激发产生自由基的能力瞬间下降，使燃烧的持续性（链式反应）中断，同时高能电子转变成低能电子回到基态，释放了能量的电子也不会再促进燃烧反应。激发态电子瞬间转变成基态电子，只需 $10^{-10}\sim10^{-7}$s，因此冷火效应瞬间完成。官能团电子“基态→激发态→基态”的转变周而复始，使光化学反应循环发生。宏观上看，这些光激发官能团物质极大地增加了水的热容，使水的吸热能力大幅提高，快速灭火和冷却效果十分明显。

④ 纳米技术保证了吸收光子的官能团物质的均匀添加。先进的纳米技术在生产工艺中得到应用，从而增强产品的物理性状稳定性和快速灭火效能。纳米粉碎技术能够将产品粒子高度、均匀地粉碎，使制剂中的粒子小于 50nm，使产品的物理性状稳定，极少产生沉淀物，提

高灭火剂的泡沫数量、流动性和耐烧性，使灭火效果更佳。还能够提高灭火剂的渗透性，使灭火剂迅渗透到燃烧物内部，有效防止复燃。

（2）实施路线

我们对国内外市场上的灭火剂及常用原材料进行了分析，根据理论依据开发新型环保的原材料，并与原材料生产企业合作生产加以改进，选择新材料、新工艺，优化配方，增加泡沫的黏度和稳定性，并使泡沫保持原有的流动性，提高灭火剂的灭火速度和抗烧性能。

改进生产工艺，采用高强度磁化和螯合技术。解决新添加的材料能够很好地融入原配方体系，并且能够保证产品的稳定性，延长保质期。

选择高温气候条件下，使用各种配方产品与消防队配合消防演练，做中小型灭火实验（主要是直径 3m 和 3.4m 油盘火实验），检验各配方产品的实战灭火性能，挑选优异配方产品。对原配方中所使用的原材料进行结构分析，大量选取具有相同或相似分子结构或官能团的物质，作为新型配方原材料，配制新产品，选取效果更优良、价格更低、产品性能更稳定的新材料。

4.3.3 产品研发过程

（1）产品研究方案

针对现有配方产品的缺点（灭火速度不够快、抗烧能力不够强）进行改进，分以下几个步骤完成：

① 原配方中添加具有光化学冷火的材料；

② 添加泡沫稳定剂；

③ 添加螯合剂；

④ 改进生产工艺；

⑤ 测试新配方产品的理化和灭火性能。

主要是灭火时间、抗烧时间、25%析液时间。泡沫灭火剂的具体研究方案见图 4.3.4。

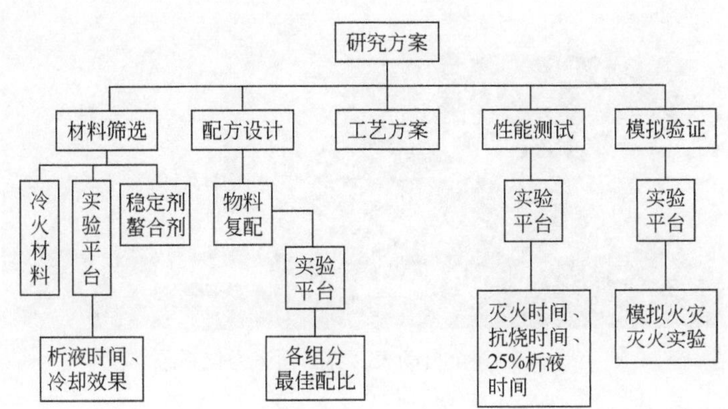

图 4.3.4　泡沫灭火剂的具体研究方案

（2）主要实验设备仪器

主要实验仪器有低倍数泡沫产生系统（11.4L 标准低倍数泡沫枪）、高剪切乳化机、表面张力仪、各型号的标准灭火油盘（8～297B）、油池、高低温实验箱、鼓风干燥箱、各类消防设备等。消防车包括永强压缩空气泡沫车（A、B泡沫）、齐格勒泡沫消防车等。

（3）灭火剂发泡性及泡沫稳定性测定方法

通常泡沫形成的难易及泡沫稳定是衡量泡沫性能的重要指标，而消防用泡沫通常使用发泡倍数、析液时间（25%析液时间）来衡量泡沫的起泡性能及泡沫稳定性能，按GB 15308－2006《泡沫灭火剂》中5.8规定进行。喷射实验装置见图4.3.5。

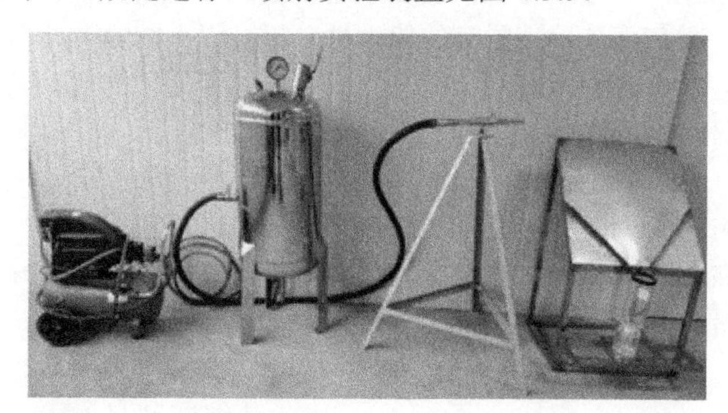

图4.3.5　喷射实验装置（11.4L标准低倍数泡沫枪）

（4）正交实验法

在原辅材料的复配过程中涉及多因素、水平，若按照单一变量法进行实验，实验量巨大，给实验人员带来了巨大的挑战，正交实验设计通过研究多因素、水平从全面实验中选出具有代表性的点进行实验，这些点覆盖较为全面，能够很好地反映实验情况。因此，对多水平、因素的实验设计，该方法具有高效率、经济等优点。通过正交实验表用最少的实验量筛选出各种材料复配的最佳组合，进而筛选出最优的泡沫灭火剂配方。

（5）表（界）面张力测定平台

表（界）面张力的高低可以看出泡沫液在油类燃料表面的铺展（成膜）能力和铺展（成膜）速度。全自动表（界）面张力仪系统见图4.3.6，该平台主要由全自动表（界）面张力仪测试系统、电磁波清洗机两部分组成。

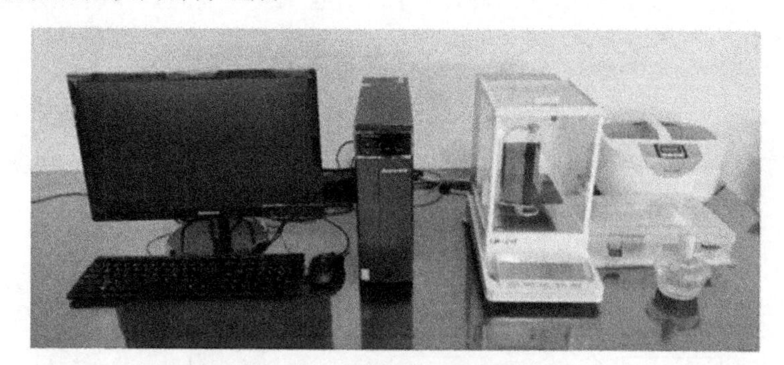

图4.3.6　全自动表（界）面张力仪系统

（6）灭火剂性能测试平台

① 理化性能测试。主要有凝固点、pH值、温度敏感性等，按GB 15308—2006《泡沫灭火剂》中5.8规定进行。

② 灭火性能测试平台。主要有测试灭火剂的灭火速度和抗烧时间，按GB 15308—2006《泡沫灭火剂》中5.8规定进行。各种规格型号的标准实验油盘（8～297B）见图4.3.7。

图 4.3.7　各种规格型号的标准实验油盘（8～297B）

③ 灭火性能实战模拟测试平台。测试灭火剂在各类消防设备的应用情况，灭火剂的性能好坏只有用在实战中才能看出效果。实战救火时，应用的设备五花八门，但主要还是以消防车、泡沫产生系统和灭火器为主。所以在各类灭火设备上必须进行测试，主要测试灭火剂在各类设备上的发泡情况、灭火速度及泡沫在燃油表面上的稳定性能等。

（7）原辅材料的选择

① 表面活性剂。顺应社会的发展，选材要立足于环保高效的原则。新研发的产品是在原水成膜灭火剂的基础上加以改进，以提高其灭火速度、抗烧能力。原配方使用的氟碳表面活性剂为非 PFOS 产品，继续使用。发泡剂选择的是甜菜碱二性表面活性剂和非离子表面活性剂（APG0810），此两种表面活性剂发泡优良，耐盐、耐酸碱，受盐离子的影响小，容易与其他表面活性剂复配，而且协调效果好，可继续使用。

② 稳泡剂。泡沫是指气体分散在液体中的分散体系，是热力学不稳定的体系，由于泡沫的薄液膜具有较高的表面能，根据能量守恒定律，高能量体系总有自发向降低能量体系靠拢的趋势。泡沫的破坏是液膜逐渐变薄最终破裂的过程。

泡沫结构的演化涉及三个机制：排液（也称 Gibbs 三角）、液膜破裂（film rupture）和气体扩散（bubble coarsening）。这三个机制不管谁占优势（取决于泡沫结构和表面活性剂的物理化学特性），最终表面活性剂溶液和气体都会分离成独立的溶液和气体。

从泡沫的结构演化机制可以分析出泡沫的稳定性的影响因素：重力排液；分子的结构；自修复能力；泡沫的表面黏性；界面膜的弹性（韧性）；液体的渗透性；气泡膜的两个表面张力间的静电排斥。

稳泡剂是在作为发泡剂的表面活性剂中加入少量就能提高液膜的表面黏度，增加泡沫的稳定性，以延长泡沫的寿命。常见的稳泡剂有以下类型。

a. 合成表面活性剂。一般是非离子型表面活性剂，其分子结构中一般都含有各类氨基、酰胺基、羟基、羧基、酯基和醚等生成氢键条件的基团，用于提高液膜的表面黏度。常用的有以下类型：月桂酸单乙醇酰胺，此产品表面活性高，稳泡效果好，有良好抗硬水性；月桂酸二乙醇酰胺，此产品水溶性较差，但若和二乙醇胺混合使用具有较好的水溶性。

b. 极性有机物。此类物质主要为水溶性差的、极性的长烃链有机物，如长链的醇类（如 C_{12}～C_{16} 醇等）。

c. 高分子聚合物。这些聚合物本身起泡力不强，但它们却能在泡沫的液膜表面形成高黏度高弹性的表面膜，起到很好的稳泡作用。典型代表如下：明胶、蛋白质、皂角苷、卵磷脂、淀粉、黄原胶、树脂胶、海藻酸钠、纤维素等。

③ 稳泡剂的筛选。从以上三种稳泡剂中各选一种作为代表来研究，分别为：椰子油脂肪酸二乙醇酰胺（6501），代号为A；十二醇，代号为B；高分子聚合物，代号为C。把以上3种稳泡剂分别添加到原6%型灭火剂配方（原6%型灭火剂代号为M）中，变换稳泡剂不同的添加含量，通过泡沫25%析液时间的长短来验证每种稳泡剂的单一稳泡效果，实验结果见表4.3.2、表4.3.4、表4.3.6、图4.3.8、图4.3.10、图4.3.12。不同浓度的各稳泡剂对M的发泡倍数的影响见表4.3.3、表4.3.5、表4.3.7、图4.3.9、图4.3.11、图4.3.13。

表4.3.2 不同浓度的稳泡剂A对M的25%析液时间影响（20℃）

项目	1	2	3	4	5	6	7	8	9	10
质量分数/%	0	1.0	1.5	2.0	2.5	3.0	3.5	4.0	4.5	5.0
25%析液时间/s	147	198	258	325	402	449	465	458	430	380

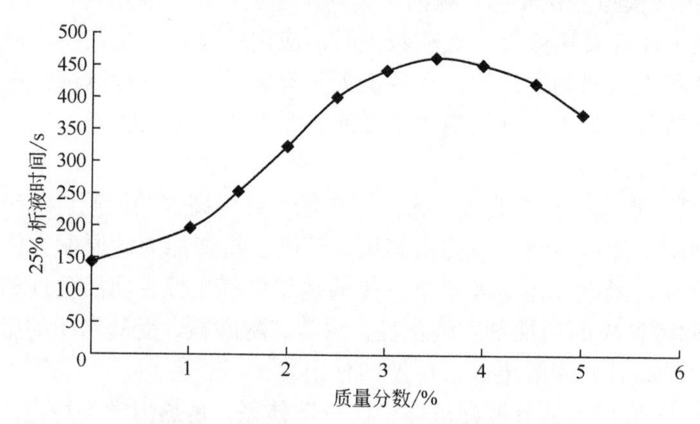

图4.3.8 不同浓度的稳泡剂A对M的25%析液时间影响（20℃）

表4.3.3 不同浓度的稳泡剂A对M的发泡倍数的影响（20℃）

项目	1	2	3	4	5	6	7	8	9	10
质量分数/%	0	1.0	1.5	2.0	2.5	3.0	3.5	4.0	4.5	5.0
发泡倍数	8.2	8.3	8.0	8.0	7.8	7.5	7.2	7.0	5.8	4.3

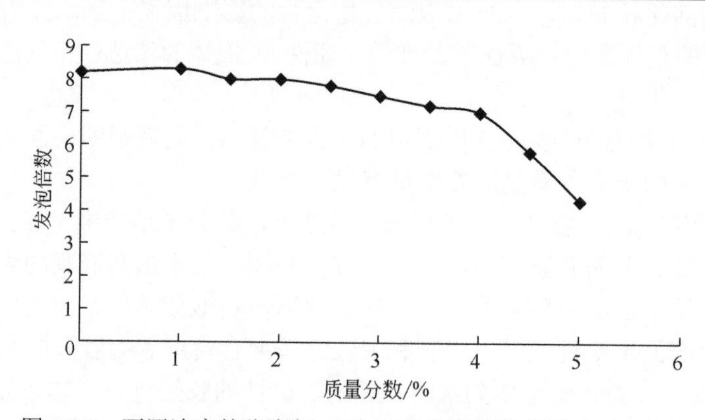

图4.3.9 不同浓度的稳泡剂A对M的发泡倍数的影响（20℃）

从稳泡剂A对M的25%析液时间随浓度变化曲线可知，在质量分数0～3%范围内，稳泡剂A的稳泡能力快速增长；在质量分数3%～4%范围内，稳泡剂A的稳泡能力基本稳定；

在浓度达到3.5%时左右时，稳泡剂的稳泡能力到达最高，然后缓慢下降。

从稳泡剂A对M的发泡倍数随浓度变化曲线可知，在质量分数0～4%范围内，稳泡剂A对M的发泡倍数影响不大；在质量分数达到4%以后，发泡倍数下降加速。分析原因，可能是稳泡剂A中含有游离胺，达到一定浓度后游离胺对泡沫产生抑制作用。

综上所述，稳泡剂A的使用质量分数为2.5%～4%比较合适。

表4.3.4　不同浓度的稳泡剂B对M的25%析液时间影响（20℃）

项目	1	2	3	4	5	6	7	8	9	10
质量分数/%	0	1.0	1.5	2.0	2.5	3.0	3.5	4.0	4.5	5.0
25%析液时间/s	147	223	320	385	402	425	431	426	411	250

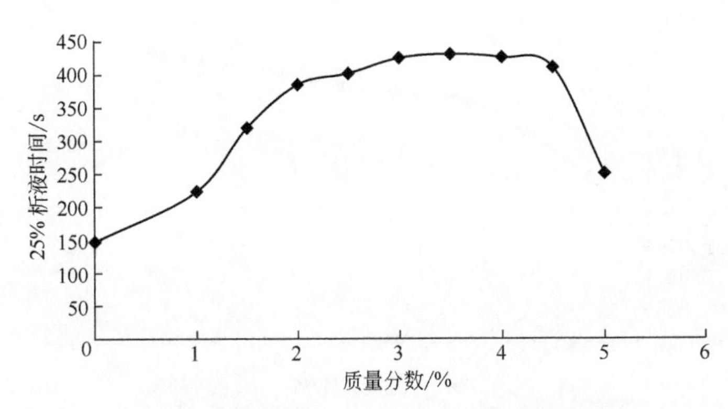

图4.3.10　不同浓度的稳泡剂B对M的25%析液时间影响（20℃）

表4.3.5　不同浓度的稳泡剂B对M的发泡倍数的影响（20℃）

项目	1	2	3	4	5	6	7	8	9	10
质量分数/%	0	1.0	1.5	2.0	2.5	3.0	3.5	4.0	4.5	5.0
发泡倍数	8.2	8.3	8.5	8.1	8.1	8.2	8.0	7.8	6.5	5.1

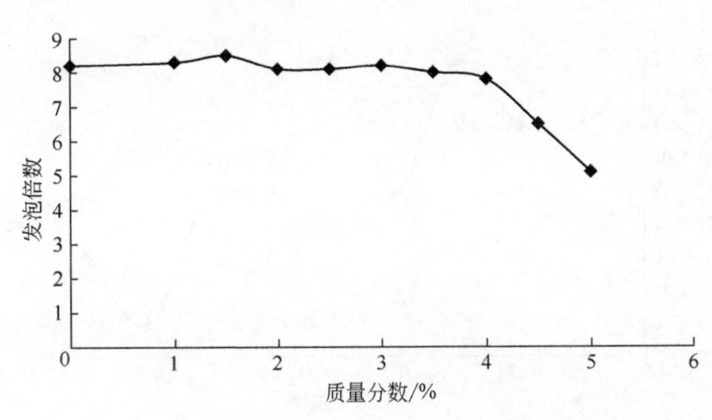

图4.3.11　不同浓度的稳泡剂B对M的发泡倍数的影响（20℃）

从稳泡剂B对M的25%析液时间随浓度变化曲线可知，在质量分数0～2.5%范围内，稳泡剂B的稳泡能力快速增长；在质量分数2.5%～4.5%范围内，稳泡剂B的稳泡能力基本稳定；在质量分数达到3.5%时左右时，稳泡剂的稳泡能力到达最高，然后缓慢下降。

从稳泡剂B对M的发泡倍数随浓度变化曲线可知，在质量分数0～4.5%范围内，稳泡剂B对M的发泡倍数影响不大；在质量分数达到4.5%以后，发泡倍数下降加速。分析原因，可能是稳泡剂B中含有短链醇胺，在添加浓度比较低时，能够促进发泡，但达到一定浓度后，对泡沫产生抑制作用。

综上所述，稳泡剂B的使用质量分数为2.5%～4%比较合适。

表4.3.6　不同浓度的稳泡剂C对M的25%析液时间影响（20℃）

项目	1	2	3	4	5	6	7	8	9	10
质量分数/%	0	0.1	0.2	0.3	0.4	0.5	0.6	0.7	0.8	0.9
25%析液时间/s	147	258	326	378	390	401	421	436	450	467

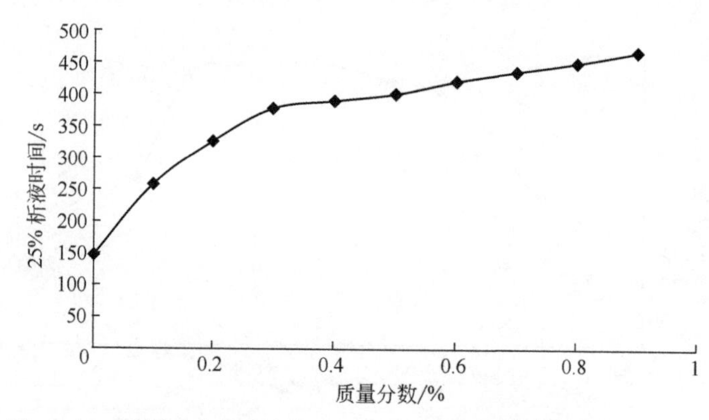

图4.3.12　不同浓度的稳泡剂C对M的25%析液时间影响（20℃）

表4.3.7　不同浓度的稳泡剂C对M发泡倍数的影响（20℃）

项目	1	2	3	4	5	6	7	8	9	10
质量分数/%	0	0.1	0.2	0.3	0.4	0.5	0.6	0.7	0.8	0.9
发泡倍数	8.2	8.1	8.1	8.2	8	8.2	8	8	7.8	7.9

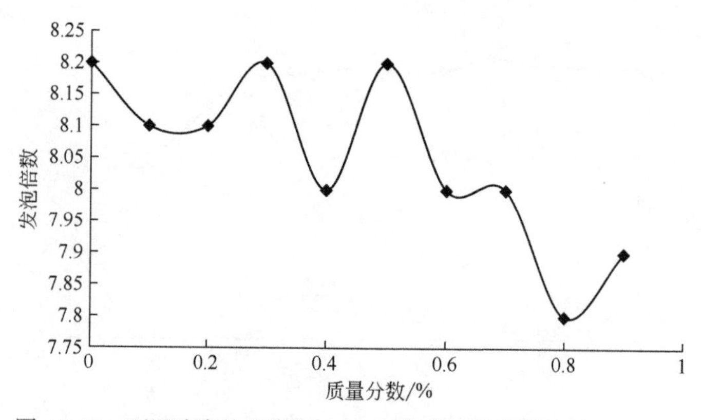

图4.3.13　不同浓度的稳泡剂C对M的发泡倍数的影响（20℃）

从稳泡剂C对M的25%析液时间随浓度变化曲线可知，随着浓度增加，泡沫也越稳定；但在质量分数0～0.3%范围内，稳泡剂C的稳泡能力快速增长；质量分数超过0.3%后，泡沫的稳定能力变慢。

从稳泡剂 C 对 M 的发泡倍数随浓度变化曲线可知，在质量分数 0.1%～0.9%范围内，稳泡剂 C 对 M 的发泡倍数影响不大；但质量分数超过 0.9%后，灭火剂的黏度太大，水溶解性能变慢，流动性也太差，在消防设备中基本无法使用。

综上所述，稳泡剂 C 的使用质量分数在 0.3%时，25%析液时间达到 378s，基本满足稳泡的要求，所以稳泡剂 C 的使用选择质量分数在 0.3%～0.9%比较合适。

④ 冷火剂和螯合剂。

冷火剂主要选择带有芳基的磷酸酯类和植物蛋白类材料，考虑到植物蛋白类物质易水解、易腐败变质，保质期太短（一般都不会超过 1 年），所以选择一种带有芳基的磷酸酯类表面活性剂（代号 D）做研发材料添加使用。磷酸酯类表面活性剂对酸、碱有良好的稳定性，易生物降解，但在水中的溶解度较小，而且对水的硬度很敏感，为提高产品的稳定性能，所以在配方体系中还需要添加一定比例具有增容作用的螯合剂，以防止发生沉淀。

螯合剂选择液体配方中常用的 EDTA-2 钠盐，因其水溶性好、性能稳定、无毒、螯合能力强而被广泛使用。本产品使用的溶剂水为去离子纯净水，配方中其他原辅材料中的钙、镁、铁等离子的含量也极低，所以 EDTA-2 钠盐在配方中的添加量只要 0.5%就能完全满足需要。

将以上 2 种材料填加到原 6%型灭火剂配方（原 6%型灭火剂代号为 M）中，EDTA-2 钠盐的含量为 0.5%，保持不变，变换磷酸酯的不同的添加含量，通过灭火时间的长短来验证其效果（灭火时，火焰受风速和风向的影响比较大，温度测量点不容易把握，而最终我们需要的是灭火时间的长短，所以采用灭火时间看其降温效果），实验采用标准 144B 油盘火，按 GB 15308—2006《泡沫灭火剂》中 5.8 规定进行，其结果如表 4.3.8、图 4.3.14 所示。

表 4.3.8 不同浓度的冷火剂 D 对 M 的灭火时间的影响（20℃）

项目	1	2	3	4	5	6	7	8
质量分数/%	0	4	5	6	7	8	9	10
灭火时间/s	150	138	130	125	118	112	100	98

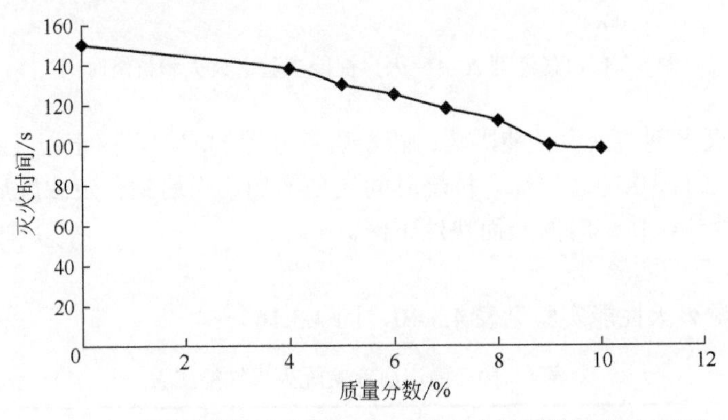

图 4.3.14 不同浓度的冷火剂 D 对 M 的灭火时间的影响（20℃）

从冷火剂对灭火时间随浓度变化曲线可知，随着冷火剂 D 浓度的增加，灭火时间越来越短，当质量分数达到 10%时，灭火剂原液出现了浑浊，继续添加则出现沉淀，所以冷火剂 D 的使用质量分数不能超过 9%，应选择 8%比较合适。

多种材料的复配，只有相互之间具有良好复配效果的材料，才能够得到良好的效果。原灭火剂经过大量的研究，也经过了检验和实战灭火应用，各项性能指标已经达到很高的水平，所以原灭火剂各原辅材料比例含量保持不变，针对其不足之处进行改进，添加冷火剂和稳泡剂，为提高产品的稳定性和保质期，选择添加螯合剂和新工艺。

本灭火剂的研发主要是改善其灭火性能，即在原配方产品的基础上缩短灭火时间和增加抗烧时间，最终性能的判定还是采用灭火实验来完成。经过灭火实验证明，EDTA-2 钠盐和带有芳基的磷酸酯类表面活性剂（代号 D）的加入，已经很好地改进了灭火时间，产品的稳定能力也满足了需求，所以新设计的配方体系选择添加冷火剂 D 的含量为 8%，EDTA-2 钠盐的添加量为 0.5%。为增加泡沫的稳定性和抗烧性能，再将以上三种稳泡剂按不同百分比浓度分别加入配方中，进行复配，然后采用标准 144B 油盘火，按 GB 15308—2006《泡沫灭火剂》中 5.8 规定进行灭火实验，其实验结果如下。

① 稳泡剂 A 复配实验。

稳泡剂 A 复配灭火性能实验见表 4.3.9、图 4.3.15。

表 4.3.9 稳泡剂 A 复配灭火性能实验

项目	1	2	3	4
质量分数/%	2.5	3.0	3.5	4.0
灭火时间/s	115	128	150	189
抗烧时间/min	18	20	15	10

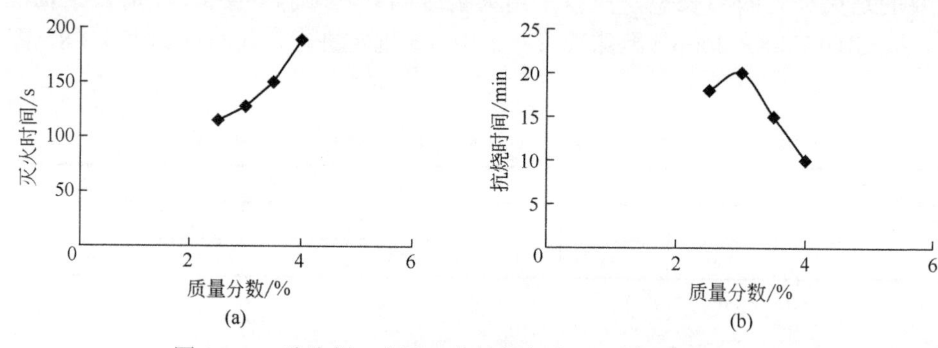

图 4.3.15 稳泡剂 A 复配灭火性能实验（灭火和抗烧时间）

稳泡剂 A 对灭火剂的灭火性能影响：随着质量分数的增加，由于泡沫黏度的增加，造成流动性变差，灭火时间也随之增加。抗烧时间先是增加，当达到一定浓度后，稳泡剂 A 改变了灭火剂的整体性能，抗烧时间反而快速下降。

② 稳泡剂 B 复配实验。

稳泡剂 B 复配灭火性能实验见表 4.3.10、图 4.3.16。

表 4.3.10 稳泡剂 B 复配灭火性能实验

项目	1	2	3	4
质量分数/%	2.5	3.0	3.5	4.0
灭火时间/s	118	98	85	91
抗烧时间/min	12	13	15	14

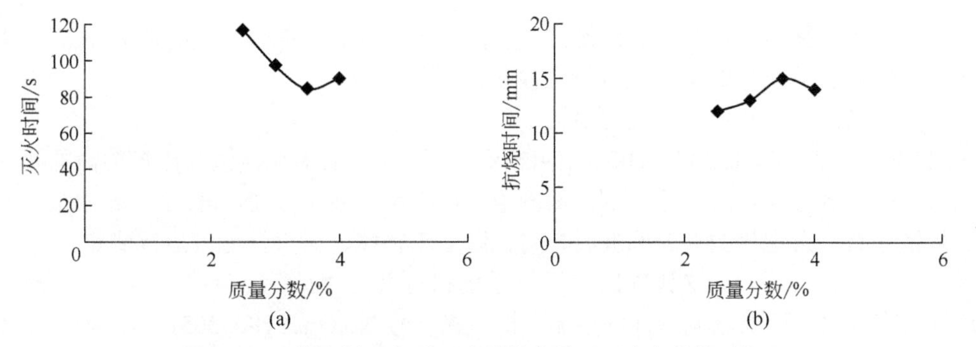

图 4.3.16　稳泡剂 B 复配灭火性能实验（灭火和抗烧时间）

稳泡剂 B 对灭火剂的灭火性能影响：随着质量分数的增加，灭火时间先减少后增加，抗烧时间先增加后减少，在含量达 3.5%时性能达到最佳。稳泡剂 B 的加入对灭火速度起到了提升作用，但抗烧性能没有提升，综合性能不能达到要求。

③ 稳泡剂 C 复配实验。

稳泡剂 C 复配灭火性能实验见表 4.3.11、图 4.3.17。

表 4.3.11　稳泡剂 C 复配灭火性能实验

项目	1	2	3	4	5	6	7
质量分数/%	0.3	0.4	0.5	0.6	0.7	0.8	0.9
灭火时间/s	120	109	98	94	99	118	157
抗烧时间/min	18	20	22	23	23	17	11

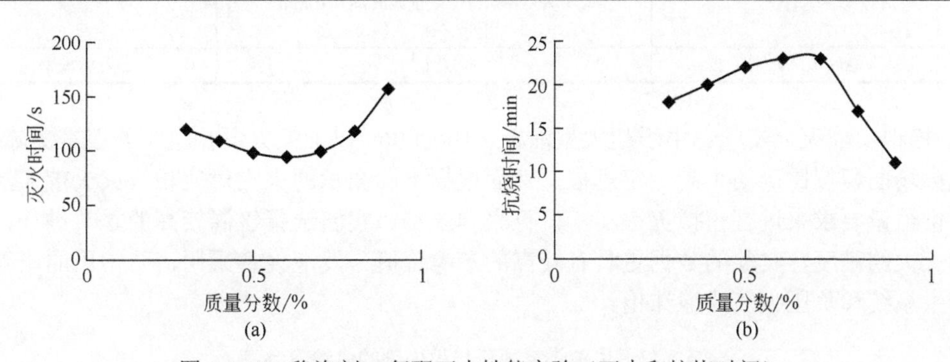

图 4.3.17　稳泡剂 C 复配灭火性能实验（灭火和抗烧时间）

稳泡剂 C 对灭火剂的灭火性能影响：随着百分比浓度的增加，灭火时间先减少后增加，抗烧时间先增加后减少，在含量达 0.65%左右时性能达到最佳。

综合以上实验结果，选择稳泡剂 C 进行复配，能够满足对产品性能的要求。按此配方配制灭火剂产品，进行各项理化实验。

（8）生产工艺设计

新配方产品，在原配方基础上又添加了冷火剂、螯合剂和高分子聚合物等材料，相应地减少了原配方中溶剂水的含量，而且新加入的冷火剂溶解性能不佳，为保证产品能够长期稳定，不变质，因此本产品需要较高的配制技巧。首先对加入的高分子聚合物，采用先进的纳米技术对其再加工，能够将产品粒子高度、均匀地粉碎，使制剂中的粒子小于 50nm，使产品的物理性状稳定，极少产生沉淀物，还能够提高灭火剂的渗透性，使灭火剂迅速渗透到燃烧物内部，有效防止复燃。其次，增加磁化、螯合工艺，控制一定的温度，并保持4h以上，使灭火剂中各物质能够充分归位，达到持久稳定的目的。

（9）灭火剂的理化和灭火性能测试

① 自测。根据GB 15308—2006《泡沫灭火剂》中，低倍泡沫液和泡沫溶液的物理、化学、泡沫性能测试方法对泡沫灭火剂的凝固点、抗冻结、融化性能、pH值、表面张力和界面张力、扩散系数、发泡倍数、25%析液时间、温度敏感性、灭火性能等进行测定。

② 外检（型式试验）。送国家固定灭火系统和耐火构件质量监督检验中心（天津检验中心）进行所有理化、灭火性能指标的检验，检验报告号No.Gn201803305，检测项目及实测结果见表4.3.12。

表4.3.12 灭火剂检测项目指标要求及实测结果

<table>
<tr><th>序号</th><th>检测项目名称</th><th colspan="2">标准要求及标准条款号</th><th>实测结果</th></tr>
<tr><td>1</td><td>凝固点/℃</td><td colspan="2">在特征值-4～0之间（4.2.1.1）</td><td>-6</td></tr>
<tr><td>2</td><td>抗冻结、融化性能</td><td colspan="2">无可见分层和非均相（4.2.1.1）</td><td>无可见分层和非均相</td></tr>
<tr><td>3</td><td>pH值</td><td colspan="2">6.0～9.5（4.2.1.1）</td><td>6.6</td></tr>
<tr><td>4</td><td>表面张力/（mN/m）</td><td colspan="2">与特征值偏差不大于10%（4.2.1.1）</td><td>18.0</td></tr>
<tr><td>5</td><td>界面张力/（mN/m）</td><td colspan="2">与特征值偏差不大于1.0（4.2.1.1）</td><td>4.3</td></tr>
<tr><td>6</td><td>扩散系数/（mN/m）</td><td colspan="2">正值（4.2.1.1）</td><td>2.7</td></tr>
<tr><td>7</td><td>发泡倍数</td><td colspan="2">不大于特征值的20%（4.2.1.1）</td><td>7.8</td></tr>
<tr><td>8</td><td>25%析液时间/min</td><td colspan="2">与特征值偏差不大于20%（4.2.1.1）</td><td>6.5</td></tr>
<tr><td rowspan="2">9</td><td rowspan="2">灭火性能（强施放）</td><td rowspan="2">最高级别（ⅠA级）</td><td>灭火时间≤3min（4.2.1.2）</td><td><2（102s）</td></tr>
<tr><td>抗烧时间≥10min（4.2.1.2）</td><td>22</td></tr>
<tr><td>10</td><td>温度敏感性判定</td><td colspan="2">4.2.1.3</td><td>非温度敏感性</td></tr>
</table>

③ 模拟实战灭火实验。由于超大型油罐（100000m^{3}以上）火灾扑救实验很难实际操作，只好把火场面积按比例缩小到一定规模，然后根据不同面积的火灾对应相应灭火剂（泡沫溶液）的供给量要求来进行模拟灭火实验，见表4.3.13。实验选择气温较高的季节进行，这样会增加灭火的难度，实验的数据更具有较高的参考价值。发泡设备采用消防常用的压缩空气泡沫产生系统和负压吸气式泡沫枪。

表4.3.13 火灾燃烧面积与灭火剂的供给量参考

<table>
<tr><th>依据准则（标准）</th><th>油盘（罐）规格</th><th>燃油面积/m^2</th><th>发泡装置</th><th>泡沫液标准供给速度/（L/min）</th><th>标准供给压力/MPa</th><th colspan="2">单位面积供给量/[L/（s·m^2）]</th></tr>
<tr><td>《泡沫灭火剂》GB 15308—2006</td><td>144B</td><td>4.52</td><td>低倍数泡沫枪</td><td>11.4</td><td>0.63±0.3</td><td colspan="2">0.042</td></tr>
<tr><td rowspan="2">《推车式灭火器》GB 8109—2005</td><td>233B（直径3m）</td><td>7.32</td><td>泡沫管枪</td><td>平均约50</td><td>平均约0.7</td><td colspan="2">0.058</td></tr>
<tr><td>297B（直径3.44m）</td><td>9.32</td><td>泡沫管枪</td><td>平均约50</td><td>平均约0.7</td><td colspan="2">0.058</td></tr>
<tr><td>消防队常用灭火设备</td><td>—</td><td>100</td><td>泡沫枪PQ8</td><td>480</td><td>0.8</td><td colspan="2">0.08</td></tr>
<tr><td rowspan="2">油库设计标准</td><td rowspan="2">直径22m</td><td rowspan="2">380</td><td>主设备：泡沫发生器</td><td>1900</td><td>0.8</td><td>0.083</td><td rowspan="2">合计 0.104</td></tr>
<tr><td>辅助设备：2支PQ4泡沫枪</td><td>240</td><td>0.8</td><td>0.021</td></tr>
</table>

注：燃烧面积越大，需要的灭火剂供给速度就大。

4.3.4 环境保护

本项目产品经过多年大量的实验，从多种材料中选择对人和生物（不含 PFOS 产品）无刺激、无危害，能够生物降解，而且降解后的物质不会对空气、水质、土壤造成危害的原辅材料来使用。本产品为消防灭火剂的浓缩液，酸碱度呈中性（pH 值为 6.5～7.5），在灭火和防火使用时，只要在消防用水中添加 1%～6%，稀释后的泡沫溶液酸碱度与当地水资源的酸碱度基本相同，不会对当地水资源造成破坏。

本环保型灭火剂的生产制程工艺先进合理，采用全封闭管道泵阀控制流程，为高效型自动化设备，生产安全无污染，不会产生废水、废气和废渣（无高温、高压、高噪声，无粉尘）。对操作员工无刺激、无危害。能将电能消耗控制最小，并有效杜绝各类物料的跑、冒、滴、漏，节约资源，提高材料综合利用率。

产品包装一般为 25kg、200kg、1000kg 聚乙烯塑料桶，公司会二次回收再利用，环保耐用，可以多次周转。

本产品的保质期可达 8 年以上，因为是高性能产品，在保质期过后，虽然灭火性能有些降低，但比起普通灭火剂来说，性能还是比较优良的，所以经检验合格后可以降级继续使用；另一方面，厂家也可以回收改造，提高其灭火性能，再次使用。最终彻底失去灭火火性能的灭火剂，用户可以按消防规定处理（一般是挖坑深埋，降解处理），也可以作为洗涤产品使用。

4.3.5 大型现场灭火实验

4.3.5.1 国内外市场常用灭火剂性能对比实验

实验地点：辽宁省大连市。

时间：2018 年 7 月 19 日。

本次活动由中国消防协会民用航空消防专业委员会发起，灭火救援技术公安部重点实验室指导，大连大兵消防救援装备有限公司和江苏华淼消防科技有限公司承办。目的是对国内外高端灭火剂与本课题组研发的灭火剂灭火效果进行对比。实验采用同样的微型消防车、同样的油品、同样的喷射方式、同时灭火进行比较，结果显示本课题组研发的灭火剂效果最佳，具体数据见表 4.3.14～表 4.3.16，实验图片见图 4.3.18。

表 4.3.14 灭火实验条件

灭火设备及供液速度	小型消防泡沫灭火车（压缩空气泡沫产生系统），泡沫溶液供给量为 22L/min
油盘规格	297B 标准油盘（直径 3.44m，面积 9.32m^2）
单位面积供给量	0.039L/（s • m^2）
燃料及用量	95#车用汽油，200L/次
预燃时间	60s（油盘同时点火，同时灭火）
气候	晴天，微风，32℃

表 4.3.15　实验数据 1

灭火剂	“华淼 H-2000” 3%型	进口某高端产品 3%型	国内某高端产品 3%型	国内某普通产品 3%型
灭火时间	53s	180s 未有效灭火	147s	180s 未有效灭火
泡沫液使用量/L	19.4	66	53.9	66
灭火剂使用量/L	19.4×3%=0.58	66×3%=1.98	53.9×3%=1.62	66×3%=1.98
复燃实验	回火不复燃	未做	未做	未做

注：1. 燃料采用危险等级比较高的 95#车用汽油（甲级），增加了灭火难度，才能充分体现灭火剂灭火性能优劣。
2. 参照 GB 15308—2006《泡沫灭火剂》的 1A 灭火标准，3min（180s）未能有效灭火，就判断灭火失败。
3. 参照实战灭火方式，先远距离定点喷射控制火势，大火被控制后采用近距离灭火，直至火被完全灭掉。

表 4.3.16　实验数据 2

灭火剂	“华淼 H-2000” 3%型	F5006%型
灭火时间	35s	180s 未有效灭火
泡沫液使用量/L	12.8	66
灭火剂使用量/L	12.8×3%=0.38	66×6%=3.96
复燃实验	回火不复燃	未做

注：1. 燃料采用危险等级比较高的 95#车用汽油（甲级），增加了灭火难度，才能充分体现灭火剂灭火性能优劣。
2. 参照 GB 15308—2006《泡沫灭火剂》的 1A 灭火标准，3min（180s）未能有效灭火，就判断灭火失败。
3. 参照实战灭火方式，先远距离定点喷射控制火势，大火被控制后采用近距离灭火，直至火被完全灭掉。

(a)

(b)

图 4.3.18　大连现场灭火实验图片

4.3.5.2　灭原油火实验

实验地点：新疆吐哈油田。

时间：2018 年 9 月 20 日。

本次活动由新疆吐哈油田发起，吐哈油田消防支队承办，目的是比较国内外灭火剂扑救原油效果。灭火实验采用小型压缩空气泡沫灭系统，供给强度、灭火时间见表 4.3.17，实验现场图片见图 4.3.19、图 4.3.20。

表 4.3.17　实验条件

灭火设备及供液速度	小型消防泡沫灭火车（压缩空气泡沫产生系统），泡沫溶液供给量为 22L/min
油池规格	长 4m、宽 5m 的长方形油池（面积 $20m^2$）
单位面积供给量	0.018L/（s・m^2）
燃料及用量	3t 轻质原油+75L 柴油+25L 汽油
预燃	点火预燃，当温度达到 1000℃以上时开始灭火

续表

气候	微风，22℃
灭火剂型号	“华淼 H-2000” 6%型
灭火时间	12s
泡沫混合液使用量	4.4 L
灭火剂使用量	4.4 × 6% =0.26 L
复燃实验	回火不复燃

(a)

(b)

(c)

(d)

图 4.3.19 新疆油田现场灭火实验图片

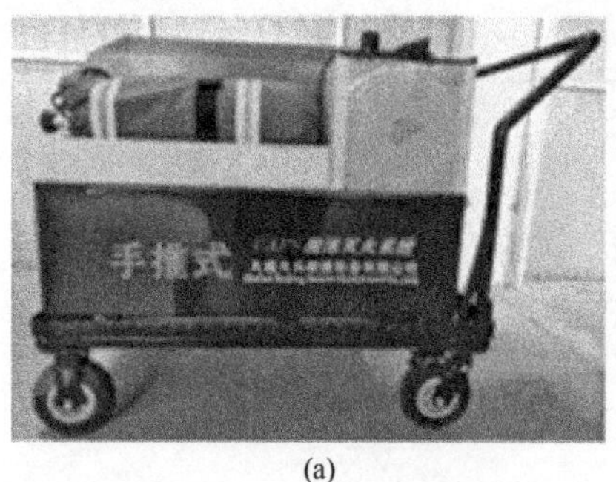

(a)

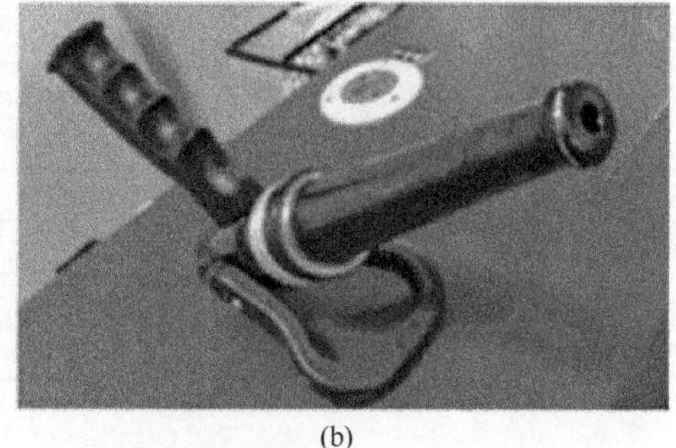

(b)

图 4.3.20　泡沫灭火实验用喷射器具

4.3.5.3　复合射流灭火实验

地点：江苏省海门港新区。

时间：2018 年 1 月 18 日。

本实验目的为比较喷射单一灭火剂的灭火效果和复合喷射灭火剂的灭火效果，实验条件和实验结果见表 4.3.18 和表 4.3.19，实验图片见图 4.3.21。

表 4.3.18　复合射流灭火实验

灭火设备	复合射流灭火系统设备，可以单独喷射干粉和泡沫灭火剂，也可以同时一起喷射干粉和泡沫灭火剂
油盘规格	233B（直径 3m、面积 7.32m^2）
燃料及用量	92$^\#$车用汽油，200L/次
预燃时间	60s
气候	阴，微风，15℃

表 4.3.19　实验数据

灭火剂	“华淼 H-2000”6%型	山东环绿康憎水型干粉灭火剂	复合灭火剂
灭火时间/s	32	35	4

注：复合灭火剂为“华淼 H-2000”6%型灭火剂和山东环绿康憎水型干粉灭火剂通过设备同时喷射，协同灭火。

(a)

(b)

图 4.3.21　大油盘灭火实验图片

4.3.5.4　油盘灭火实验

地点：江苏省海门港新区。

时间：2016 年 11 月 18 日。

课题承担单位中国人民警察部队学院到合作单位江苏华淼消防科技有限公司检查课题进展情况，实验由海门港新区消防中队承办。灭火实验数据见表 4.3.20，实验现场图片见图 4.3.22、图 4.3.23。

表 4.3.20　灭油盘火实验

灭火设备	25L 推车式灭火器，配置负压吸气式泡沫枪，泡沫溶液供给量平均为 25L/min
油盘规格	233B（直径 3m、面积 7.32m^2）
单位面积供给量	约 0.058L/s・m^2
燃料及用量	$92^{\#}$车用汽油，200L/次
预燃时间	60s
灭火剂型号	“华淼 H-2000”6%型
灭火时间	29s
泡沫混合液使用量	18L
灭火剂使用量	18×6%=1.08L
复燃实验	回火不复燃

(a) (b) (c) (d) (e) (f) (g)

图 4.3.22　海门消防大队灭火实验组图

(a)

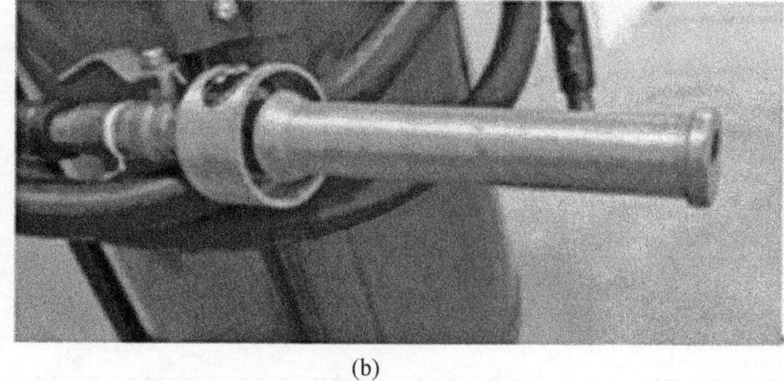

(b)

图 4.3.23　灭火实验用泡沫灭火器

4.3.5.5　灭火剂的发泡性能和泡沫稳定性实验

地点：江苏省如皋市、江苏省海门市。

时间：2018 年 11 月 13 日，2019 年 1 月 4 日。

这次活动由中国消防协会民用航空消防专业委员会发起，江苏省消防救援总队支持，如皋市消防中队承办。设备采用德国“齐格勒”TLF 80/180 泡沫消防车，发泡设备为车载消防炮，采用负压吸气式发泡原理。 主要测试运用实战装备喷射的发泡效果和析液时间，效果见图 4.3.24、图 4.3.25。

(a)

(b)

图 4.3.24　灭火实验用消防车

(a)

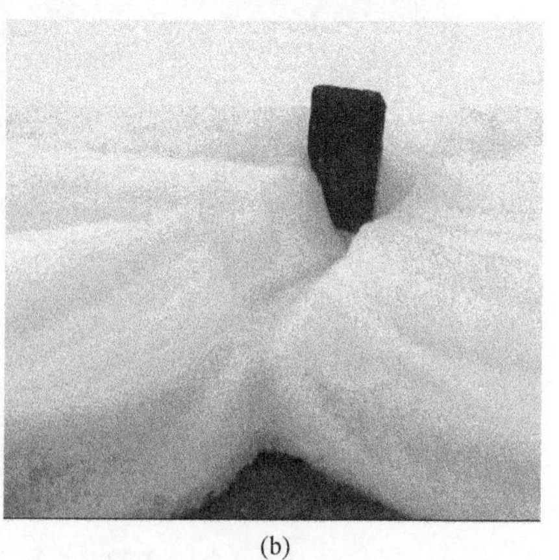

(b)

(c) (d)

(e) (f)

图 4.3.25 良好的发泡倍数和超长的析液时间

4.3.6 实战应用

2019 年 3 月 21 日 14 时 48 分，位于江苏省盐城市响水县生态化工园区的江苏天嘉宜化工有限公司（以下简称天嘉宜公司）发生特别重大爆炸事故，造成 78 人死亡、76 人重伤，640 人住院治疗，直接经济损失 198635.07 万元。

天嘉宜公司成立于 2007 年 4 月 5 日，企业占地面积 14.7 万平方米，注册资本 9000 万元，员工 195 人，主要产品为间苯二胺、邻苯二胺、对苯二胺、间羟基苯甲酸、3，4-二氨基甲苯、对甲苯胺、均三甲基苯胺等，主要用于生产农药、染料、医药等。企业所在的响水县生态化工园区（以下简称生态化工园区）规划面积 10km^2，已开发使用面积 7.5km^2，现有企业 67 家，其中化工企业 56 家。2018 年 4 月因环境污染问题被中央电视台《经济半小时》节目曝光，江苏省原环保厅建议响水县政府对整个园区责令停产整治；9 月响水县组织 11 个部门对停产企业进行复产验收，包括天嘉宜公司在内的 10 家企业通过验收后陆续复产。

根据现场视频记录等进行分析认定，2019 年 3 月 21 日 14 时 45 分 35 秒，天嘉宜公司旧固废库房顶中部冒出淡白烟，随即出现明火且火势迅速扩大，至 14 时 48 分 44 秒发生爆炸。起火原因：事故调查组通过调查逐一排除了其他起火原因，认定为硝化废料分解自燃起火。经对样品进行热安全性分析，硝化废料具有自分解特性，分解时释放热量，且分解速率随温度升高而加快。实验数据表明，绝热条件下，硝化废料的储存时间越长，越容易发生自燃。天嘉宜公司旧固废库内储存的硝化废料，最长储存时间超过七年。在堆垛紧密、通风不良的情况下，长期堆积的硝化废料内部因热量累积，温度不断升高，当上升至自燃温度时发生自燃，火势迅速蔓延至整个堆垛，堆垛表面快速燃烧，内部温度快速升高，硝化废料剧烈分解发生爆炸，同时殉爆库房内的所有硝化废料，共计约600t袋（1t袋可装约1t货物）。

我们参与单位江苏华淼消防科技有限公司，在第一时间主动向江苏省消防救援总队提供32t抗溶性泡沫灭火剂，泡沫在扑救苯胺罐火灾中的关键时刻发挥了关键作用，得到江苏省消防指战员一致好评。

附件：关于“3.21”盐城响水特大爆炸事故中

调用“华淼 H-2000”抗溶性水成膜泡沫的证明

2019年3月21日14时48分，江苏盐城市响水县陈家港镇天嘉宜化工有限公司化学储罐发生特大爆炸事故，事故波及周边多家企业和民房，造成众多人员伤亡。事故发生后，我总队第一时间调集全省消防救援力量赶赴现场，并紧急调用江苏华淼消防科技有限公司30t“华淼 H-2000”6%AFFF/AR多功能抗溶性水成膜泡沫到场。在处置2个1500m^3苯罐和1个1500m^3甲醇罐中，“华淼 H-2000”泡沫发挥了泡沫抗烧及高效灭火的优势特性，使用后短时间内即将罐体火灾控制和扑灭，为前线消防救援队伍贯彻落实中央和应急部领导重要指示，成功处置苯罐和甲醇罐火灾作出了重要贡献，该产品也得到一线消防指战员的一致好评。

特此证明

江苏省消防救援总队

2019年7月10日

4.4 憎水型高效干粉灭火剂研发

4.4.1 概述

（1）研究背景

干粉灭火剂与泡沫灭火剂联用是扑救油品火灾的有效手段。大型油罐发生火灾后，普通的泡沫-干粉联用消防车射程近，干粉灭火剂根本打不到油罐上面，难以发挥干粉的灭火作用。复合射流高喷消防车是针对大型油罐火灾研发的，该复合射流高喷消防车的喷射方式为“超细干粉灭火剂+抗复燃灭火剂或高效泡沫灭火剂”，利用气流附壁原理，由液体带动超细干粉灭火剂，提高其有效射程，发挥超细干粉灭火剂灭火效能高、速度快的优势，同时液体灭火剂能快速降温。普通干粉灭火剂最怕受潮，更不能遇水。复合射流消防车一个关键的技术问题，就是解决干粉的憎水性问题，研发憎水型干粉灭火剂，以保证干粉与泡沫灭火剂或水混合时，其灭火性能不受影响。

（2）国内外灭火剂产品现状

市场上的超细干粉灭火剂，主组分是磷酸二氢铵、磷酸氢二铵等普通灭火剂粉碎加工，因磷酸二氢铵、磷酸氢二铵的特性是易吸潮、结块，目前的工艺采用硅油包覆烘干处理，以达到斥水性指标合格的要求。物质越细越容易产生团聚现象，导致硅油包覆时不均匀，因此该种超细干粉灭火剂在存放使用的过程中，存在吸潮结块现象，更不能用水作动力输送。

（3）研究的主要内容

采用新型环保原材料，针对市面上的超细干粉灭火剂易吸潮、结块开展攻关研究，解决复合射流高喷消防车喷射超细干粉的重点和难点技术问题。

4.4.2 产品研发方案

设计憎水型超细干粉灭火剂产品的研发思路和技术路线流程如下。

4.4.2.1 技术路线流程图

憎水性超细干粉灭火剂研发技术路线见图 4.4.1。

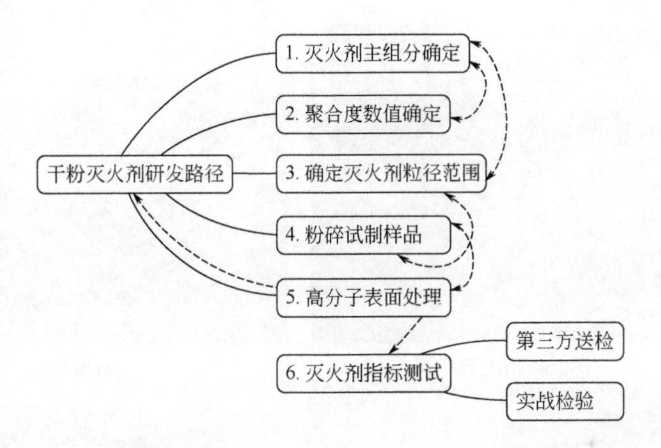

图 4.4.1 憎水型超细干粉灭火剂研发技术路线

4.4.2.2 研发思路

（1）选择合适的主组分

目前在用的超细干粉灭火剂的原料主要有磷酸二氢铵、磷酸氢二铵、磷酸铵和焦磷酸盐等。灭火效能高于此类物质是聚磷酸铵。聚磷酸铵又称多聚磷酸铵或缩聚磷酸铵（简称 APP）。聚磷酸铵无毒无味，不产生腐蚀气体，吸湿性小，热稳定性高，是一种性能优良的非卤阻燃剂。但是也存在相应缺点，由于目前工艺聚合度较小，所以具有较大的吸湿性。研发憎水型超细干粉灭火剂要选用聚合度大的聚磷酸铵。

（2）改进生产工艺

考虑节约成本及环保要求，选用粉碎加工及搅拌混合时，要选择真空上料，密闭加工，及必要的收尘装置。

（3）设计实验方案

参考 XF 578—2005《超细干粉灭火剂》标准中的检验方法，制定合理的实验方案，灭火剂最佳配比需要从定性定量的灭火实验中来确定。

（4）主要实验仪器设备

选择先进精密的检测设备，在原材料、样品理化指标检测方面提供可靠的硬件支撑，见图 4.4.2。

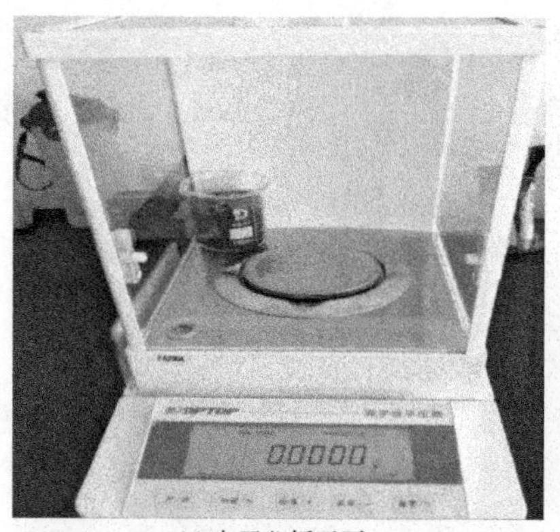

(a) 电子分析天平

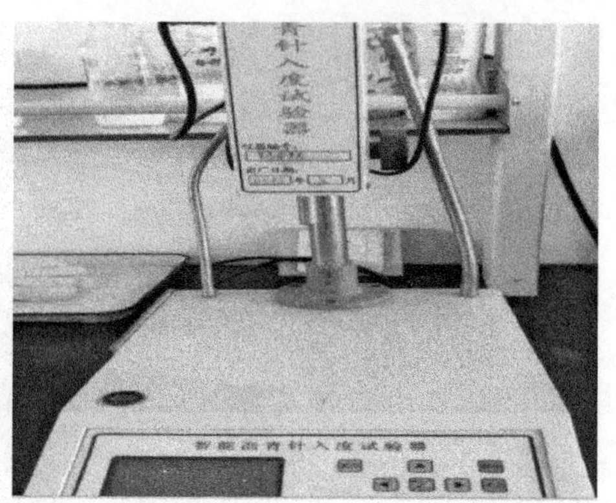

(b) 针入度仪

(c) 恒温恒湿箱

(d) 振动实验台

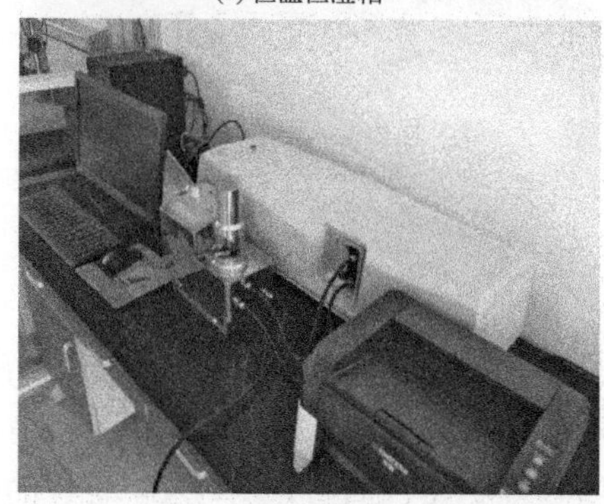

(e) 激光粒度仪

(f) 真空干燥箱

(g) 接触角测量仪

图 4.4.2 研发用仪器

4.4.2.3 产品研发过程

我们吸取目前在用的干粉灭火剂的优点，克服了其固有的缺陷，研发过程如下。

（1）聚磷酸铵的选择

聚磷酸铵简称 APP，是一种含 N 和 P 的聚磷酸盐，按其聚合度可分为低聚、中聚及高聚 3 种，其聚合度越高，水溶性越小，反之则水溶性越大。按其结构可以分为结晶型和无定型，结晶型聚磷酸铵为长链状水不溶性盐。聚磷酸铵的分子通式为 $(NH_4)_{(n+2)}P_nO_{(3n+1)}$，当 n 为 10～20 时为水溶性；当 n 大于 20 时为难溶性。聚磷酸铵的含磷量高达 30%～32%，含氮为 14%～16%。APP 的水溶性和吸湿性随聚合物增加而降低。超长链（n>1000）的热稳定性和耐水解性较高。长链 APP 在 300℃以上才开始分解成磷酸和氨。

选用聚合度在 1000～1500 的结晶型水不溶性长链状聚磷酸铵，该聚磷酸铵含磷量大、含氮量高，磷氮体系产生协同效应，阻燃性好。相对密度小，分散性好，化学稳定性好、消烟性强、毒性低。

（2）气流粉碎技术制备超微细粉剂

干粉灭火剂的灭火效能受粒径的影响最为显著，经研究表明，单位重量灭火剂灭火效能与灭火剂粒子的粒径密切相关，表现在以下几个方面。

① 粒子越小，其改变方向的能力越大，绕过障碍物，穿透四周的物体及渗入微小空隙内的能力越强，具有类气体的性质。

② 较小粒径的微粒在空气中的悬浮时间较长，灭火剂微粒的悬浮时间与灭火效能有密切的关系。

③ 超细粒子比表面积大，活性高，受热时分解速度快，捕获自由基能力强，因此灭火效能急剧提高。

气流粉碎机又称气流磨，是指利用高速气流或过热蒸汽的能量，使颗粒相互冲击、碰撞、摩擦而实现超细粉碎的设备。气流粉碎机主要由旋风收集器、除尘器、引风机、电控柜等组成。

该机动力采用净化干燥的压缩气体，压缩气体通过特殊的超音速喷嘴向粉碎室高速喷射，该气流携带物料高速运动，使物料与物料之间产生强烈碰撞、摩擦与剪切，从而达到粉碎的目的，进入收集系统。被粉碎的物料上升进入分级室，达到粒度要求的物料通过强制叶轮分级机，未达到粒度要求的颗粒又返回粉碎室继续粉碎。

选用对撞式气流粉碎机，利用两股高速射流相互对撞来使固体物料被粉碎，解决了高速气流对冲击部件的严重磨损问题。整个生产过程为全封闭连续运转，无粉尘污染，空气最后经除尘过滤后得到净化。

经实验及检测确定，聚磷酸铵为主组分的超细干粉灭火剂 D90 在 17μm 左右时，D50 在 6～7μm 时灭 A、B 类火效能到 65g/m³。利用该气流粉碎设备加工的超细干粉灭火剂，平均粒径 D50 能达到 5μm 左右。憎水型超细干粉灭火剂粒径测试报告如图 4.4.3 所示。

（3）高分子包覆表面处理

高聚合度的聚磷酸铵不吸水不结块，但是在加工细化后也存在团聚现象，为达到其符合作为灭火剂的技术要求，需要加入其他添加剂来改善性能。添加剂的加入会影响整个配方的吸湿率和斥水性，因此为保证其憎水性能，设计对其进行高分子包覆表面处理。选用聚二甲基硅氧烷作为表面处理剂，在高速搅拌的情况下进行包覆，设计目标达到接触角≥130°。憎水型超细干粉灭火剂接触角测试报告见图 4.4.4。

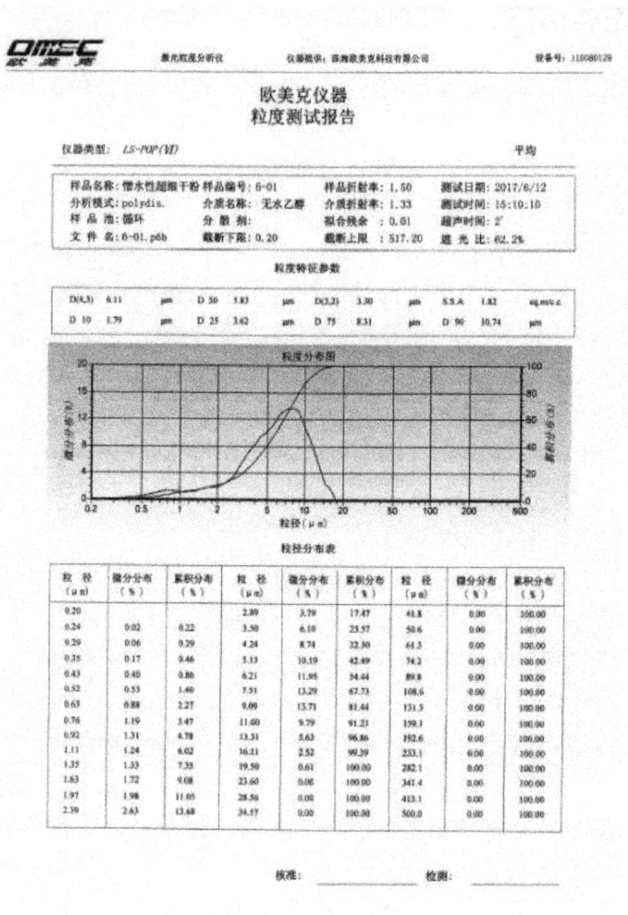

激光粒度分析仪　　仪器提供：珠海欧美克科技有限公司　　设备号：110080129

欧美克仪器
粒度测试报告

仪器类型：LS-POP(VI)　　平均

样品名称：憎水性超细干粉　样品编号：6-01　样品折射率：1.50　测试日期：2017/6/12
分析模式：polydis.　介质名称：无水乙醇　介质折射率：1.33　测试时间：15:10:10
样 品 池：循环　分 散 剂：　拟合残余：0.01　超声时间：2′
文 件 名：6-01.p6b　截断下限：0.20　截断上限：517.20　遮 光 比：62.2%

粒度特征参数

D(4,3)	6.11	μm	D 50	5.83	μm	D(3,2)	3.30	μm	S.S.A	1.82	sq.m/c.c
D 10	1.79	μm	D 25	3.62	μm	D 75	8.31	μm	D 90	10.74	μm

粒径分布表

粒径(μm)	微分分布(%)	累积分布(%)	粒径(μm)	微分分布(%)	累积分布(%)	粒径(μm)	微分分布(%)	累积分布(%)
0.20			2.89	3.79	17.47	41.8	0.00	100.00
0.24	0.02	0.22	3.50	6.10	23.57	50.6	0.00	100.00
0.29	0.06	0.29	4.24	8.74	32.30	61.3	0.00	100.00
0.35	0.17	0.46	5.13	10.19	42.49	74.2	0.00	100.00
0.43	0.40	0.86	6.21	11.95	54.44	89.8	0.00	100.00
0.52	0.53	1.40	7.51	13.29	67.73	108.6	0.00	100.00
0.63	0.88	2.27	9.09	13.71	81.44	131.5	0.00	100.00
0.76	1.19	3.47	11.00	9.79	91.23	159.1	0.00	100.00
0.92	1.31	4.78	13.31	5.63	96.86	192.6	0.00	100.00
1.11	1.24	6.02	16.11	2.52	99.39	233.1	0.00	100.00
1.35	1.33	7.35	19.50	0.61	100.00	282.1	0.00	100.00
1.63	1.72	9.08	23.60	0.00	100.00	341.4	0.00	100.00
1.97	1.98	11.05	28.56	0.00	100.00	413.1	0.00	100.00
2.39	2.63	13.68	34.57	0.00	100.00	500.0	0.00	100.00

核准：　　检测：

图 4.4.3　憎水型超细干粉灭火剂粒径测试报告

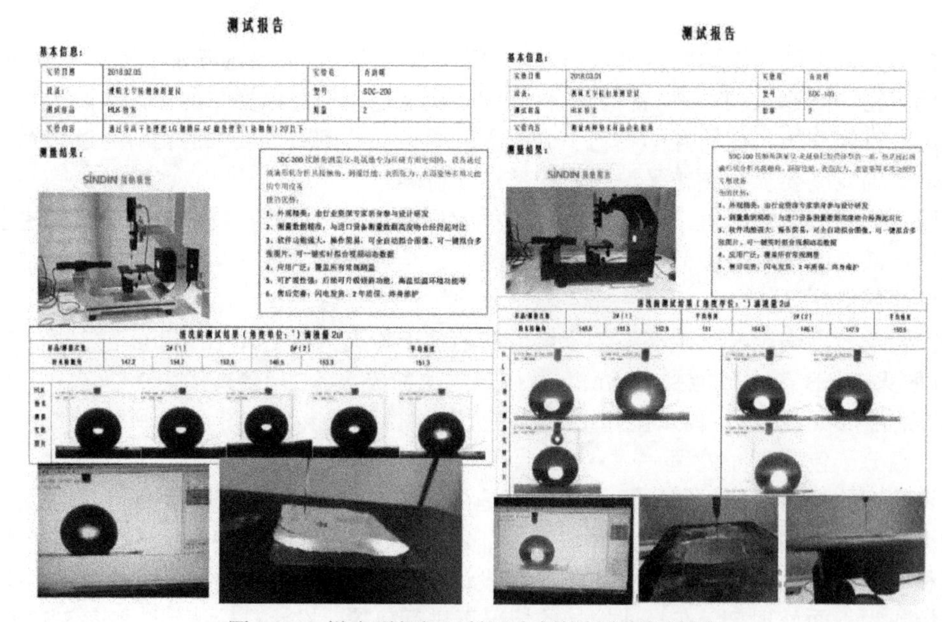

图 4.4.4　憎水型超细干粉灭火剂接触角测试报告

4.4.2.4 产品理化指标检测及灭火实验

（1）自测

憎水型超细干粉灭火剂在研制过程中分阶段进行检测，依据检测结果调整工艺及配比。

① 配方优化及灭火剂灭火效果定性实验。检测依据 XF 578—2005《超细干粉灭火剂》的标准，理化检测项目有松密度、含水率、吸湿率、斥水性、抗结块性、50%粒径、耐低温性等。

依据 XF 602—2013《干粉灭火装置》制定灭火实验大纲，并对憎水型超细干粉灭火剂的灭火性能进行定性检测，见表 4.4.1、表 4.4.2。

表 4.4.1 憎水型超细干粉灭火剂指标检测

项 目	性能参数	实测结果
松密度/（g/mL）	0.49±30%	0.50
含水率/%	≤0.20	0.10
吸湿率/%	≤2.8	2.5
斥水性	无明显吸水、不结块	无明显吸水、不结块
抗结块性（针入度）/mm	≥28.0	26.5
耐低温性/s	≤5.0	3.5
D50 粒径/μm	≤5	7.8
憎水性能	与水混合 24h 不沉淀，液体澄清透明	与水混合，有少量沉淀，溶液浑浊

表 4.4.2 憎水型超细干粉灭火实验记录

序号	灭火剂充装量/kg	灭火类型	灭火结果	灭火时间/s	实验时间
1	5	89B	灭火成功	1.5	2017 年 1 月 10 日
2		89B	灭火成功	1.2	2017 年 1 月 10 日
3		89B	灭火成功	1.5	2017 年 1 月 10 日
4		144B	灭火不成功	—	2017 年 1 月 11 日
5		144B	灭火成功	1.3	2017 年 1 月 11 日
6		144B	灭火成功	1.2	2017 年 1 月 11 日
7		144B	灭火成功	1.2	2017 年 1 月 11 日
8		1A	灭火成功	1.2	2017 年 1 月 12 日
9		1A	灭火成功	1.3	2017 年 1 月 12 日
10		2A	灭火成功	1.3	2017 年 1 月 13 日
11		2A	灭火成功	1.5	2017 年 1 月 13 日

② 灭火剂灭火效果定性实验。在 2017 年 1 月生产的憎水型超细干粉灭火剂的基础上，通过配方调整，于 2017 年 4 月中旬开始进行了第二次试生产和灭火性能实验。对生产的干粉进行理化性能检测并进行灭火性能实验。依据 XF 602—2013《干粉灭火装置》制定灭火实验大纲，并对憎水型超细干粉灭火剂的灭火性能及技术参数进行定性检测，见表 4.4.3、表 4.4.4。采用贮压悬挂式干粉灭火装置进行实验，实验现场见图 4.4.5、图 4.4.6。

表 4.4.3　憎水型超细干粉灭火剂指标检测

项　目	性能参数要求	实测结果
松密度/（g/mL）	0.49±30%	0.49
含水率/%	≤0.20	0.10
吸湿率/%	≤2.8	2.5
斥水性	无明显吸水、不结块	无明显吸水、不结块
抗结块性（针入度）/mm	≥28.0	27.2
耐低温性/s	≤5.0	3.4
D50 粒径/μm	≤5	7.0
憎水性能	与水混合 24h 不沉淀，液体澄清透明	与水混合，有微量沉淀，溶液轻微浑浊

表 4.4.4　憎水型超细干粉灭火实验记录

序号	灭火剂充装量/kg	灭火类型	灭火结果	灭火时间/s	实验时间
1	2	55B	灭火成功	1.0	2017 年 4 月 16 日
2		55B	灭火成功	1.2	2017 年 4 月 16 日
3		55B	灭火成功	1.0	2017 年 4 月 17 日
4		70B	灭火成功	1.1	2017 年 4 月 17 日
5		70B	灭火成功	1.3	2017 年 4 月 17 日
6		89B	灭火成功	1.2	2017 年 4 月 18 日
7		89B	灭火成功	1.2	2017 年 4 月 18 日
8		89B	灭火成功	1.2	2017 年 4 月 19 日
9		1A	灭火成功	1.3	2017 年 4 月 19 日
10		1A	灭火成功	1.3	2017 年 4 月 19 日
11		1A	灭火成功	1.0	2017 年 4 月 21 日
12		2A	灭火成功	1.1	2017 年 4 月 21 日
13		2A	灭火不成功	—	2017 年 4 月 22 日
14		2A	灭火成功	1.0	2017 年 4 月 22 日

(a)

(b)

图 4.4.5　憎水型超细干粉冷喷实验

(a)

(b)

图 4.4.6　憎水型超细干粉灭火实验

③ 憎水型超细干粉灭火剂灭火性能的定量实验，见表 4.4.5。

表 4.4.5　憎水型超细干粉灭火实验记录

序号	灭火剂充装量/kg	灭火类型	灭火结果	充压时间/s	灭火时间/s	灭火浓度/（g/m³）	实验时间
1	7.0	灭 B、C 火	灭火成功	13	1.3	70	2017 年 10 月
2	7.0	灭 B、C 火	灭火成功	11.5	1.5	70	2017 年 10 月
3	6.5	灭 B、C 火	灭火成功	12	1.0	65	2017 年 10 月
4	6.2	灭 B、C 火	灭火成功	12.1	1.1	62	2017 年 10 月
5	6.2	灭 B、C 火	灭火成功	11.9	1.2	62	2017 年 10 月
6	6.5	灭 A 类火	灭火成功、10min 后不复燃	12	1.3	65	2017 年 10 月
7	6.5	灭 A 类火	灭火成功、10min 后不复燃	13	1.3	65	2017 年 10 月
8	6.2	灭 A 类火	灭火成功、10min 后不复燃	12.4	1.4	62	2017 年 10 月
9	6.2	灭 A 类火	灭火不成功	12.8	—	—	2017 年 10 月
10	6.2	灭 A 类火	灭火不成功	12.8	1.5	62	2017 年 10 月

通过继续调整灭火剂配方，于 2017 年 10 月进行了第三次憎水型超细干粉灭火剂的试生产，此次生产的憎水型超细干粉灭火剂进行灭火性能的定量实验，通过灭火实验确定最终的灭火浓度，为下一步的产品送检奠定基础。在前期定性实验的基础上，依据 XF578—2005《超细干粉灭火剂》制定灭火实验大纲，憎水型超细干粉灭火剂的灭火性能及技术参数进行检测，见表 4.4.6、图 4.4.7。

表 4.4.6　憎水型超细干粉灭火剂指标检测

项　目	性能参数	实测结果
松密度/（g/mL）	0.49±30%	0.48
含水率/%	≤0.20	0.10
吸湿率/%	≤2.8	2.0

续表

项　目	性能参数	实测结果
斥水性	无明显吸水、不结块	无明显吸水、不结块
抗结块性（针入度）/mm	≥28.0	28.3
耐低温性/s	≤5.0	3.5
D50 粒径/μm	≤5	6.0
憎水性能	与水混合 24h 不沉淀，液体澄清透明	与水混合，无沉淀，溶液透明

(a)

(b)

图 4.4.7　憎水型超细干粉灭火实验图片

④ 送检确认实验。为送检样品，2018 年 3 月进行了第四次试生产，此次生产调整了粉碎机参数，通过增大灭火剂的比表面积来提高灭火效能。再次通过灭火实验确定最终的灭火浓度，见表 4.4.7、表 4.4.8。

表 4.4.7　憎水型超细干粉灭火剂指标检测

项　目	性能参数	实测结果
松密度/（g/mL）	0.49±30%	0.45
含水率/%	≤0.20	0.10
吸湿率/%	≤2.8	1.68
斥水性	无明显吸水、不结块	无明显吸水、不结块
抗结块性（针入度）/mm	≥28.0	30.0
耐低温性/s	≤5.0	3.3
D50 粒径/μm	≤5	4.5
憎水性能	接触角≥130°	145

表 4.4.8　憎水型超细干粉灭火实验记录

序号	灭火剂充装量/kg	灭火类型	灭火结果	充压时间/s	灭火时间/s	灭火浓度/（g/m³）	实验时间
1	6.0	灭 B、C 火	灭火成功	13	1.5	60	2018 年 3 月 5 日
2	6.0	灭 A 类火	灭火成功、10min 后不复燃	12	1.3	60	2018 年 3 月 5 日

（2）外检（委托实验）

编制企业标准，送国家固定灭火系统和耐火构件质量监督检验中心（天津检验中心）进行权威检测，检验报告号 No.Gn201801671。

（3）复合射流实战灭火实验

大连 2018 年 7 月 19 日和 11 月 18 日复合射流与超细干粉灭火实验记录分别见表 4.4.9、表 4.4.10，实验现场见图 4.4.8～图 4.4.10。

表 4.4.9　复合射流用憎水型超细干粉灭火实验记录

灭火设备	复合射流枪
油盘规格	297B（直径 3.44m，面积 $9.32m^2$）
燃料及用量	95#汽油，200L
供给流量	1.4MPa 压力下 1.3kg/s
预燃时间	60s
灭火时间	32s
灭火后情况	灭火成功，不复燃

表 4.4.10　复合射流用憎水型超细干粉灭火实验记录

灭火设备	复合射流枪
油盘规格	297B（直径 3.44m，面积 $9.32m^2$）
燃料及用量	95#汽油，200L
供给流量	1.4MPa 压力下 1.3kg/s
预燃时间	60s
灭火时间	23s
灭火后情况	灭火成功，不复燃

(a)

(b)

图 4.4.8　大连干粉喷射灭火实验

图 4.4.9　大连复合射流喷射灭火实验（1）

图 4.4.10　大连复合射流喷射灭火实验（2）

4.4.3　产品技术特点

我们研究的憎水型超细干粉灭火剂是一种“非高温气溶胶灭火技术”，是将平均粒径 5μm 的超细粉末灭火剂通过高速射流射入燃烧区域，其灭火机理是参与燃烧，阻断燃烧的链式反应，捕捉自由基，从而抑制燃烧。主要体现在以下几个方面。

4.4.3.1　对有焰燃烧的抑制作用

有焰燃烧是一个链式反应过程。可燃物在氧存在下产生的自由基或活性基团具有很高的能量，这些自由基或活性基团可维持燃烧的持续进行。灭火剂中的主要成分是燃烧反应的不活性物质，当进入燃烧区与火焰混合时，可以同时捕获 OH^-和 H^+，火焰中的 OH^-和 H^+在灭火剂组分的作用下，结合成不活泼物质，这样使火焰中的 OH^-和 H^+被消耗的速度大于产生的速度，当 OH^-和 H^+被很快耗尽时，链式反应被终止，火焰即熄灭，这种作用称为化学抑制作用和负催化作用，见图 4.4.11。

4.4.3.2　对表面燃烧的窒息作用

憎水型超细干粉灭火剂可以迅速地扑灭有焰燃烧，还可以有效地扑灭固体物质的表面燃烧。灭火剂晶体与灼热的燃烧物表面接触时，发生一系列的化学反应，在固体表面的高温作用下形成类似玻璃的覆盖层，它能渗透到燃烧物表面的孔隙内，将固体物表面与周围空气中的氧隔开，使燃烧终止，见图 4.4.12。

图 4.4.11　室外灭油盘火实验

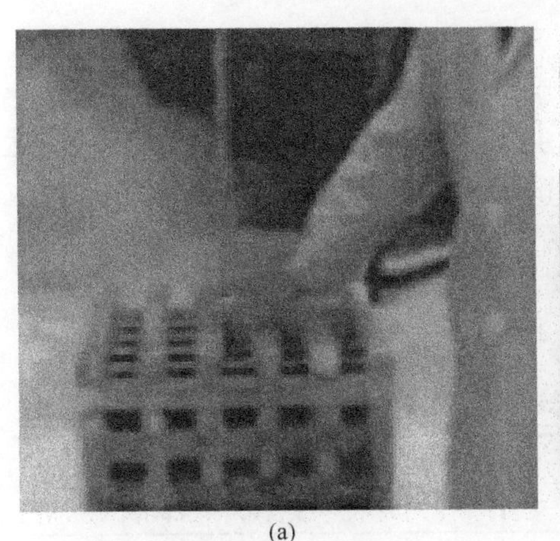

(a)

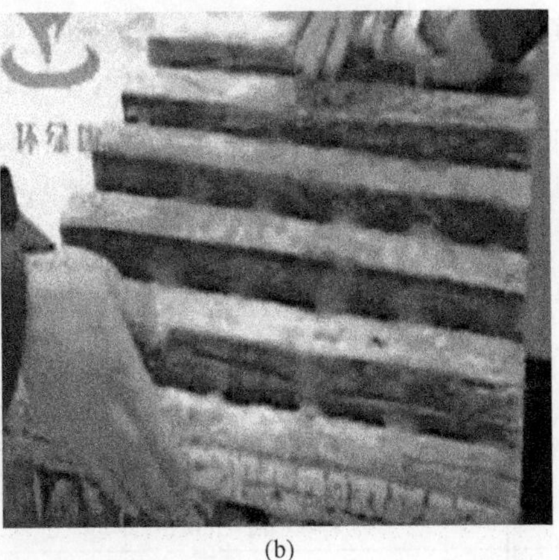

(b)

图 4.4.12　室外灭木垛火实验

4.4.3.3　对热辐射的遮隔和对燃烧区氧气的稀释作用

憎水型超细干粉灭火剂喷到火场时，粉雾和火焰相结合，可以有效地遮隔火焰对燃烧物表面的热辐射。粉剂在高温作用下发生一系列的分解吸热反应，在吸收热量的时候生成 CO_2、NH_3、N_2 等气体，这些气体不易燃烧，能稀释空气中的氧气，从而阻断了氧的供应，实验情况见图 4.4.13。

4.4.4　性能指标

我们研制的憎水型超细干粉灭火剂，不同于市场上普通 ABC 类干粉灭火剂，是在关键技术上取得了突破性进展，不产生团聚的稳定性超细粉体灭火剂，是唯一可用于密闭空间全淹没灭火和室外开放空间局部淹没应用灭火的灭火剂。于 2018 年通过国家固定灭火系统和耐火构件质量监督检验中心检验，灭火效能为 $60g/m^3$。该灭火剂对大气臭氧层耗减潜能值（ODP）为零，温室效应潜能值（GWP）为零，无毒无味，高效环保。适用于军事、工业、民用设施及各种场所扑救 A、B、C、E 类火灾。

图 4.4.13　自动灭火器灭火实验

该粉体的平均粒径小于 5μm，以压缩气体为动力喷射后可在空气中长时间悬浮，不易沉降，形成高均匀分散状态的“冷气溶胶”，细小微粒具有非常大的比表面积，使其化学活性得到大幅度提高，使干粉灭火剂的灭火方式发生了质的改变，有极快的灭火速度，达到规定浓度后即可瞬间灭火。有优良的抗复燃性能，试验证明，该灭火剂扑灭 A、E 类火灾后，在物体表面溶化形成一个玻璃状的覆盖层，这层覆盖层将物体表面与周围空气中的氧隔离开来，使火焰难以复燃。

憎水型超细干粉灭火剂主要技术指标如表 4.4.11 所示。

表 4.4.11　憎水型超细干粉灭火剂主要技术指标

序号	项　目	性能参数
1	粒径/μm	D50：4.8
2	松密度/（g/mL）	0.40
3	含水率/%	0.07
4	吸湿率/%	0.85
5	斥水性	无明显吸水，不结块
6	抗结块性（针入度）/mm	30.0
7	灭 B、C 类火效能/（g/m^3）	60.0
8	接触角/（°）	150

4.4.5　与国内外同类先进技术的比较

憎水型超细干粉灭火剂选用了高聚合度 APP 为主灭火组分，采用先进的粉碎加工方式，平均粒径小于 5μm。经过高分子包覆处理，达到接触角 150°，吸湿率小于 1.0。经过三相射流枪灭火实验，灭火效果好，可与水或液体灭火剂复合喷射灭火。经权威部门检测，灭火效能为 $60g/m^3$。灭火速率是水系列灭火剂的 40 倍，灭火效率是目前使用的普通 ABC 干粉灭火剂的 6～10 倍，是哈龙灭火剂的 2～3 倍，是七氟丙烷灭火剂的 10～12 倍，是其他超细干粉灭火剂的 2 倍以上，在国内外处于领先水平。

4.4.6 技术成熟度

20 世纪 30 年代，美国 ANSUNL 首先开发出以碳酸氢钠为基料的干粉灭火剂，发展到现在已经有很多种产品。ABC 类有磷酸铵盐、BC 类有碳酸氢钠、碳酸氢钾等，D 类有氯化钠、石墨等。随着科技的进步，干粉灭火剂的生产工艺等技术不断进步。在国际上淘汰哈龙灭火剂的背景下，超细干粉灭火剂的出现已经有十几年的时间。山东环绿康新材料科技有限公司超细干粉灭火剂生产了十年后开始研发的憎水型超细干粉灭火剂，在生产工艺、检测手段、灭火试验方面有丰富的经验。憎水型超细干粉灭火剂经过两年的研发试制，已经完全达到并超过设计指标，技术上已经非常成熟。

参考文献

[1] 徐晓楠. 灭火剂与应用 [M]. 北京：化学工业出版社，2006.

[2] 吕志涛. 高效环保型水系灭火剂研究 [D]. 南京：南京理工大学，2013.

[3] Graf，Robert，Keipl，etc. Water based liquid foam extinguishing foamulation：US6814880B1 [P]. 2004-11-9.

[4] JA Mathis. Fire extinguishing agent and method of use：US2012/0118590A1 [P].2010-11-17.

[5] Tujimoto et al. Foam fire extinguishing agent：US4049556 [P]. 1999-04-16.

[6] Hicks et al. Water additive and method for fire prevention and fire extinguishing：US5989446 [P]. 2001-05-13.

[7] Von Blucher et al. Use of an aqueous swollen macromolecule-containing system as water for fire fighting：US5190110 [P]. 2001-03-04.

[8] Peter Cordani et al. Water based extinguishers：US2008/003 5354A1 [P]. 2008-01-05.

[9] James A. et al. Fire extinguishing agent and method of use：US2012/0118590A1 [P]. 2012-11-18.

[10] James et al. Multi-class fire extinguishing agent：W02006/093 811A2 [P]. 2006-05-17.

[11] Graf et al. Water based liquid foam extinguishing foamulation：US6814880B1 [P]. 2000-02-01.

[12] 陆强. 当前我国泡沫灭火剂发展中的若干问题探讨 [J]. 消防科学与技术，2016（9）：1280-1282.

[13] 郭子东，罗云庆，王平. 灭火剂 [M]. 北京：化学工业出版社，2015.

[14] 端木亭亭. 新型氨基酸型氟碳表面活性剂的合成及其在水成膜泡沫灭火剂中的应用 [D]. 合肥：中国科学技术大学，2011.

[15] 韩郁翀，秦俊. 泡沫灭火剂的发展与应用现状 [J]. 火灾科学，2011（4）：235-240.

[16] 林霖. 多组分压缩空气泡沫特性表征及灭火有效性实验研究 [D]. 合肥：中国科学技术大学，2007.

[17] 郑迪莎，唐宝华，李本利等. 三相泡沫灭火剂性能及应用研究进展 [J]. 防灾科技学院学报，2014（2）：14-18.

[18] 李华敏. 氟蛋白泡沫灭火剂发泡倍数测定的影响因素分析 [J]. 实验室科学，2015（3）：14-16.

[19] 杜明辉. 泡沫灭火剂在燃烧油面的铺展情况分析 [J]. 消防科学与技术，2016（4）：562-565.

[20] 张宪忠，包志明，傅学成. 泡沫灭火剂生物降解性评估可行性研究 [J]. 消防科学与技术，2012（10）：1085-1087.

[21] 刘慧敏，庄爽，陈培瑶等. 泡沫灭火剂生物（动物）毒性研究 [J]. 消防科学与技术，2016（7）：983-986.

[22] 李屹，朱江，耿红等. 水成膜泡沫灭火剂致土壤污染的健康风险分析 [J]. 环境与健康，2012（12）：1096-1100.

[23] 刘洪强，熊伟. 泡沫灭火剂在灭火应用中的问题分析 [J]. 消防科学与技术，2013（12）：1397-1399.

[24] 包志明，张宪忠，傅学成等. 基于生物降解性分析的泡沫灭火剂配方体系研究 [J]. 安全与环境学报，2013（2）：72-75.

[25] Matthew Gable. Environmental Impact of Fire Fighting Operations [J]. International Fire Fighters，2017（8）：56-59.

[26] GB 15308—2006 泡沫灭火剂.

[27] 毕波，张龚颢. 氟蛋白泡沫灭火剂对土壤微生物的影响 [J]. 消防科学与技术，2016（11）：1584-1586.

[28] 余威，王鹏翔，田亮等. PFOS 受控的公约进展及中国消防行业使用 PFOS 情况 [J]. 消防科学与技术，2010（6）：513-515.

[29] 包志明，陈涛，傅学成，等. 压缩空气 A 类泡沫灭 B 类火性能试验研究 [J]. 消防科学与技术，2013（1）：66-68.

[30] 王谋刚. 泡沫灭火剂灭火效能测试试验分析 [J]. 消防科学与技术，2016（10）：1449-1453.

[31] 刘慧敏，王帅，陈培瑶. 泡沫灭火剂灭火兼容性研究 [J]. 消防科学与技术，2015（1），102-106.

[32] Hagenaars A，Meter J，Herzke D ，et al. The search for alternative aqueous film forming foams（AFFF）with a low environmental impact：Physiological and transcriptomic effects of two Forafac fluorosurfactants in turbot [J] .Aquatic Toxicology，2011，104（3）：168-176.

[33] Bernard K，Krystyna P，Lukasz C. Biodegradability of Firefighting Foams [J]. Fire Technology，2012，48（2）：173-181.

[34] 杜文锋. 消防燃烧学 [M]. 北京：中国人民公安大学出版社，2006.

[35] 储敏. 层次分析法中判断矩阵的构造问题 [D]. 南京：南京理工大学，2005.

[36] 孔耀祖. 静态泡沫体系的稳定性研究 [D]. 武汉：中国地质大学，2008.

5

大型油罐火灾冷却新技术及装备

扑救大型油罐火灾，冷却是非常关键的一步，既是防止火势不断扩大，也是防止发生爆炸、沸溢、喷溅的基本措施，同时也是灭火的前提，如果不能有效冷却，也就无法最终扑灭火灾。冷却的主要方法还是向燃烧或邻近的油罐喷射冷却水，由于油罐容积不断增加，火灾辐射热更大，火灾冷却用水量很大，如何输送并喷射到油罐表面，如何提高冷却水的效率，是亟待克服的难题。

5.1 油罐火灾冷却新技术

根据火灾案例统计分析，在大型油罐火灾中，冷却水的热效率很低，大约不足 50%，每次大型油罐火灾，都突显出供水不足的问题。因此，开发一种能提高冷却水换热效率的添加剂很有必要，对提高大型油罐储区的火灾安全防控具有重要意义。经过我们的研究，开发了持水冷却剂，可以大幅提升水的冷却效率。

所谓持水冷却剂，就是在水中添加某些物质，使水的黏度大大增加，可以很好地挂在油罐外壁，而不是像普通的水，直接流走，通过增加在油罐上的作用时间，从而提升水的冷却效率。持水冷却剂首先应具有良好的流动性，满足其在管路中和冷却罐壁时的流动状态；其次应具有良好的润湿性和黏附性，保证其在冷却罐壁过程中能够增大与罐壁的接触面积和接触时间，较好地发挥水的汽化吸热冷却作用；最后，持水冷却剂还应具有绿色环保的特点。

5.1.1 持水冷却剂的制备

在制备持水冷却剂时，应分别对原材料、溶解性能、黏附性能、润湿性能和持水性能等方面进行研究，并优化配方。考虑上述因素，实验选取工业级海藻酸钠作为普通冷却水的持水添加物。

（1）持水冷却剂溶解性能测试

① 海藻酸钠（NaAlg）含量对溶解时间的影响。图 5.1.1 是海藻酸钠含量对溶解时间的影响，海藻酸钠粒径为 30 目，搅拌速率为 300r/min。由图可知，随着海藻酸钠含量的增加，海藻酸钠的溶解时间逐渐增加，当其含量达到 0.5%以后就较难溶解了。因此，为不影响使用，持水冷却剂中海藻酸钠的含量应控制在 0.5%以内。

② 表面活性剂对溶解时间的影响。为研究表面活性剂对海藻酸钠溶解时间的影响，实验选取十二烷基硫酸钠、十二烷基苯磺酸钠及十六烷基三甲基溴化铵三种表面活性剂，测试其对海藻酸钠溶解时间的影响，海藻酸钠质量分数为 0.3%，搅拌速率为 300r/min。

图 5.1.2 是十二烷基硫酸钠（SDS）添加量对海藻酸钠溶解时间的影响。由图可知，随着 SDS 添加量的增加，NaAlg 的溶解时间逐渐变短，但在搅拌的过程中会产生气泡，这是由于 SDS 作为一种表面活性剂，同时也是一种发泡剂的原因所致。

图 5.1.3 是十二烷基苯磺酸钠（DBS）添加量对海藻酸钠溶解时间的影响。由图可知，随着 DBS 添加量的增加，海藻酸钠的溶解时间逐渐减小，而且添加 DBS 比添加 SDS 时溶液在搅拌过程中产生的气泡较少。当 DBS 添加量为 0.25mmol/L 时，溶解时间最小，继续增加 DBS 添加量，溶解时间反而略有增加。

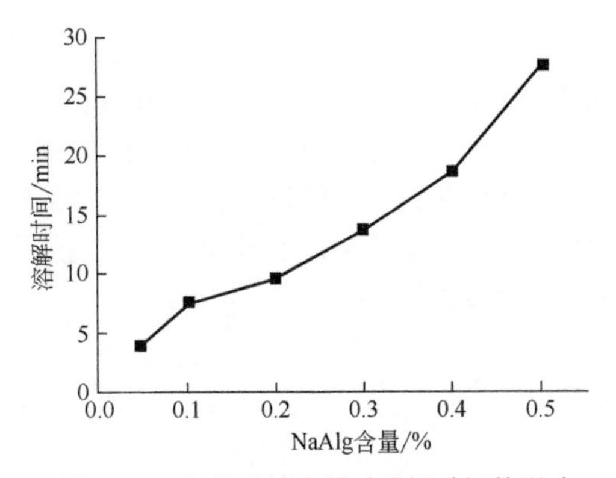

图 5.1.1　海藻酸钠含量对溶解时间的影响

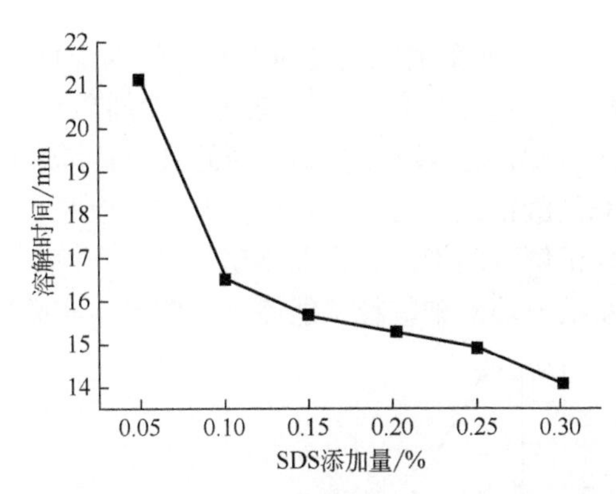

图 5.1.2　十二烷基硫酸钠（SDS）添加量对海藻酸钠溶解时间的影响

图 5.1.4 是十六烷基三甲基溴化铵（CTMAB）添加量对海藻酸钠溶解时间的影响。由图可知，随着 CTMAB 添加量的增加，海藻酸钠的溶解时间出现上下波动，但添加较多 CTMAB 的溶解时间要小于 CTMAB 添加量较小时的溶解时间，总体呈现溶解时间减小的趋势。实验中还发现，添加较多 CTMAB 时，溶液在搅拌过程中出现较大的絮状物，随时间的增加，絮状团聚物有所减少，这可能是 CTMAB 在常温水中部分溶解所致。而且溶液不如添加 SDS 时清透，溶解效果不如添加 SDS 时好。

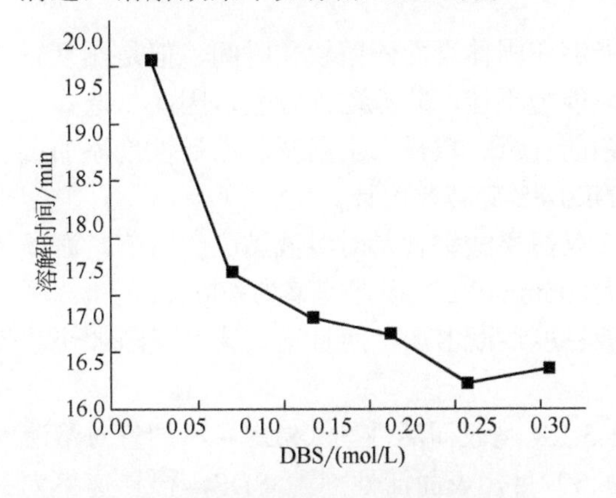

图 5.1.3　十二烷基苯磺酸钠（DBS）添加量对海藻酸钠溶解时间的影响

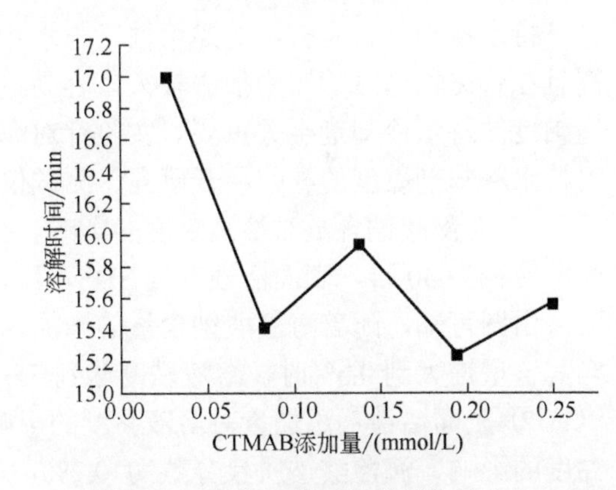

图 5.1.4　十六烷基三甲基溴化铵（CTMAB）添加量对海藻酸钠溶解时间的影响

综合以上三种表面活性剂的实验结果，从对海藻酸钠溶解时间的影响上考虑，最终选取十二烷基硫酸钠（SDS）作为持水冷却剂所需表面活性剂，而且其在市场常见，价格相对低廉，因此具有良好的经济实用价值。

③ 搅拌速率对溶解时间的影响。图 5.1.5 是搅拌速率对海藻酸钠溶解时间的影响，海藻酸钠质量分数为 0.4%。由图可知，随着搅拌速率的增大，海藻酸钠的溶解时间逐渐减小。但实验中发现，当搅拌速率达到 900r/min 以上时，溶液在搅拌过程中泡沫明显增多，当搅拌速率达到 1200r/min 以上时，搅拌过程中会产生大量泡沫。这是由于表面活性剂的加入在较高转速下极易产生大量的泡沫。因此，在实验中制备持水冷却剂时，要选择合适的搅拌速率，根据实验测试结果，搅拌速率应以 600～900r/min 为宜。

④ 海藻酸钠粒径对溶解时间的影响。图 5.1.6 是海藻酸钠粒径对溶解时间的影响，海藻酸钠质量分数为 0.2%，表面活性剂为 SDS，添加量为 0.1mmol/L，搅拌速率为 600r/min。由图可知，随着海藻酸钠粒径的减小，其溶解时间明显加快，当海藻酸钠粒径减小到 200 目时，海藻酸钠几乎可达到即溶的状态，仅是由于有极少量的颗粒未完全溶解呈溶胀状态，导致整体溶解时间增加。需要指出的是，在溶解过程中绝大部分的海藻酸钠溶解时间较短，但是少量的海藻酸钠颗粒未能完全溶解导致实验整体溶解时间增加。

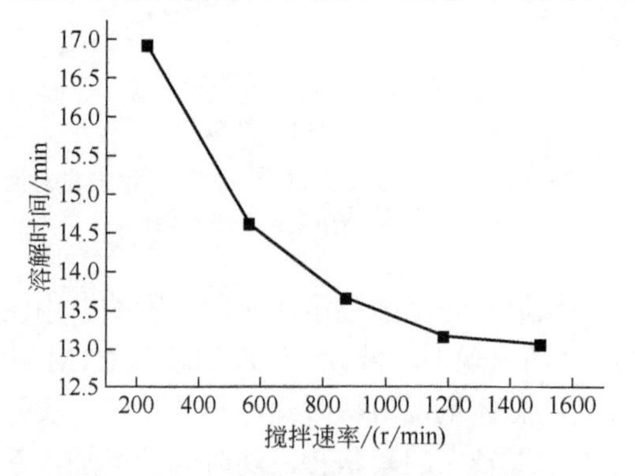

图 5.1.5　搅拌速率对海藻酸钠溶解时间的影响

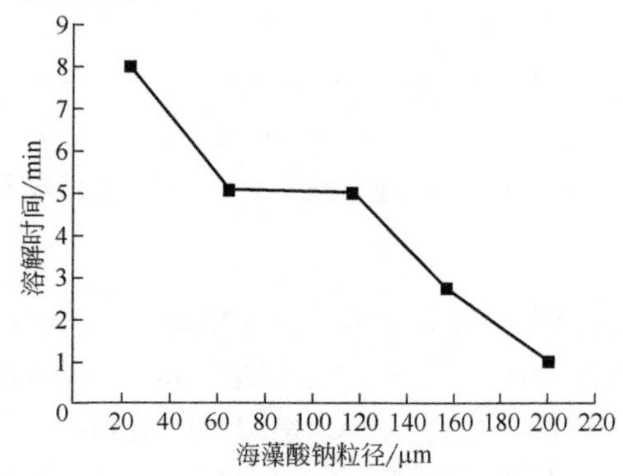

图 5.1.6　海藻酸钠粒径对溶解时间的影响

（2）持水冷却剂黏附性能测试

持水冷却剂具有较好的黏附性，与水相比，能够在固体表面停留较长时间。但是黏度较高且在管路输送时的压力损失较大，容易造成喷射能力不佳，即流动性较差，因此，选择合适黏度的持水冷却剂至关重要。实验针对海藻酸钠的含量、粒径、水温及表面活性剂添加量对持水冷却剂黏度的影响展开研究，测试仪器为 NDJ-8S 旋转黏度计。

① 海藻酸钠含量对溶液黏度的影响。图 5.1.7 是海藻酸钠含量对溶液黏度的影响，海藻酸钠粒径为 30 目，表面活性剂为 SDS，添加量为 0.05mmol/L，搅拌速率为 600r/min。

由图可知，随着海藻酸钠含量的增加，其溶液黏度逐渐增加，而且增加速率逐渐加快，当其含量增大到 0.5%时，溶液黏度达到 75.1mPa・s。

② 表面活性剂添加量对溶液黏度的影响。图 5.1.8 是表面活性剂（SDS）添加量对溶液黏度的影响，海藻酸钠质量分数为 0.2%，粒径为 30 目，表面活性剂为 SDS，搅拌速率为 600r/min。由图可知，随着 SDS 添加量的增加，海藻酸钠溶液的黏度逐渐降低，但下降趋势变缓，而且整体的下降程度也不大。

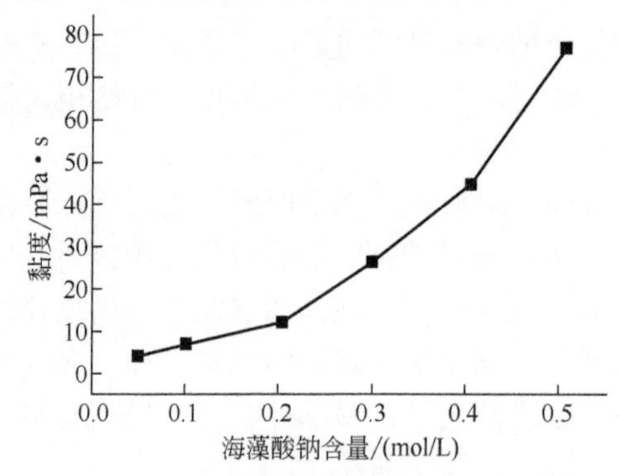

图 5.1.7　海藻酸钠含量对溶液黏度的影响

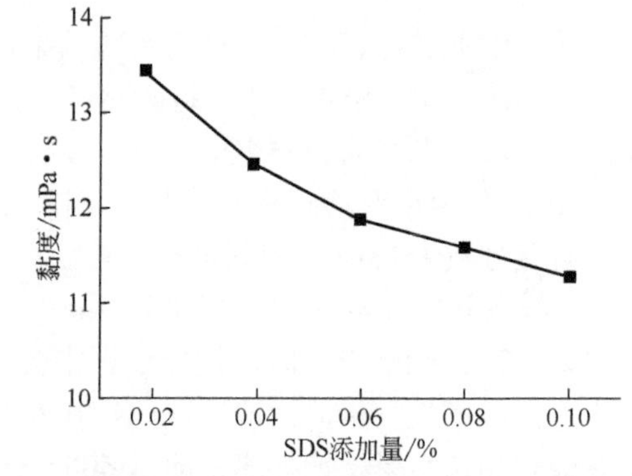

图 5.1.8　表面活性剂（SDS）添加量对溶液黏度的影响

③ 海藻酸钠粒径对溶液黏度的影响。图5.1.9是海藻酸钠粒径对溶液黏度的影响，海藻酸钠质量分数为0.2%，表面活性剂为SDS，添加量为0.1mmol/L，搅拌速率为600r/min。由图可知，随着海藻酸钠粒径的减小，其溶液的黏度逐渐降低，当粒径为200目时，其溶液黏度降低至8.5mPa・s。

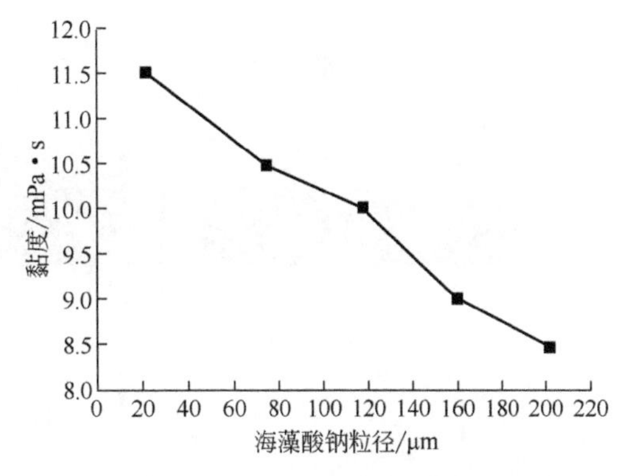

图5.1.9 海藻酸钠粒径对溶液黏度的影响

（3）持水冷却剂润湿性能测试

① 海藻酸钠含量对溶液润湿性能的影响。图5.1.10是不同浓度的持水冷却剂和水与钢板接触角的测量结果。由图可知，持水冷却剂与钢板的接触角比水小，润湿作用优于水；且浓度越大，持水冷却剂与钢板的接触角越小，润湿作用越明显，铺展效果也越好。

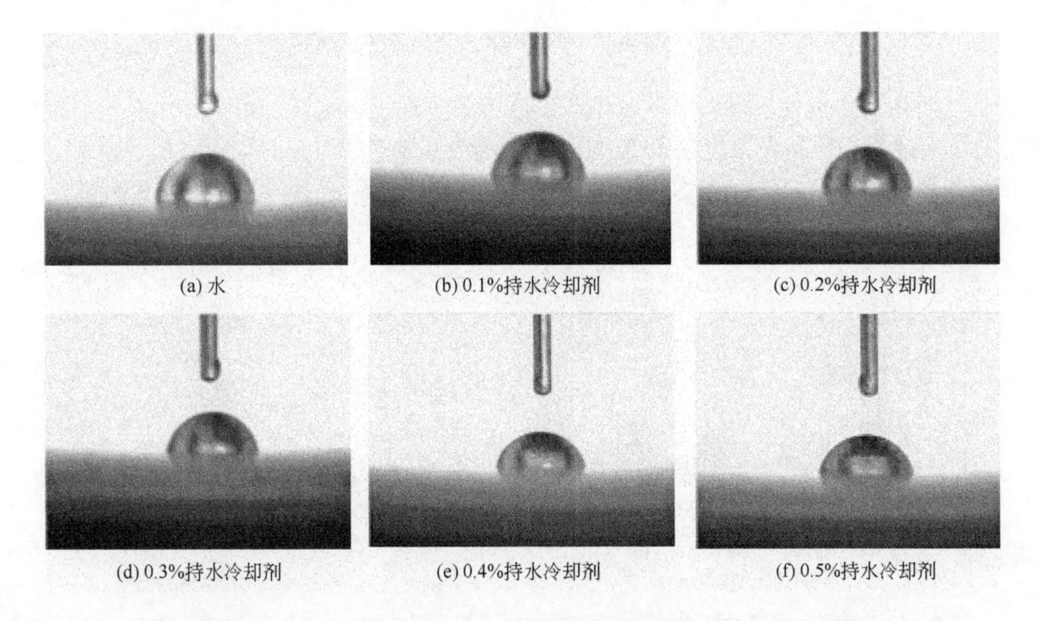
(a) 水　(b) 0.1%持水冷却剂　(c) 0.2%持水冷却剂

(d) 0.3%持水冷却剂　(e) 0.4%持水冷却剂　(f) 0.5%持水冷却剂

图5.1.10 不同浓度的持水冷却剂和水与钢板接触角的测试结果

② 表面活性剂添加量对溶液润湿性能的影响。图5.1.11所示0.2%持水冷却剂添加不同量SDS的接触角测试结果反映了表面活性剂添加量对溶液润湿性能的影响，海藻酸钠质量分数为0.2%，粒径为30目，表面活性剂为SDS，搅拌速率为600r/min。

由图可知，随着SDS添加量的增加，海藻酸钠溶液与钢板的接触角逐渐减小，这是因为表面活性剂SDS降低了海藻酸钠溶液内部的内聚力，使海藻酸钠溶液与钢板接触时更容易铺展。

（4）持水冷却剂持水性能测试

图5.1.12和图5.1.13分别是热辐射强度与海藻酸钠浓度对持水性能的影响。由图可知，相同质量条件下的持水冷却剂的烤干时间较长，这是因为在竖直方向流淌时，由于持水冷却剂具有一定的黏度，在一定时间内会形成较厚的水层，因此在相同热辐射强度下被烤干的时

图 5.1.11　0.2%持水冷却剂添加不同量 SDS 的接触角测试结果

间较长，而且浓度越大，附着的水量越多，被烤干的时间也越长，说明持水冷却剂相比水具有较好的持水性。但是当浓度增至 0.5%以上，持水冷却剂的烤干时间没有明显增加，这是由于持水冷却剂由于重力作用在垂直平面上的厚度达到一定程度后增加幅度有限所致。

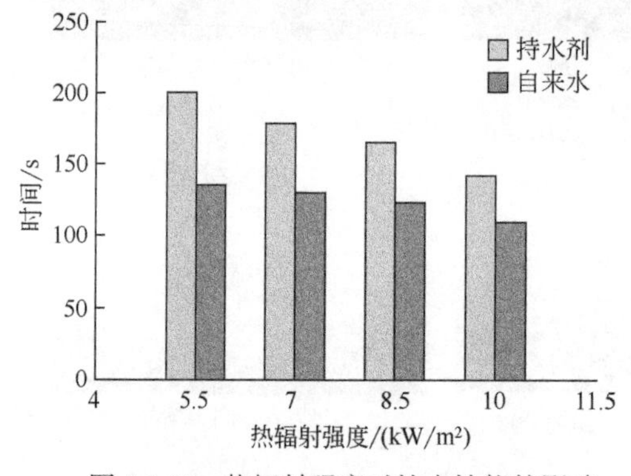

图 5.1.12　热辐射强度对持水性能的影响

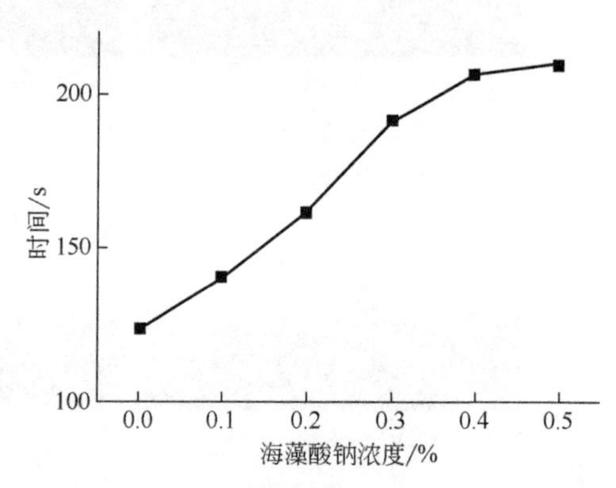

图 5.1.13　海藻酸钠浓度对持水性能的影响

5.1.2　持水冷却剂冷却节水性能研究

利用小尺寸实验，对受热平板的温度变化以及持水冷却剂与水的冷却强度进行测量，分析持水冷却剂的冷却性能和节水效果。

（1）持水冷却剂的冷却性能测试

① 冷却强度对冷却降温效果的影响。图 5.1.14 是不同冷却强度下持水冷却剂与水的冷却性能对比，持水冷却剂的浓度为 0.3%。由图可知，相同冷却强度的持水冷却剂和水对受热平板的降温程度是不同的，持水冷却剂冷却受热平板达到的稳态温度比水低。这是由于持水冷却剂相比水具有较大的黏附性和较好的润湿性，在受热平板上流动较慢，导致冷却过程中蒸发汽化的量比水的多，吸收带走的热量也较多，因此冷却受热平板至稳态时的温度比水低；

而且相同冷却强度的持水冷却剂在沿受热平板的板壁流动时的液层厚度比水大，对热辐射的阻隔作用较强，一定程度上增加了对受热平板的冷却作用。由图还可以看出，随着冷却强度的增大，持水冷却剂与水对受热平板冷却至稳态时的温差逐渐减小，说明此时持水冷却剂与水的冷却效果差别变小。其原因可能是，当冷却强度不断增大而热辐射强度维持不变时，持水冷却剂受热蒸发汽化的量逐渐减小，汽化吸热在冷却过程中所占比重逐渐降低，对流换热开始在冷却中占主导作用，而且在相对较大冷却强度和较低热辐射强度下，持水冷却剂和水的对流换热速率区别较小，因此对受热平板的冷却降温效果差别不明显。

② 持水冷却剂浓度对冷却降温效果的影响。图 5.1.15 是不同浓度的持水冷却剂对板壁降温的稳态平均温度。由图可知，持水冷却剂浓度越大，受热平板达到稳态时的温度越低，降温效果越好。这是因为随着持水冷却剂浓度的增大，其黏附性增强，在受热平板上的流动速度降低，冷却过程中汽化冷却降温作用逐渐明显，而且黏度的增大使其在板壁上流淌时的液层厚度增加，一定程度上提高了对热辐射的阻隔作用。实验中发现，持水冷却剂的浓度增加至 0.4%时，恒流泵的输送管路内压力较大，流动性能下降较多。因此，建议将持水冷却剂的浓度控制在 0.3%以内，此时的持水冷却剂兼顾良好的黏附性和流动性。

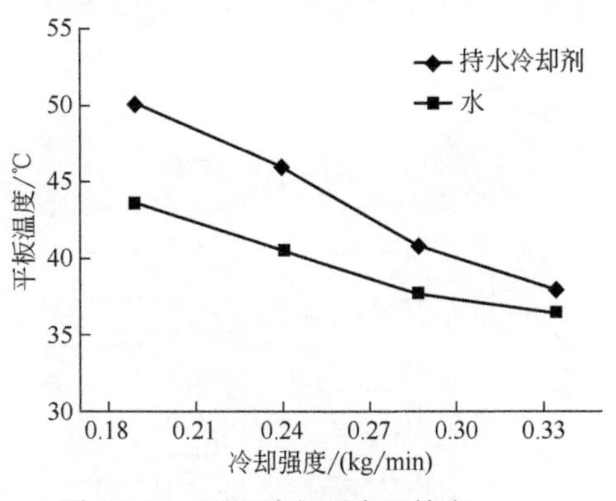

图 5.1.14 不同冷却强度下持水冷却剂与水的冷却性能对比

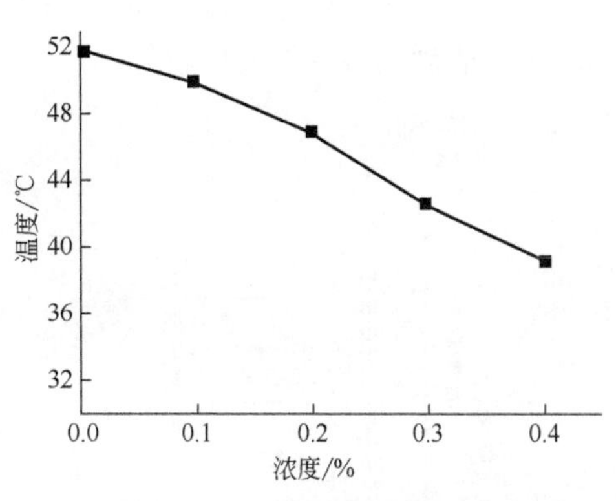

图 5.1.15 不同浓度的持水冷却剂对板壁降温的稳态平均温度

③ 热辐射强度对冷却降温效果的影响。图 5.1.16 是不同热辐射强度下持水冷却剂与水冷却受热平板达到稳态时的平均温度，持水冷却剂的浓度为 0.3%。由图可知，在热辐射强度较小时，持水冷却剂和水对板壁的冷却作用差别较小；随着热辐射强度的增加，持水冷却剂的冷却优势逐渐明显。这说明持水冷却剂的冷却降温效果具有随热辐射强度增大而增大的规律。这是因为当热辐射强度较低时，持水冷却剂和水的汽化冷却作用均较小，主要靠对流换热和热辐射阻隔作用冷却受热平板；随着热辐射强度的增大，持水冷却剂和水的蒸发汽化作用逐渐增强，而且持水冷却剂在黏附性和润湿性等因素影响下，其蒸发汽化作用所占比重增加更为明显，表现出更为优异的冷却降温效果。

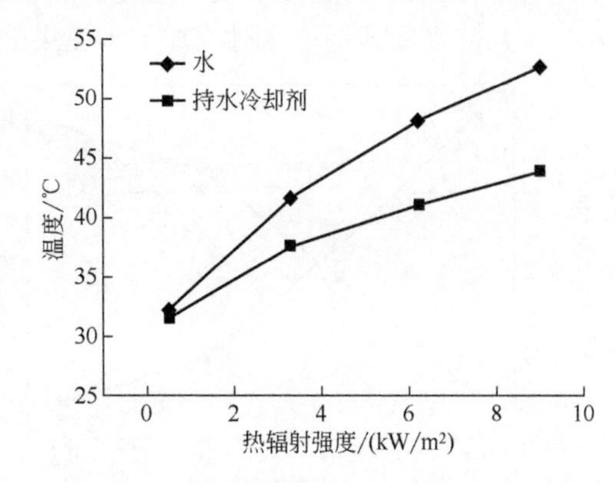

图 5.1.16 不同热辐射强度下持水冷却剂与水冷却受热平板达到稳态时的平均温度

④ 持水冷却剂的冷却降温机理分析。图 5.1.17 是持水冷却剂对罐壁冷却作用示意图。在油罐火灾中，相邻罐体表面受火焰热辐射作用，温度迅速升高，此时对罐体进行冷却时，持水冷却剂首先会发生较多的汽化吸热，降低罐体温度，汽化过程中产生的水蒸气等对热辐射的吸收和散射在短时间内一定程度上也起到对罐体的保护作用，此阶段起主要作用的是汽化吸热冷却；当罐体温度降至一定温度以后，继续冷却，罐体的温度下降趋势渐缓，冷却过程处于相对平稳阶段，此时的冷却为对流换热和汽化吸热共同作用，但由于液体沿垂直罐壁流淌，其对流换热不足以使罐体内部温度与受热面温度保持一致，在液体表面仍然存在蒸发汽化现象，且由于持水冷却剂在罐体表面的停留时间较长，其汽化的量较多，吸收的热量也较多，表现为从罐体流下的持水冷却剂温度较高，罐壁背面的温度较低。

热辐射是一种因热的原因而以电磁波的形式发射辐射能的现象。因此，火焰的温度越高，其产生的热辐射就越强，短波成分也越多。冷却过程中，罐壁表面的液层对热辐射具有较强的散射和吸收作用，辐射能越高，其波长越短，液层对热辐射的散射能力越强，吸收能力越弱。图 5.1.18 是持水冷却剂液层内部受热辐射作用示意图。在相同冷却强度下，持水冷却剂的黏附性导致液层厚度较大，部分进入液层中的热辐射波在液层内反射、折射的路径较长，吸收能量较多，导致液层温度较高，穿过液层到达罐壁的辐射波数量较少，对热辐射的阻隔作用较强，表现为罐壁的温度较低。

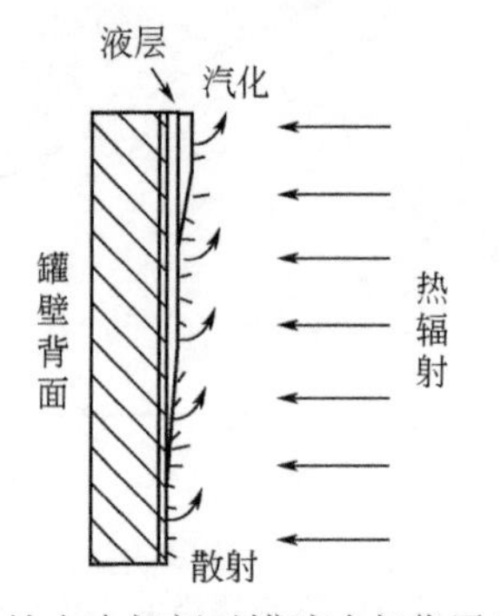

图 5.1.17　持水冷却剂对罐壁冷却作用示意图

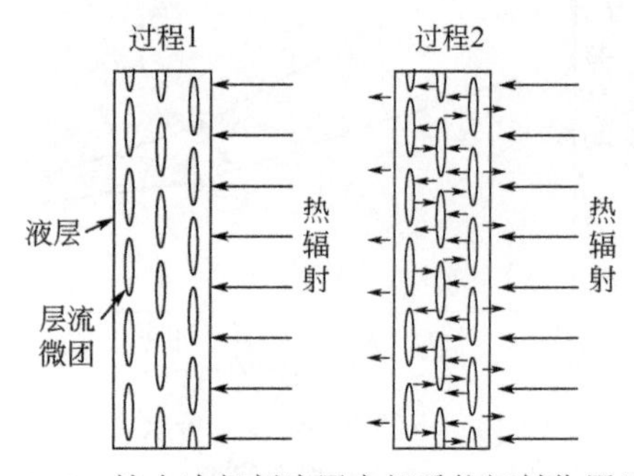

图 5.1.18　持水冷却剂液层内部受热辐射作用示意图

（2）持水冷却剂冷却节水性能

实验主要从持水冷却剂的浓度和热辐射强度两方面来研究持水冷却剂的节水效果。

① 持水冷却剂浓度对冷却节水效果的影响。图 5.1.19 是不同浓度下持水冷却剂的节水性能对比，受热平板处接受的热辐射强度为 9.6kW/m^2。由图可知，将受热板冷却至相同稳态温度时，所需持水冷却剂的冷却强度小于所需水的冷却强度；且随着持水冷却剂浓度的增加，受热平板达到相同稳态温度时所需的冷却强度逐渐减少，说明增加浓度可以有效提高持水冷却剂的节水性能，这与前述持水冷却剂冷却性能的实验结论具有良好的一致性。

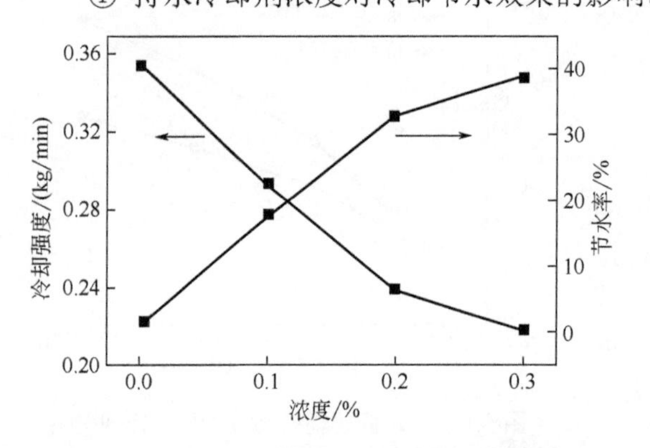

图 5.1.19　不同浓度下持水冷却剂的节水性能对比

② 热辐射强度对冷却节水效果的影响。

在浓度一定的条件下，随着热辐射强度的增加，持水冷却剂与水将受热平板冷却至相同稳态温度时所需的冷却强度均增大，但是水的冷却强度的增加幅度要明显高于持水冷却剂。即随着热辐射强度的增加，持水冷却剂的节水效能作用逐渐明显。这是由于在热辐射强度较小时，持水冷却剂与水在冷却受热平板时均为对流换热冷却作用，因此两者区别较小；随着热辐射强度的增加，持水冷却剂由于黏附作用等使蒸发汽化冷却作用逐渐明显，其较强的冷却降温能力导致所需冷却强度的增加幅度较小，表现出较好的节水性能。

5.1.3 持水冷却剂冷却性能实验验证

通过利用热辐射输出较为稳定的加热板作为热源进行的持水冷却剂的节水性能实验可以得出，热辐射强度越大，持水冷却剂的节水性能越高；并推测在真实油罐火灾中，在大的热辐射强度下，持水冷却剂的节水性能应更高。实验利用 Shokri-Beyler 模型对 10000m^3 的直径 80m 的原油储罐发生全面积火灾时的火焰热辐射强度进行计算得出，与着火罐相距 0.4D（32m）处相邻罐接受到的火焰热辐射强度为 26.48kW/m^2。因此，实验在理论计算结果的基础上，通过真实火实验来验证在较大热辐射强度下持水冷却剂的冷却降温和节水性能。

（1）持水冷却剂冷却降温效果验证与分析

表 5.1.1 和表 5.1.2 是持水冷却剂与水对受热平板降温作用的对比，持水冷却剂浓度为 0.3%，受热平板处接受的火焰热辐射强度稳定时平均值为 24.57kW/m^2，Q 表示持水冷却剂和水对受热平板进行冷却时的冷却强度。由表可知，在较大热辐射强度下，持水冷却剂与水的冷却降温效果区别更为明显。说明在真实油罐火灾热辐射强度下，持水冷却剂具有更好的冷却降温效果，这与用辐射加热板加热下的小尺寸冷却实验结果基本吻合。

表 5.1.1 持水冷却剂与水对受热平板降温的实验数据（Q=1.70kg/min）

名称	冷却强度/（kg/min）	四点稳态温度/℃	平均温度/℃
持水冷却剂	1.69	8、15、33、47	25.8
水	1.72	10、20、45、66	35.3

表 5.1.2 持水冷却剂与水对受热平板降温的实验数据（Q=1.98kg/min）

名称	冷却强度/（kg/min）	四点稳态温度/℃	平均温度/℃
持水冷却剂	1.99	4、11、30、42	22
水	1.97	4、17、39、59	29.8

（2）持水冷却剂冷却节水性能验证与分析

以表 5.1.3 所示条件下持水冷却剂实验时受热平板稳态时各测点温度为参考标准，冷却初始条件为 T_4=200℃，选用浓度为 0.3%的持水冷却剂与水进行节水性能验证实验，实验数据如表 5.1.3 所示，其中 I 表示受热平板处接受的热辐射强度平均值。

表 5.1.3 持水冷却剂与水节水性能验证实验数据（I=22.9kW/m^2）

名称	热辐射强度/（kW/m^2）	四点稳态温度/℃	冷却强度/（kg/min）	节水率
持水冷却剂	22.59	7、16、33、47	1.69	43.3%
水	23.28	8、15、35、47	2.98	

表5.1.4和表5.1.5是持水冷却剂与水对受热平板冷却至相同稳态温度时的节水性能对比，持水冷却剂浓度为0.3%。由图可知，由于火焰的扰动，受热平板处接受的热辐射强度值不完全一致，持水冷却剂和水对受热平板冷却至稳态时的温度也不是完全一样，但整体温度基本一致。当热辐射强度在22.59~25.18kW/m^{2}范围内时，在对受热平板冷却至相同稳态温度的条件下，持水冷却剂较水可节约用水43.3%～44.6%。这说明持水冷却剂相比水具有更好的节水性能，且与前述实验中持水冷却剂的节水性能随热辐射强度的增加而增大的规律相吻合；但也存在节水性能的增大幅度变缓的趋势。在实际大型油罐火灾中，由于油池火与流淌火的共同作用，相邻油罐所受到的热辐射要远远大于理论计算值。因此，继续增大热辐射时持水冷却剂的节水率增加至约51.3%（表5.1.5）。因此，可以推测，在保证冷却区域不出现空白点的条件下，持水冷却剂在实际火场中应具有更高的冷却节水性能。

表5.1.4　持水冷却剂与水节水性能验证实验数据（I=25kW/m^2）

名称	热辐射强度/（kW/m^2）	四点稳态温度/℃	冷却强度/（kg/min）	节水率
持水冷却剂	24.85	8、15、34、47	1.75	44.6%
水	25.18	9、17、35、47	3.16	

表5.1.5　持水冷却剂与水节水性能验证实验数据（I=34.6kW/m^2）

名称	热辐射强度/（kW/m^2）	四点稳态温度/℃	冷却强度/（kg/min）	节水率
持水冷却剂	34.65	11、20、43、56	2.05	51.3%
水	34.88	9、19、44、60	4.21	

5.1.4　持水冷却剂的喷射装置

由于持水冷却剂具有良好的冷却降温节水性能，因此在大型油罐区的火灾冷却领域应具有广泛的应用前景。但是，目前在油罐区的冷却系统中均仍采用普通消防用水作为冷却介质，且在移动式的冷却装备中也均采用普通的针对水的管路设计。因此，设计一套包括主泵，可实现定量添加功能的粉料添加系统，能够快速形成持水冷却剂的水流搅拌装置、压力与流量实时监控系统、流量调节控制系统、喷射间隔调节设置和多功能喷头的持水冷却剂喷射装置，使其在不改变现有罐区冷却装置的前提下，能够与罐区的管路实现对接，也可与消防水罐车实现管路连接。即该喷射装置与具有一定水压的管路连接能够形成连续喷射，在储水池等位置可由主泵提供压力形成连续喷射；而且根据冷却部位的实际状况，可调节为连续式喷射与间隔式喷射，同时通过枪头变换实现直流和开花等射流形式的变化，进一步提高冷却效率，降低冷却水用量。

5.2　新型火场供水装备的研发与应用

火场供水不足严重制约灭火战斗力的发挥，也给现场救援人员人身安全带来很大威胁。各国消防界对火场供水技术和装备进行了不懈的研究和探索。我国最早引进的大功率远程供水系统是由荷兰奎肯公司生产，该系统采用特大功率高科技液压潜水泵进行远距离供水，具有供水功率大、距离长、持续时间久等特点。2010 年辽宁“7·16”大连中石油国际储运有限公司保税区油库火灾，在国内首次采用大功率远程供水系统，有效解决了大型火场供水难题，在全国起到良好的示范作用。我国消防部门已经将大功率远程供水系统作为战勤保障的重要设备，大部分城市消防救援支队都已经配备了一套或多套此类装备。由于市场需求量大，国内很多厂家都已经投入研发和生产，可选择的产品很多，足以满足消防救援部门需要。

5.2.1 大功率远程供水系统组成

该系统一般由 1 辆大流量泵浦消防车、多辆水带敷设消防车和 1 辆器材车组成。

系统既可以自身串联、并联、串并联供水作业，又可以与其他系统串联、并联、串并联供水使用。

5.2.1.1 大流量泵浦消防车

大流量泵浦消防车主要由底盘、吸水泵模块、增压泵模块、自动取水系统组成，某型号泵浦消防车见图 5.2.1。

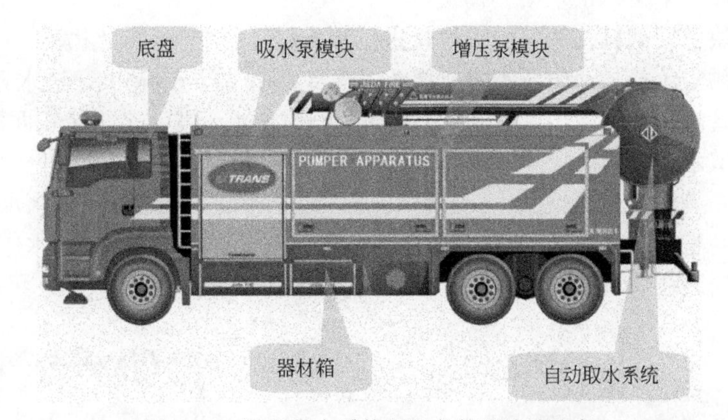

图 5.2.1 远程供水系统所配备的泵浦消防车

（1）底盘

底盘一般采用大功率、机动性能强的通用汽车底盘，也有的采用专用汽车底盘，功率一般在 300kW 左右。

（2）吸水泵模块

由底盘发动机、液压系统、浮艇泵（潜水泵）、控制系统等组成吸水泵模块。

① 液压系统。吸水泵模块的液压系统均由进口柱塞泵、控制阀、60m+进回油胶管、液压马达等组成。

吸水泵系统的动力传递见图 5.2.2。

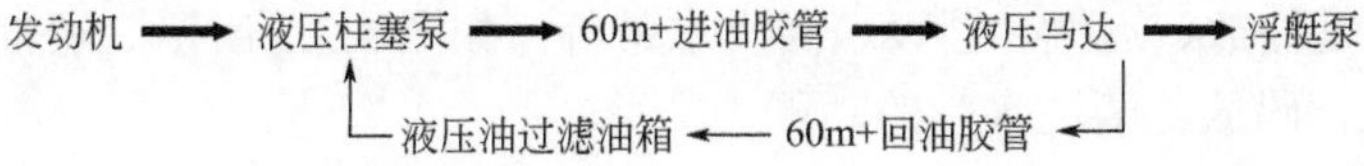

发动机 → 液压柱塞泵 → 60m+进油胶管 → 液压马达 → 浮艇泵

液压油过滤油箱 ← 60m+回油胶管 ←

图 5.2.2 吸水泵系统的动力传递

系统通过发动机驱动液压柱塞泵提供液压动力，在液压阀的控制下，通过 60m 以上液压胶管供给液压马达驱动浮艇泵工作，液压油经 60m 以上回油胶管至液压油箱。

② 浮艇泵。浮艇泵的作用是将水源水输送到泵浦车主泵入口。普通消防车的水泵多为离心泵，工作前泵腔和吸水管需要灌满水，所以必须配套排气引水装置，如水环泵、叶片泵和喷射泵等，都是利用抽真空的原理，将泵腔及与之相连的吸水管内空气排出，形成真空，利用大气压差将水源水灌入泵腔，这种排气引水装置虽然简单，但也有致命缺陷，就是吸水高度的上限必然小于 10m。由于输送原理不同，浮艇泵在水面工作，其提升高度取决于扬程，突破了真空式吸水高度的 10m 极限，可以将水源水轻松输送数十米。供水流量大，可达到 200～400L/s。也有的系统采用潜水泵，效果都一样。

图 5.2.3 所示的是一款国产浮艇泵，单台额定流量 300L/s（18000L/min），额定扬程 0.25MPa，出水口径 300mm，泵体材质泵体及叶轮均为铸造高强度轻合金，双层滤网结构，除水泵进水口设有不锈钢滤网外，并增配主动防护滤网，主动阻拦水中杂物，浮箱采用 PE 材质，一次成型工艺技术，重量轻，耐冲击。

（3）控制系统

控制系统由模块进行控制，可实时显示发动机转速、系统电压。

（4）增压泵（主泵、供水泵）模块

增压泵模块由发动机、增压泵、低位进出水管路、控制模块等组成。

增压泵的额定流量与浮艇泵流量相匹配，额定扬程大于 1.0MPa，进水管径 *DN*300mm，与吸水泵出水管路相匹配，出水管径 *DN*300mm，与供水干线水带直径相匹配。

（5）自动取水系统

自动取水系统由液压直臂吊、任意回转器、液压卷盘、导管器、上水水带及弯管绞盘等紧密集成为一个整体，见图 5.2.4，通过控制器将复杂、烦琐、困难的取水作业变成轻松便捷操作。该系统安装在泵浦消防车车厢尾部，见图 5.2.1。

图 5.2.3 TB2.5/300GQ 浮艇泵

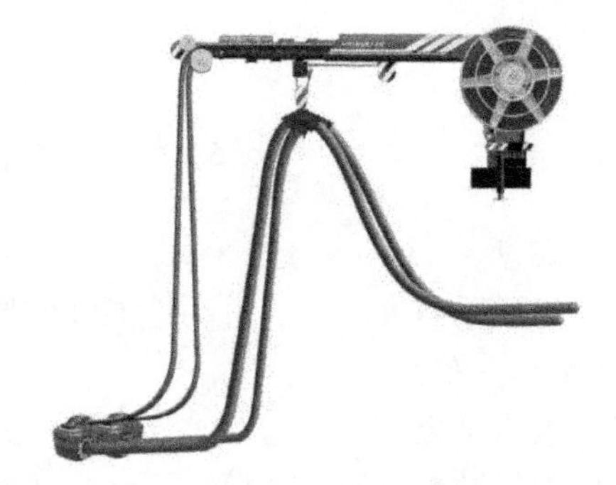

图 5.2.4 自动取水系统

5.2.1.2 大口径水带敷设消防车（水带敷设运载系统）

水带敷设消防车由运载底盘、水带箱、器材箱、自动收带机、自动理带机、自动洗带机组成，主要功能是储放、运输、铺设、回收水带等，如图 5.2.5 所示。配置大口径水带，具有自动敷设、回收、码放、清洗水带的功能。

该车仅需一人驾驶，另一人操作控制。

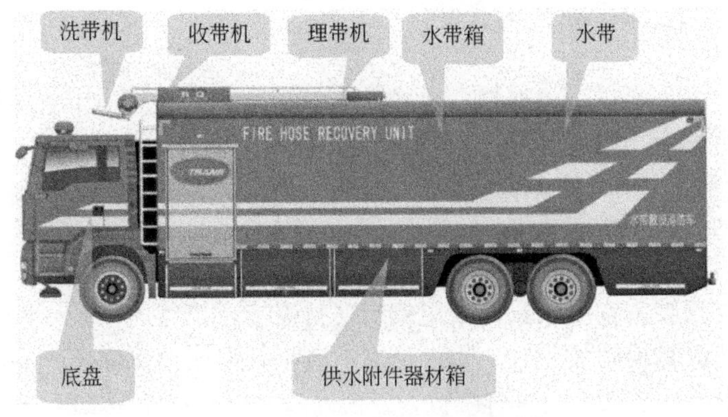

图 5.2.5 水带敷设消防车

（1）自动收带部分

由收卷机构及控制系统组成，可自动回收水带，具有接口自动感应功能，无需人工操作，施放水带速度 0～15km/h，回收水带速度 0～3km/h。

（2）自动理带部分

由理带机械手及自动程序控制系统组成，可自动整理、码放水带，无需人工操作，整理水带速度 0～3km/h，与收带机收卷速度完全一致。当需要检查、整理、维护水带或水带箱时，自动收带理带系统可以 0～3km/h 的速度将水带有序地导出水带箱，为维护工作提供了便利条件。

（3）自动清洗模块

由液压动力单元、高压清洗泵、水箱、高压喷头等组成，在收带同时可对水带上下表面进行清洗，去除水带表面灰尘、泥浆等。

（4）水带总成

由高强度聚氨酯耐磨水带、高强度铝合金插转式接头和卡箍连接组成，设有自动锁止装置，工作压力 1.3MPa。

① 水带。水带具有质地柔软、可盘卷、便于运输、铺设撤收方便快速、承受压力和环境适应性强等特点，适用于输送水和泡沫，其性能高、使用安全可靠，可以广泛应用于应急救灾和城市应急供排水等。额定工作压力不小于 1.3MPa，水带口径为 *DN*350mm、*DN*300mm、*DN*150mm，水带材质为双面异型聚氨酯。

② 水带接口。接口口径为 *DN*350、*DN*300mm、*DN*150mm 等多种规格。接口形式为外扣插转式接头，接口材质为高强度铝合金。

③ 分水器。各种多功能分水器见图 5.2.6。

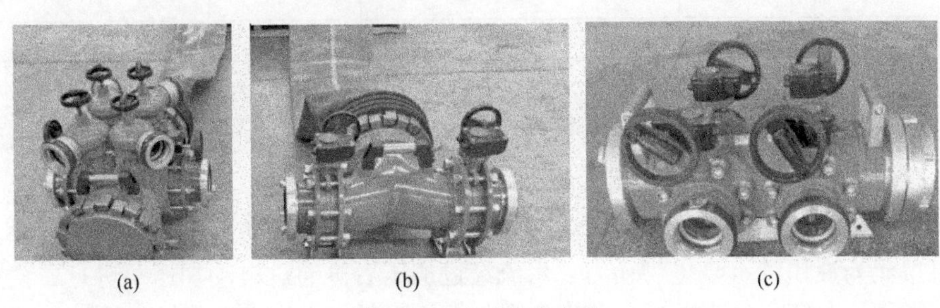
(a) (b) (c)

图 5.2.6 多功能分水器

5.2.1.3 器材运输车

器材运输车由汽车底盘、器材箱、充电装置等主要部分组成。用于远程供水系统附属件的运输，包含水带护桥、供水附件等。

（1）器材箱内部结构

材质：骨架为高强度镀锌型钢。

结构：高强度镀锌型钢焊接结构。

厢体：宽度与驾驶室宽度一致，采用钢制型材焊接，箱体内壁及底板采用铝合金花纹板铺设，顶部采用花纹钢板铺设。骨架采用防腐钢质型材焊接，保证整体强度和刚度，箱门开启灵活、封闭严密；合适位置设置脚踏板，方便人员上下车；新型 LED 白光照明灯带。空间布局合理，器材取放方便。

（2）水带护桥

在远程供水系统作业时，将水带护桥设置到路口，供火场灭火救援车辆通行，避免车辆压过水带，影响供水作业的顺利进行，见图 5.2.7。国产某型号的远程供水器材车随车配备的器材见表 5.2.1。

图 5.2.7 水带护桥展开作业

表 5.2.1 随车器材

序号	名称	规格	数量	备注
1	水带护桥	*DN*350mm，钢制，6 块拼接	6 副	承重≥30t
2	警戒隔离墩	圆锥状	30 只	
3	备用接口总成	*DN*350mm	2 副	铝合金，表面防腐处理
4	车轮止动块	通用型	4 只	
5	底盘随车工具	按底盘标配	1 套	
6	强光手电筒		2 个	
7	水带接口扳手		4 把	
8	备胎		1 只	
9	巡护自行车		2 辆	

5.2.2 系统工作原理

系统展开后，首先由漂浮在消防水池或天然水源液面上的液压潜水泵进行吸水。机架内的柴油机单元为液压潜水泵提供动力。水流经过加压后再通过自动加压泵进行二次加压使其传送到前方作战车辆。供水前后可使用水带收卷机头对水带进行回收，如图 5.2.8 所示。

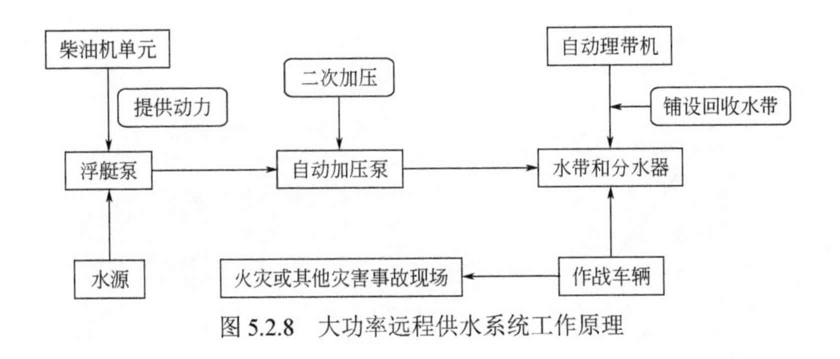

图 5.2.8　大功率远程供水系统工作原理

5.2.3　供水能力比较

（1）取水能力比较

取水能力是制约消防车火场供水的首要因素。消防车辆由于受到停靠位置、吸水距离、吸水深度等限制，往往不能很顺利地从水源取水。消防车上常用的引水泵有水环泵、活塞泵、刮片泵和喷射泵等，但不论是哪种泵，其工作原理都是抽吸离心泵及吸水管中的空气，使其形成一定的真空度，进而把水源的水引入泵内的泵系统。从水源抽水，理论最大取水深度为 10m，但实际工作中提升水的最大吸水高度仅为 7.5m(即最大吸深为 7.5m)。而远程供水系统用浮艇泵或液压潜水泵取水，取代原来通过吸水口从水面抽水的办法，直接是把水泵放进水里，然后把水“推送”到水带，这就突破了吸水深度的局限。吸水高度取决于浮艇泵的扬程。

（2）泵加压能力比较

消防泵的加压能力是衡量消防泵供水能力的主要技术指标，泵的输出压力将直接影响到供水的距离、高度及水枪或水炮的出水口压力。目前我国消防车装备的离心泵主要以中低压消防泵为主，中低压泵一般采用双级离心叶轮，设有串并联转换机构，可实现叶轮在串联和并联状态下工作，具有中压消防泵和低压消防泵的性能。当两叶轮并联工作时，压力达 1.0MPa 以上，流量为额定流量；当两叶轮串联工作时，压力达 2.0MPa 以上，流量为额定流量的 50%以上，最大工作压力为 2.5MPa。中低压消防车使用工况范围广，供水能力较强，能适应不同火场供水的需要，但是单车供水距离有限，当火场需求水量大或水源较远的时候，就需要多车接力供水或运水供水。而远程供水系统采用的增压泵加压适用于与浮艇泵连接并进行二次加压供水。

图 5.2.9 所示的是国产某型号远程供水系统在不同流量时的供水末端出水压力与供水距离之间的关系。

（3）输水水带比较

水带是把消防泵输出的压力水或其他灭火剂送到火场的软管。目前消防部门一般配备的是橡胶衬里水带。水带的水头损失主要与水带内壁的粗糙度、水带长度、水带直径等有关。水带的水头损失直接影响水泵的供水距离，因此在远距离供水时应优先考虑使用大口径的水带输送消防用水。

消防部门配备的水带口径大多是 65mm、80mm、90mm 的胶里水带，远程供水系统则采用≥100mm 水带供水，经测试这几种水带的阻抗系数见表 5.2.2。

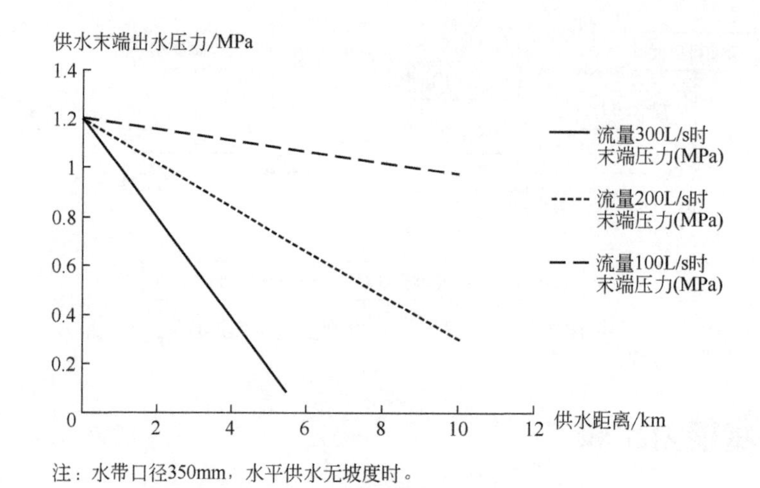

图 5.2.9　不同流量时供水末端出水压力与供水距离之间的关系

表 5.2.2　水带的阻抗系数

水带类型	水带直径				
	50mm	65mm	80mm	90mm	100mm
胶里水带	0.15	0.035	0.015	0.008	—
麻质水带	0.30	0.086	0.03	0.016	—
聚乙烯水带	0.135	0.046	0.20	0.012	0.0036
聚氯乙烯水带	—	0.048	0.025	—	—

注：聚乙烯和聚氯乙烯的阻抗系数为我们实验研究成果。

由表 5.2.2 可以看出，水带的口径越大，输送水的阻抗系数就越小。

由式（5.2.1）可知，当串联的水带水量越多、流量越大，串联系统的水带压力损失越大。当采用 90mm 口径水带输水流量为 50L/s 时，每盘水带的压力损失为 20×10^4Pa。因此，常规水带不适合做大流量远程供水用的水带。

$$H_d=nSQ^2 \tag{5.2.1}$$

式中　H_d——串联系统水带的压力损失，10^4Pa；

n——串联系统水带的条数，条；

S——每条水带的阻抗系数；

Q——水带的流量，L/s。

大功率远程供水系统特制的大口径水带，将会大幅度减小水带的阻抗系数，可以最大限度减小水带中的压力损失，从而增大供水距离。系统设计了独有的水带铺设和水带回收单元，可以最快的速度完成水源到火场的水带铺设，保障火场供水，同时在灭火战斗结束时，快速方便地收取水带，节省了人力和物力。

（4）整体供水能力比较

常规供水方法一般采用消防车供水。消防车作为消防部门装备的主体，多年来一直被消防救援队伍灵活运用，发展出一系列的供水方法。随着城镇基础设施、道路以及供水管网的建设和发展，消防车在城镇进行灭火战斗的机动性和灵活性得到了充分的发挥。

大功率远程供水系统的最大供水距离可达几十公里，这就解决了当火场与水源之间距离过远，使用大量车辆组织运水供水所带来的问题。除此之外，大功率远程供水系统还有输送饮用水、排涝等功能。2018 年山东省潍坊市寿光市发生洪涝灾害，山东省、江苏省和天津市消防救援队伍到场救援，就采用了远程供水系统排涝。大功率远程供水系统不仅在火场供水表现出众，在洪水、海啸、干旱、地震等灾害中，同样可以发挥出强大的威力。但是，大功率远程供水系统也存在弊端，就是必须要有充足的水源。由于市政供水管网的流量太小，无法发挥出大功率远程供水系统的最佳性能，所以在选择水源时，还是应该首先考虑水量充足的自然水源（如江、河、湖泊）或人工水源（如游泳馆、自来水厂、消防水池等）。

为向远距离供水，常用的供水方法有接力供水和运水供水。现假定水源离进水口的高度差是在 7.5m 内，用容量为 7t 的水罐消防车配备 BS60 消防泵进行远程供水，消防车行驶速度为 30km/h，用 90mm 口径水带输水，使其在 30L/s、60L/s、120L/s 的流量下与大功率远程供水系统进行比较，则可得数据见表 5.2.3~表 5.2.5。

表 5.2.3　流量为 30L/s 时供水能力比较

供水方法 车辆数 距离/m	运水供水	接力供水	大功率远程供水系统
500	3	2	1
1000	4	4	
1500	4	5	
3000	6	10	

表 5.2.4　流量为 60L/s 时供水能力比较

供水方法 车辆数 距离/m	运水供水	接力供水	大功率远程供水系统
500	4	4	1
1000	5	8	
1500	6	10	
3000	9	20	

表 5.2.5　流量为 120L/s 时供水能力比较

供水方法 车辆数 距离/m	运水供水	接力供水	大功率远程供水系统
500	5	8	1
1000	7	16	
1500	9	20	
3000	15	40	

5.2.4　大功率远程供水系统在灭火救援中的应用

（1）大型火场中的应用

大功率远程供水系统在发生火灾事故的时候，不仅能够迅速展开，保证火场供水，有效解决火场供水难题，同时还能够及时排除火场污水，减少水渍损失。

① 有效保证火场供水。在大型火灾事故现场，消防部门需要投入大量的人力物力参与灭火战斗。灭火车辆发挥战斗力的重要前提条件之一是火场上有充足的水源保证火场供水。而火场供水常常受到市政给水管网流量、灾害事故现场的消火栓和消防水池设置情况影响，往往难以满足火场供水需求，因而需要大量的车辆进行接力供水或运水供水。大功率远程供水系统可以有效解决火场供水难题，该系统可以使用直径为 12 寸[1]的水龙带，最大功率时可以每分钟 22000L 的流量将巨大的水源输送到几十公里以外的火场，同时可为 8~10 台消防车长时间连续供水。此外，该系统直接从远距离的江河湖泊吸水，对生产、生活用水不产生影响。该系统的水带收卷设备铺放速度快，铺放速度可以达到 40km/h。在火场消火栓损坏或消防水源不足的情况下，该系统可以及时展开，有效地保证水源供应。大功率远程供水系统配有不同型号的分水器和水带接口，可以直接供消防车水枪或水泡射水灭火，减少了火场供水车辆，即可以节约灭火资源，又可以减少火场混乱，保证灭火战斗有效进行。

② 及时排除火场污水。大型火灾事故现场由于参战车辆众多，射水量大，火场上往往产生大量积水。特别是石油化工火灾，火场上的积水一旦流入江河湖泊就会产生严重的污染，给居民的生产生活产生巨大影响。因而在火场上存在大量积水的时候，可以使用大功率远程供水系统的液压潜水泵及时排除火场上受污染的积水，使污水得以安全转移。该潜水泵配有浮标和轮子，使泵在 50cm 的浅水中也可以工作。通过及时排除积水有助于减少水渍损失，最大可能减少灭火过程中产生的次生灾害。

（2）运用远程供水的冷却战斗编成

目前，消防部门在扑救大型油罐火灾时，多采用移动炮或车载炮进行油罐冷却，水炮流量 $Q_{炮}$ 一般在 50～100L/s，一套远程供水系统的供水流量（$Q_{远程}$），一般为 200～400L/s，一套远程供水系统可供 n 台车载水炮或移动水炮。

$$n=\frac{Q_{远程}}{Q_{炮}} \tag{5.2.2}$$

如远程供水系统流量为 300L/s，水炮流量为 50L/s，则一套远程供水系统可配 6 门水炮，为一供六车（炮）式供水编成，如图 5.2.10、图 5.2.11 所示。

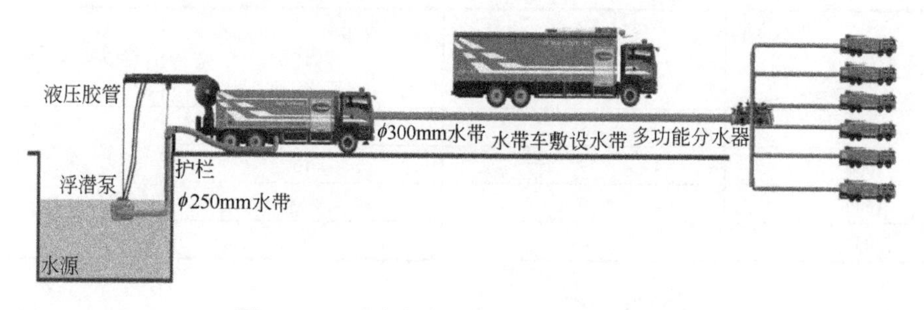

图 5.2.10　垂直取水一供六车（炮）式编成

不同流量的远程供水系统可供给的最多喷射器具见表 5.2.6，n 为远程供水系统可供给喷

[1] 1 寸=3.33cm。

射器具数量，喷射器具可以是消防炮（水炮、泡沫炮）、消防枪（水枪、泡沫枪）、泡沫钩管，也可以是消防车的数量。编成则为一供 n 式，即一套远程供水系统可为 n 个喷射器具或 n 台消防车供水。

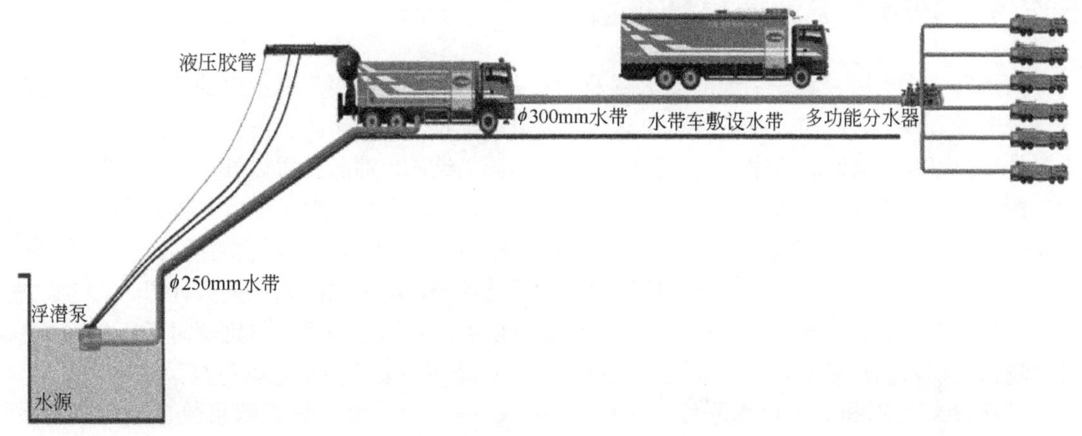

图 5.2.11 坡道取水一供六车（炮）式编成

表 5.2.6 不同流量的远程供水系统可供给的最多喷射器具

喷射流量/(L/s) 编成式 n 远程供水系统流量/(L/s)	40	50	60	80	100
200	5	4	3	2	2
300	7	6	5	3	3
400	10	8	8	5	4

（3）各类灾害事故救援中的应用

大功率远程供水系统不仅可以有效保障大型火灾事故现场的火场供水，同时可以在地震、洪涝、矿难等灾害事故中发挥重要作用。

① 在地震灾害事故救援中的应用。我国近年来发生了数起地震灾害事故。地震灾害往往造成巨大的财产损失和人员伤亡，同时也会造成灾区市政给水中断、交通不畅，给救援行动带来极大的困难。而转移安置的居民需要大量的生活用水，单纯依靠车辆运水难以满足灾区居民需求。大功率远程供水系统可以起到紧急供水的作用。发生地震灾害后，可以在受灾居民安置区域附近几十千米范围内寻找可利用的水源，并在两地之间迅速使用水带收卷设备铺放水带以形成一个有效的供水网络，满足受灾居民临时生活用水的需要，同时也可以满足救援队伍的用水需求。

② 在洪涝、矿难等其他灾害事故救援中的应用。大功率远程供水系统具有强大的排涝功能，在发生洪水、矿难等灾害事故中，该系统可以发挥功率大、供水距离远的优势，及时排除城市、矿井中的积水，为及时抢救人命和挽回财产损失提供必要的保障，对及时恢复工矿企业和灾区居民的生产生活具有重要作用。

5.3 油罐火灾冷却与灭火力量快速计算

5.3.1 油罐火灾计算基础参数

油罐发生火灾时，首先需要对着火罐及在着火罐 1.5 倍直径距离范围内的邻近罐进行冷却，冷却强度受到风力、风向、燃烧时间和着火罐数量的影响，当油罐的火势稳定，消防力量达到灭火条件时，可以喷射泡沫灭火，灭火强度除考虑油罐的结构、油品性质以外，同样受上述三个因素的影响。我们将所有公式在表 5.3.1 中列出，表中的水带阻力损失（阻抗系数）系数、风力风向系数、热累积系数、热叠加系数等都是最新研究成果。风力风向直接影响油罐火灾的辐射强度，详细计算见第八章，这里给出的只是根据经验的简化结果，可供消防队在灭火计算时参考。热叠加系数是指多个油罐同时起火，对同一油罐辐射热的叠加。热累积系数与燃烧时间正相关，燃烧时间越长，积累的热量就越高，油罐温度也越高，对冷却强度的要求也就越高。

油罐冷却范围和灭火供水强度、供泡沫强度、热叠加系数、热累积系数、风力风向系数见表 5.3.2~表 5.3.6。

表 5.3.1 各种火灾场景下油罐火灾冷却与灭火速算公式一览表

<table>
<tr><th colspan="2">项目</th><th>主要内容</th><th>说明</th><th>索引</th></tr>
<tr><td rowspan="6">0 通用</td><td>消防管道供水能力估算</td><td>$Q=\frac{1}{2}D_{英寸}^2V$
$=7.75\times10^{-4}\times$
$\frac{1}{2}D_{毫米}^2V$</td><td>式中 Q——消防管道的供水量，L/s
$D_{英寸}$——消防管道的直径，英寸（1 英寸=25.4mm）
$D_{毫米}$——消防管道的直径，mm
V——消防管道的当量流量，m/s(支状管道按 1m/s 计，环状管道按 1.5m/s 计）</td><td>（5.0.1）</td></tr>
<tr><td>水带水头损失公式</td><td>$h_f=SQ^2$</td><td>式中 h_f——每条水带压力损失，10^4Pa
S——水带抗阻系数，65mm 胶里水带为 0.05，80mm 胶里水带为 0.02
Q——水带内流量，L/s
注：S 取值按聚氨酯衬里或 PVC 水带涂层</td><td>（5.0.2）</td></tr>
<tr><td>串联系统水带的压力损失</td><td>$H_d=nSQ^2$</td><td>式中 H_d——串联系统水带的压力损失，10^4Pa
n——串联系统水带的条数
Q——水带内流量，L/s</td><td>（5.0.3）</td></tr>
<tr><td>并联系统水带的压力损失</td><td>$\frac{1}{\sqrt{S_总}}=\frac{1}{\sqrt{S_1}}+\frac{1}{\sqrt{S_2}}+\cdots+\frac{1}{\sqrt{S_n}}$
$H_d=S_总Q^2$</td><td>式中 $S_总$——水带并联系统的总阻抗
S_n——并联系统中各条干线水带的阻抗
H_d——并联系统水带的压力损失，10^4Pa
Q——水带内流量，L/s</td><td>（5.0.4）</td></tr>
<tr><td>完全水锤压力计算</td><td>$H=\frac{\alpha v}{g}$</td><td rowspan="2">若阀门或水枪的关闭时间 $t\leqslant\frac{2L}{\alpha}$ 时为完全水锤，否则为不完全水锤
式中 H——水锤瞬间升高的压力，mH_2O
α——冲击波传递速度，m/s，新水带为 80 m/s，旧水带为 120 m/s
v——水在管道内的流速，m/s
g——重力加速度
L——管道、水带长度
t——关闭时间，s</td><td>（5.0.5）</td></tr>
<tr><td>不完全水锤压力计算</td><td>$H=\frac{\alpha v}{g}\times\frac{L}{(\alpha t-L)}$</td><td>（5.0.6）</td></tr>
</table>

续表

项目		主要内容	说明	索引
0 通用	密集射流有效射程长度	$S_K = k_{充}\sqrt{p}$	式中 S_K——直流水枪的充实水柱长度，m $k_{充}$——充实水柱系数，19mm 水枪为 2.8 p——直流水枪喷嘴处的工作压力，10^4Pa	(5.0.7)
	直流水枪的控制面积	$A_{枪} = \frac{q_1}{q}$	式中 $A_{枪}$——直流水枪的控制面积，m^2 q_1——直流水枪的流量，L/s q——火场供给强度，L/（s・m^2），建筑火灾为 0.12～0.2L/(s・m^2),堆场为 0.4～0.8L/（s・m^2）	(5.0.8)
	泡沫枪混合液流量	$q_{L混} = K_{混}\sqrt{p}$	式中 $q_{L混}$——泡沫枪的混合液流量，L/s $K_{混}$——泡沫枪的混合液流量系数，对 PQ8 取 0.956 p——泡沫枪的进口工作压力，10^4Pa	(5.0.9)
	泡沫枪泡沫流量	$q_{L泡} = K_{泡}\sqrt{p}$	式中 $q_{L泡}$——泡沫枪的泡沫产生量，L/s $K_{泡}$——泡沫枪的泡沫流量系数，对 PQ8 取 5.976 p——泡沫枪的进口工作压力，10^4Pa	(5.0.10)
1 油罐冷却	冷却用水立式燃烧罐冷却流量	$Q_{冷}=\pi D q_{燃} k_f k_l k_d$	式中 $Q_{冷}$——燃烧罐冷却水流量，L/s D——燃烧罐直径，m $q_{燃}$——冷却强度，L/s・m k_f——风力风向系数，上风取 0.7，下风取 1.3 k_l——热累积系数，10min 以下为 1，10～30min 为 1.25，30min 以上为 1.5 k_d——热叠加系数，单罐燃烧时，n=1，k_d=1.0，1.5 倍直径范围内 n 个罐起火燃烧，当 n=1 时，k_d=1，n>1～5(包含 5)，k_d=1+0.25(n−1)，n>5 取 n=5（表示 5 以上的都按 5 计算）	(5.1.1)
	卧式燃烧罐冷却流量	$Q_{冷}=A_{卧} q_{燃} k_f k_l k_d$ $A_{卧}=\pi DL$	式中 $Q_{冷}$——燃烧罐冷却水流量，L/s $A_{卧}$——卧式油罐面积，m^2 D——燃烧罐直径，m L——油罐长度，m $q_{燃}$——冷却强度，L/s・m^2 k_d——热叠加系数，n=1，k_d=1，n＞2～5（包含 5），k_d=1+0.25(n−1)，n＞5 取 n=5	(5.1.2)
	单面向火邻近立式罐立式燃烧罐冷却流量	$Q_{冷}=\frac{1}{2}\pi D q_{邻} k_f k_d$	式中 $Q_{冷}$——燃烧罐冷却水流量，L/s D——燃烧罐直径，m $q_{邻}$——冷却强度，L/s・m k_d——热叠加系数，当 n=1 时，k_d=1，n>1～3（包含 3），k_d=1+0.25(n−1)，n>3 取 n=3	(5.1.3)
	双面向火邻近立式罐立式燃烧罐冷却流量	$Q_{冷}=\pi D q_{邻} k_f k_l k_d$	式中 $Q_{冷}$——燃烧罐冷却水流量，L/s D——燃烧罐直径，m $q_{邻}$——冷却强度，L/s・m k_d——热叠加系数，当 n=2 时，k_d=1，n>2～5（包含 5），k_d=1+0.25(n−1)，n>5 取 n=5	(5.1.4)
	单面向火卧式燃烧罐冷却流量	$Q_{冷}=\frac{1}{2}A_{卧} q_{邻} k_f k_l k_d$	式中 $Q_{冷}$——燃烧罐冷却水流量，L/s $q_{邻}$——冷却强度，L/s・m^2 k_d——热叠加系数，当 n=1 时，k_d=1，n>1～3（包含 3），k_d=1+0.25(n−1)，n>3 时，取 n=3	(5.1.5)

续表

项目		主要内容	说明	索引
1 油罐冷却	双面向火卧式燃烧罐冷却流量	$Q_{冷}=A_{卧}q_{却}k_{f}k_{l}k_{d}$	式中 $Q_{冷}$——燃烧罐冷却水流量，L/s $q_{却}$——冷却强度，L/s・m^2 k_d——热叠加系数，当 n=2 时，k_d=1，n>2～5（包含 5），k_d=1+0.25(n−1)，n>5 取 n=5	(5.1.6)
	冷却水总用水量	$Q_{冷总}=\Sigma Q_{冷i}t_i$	式中 $Q_{冷总}$——灭火活动所用的冷却水总量，L（或 t） $Q_{冷i}$——第 i 个罐冷却流量，或用第 i 个喷射器具的流量表示更符合实际，L/s t_i——第 i 个罐（第 i 个喷射器具）的冷却时间，s	(5.1.7)
	水枪、水炮数量计算	$n_{枪}=Q_{冷}/q_{枪冷}$	式中 $n_{枪}$——冷却水枪数量，支 $q_{枪冷}$——泡沫枪供泡沫流量，L/s	(5.1.8)
		$n_{炮}=Q_{冷}/q_{炮冷}$	式中 $n_{炮}$——冷却用水炮数量	(5.2.9)
2 灭火面积计算	外浮顶罐环形面积燃烧	$A_{灭}=\frac{1}{4}\pi(D_1^2-D_2^2)\gamma k_f k_l k_d$	式中 $A_{灭}$——灭火面积（或燃烧面积），m^2 D_1，D_2——分别为油罐内径和堰板直径，m γ——环形面积内的燃烧率，如果全面起火，则取 1.0	(5.2.1)
	油罐敞开燃烧、全面积起火	$A_{灭}=\frac{1}{4}\pi D^2 k_f k_l k_d$		(5.2.2)
	油池火灾	$A_{灭}=ab$	式中 a——油池边长，m b——油池边长，m	(5.2.3)
3 灭火计算	灭火用泡沫剂	$Q_{液}=\alpha/\beta A_{灭}q_{泡}t$	式中 $Q_{液}$——泡沫原液供给量，L $A_{灭}$——灭火或燃烧面积，m^2 $q_{泡}$——供泡沫强度，L/(s・m^2)，取值见表 5.3.3 t——供泡沫时间，一般为 30min α——混合比，取 3%、6% β——发泡倍数，低倍数泡沫按 6 或 6.25 计算	(5.3.1)
	灭火用水	$Q_{水}=(1-\alpha)/\alpha Q_{液}$	式中 $Q_{水}$——灭火用水量，L α——混合比 $Q_{液}$——灭火用泡沫液量，L	(5.3.2)
4 灭火力量计算	泡沫枪、泡沫炮、钩管数量计算	$n_{枪}=A_{灭}q_{泡}/q_{枪}$	式中 $n_{枪}$——灭火所需要的泡沫枪数量，支 $A_{灭}$——灭火面积，m^2 $q_{泡}$——灭火所需要的供泡沫强度，L/（s・m^2） $q_{枪}$——泡沫枪的供泡沫流量，L/s	(5.4.1)
		$n_{炮}=A_{灭}q_{泡}/q_{炮}$	式中 $n_{炮}$——灭火所需要的泡沫枪数量，支 $A_{灭}$——灭火面积，m^2 $q_{泡}$——灭火所需要的供泡沫强度，L/（s・m^2） $q_{炮}$——泡沫枪的供枪沫流量，L/s	(5.4.2)
		$n_{钩管}=\frac{A_{灭}q_{泡}}{q_{钩管}}$	式中 $n_{钩管}$——灭火所需要的泡沫枪数量，支 $A_{灭}$——灭火面积，m^2 $q_{泡}$——灭火所需要的供泡沫强度，L/(s・m^2) $q_{钩管}$——泡沫钩管的供泡沫流量，L/s	(5.4.3)

续表

项目		主要内容	说明	索引
5 战斗编成计算	泡沫消防车及战斗编成计算（1 台泡沫消防车战斗车出 2 支 PQ8 泡沫枪、1 支钩管、1 门消防炮，2 台泡沫消防车供给 1 台高喷车）	$n_{泡车}=\frac{1}{2}n_{泡枪}$	1 台泡沫消防车战斗车出 2 支 PQ8 泡沫枪	（5.5.1）
		$n_{泡车}=n_{泡炮}$	一台泡沫消防车战斗车出 1 门泡沫炮	（5.5.2）
		$n_{泡车}=n_{钩管}$	1 台泡沫消防车战斗车出 1 支钩管	（5.5.3）
		$n_{高泡车}=2n_{泡车}$	2 台泡沫消防车战斗车供给 1 台高喷车	（5.5.4）
		$n_{泡编成}=n_{泡车}$	1 台泡沫消防车战斗车代表 1 个泡沫灭火战斗编成	（5.5.5）
		$n_{高泡编成}=n_{高泡车}$	1 台高喷消防车代表 1 个高喷泡沫战斗编成	（5.5.6）
	水罐消防车及战斗编成计算	$n_{水罐车}=\frac{1}{2}n_{水枪}$	1 台水罐消防车战斗车出 2 支 QZ19 水枪	（5.5.7）
		$n_{水罐车}=n_{水炮}$	1 台水罐消防车战斗车出 1 门水炮	（5.5.8）
		$n_{高喷车}=2n_{水罐车}$	2 台水罐消防车战斗车供给 1 台高喷车	（5.5.9）
		$n_{水编成}=n_{水罐车}$	1 台水罐消防车战斗车代表 1 个水战斗编成	（5.5.10）
		$n_{高水编成}=n_{高喷车}$	1 台高喷消防车代表 1 个高喷水战斗编成	（5.5.11）
6 调集力量计算	建筑类火灾的跨区域力量调集模型	$\max\limits_{i=1,2,\cdots,n}\left(\min\limits_{j=1,2,\cdots,n}\left(T_{ij}\right)\right)$ $f_1\in\{G_1,G_2,G_3\}$ $f_2\in\{G_1,G_2\}$ $p_1=100\%$ $p_2\leqslant 30\%$	式中 f_1——支队范围内调集编成的战斗力 f_2——跨支队调集编成的战斗力 p_1——支队范围内调集力量比例 p_2——跨支队调集力量比例	（5.6.1）
	石油化工雷火灾的跨区域力量调集模型	$\max\limits_{i=1,2,\cdots,m}\left(\min\limits_{j=1,2,\cdots,n}\left(T_{ij}\right)\right)$ $f_1\in\{G_1,G_2\}$ $f_2\in\{G_1\}$ $p_1=100\%$ $p_2\leqslant 30\%$	式中 f_1——支队范围内调集编成的战斗力 f_2——跨支队调集编成的战斗力 p_1——支队范围内调集力量比例 p_2——跨支队调集力量比例	（5.6.2）

表 5.3.2　地上立式油罐冷却范围和灭火供水强度

消防冷却形式	油罐类型		冷却范围	供水强度
移动式水枪冷却	着火罐	固定顶罐	罐周全长	0.8L/(s • m)
		浮顶罐内浮顶罐	罐周全长	0.6L/(s • m)
	邻近罐	不保温	罐周全长	0.5L/(s • m)
		保温		0.2L/(s • m)
固定式冷却	着火罐	固定顶罐	罐壁表面积	2.5L/(min • m^2)
		浮顶罐内浮顶罐	罐壁表面积	2.0L/(min • m^2)
	邻近罐		罐壁表面积的 1/2	2.0L/(min • m^2)

注：为简化计算，并结合灭火战术实际，在计算中，往往规定着火罐冷却强度为 0.8L/(s • m)，邻近罐为 0.6L/(s • m)，不再区分油罐的结构形式。

表 5.3.3　移动设备供泡沫强度

火场条件	供给强度/[L/(m^2 • s)]	连续供给时间/min
容器内油品的闪点<60℃	1.0	30
容器内油品的闪点≥60℃	0.8	30
水溶性液体	1.5	30
地面流淌火	1.2	30
水面液体火灾	2.0	30

注：此表数据是小型实验及经验所得，一般教材和工具书常采用。据近年来的实战经验，在扑救大型油罐火灾时数据偏小，需要进一步改进，见 8.1 节。

表 5.3.4　油罐热叠加系数（用公式计算时可不用此表）

火场条件	对象	热叠加系数 k_d	示意图
受单个着火罐热辐射	着火罐（A 罐）	1	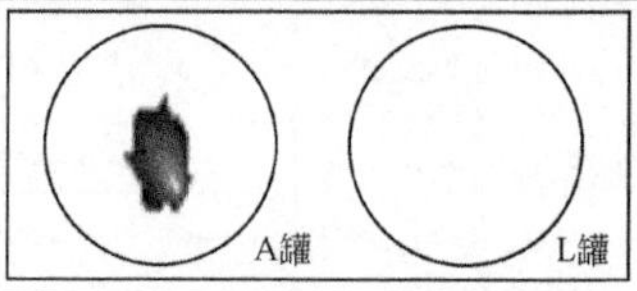 A罐 L罐
	邻近罐（L 罐）	1	
受两个着火罐热辐射（左上两侧）	着火罐（A、B 罐）	1.5	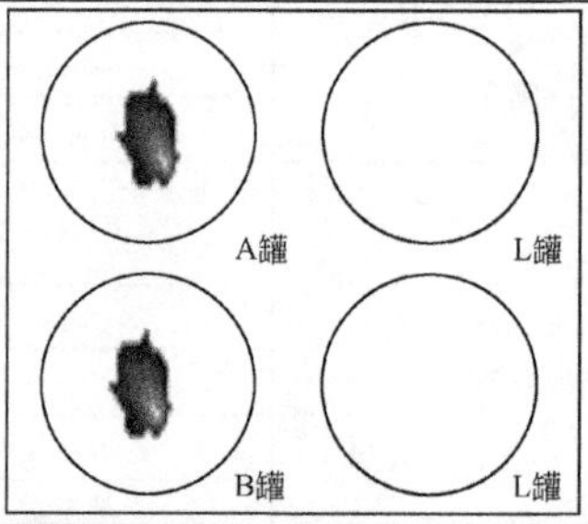 A罐 L罐 B罐 L罐
	邻近罐（L 罐）	2	
受两个着火罐热辐射（左、右两侧）	着火罐（A 罐）	1	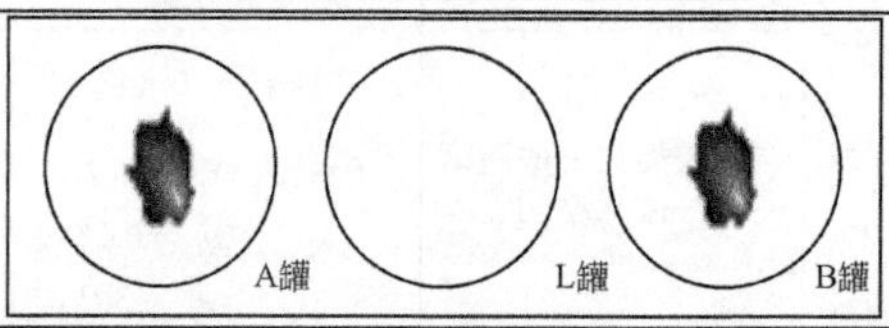 A罐 L罐 B罐
	着火罐（B 罐）	1	
	邻近罐（L 罐）	2	
受三个着火罐热辐射（一侧三个）	着火罐（A 罐）	1.5	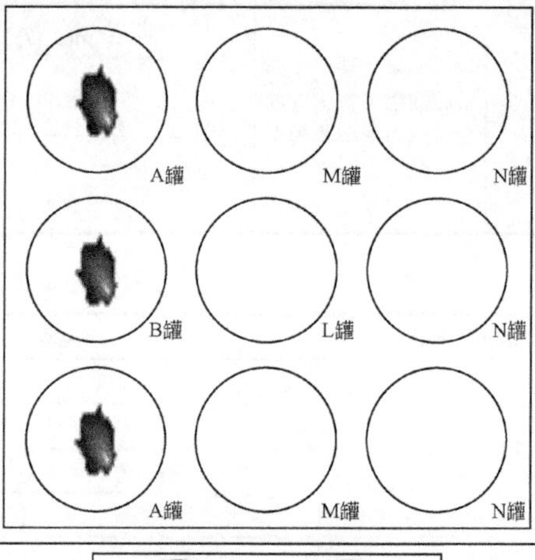 A罐 M罐 N罐 B罐 L罐 N罐 A罐 M罐 N罐
	着火罐（B 罐）	2	
	邻近罐（L 罐）	2.5	
	邻近罐（M 罐）	2	
	邻近罐（N 罐）	1	
受三个着火罐热辐射（左、上、下）	着火罐（A 罐）	2	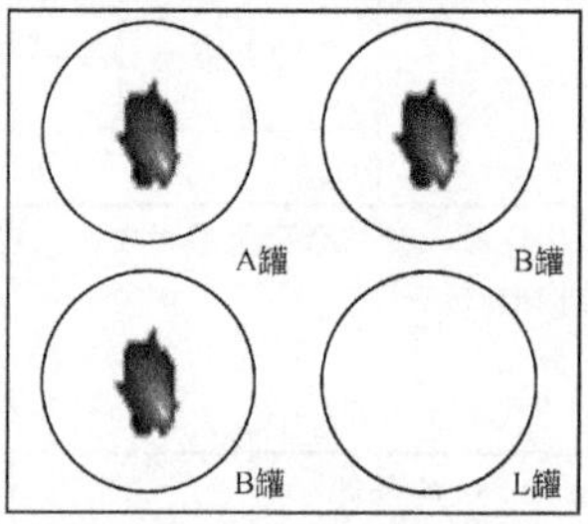 A罐 B罐 B罐 L罐
	着火罐（B 罐）	2	
	邻近罐（L 罐）	3	

表 5.3.5　热累积系数计算

着火时间/min	热累积系数
＜10	1
≥10～30	1.2
≥30	1.5

表 5.3.6　风力风向系数

风力（级）	风向	风力风向系数
3 级以下		10
3 级以上	上风方向	0.7
	下风方向	1.3
6 级以上	上风方向	0.5
	下风方向	1.1
8 级以上	上风方向	0.5
	下风方向	1.0

5.3.2　油罐火灾计算模型图示索引

本节将介绍油罐冷却计算模型用图和索引说明，见表 5.3.7。

表 5.3.7　油罐冷却计算模型示意图索引

类型	图示	索引
单罐	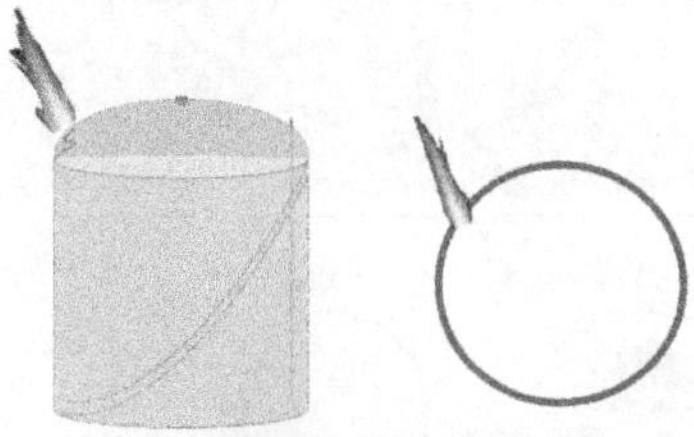 斜喷射稳定燃烧	（5.1.1）
	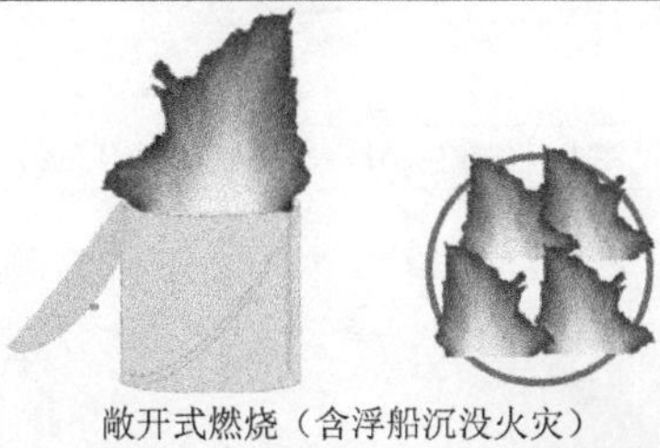 敞开式燃烧（含浮船沉没火灾）	（5.1.2）
	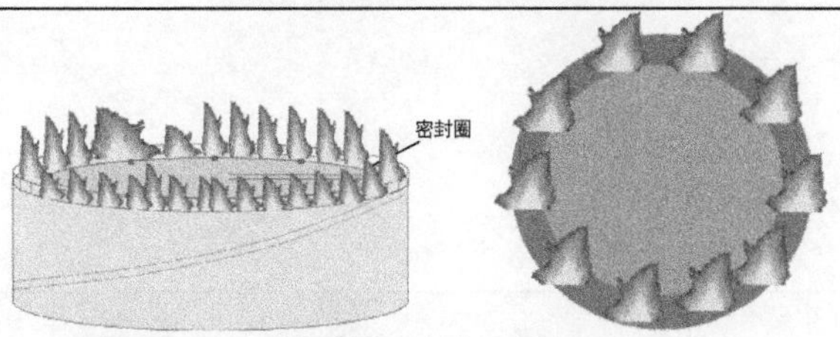 密封圈 密封圈燃烧（部分或全圈）	（5.1.3）
	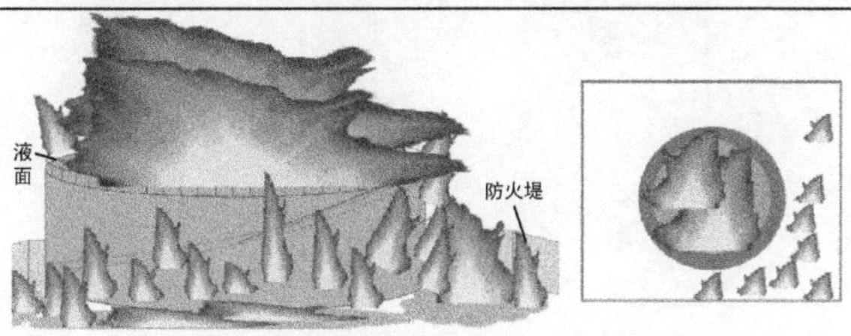 液面 防火堤 立体燃烧（全液面或部分液面燃烧、地面流淌火）	（5.1.4）

续表

类型	图示	索引
单组（2罐）	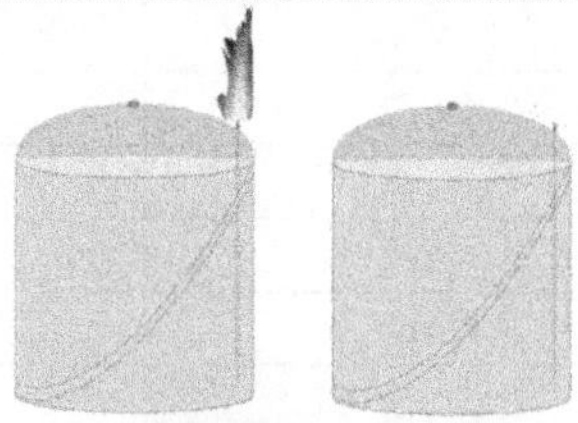	（5.2.1）
	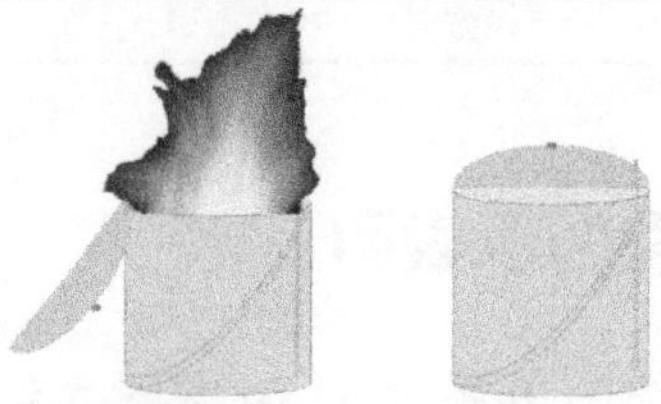	（5.2.2）
	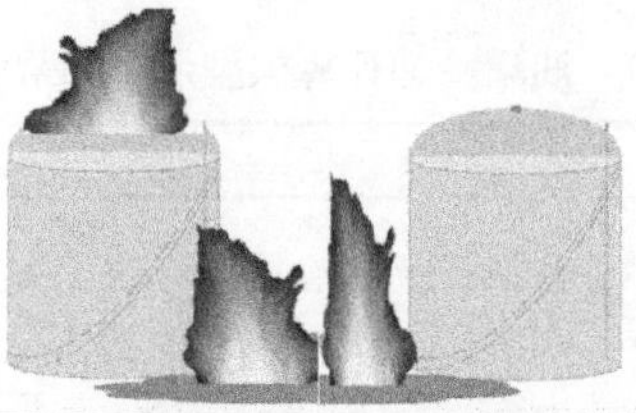	（5.2.3）
	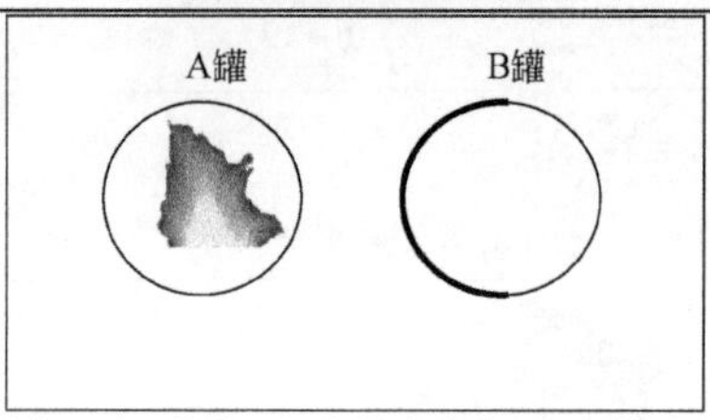 A罐 B罐 注：图中（以下均为）深色轮廓线表示相邻罐冷却范围	（5.2.4）
多组（4罐）		（5.3.1）
	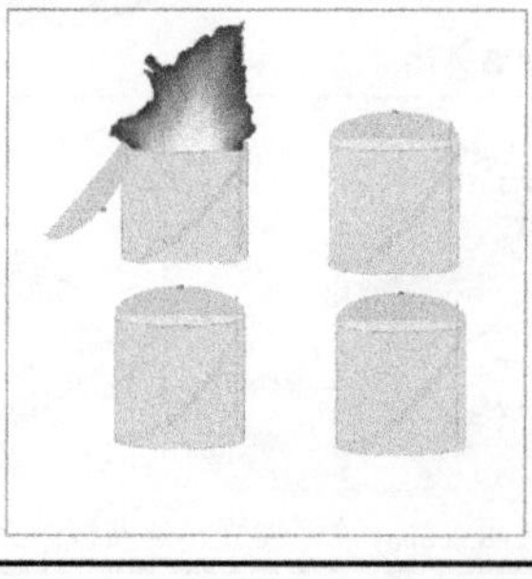	（5.3.2）

续表

类型	图示	索引
多组（4 罐）	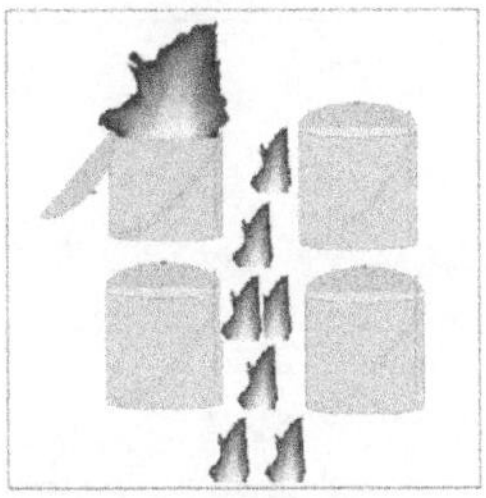	（5.3.3）
	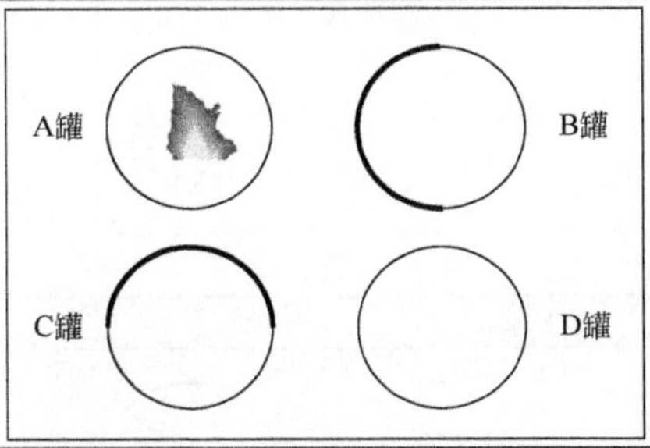 A罐 B罐 C罐 D罐	（5.3.4）
多组（3 罐）	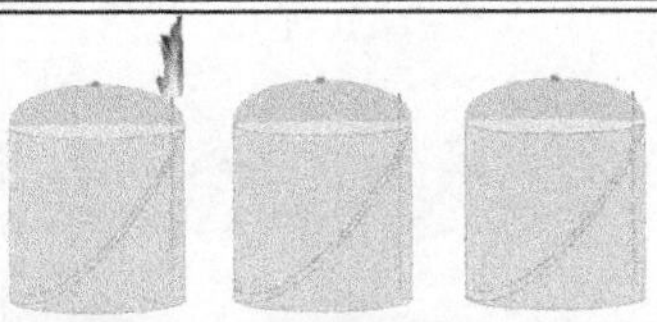	（5.4.1）
	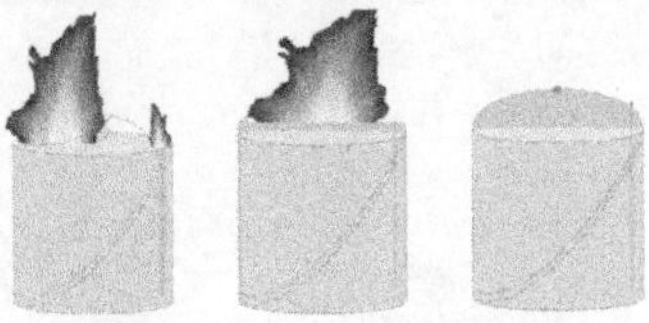	（5.4.2）
		（5.4.3）
	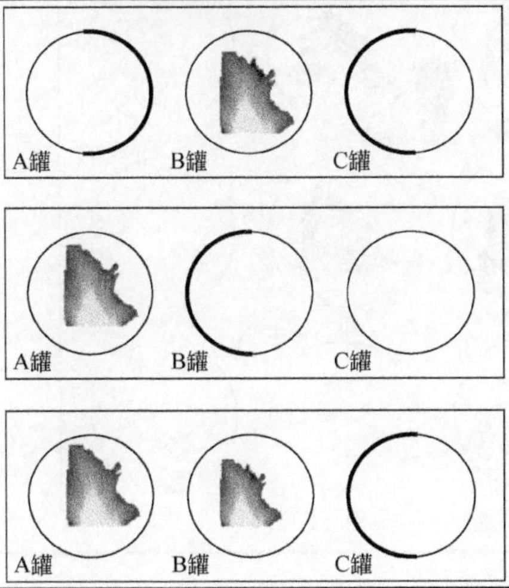 A罐 B罐 C罐 A罐 B罐 C罐 A罐 B罐 C罐	（5.4.4）

续表

类型	图示	索引
多组（3×3）	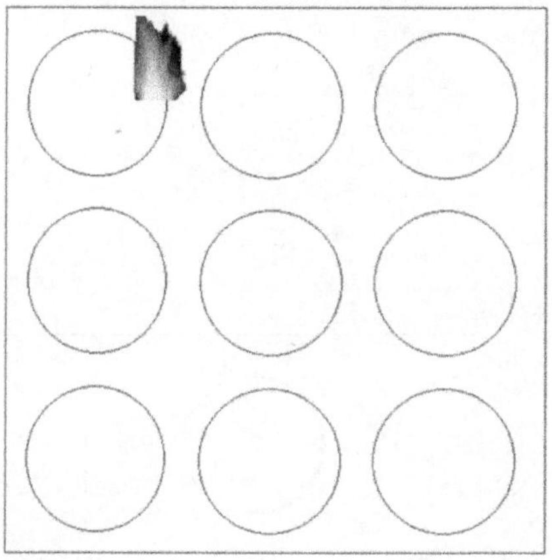	（5.5.1）
	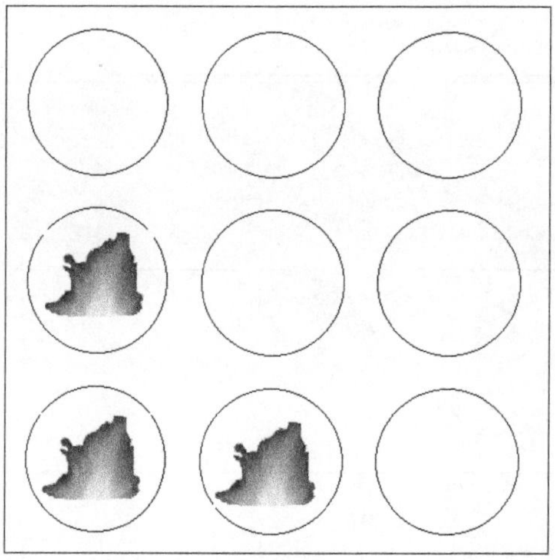	（5.5.2）
	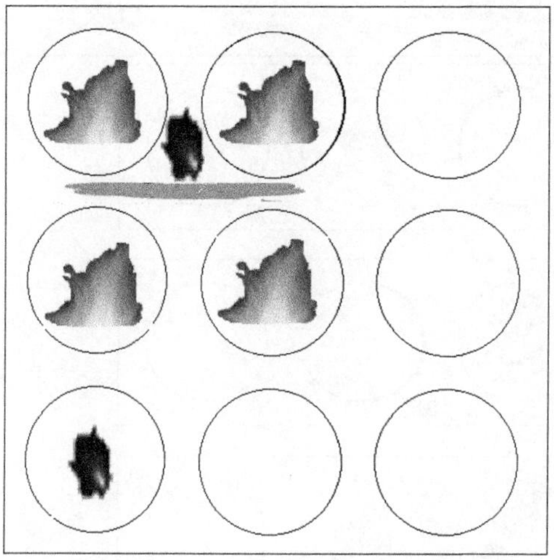	（5.5.3）

续表

类型	图示	索引
多组（3×3）	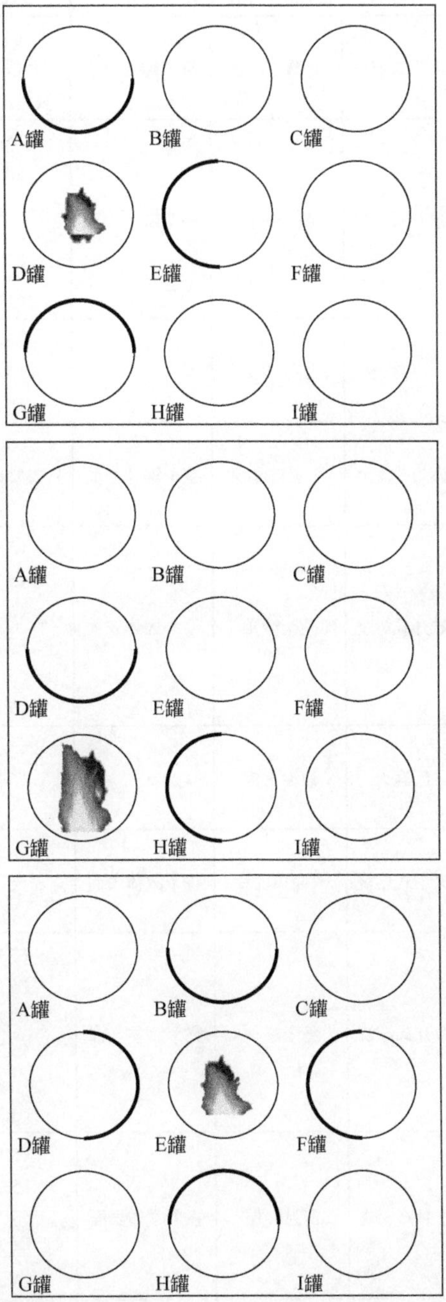 A罐 B罐 C罐 D罐 E罐 F罐 G罐 H罐 I罐 A罐 B罐 C罐 D罐 E罐 F罐 G罐 H罐 I罐 A罐 B罐 C罐 D罐 E罐 F罐 G罐 H罐 I罐	（5.5.4）

5.3.3 油罐火灾计算模型应用说明

油罐冷却计算见表5.3.8。

表 5.3.8　油罐计算模型公式应用说明一览表

	类型	罐体类型	储存油品	计算公式				示意图	备注
				燃烧形式	燃烧面积判定	冷却面积判定	公式索引		
油罐	单罐	固定顶罐	轻质油	火炬式燃烧	泄漏口面积	整个罐体表面	（5.1.1） 这种情况主要需要是冷却力量	（5.1.1）	轻质油主要包括汽油、煤油等
				敞开式燃烧	整个罐顶	整个罐体表面	（5.1.1） （5.2.2） （5.3.1） （5.3.2） （5.4.1） （5.4.2）	（5.1.2）	
				流淌火	油池火灾		（5.2.3） （5.3.1） （5.3.2）	（5.1.3）	
		内浮顶罐	轻质油/重质油	火炬式燃烧	泄漏口面积	整个罐体表面	（5.1.1） 只需要计算冷却力量	（5.1.1）	轻质油主要包括汽油、煤油等，重质油主要包括原油、重油、渣油等
				敞开式燃烧	整个罐顶	整个罐体表面	（5.1.1） （5.2.2） （5.3.1） （5.3.2） （5.4.1） （5.4.2）	（5.1.2）	
				流淌火	油池火灾		（5.2.3） （5.3.1） （5.3.2）	（5.1.3）	
		外浮顶罐	重质油	火炬式燃烧	泄漏口面积	整个罐体表面	（5.1.1） 只需要计算冷却力量	（5.1.1）	重质油主要包括原油、重油、渣油等
				敞开式燃烧	整个罐顶	整个罐体表面	（5.1.1） （5.2.2） （5.3.1） （5.3.2） （5.4.1） （5.4.2）	（5.1.2）	
				密封圈燃烧	密封圈层	整个罐体表面	（5.1.1） （5.2.1） （5.3.1） （5.3.2） （5.4.3）	（5.1.3）	
				立体燃烧	油池火灾		（5.1.1） （5.2.2） （5.2.3） （5.3.1） （5.3.2） （5.4.1） （5.4.2）	（5.1.4）	

续表

	类型	罐体类型	储存油品	计算公式				示意图	备注
				燃烧形式	燃烧面积判定	冷却面积判定	公式索引		
油罐	单组（2罐）	固定顶罐	轻质油	火炬式燃烧	泄漏口面积	整个罐体表面	（5.1.1） （5.3.1） （5.3.2） （5.4.1）	（5.2.1）	
				敞开式燃烧	整个罐顶	整个罐体表面	（5.1.1） （5.2.2） （5.3.1） （5.3.2） （5.4.1） （5.4.2）	（5.2.2）	
				流淌火	油池火灾		（5.2.3） （5.3.1） （5.3.2）	（5.2.3）	
				邻近罐冷却		距离着火罐1.5D距离	（5.1.1 ）	（5.2.4）	冷却周长为靠近着火罐一侧半个罐体长度
	单组（2罐）	内浮顶罐	轻质油/重质油	火炬式燃烧	泄漏口面积	整个罐体表面	（5.1.1） （5.3.1） （5.3.2） （5.4.1）	（5.2.1）	
				敞开式燃烧	整个罐顶	整个罐体表面	（5.1.1） （5.2.2） （5.3.1） （5.3.2） （5.4.1） （5.4.2）	（5.2.2）	
				流淌火	油池火灾		（5.2.3） （5.3.1） （5.3.2）	（5.2.3）	
				邻近罐冷却		距离着火罐1.5D距离	（5.1.1）	（5.2.4）	冷却周长为靠近着火罐一侧半个罐体长度
	单组（2罐）	外浮顶罐	重质油	火炬式燃烧	泄漏口面积	整个罐体表面	（5.1.1） （5.3.1） （5.3.2） （5.4.1）	（5.2.1）	
				敞开式燃烧	整个罐顶	整个罐体表面	（5.1.1） （5.2.2） （5.3.1） （5.3.2） （5.4.1） （5.4.2）	（5.2.2）	

续表

	类型	罐体类型	储存油品	计算公式				示意图	备注
				燃烧形式	燃烧面积判定	冷却面积判定	公式索引		
油罐	单组（2罐）	外浮顶罐	重质油	密封圈燃烧	罐壁与堰板之间的环形面积	整个罐体表面	（5.1.1） （5.2.1） （5.3.1） （5.3.2） （5.4.3）	（5.2.3）	
				流淌火	油池火灾		（5.2.3） （5.3.1） （5.3.2）	（5.2.4）	
				邻近罐冷却		距离着火罐1.5*D*距离	（5.1.1）	（5.2.4）	冷却周长为靠近着火罐一侧半个罐体长度
	多组（4罐）	固定顶罐	轻质油	火炬式燃烧	泄漏口面积	整个罐体表面	（5.1.1） （5.3.1） （5.3.2） （5.4.1）	（5.3.1）	
				敞开式燃烧	整个罐顶	整个罐体表面	（5.1.1） （5.2.2） （5.3.1） （5.3.2） （5.4.1） （5.4.2）	（5.3.2）	
				流淌火	油池火灾		（5.2.3） （5.3.1） （5.3.2）	（5.3.3）	
				邻近罐冷却		距离着火罐1.5*D*距离	（5.1.1）	（5.3.4）	冷却时考虑D罐与A罐距离确定是否需要冷却D罐
	多组（4罐）	内浮顶罐	轻质油/重质油	火炬式燃烧	泄漏口面积	整个罐体表面	（5.1.1） （5.3.1） （5.3.2） （5.4.1）	（5.3.1）	
				敞开式燃烧	整个罐顶	整个罐体表面	（5.1.1） （5.2.2） （5.3.1） （5.3.2） （5.4.1） （5.4.2）	（5.3.2）	
				流淌火	油池火灾		（5.2.3） （5.3.1） （5.3.2）	（5.3.3）	
				邻近罐冷却		距离着火罐1.5*D*距离	（5.1.1）	（5.3.4）	冷却时考虑D罐与A罐距离确定是否需要冷却D罐
	多组（4罐）	外浮顶罐	重质油	火炬式燃烧	泄漏口面积	整个罐体表面	（5.1.1） （5.3.1） （5.3.2） （5.4.1）	（5.3.1）	

续表

	类型	罐体类型	储存油品	计算公式				示意图	备注
				燃烧形式	燃烧面积判定	冷却面积判定	公式索引		
油罐	多组（4罐）	外浮顶罐	重质油	敞开式燃烧	整个罐顶	整个罐体表面	（5.1.1） （5.2.2） （5.3.1） （5.3.2） （5.4.1） （5.4.2）	（5.3.2）	
				流淌火	油池火灾		（5.2.3） （5.3.1） （5.3.2）	（5.3.3）	
				邻近罐冷却		距离着火罐1.5D距离	（5.1.1）	（5.3.4）	冷却时考虑D罐与A罐距离确定是否需要冷却D罐
	多组（3罐）	外浮顶罐	重质油	火炬式燃烧	泄漏口面积	整个罐体表面	（5.1.1） （5.3.1） （5.3.2） （5.4.1）	（5.4.1）	
				敞开式燃烧	整个罐顶	整个罐体表面	（5.1.1） （5.2.2） （5.3.1） （5.3.2） （5.4.1） （5.4.2）	（5.4.2）	
				密封圈燃烧	密封圈层	整个罐体表面	（5.1.1） （5.2.1） （5.3.1） （5.3.2） （5.4.3）	（5.4.3）	
				流淌火	油池火灾		（5.2.3） （5.3.1） （5.3.2）	（5.4.4）	
				邻近罐冷却		距离着火罐1.5D距离	（5.1.1）	（5.4.5）	如果发生流淌火，则需要对组内全体罐壁进行冷却
	多组（3×3）	内浮顶罐	轻质油/重质油	火炬式燃烧	泄漏口面积	整个罐体表面	（5.1.1） （5.3.1） （5.3.2） （5.4.1）	（5.5.1）	
				敞开式燃烧	整个罐顶	整个罐体表面	（5.1.1） （5.2.2） （5.3.1） （5.3.2） （5.4.1） （5.4.2）	（5.5.2）	
				流淌火	油池火灾		（5.2.3） （5.3.1） （5.3.2）	（5.5.3）	
				邻近罐冷却		距离着火罐1.5D距离	（5.1.1）	（5.5.4）	如果发生流淌火，则需要对组内全体罐壁进行冷却

参考文献

[1] Persson H. Fire Extingguishing Foam-Resistance against Heat Radiation[R]. Sweden: Swedish National Testing and Research Institute, 1992.

[2] 郭瑞璜. 用大容量泡沫炮扑灭油罐火灾的研究[J]. 消防技术与产品信息, 2008(3):58-62.

[3] NITESH J, GRPTA J P. Water Requirement in Tank Farm Fire[J]. Journal of Petroleum Science, 2007,5(6):176-183.

[4] Publishers D. The Firefighter's Handbook: Essentials of Firefighting and Emergency Response[M]. Singular, 2000.

[5] 朱力平. 动态立体灭火救援圈[M]. 北京：群众出版社, 2007.

[6] 夏登友. 跨区域灭火救援力量调集模型研究[J]. 中国安全科学学报, 2010 (5):172-176.

[7] 侯遵泽. 油罐灭火力量部署的一种算法[J]. 火灾科学, 2000 (4):38-44.

[8] 李本利. 火场供水[M]. 北京: 中国人民公安大学出版社, 2007.

[9] 郭欣. 油罐火环境下邻近油罐冷却水强度研究[D]. 北京：中国石油大学, 2017.

[10] 林秀岗, 王辉. 基于试验研究的大型油罐冷却用水量估算[J]. 武警学院学报, 2011 (2):5-7.

[11] 李林壁, 张静. 油罐火灾泡沫灭火剂用量实战系数研究[J]. 武警学院学报, 2014 (2):13-16.

[12] 李建华, 黄郑华.油罐火灾沸溢喷溅的控制措施[J].油气储运, 2006（12）: 46-48.

[13] 万象明.冷却对油罐火灾燃烧特性的影响研究[D].天津:天津商业大学, 2011.

[14] CHOW W K, FONG N K. Numerical simulation on cooling of the fire inducted air flow by sprinkler water sprays [J]. Fire Safety Journal, 1991, 17(4):263-290.

[15] 葛秀坤.火灾环境中液化气储罐热响应行为的数值分析[D].南京:南京工业大学, 2004.

[16] SHEBEC Y N, KOROLCHENKO A Y. Some aspects of fire and exprosion hazards of large LPG storage vellels[J]. Loss Prev Process Ind, 1995, 3(8): 163-168.

[17] 谭科峰.基于 FDS 的水喷淋热辐射防护效用研究[D].东营:中国石油大学（华东）, 2011.

6

油罐火灾灭火新装备研发与应用

6.1 复合射流消防车

6.1.1 概述

面对超大面积燃烧的油品火灾，如大型油罐全液面火灾、大面积流淌火等，用传统的灭火技术装备扑救异常困难，必须研发新的高效灭火装备和灭火剂，以应对日益严峻的挑战。近年来，为不断提高消防救援队伍的整体灭火作战能力，最大限度地减少人民生命财产的损失，消防部门先后引进了多种先进装备、高效灭火剂及相关应用技术，如大流量消防炮、压缩空气泡沫灭火系统、复合射流灭火技术、高效泡沫灭火剂、微胞囊类灭火剂、冷气溶胶灭火剂等。在灭火救援过程中，面对不同类型的火灾，不同的灭火剂通过抑制不同的燃烧要素来达到灭火效果。由于各种灭火剂都有各自不同的优势和短板，如干粉灭火剂灭火速度快但喷射距离短、灭火后容易复燃，泡沫灭火剂灭火彻底，但灭火速度慢，如何在灭火过程中最大限度地发挥各类灭火剂及灭火技术手段的协同优势，并通过优势互补的方式来弥补各自的不足，成为提高消防队伍灭火战斗力的重要课题。长期以来，各国在扑救油火的实践中，不断探索用同一种装备同时喷射不同的灭火剂以发挥各自的优势。复合射流灭火技术是近年来出现的新技术，可以同时喷射多种灭火剂、充分发挥不同灭火剂灭火功效，在大型石油储罐区的应用逐渐受到重视。

复合射流灭火技术是指将两种或两种以上灭火剂以多相自由紊动射流的方式喷射到燃烧区使燃烧终止的灭火技术。从多相流的角度来看，复合射流灭火技术中包含若干种多相流动，其多相流的种类取决于灭火剂及其动力的选择情况。复合射流灭火技术并不是多相流动的全过程均为复合射流，而是将多相流动的全过程分为几个阶段，其中某一阶段或某些阶段包含复合射流即可划归到复合射流灭火技术的范畴。例如，管内流动阶段可包含气固两相流，在喷嘴处与液相流体混合后，演变为气液固三相流，随着射程的增加，动力气体逐渐散失，演变为液固两相流。

从射流理论的角度来看，复合射流灭火技术中管内气固两相流在喷口处射入另一相流体时，相当于两相流射入同向流动的另一种环境介质，符合射流理论中复合射流的定义。因此，从射流理论的角度，该射流属于复合自由紊动射流，也可称为三相复合自由紊动射流。

针对石油化工火灾的特点，我们开发了以喷射泡沫灭火剂或水系灭火剂加超细干粉灭火剂的复合射流消防车。这种复合射流灭火技术的全过程是由高压氮气瓶中的氮气经减压后进入超细干粉罐，在干粉罐内达到额定压力后，氮气-超细干粉两相流自干粉罐输送至喷射器具出口处，另一路液体类灭火剂经比例混合器配比后，水溶液由水泵输送至炮口，两者在同心环形炮口处混合成复合射流，由液相射流作为主动力输送至燃烧区实现灭火。其多相流动过程主要包括以下四个阶段：管内的高压氮气与超细干粉灭火剂的气固两相流动；炮口处气固两相流与液相流的混合过程；管外的氮气流从复合射流分离的过程；管外超细干粉与液相射流流体两相流的分离过程。为方便使用，我们还研究以压缩空气代替高压氮气的可行性及技术参数。

复合射流灭火技术充分发挥了泡沫灭火剂和干粉灭火剂各自的优势，克服了干粉与水（泡沫）混合及输送困难的难题，取得良好的实战效果，已经广泛配备于石油化工企业和消防部门。

6.1.2 复合射流灭火技术灭火剂的选择与协同效果

复合射流是由多种灭火剂、通过多相混合流动而形成的灭火射流。各种灭火剂必须相互协同才能保证灭火效果，因此灭火剂选择十分重要。

（1）超细干粉灭火剂

超细干粉是现有复合射流灭火系统使用的主要灭火剂之一，它在系统中起到了迅速压制火势、熄灭燃烧表面火焰的作用，为水系微胞囊类灭火剂的冷却抗复燃作用创造了有利条件，因此，对其灭火机理的研究是现有复合射流灭火系统灭火机理的重要组成部分。

超细干粉是指90%粒径小于或等于20μm的固体粉末灭火剂（XF 578—2005《超细干粉灭火剂》）。当干粉灭火剂粒径小于临界粒径时，灭火剂粒子全部起灭火作用，灭火效能大大提高，用量明显减少。在现有的干粉类型中，大部分类型的干粉临界粒径在20μm左右，当超细干粉粒径减小到7μm以下时，则达到气溶胶级别，此时的超细干粉固体颗粒细小且具有气体特征，可以不受方向的限制，绕过障碍物达到保护空间的任何角落，并能在着火空间有较长的悬浮时间，从而实现全淹没灭火。本技术采用的超细干粉平均粒径达到了气溶胶级别。

复合射流灭火技术对干粉提出比较高的要求，既要有良好的灭火性能，又要有憎水性。普通干粉灭火剂最惧潮湿，更见不得水。而复合射流正是用水流或泡沫灭火剂推动干粉前进，以解决干粉灭火剂的输送距离短的问题，需要用水包覆。因此，这种干粉的憎水性将成为重要特征。我们开发的HLK憎水型超细干粉灭火剂达到了这个要求，这种干粉灭火剂放置在水中24h不融合，很好地解决了憎水问题。这种灭火剂与普通干粉灭火剂相比，由于粉粒更加细小，其消除自由基的化学抑制作用更强，同时喷到火灾现场，其冷气溶胶的性质，强化了物理灭火的功能。在实际灭火过程中，HLK超细干粉灭火剂既具有化学灭火剂的作用，同时又具有比传统干粉灭火剂更强的物理灭火作用。

（2）水系灭火剂

水系灭火剂既是推动干粉灭火剂的重要动力，又必须具备高效扑救油火的能力。近年来国内外新型高效水系灭火剂（如美国的F500型、国产的KFR-100型等）的主要特点是采用了微胞囊灭火原理。

微胞囊类灭火剂与水混合后，不仅大幅降低了水的表面张力，实现了对燃烧物充分的湿润和覆盖，而且在燃烧物体的液相和气相分子周围形成微胞囊，使燃烧物惰化，加强对燃烧物结构的渗透，快速降低燃烧物质内部温度，以其高分子量粒子吸收自由基的能量，抑制燃烧链式反应，从而实现灭火。在现有复合射流灭火系统中，主要起冷却降温及抗复燃的作用。

微胞囊类灭火剂可降低水的表面张力，在空气界面中，10℃的水的表面张力为74.22dyn/cm，而同样温度同样界面下，加入微胞囊类灭火剂的水溶液，其表面张力最低可降至18dyn/cm。表面张力的降低使凝聚的水滴分散成数量巨大的细小水珠，增大了水的比表面积（图6.1.1），从而扩大了蒸发面积，能够快速地降低燃烧物质表面和内部的热量，同时使水扩展得更快，加强了水对燃料表面孔隙的渗透能力，起到了润湿剂的作用。此种灭火机制使该类灭火剂具有快速降温的性能，并可渗透到燃料内部，降低其内部温度，使其抗复燃的性能得到了很大提高。

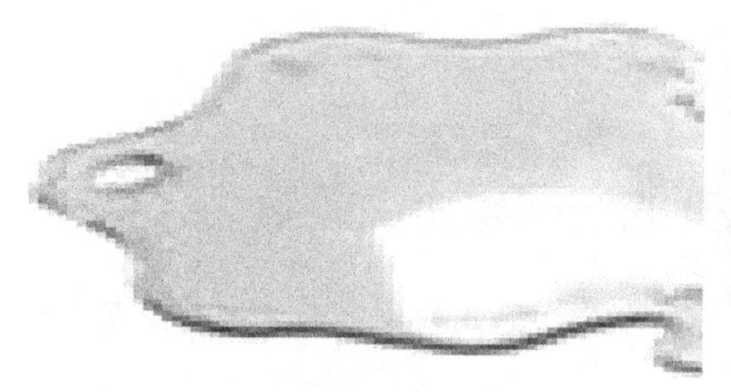

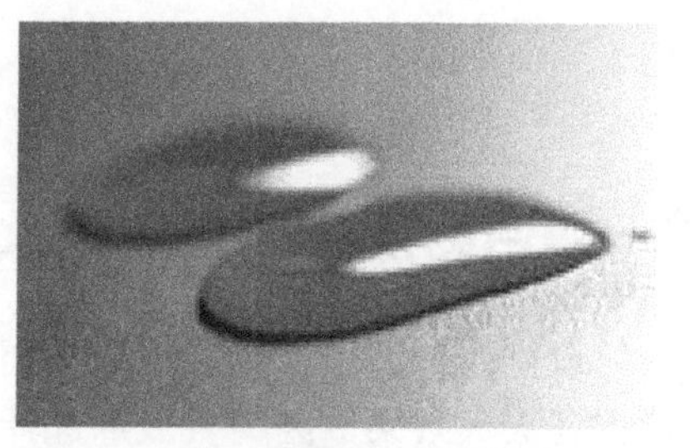

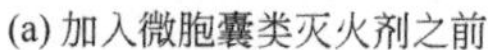

(a) 加入微胞囊类灭火剂之前　　(b) 加入微胞囊类灭火剂之后

图 6.1.1　加入微胞囊原液前后的水滴表面张力

微胞囊类灭火剂形成的微胞囊结构是其区别于其他灭火剂的最大特点。微胞囊类灭火剂分子是一种两亲性表面活性剂分子，它具有一个极性端（亲水）和一个非极性端（疏水），并且两端之间有足够长的距离，因而这两端可以相互独立地行动。溶于水时，灭火剂分子将水滴包围，非极性端外露，当接触到热量时，可将热量传入水滴内部，见图 6.1.2(a)。在遇到燃烧产生的气相或液相的燃料时，非极性端将围绕燃料元素，使水滴聚集在燃料元素（对液相、气相燃料均有效）周围形成微胞，见图 6.1.2(b)。微胞由于其表面负电荷互相排斥，使燃料元素之间互相排斥。独特的分子结构使该类灭火剂具有迅速降低燃烧物温度及空间热辐射、防止复燃、降低燃烧区燃料元素浓度、控制危险气体浓度等性能。

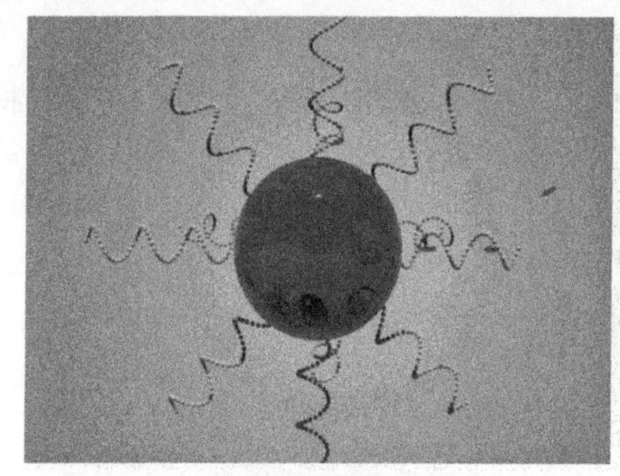

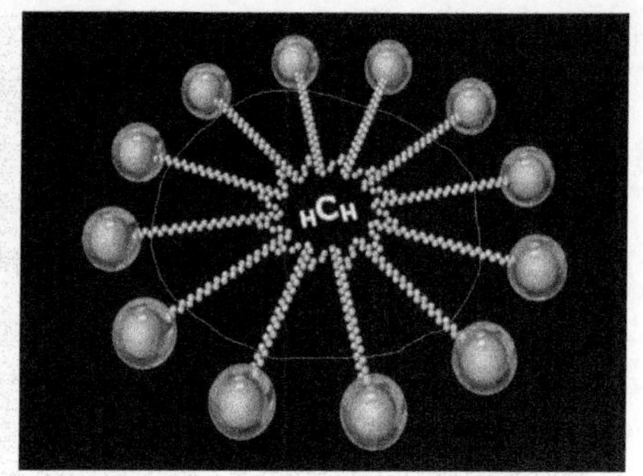

(a) 微胞囊水滴　　(b) 灭火剂分子在燃料元素周围形成微胞

图 6.1.2　加入微胞囊原液前后的水滴表面张力

微胞囊类灭火剂能破坏碳链，吸收自由基。物体燃烧产生黑色有毒浓烟是因为含碳物质没有燃烧尽，空气中充满大量碳粒和灰尘，而自由基的结合也是形成烟雾的重要因素之一。微胞囊类灭火剂可以破坏碳粒之间的链接，将碳粒、碳氢化合物分离成更小的微粒，并将微粒通过微胞囊结构进行包裹，将碳氢化合物乳化、沉降，使之不再散发到空气中，防止生成黑烟，剩下的只是水蒸发时形成的白色水雾，大大降低了有害气体的浓度。另外，由于该类灭火剂分子的高分子量，可以吸收大量自由基，有效抑制链式反应的发生和高能量自由基的结合。因此，微胞囊类灭火剂可以较大程度地提高火灾现场的能见度，且降低烟雾中的有毒物质浓度。

在物体表面形成泡沫与乳膜，隔绝助燃剂。微胞囊类灭火剂属于水系灭火剂，无需发泡，但灭火剂与水融合后，撞击物体表面时可在其表面立刻形成一层泡沫。该泡沫层的密度很大，因此不易遭外力破坏，紧紧覆盖物体表面，同时，泡沫层下还会形成一层乳膜，从而彻底隔绝助燃剂对燃烧元素的作用，阻止了燃料的继续燃烧。

（3）高效泡沫灭火剂

高效泡沫灭火剂同样可以与超细干粉灭火剂联用，起到输送和灭火作用，扑救油火效果优于水系灭火剂，但输送距离稍微弱于水系灭火剂。复合射流中泡沫灭火剂的选择要充分考虑以下几点：

① 能与干粉联用；

② 灭火效果好，灭火效能高；

③ 符合环保要求，不含 PFOS 表面活性剂。

近年来，国内外新型泡沫灭火剂比较多，进口的有美国、德国、法国的产品，国产的高效泡沫灭火剂已经达到或超过进口产品水平，如 H-2000。高效泡沫灭火剂及对泡沫灭火剂的选择在第四章已经详述，这里不再赘述。

（4）两种灭火剂复合使用的协同效果

气溶胶级别的超细干粉、微胞囊类水系灭火剂复合使用的灭火机理：当被保护的场所发生火灾时，复合射流灭火系统以微胞囊灭火剂水溶液为连续相载体，裹挟氮气流为初始动力的超细干粉，在射流到达燃烧区后，超细干粉从液相流体分离析出，实现超细干粉远距离喷射，超细干粉接触火焰时，细微的干粉颗粒与燃烧物起化学反应，捕捉活性自由基，将火焰从其根部切断与燃烧层的联系，从而中断燃烧的连锁反应。与此同时，微胞囊灭火剂水溶液通过其冷却降温、乳化隔绝等作用，迅速降低燃烧区温度，并使燃烧物与空气隔绝，阻止可燃蒸气升腾，有效地防止燃烧物复燃。

综上所述，复合射流灭火技术通过抑制自由基、冷却降温、乳化隔绝、淹没窒息等灭火机理，从燃烧要素的四个方面同时进行有效抑制，充分发挥了两类灭火剂的协同灭火效能。

6.1.3 复合射流的分离过程

复合射流技术的关键在于复合射流将两种高效灭火剂从炮口喷射至燃烧区的过程中。由于复合射流灭火系统的炮口采用同心环形炮口，氮气-超细干粉流与液相流体在炮口混合时呈同心环形，超细干粉子系统的气固两相流射入液相射流，相当于气固两相流射入了同向运动的液相环境介质，这种在同向流动介质中的射流称为复合射流。三相复合射流的分离过程主要包括氮气流与主流体的分离过程，超细干粉颗粒与液相流体的分离过程。

（1）氮气流与主流体的分离过程

由于液相流体作为复合射流的连续相主流体，可将氮气流的分离过程看作气液两相流的分离过程。气液两相流的分离主要是由于重力分离所引起的。

重力分离在本质上是利用两相密度差来实现的，即由于液体与气体的密度不同，气液两相流在一起流动时，液体会受到重力的作用，产生一个向下的速度，而气体受力所产生的速度方向不同于液体，也就是说液体与气体在重力场中有分离的倾向，因而产生分离。例如，管内气液两相流做水平流动时，若流速较低，则会呈现分层流的流型，这实质上就是一种重力分离。氮气流从复合射流中分离主要有以下几种形式。

流线发生改变：氮气流与液相主流体由于所受重力不同，因此，其流线也不同。氮气流所受到的气体浮力较大，气相流体与液相流在相界上存在摩擦力，且浮力和摩擦力的方向均垂直向上，当氮气流的动能不足以克服向上的浮力与摩擦力时，其流线将会上扬，从而与液相主流体流线脱离，氮气与主流体分离散失。另外，由于气体与液体密度不同，所受惯性力也不同，因此，在燃烧区遇到火焰阻挡时，气流会折流而走，而液体由于惯性，会有一个继续向前的速度。

气泡溢出：由于氮气流在炮口处与液相主流体混合时，其出口速度不同、受力大小不同等因素，氮气流在充实气流卷吸、扩散的过程中与液相流形成大量气泡，当气泡在液相流中上升到液体表面时，气泡破裂，氮气溢出。

液相充实水柱分散：氮气流在液相主流体充实水柱逐渐分散的过程中与外界气相空间相接触，脱离主流体分离。

氮气流分离的速度与其在炮口的初速度、液相主流体的初速度成反比。

（2）超细干粉颗粒与液相流体的分离过程

复合射流灭火系统中起主要灭火作用的是超细干粉，因此，超细干粉的析出过程直接影响了整个系统的灭火效果。现对超细干粉从复合射流中分离的机理与原因进行分析。

紊动射流的涡结构、卷吸与扩散作用：复合射流由炮口喷出后，射入静止环境中的流体与其周围空气之间存在着速度间断面，此速度间断面是不稳定的，一旦受到扰动将失去稳定而产生旋涡。这些旋涡通过分裂、变形、卷吸和合并等物理过程，除形成大量的随机运动小尺度紊动涡体外，还存在一部分有序的大尺度涡结构，即射流剪切层中的大涡拟序结构（图6.1.3）。这些展向涡几乎以不变的速度向下游移动，并通过涡的相互作用、合并和卷吸，使涡的尺度和涡距不断增大，从而控制着剪切层的发展，导致射流断面沿程扩大、流速沿程减小。由于射流断面的扩大，射流在涡结构、卷吸与扩散的共同作用下，与空气充分接触，超细干粉由于所受浮力、相界摩擦力、重力、涡结构离心力与液相流体的不同，导致其与液相流体分离。

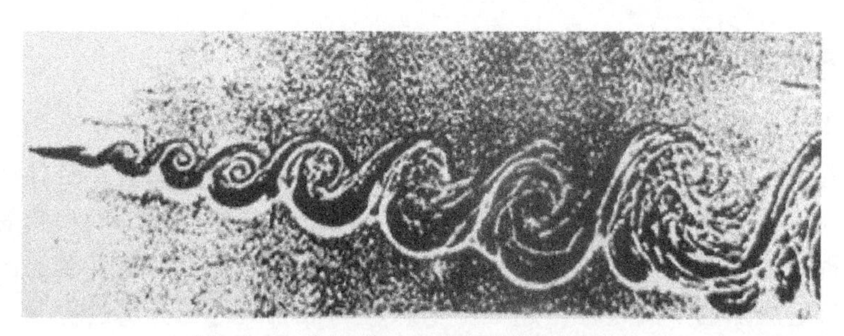

图 6.1.3　射流剪切层中的大涡拟序结构

惯性碰撞：在多相射流将要到达燃烧区附近时，大部分氮气流已经与主流体分离，可将此时的多相流当作固液两相流，在固液两相流到达燃烧区遇到阻挡（火焰、液面、罐壁等）时，由于流动方向发生急剧变化，部分超细干粉颗粒将受到惯性力的作用而使其运动轨迹偏离液相流体的流线，保持自身的惯性运动，与液相流体分离。

接触阻留：细小的干粉颗粒随固液两相流流动时，如果流线靠近物体（燃烧区的烟雾、火焰、液面等）表面，部分超细干粉颗粒会因与物体（颗粒）接触而被阻留，这种现象称为接触阻留。

气化分散：固液两相射流到达燃烧区，由于部分液相流体被燃烧区高温蒸发，超细干粉固体颗粒从液相中分离。另外，固液两相流在到达燃烧区附近时，充实水柱开始解体，在充实水柱解体的过程中，大量憎水的超细干粉从两相流中分离出来。

6.1.4 复合射流消防车的设计与集成

复合射流消防车是一种专门应对大型油罐或高大石油化工装置等火灾的新概念消防车，其本质是一种高喷消防车。因此，在设计时仍然需要遵循高喷消防车的基本原则，如机动性好、安全性高的大功率强劲汽车底盘，高性能泵浦系统，灵活的举升回转系统和可靠方便的操控系统。除此之外，还需要解决针对复合射流的以下七个关键技术。

（1）车载高喷多剂联用喷射灭火技术

以消防车为载体，固设转台架与回转台，举升臂架前端设置喷射炮，中心回转体并列设置内外输出管且分别与管路和喷射炮连通，车内灭火剂储罐通过输送管路与内外输入管连通供送灭火剂，实现了喷射单一灭火剂或复合灭火剂的功能。

（2）多剂联用中心回转体输送技术

采用内管与外管独立同轴形式的输送管与回转阀体集成中心回转体，输入管与输出管之间均采用可转动式连接，管壁之间设置密封装置。通过中心回转体相关部件与回转台、转台架固连，可将多种灭火剂从固定装置输送至旋转装置。

（3）粉剂储罐内的粉剂沸腾技术

通过在粉剂储罐底部设置盘管和与盘管连通的竖立设置的锥管，在盘管上设置多根并列连通的分管，并在分管上连通有朝向储罐底部的斜管；斜管与锥管的出风口分别朝向盘管所圈定范围的内外部，实现将干粉扬起与锥管输出气体充分混合呈沸腾流体状态的功能。

（4）伸缩式粉剂输送管密封技术

以伸缩式臂架为载体，集成运动管、固定管、刮尘器、密封圈、上下支承等部件。通过部件之间的强化密封，避免了粉尘在管臂附着，减小了相对运动阻力，解决了高喷消防车所需粉剂的输送问题。

（5）复合射流灭火剂转发分配技术

我们设计了一种灭火剂转发分配器，内腔相通的上下联管分别与回转台架和回转台固连，上下联管内腔中同轴设置芯管并配有可转动的密封套管，上下联管分别径向连通上下旁通管。该技术集旋转、输送灭火剂于一体，大幅提升了超细干粉的有效输送高度，实现液相灭火介质与粉气混合物的瞬间组合功能。

（6）多剂炮管灭火技术

多剂炮管灭火装置包括动力系统及与其相连的喷射装置。喷射装置上连接有呈同心圆设置的内外炮管，内炮管的外接口自外炮管的管壁径向延伸出管壁外，外接口经输送管路与灭火剂罐连通，并有独立的动力系统提供动力输出，实现多种灭火剂的复合喷射。

（7）灭火剂集成集输技术

伸缩式输送粉管装置包括伸缩臂和输送粉管。伸缩臂由固定臂后部的伸缩油缸驱动，输送粉管由固定管和运动管组成，将固定管和运动管分别与固定臂和伸缩臂固连，实现了粉气混合物在管内高速运行、与液相灭火介质协同喷射灭火的功能。

复合射流消防车设计示意图和66MX5420JXFJP36/SS型举高喷射消防车照片见图6.1.4、图6.1.5。

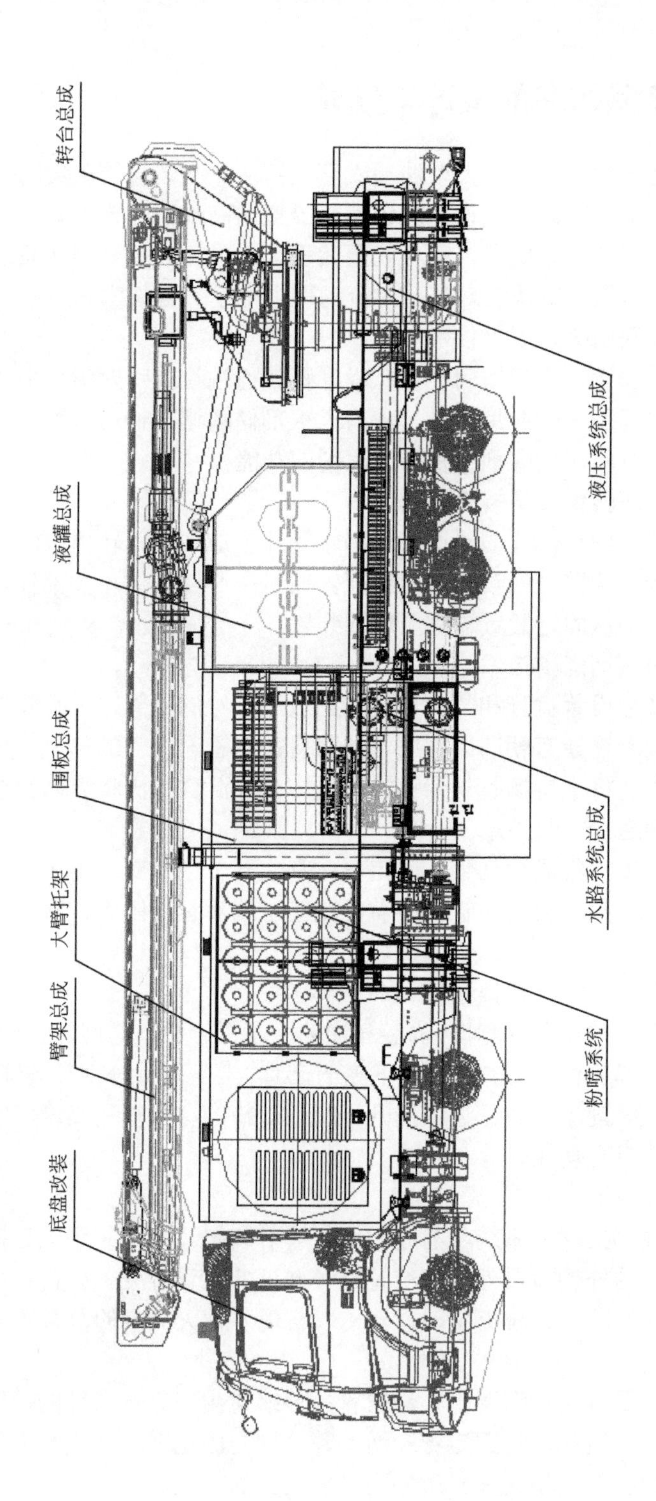

图 6.1.4 复合射流消防车设计示意图

(a) 整车

(b) 支腿稳定系统

(c) 举高喷射臂架

图 6.1.5　66MX5420JXFJP36/SS 型举高喷射消防车照片

6.1.5　主要功能和主要结构特点

（1）主要功能

① 单相射流。单独喷射一种灭火剂［水/冷气溶胶（5~20μm 超细干粉）/ KFR-100 预混液/高效泡沫灭火剂］。当扑救 A 类火灾、控制燃烧冷却降温、现场洗消时，可单独直接用水；当扑救 B 类火灾并控制复燃时，可单独用 KFR-100 预混液或高效泡沫灭火剂；当扑救 C 类或遇湿着火的物质火灾时，可单独使用冷气溶胶。

② 双相射流。同时喷射两种复合灭火剂，可任意选择水系（微胞囊抗复燃）灭火剂＋气溶胶灭火剂、高效泡沫灭火剂+冷气溶胶灭火剂。通过复合系统以专用消防炮或专用消防枪同时射出，一是解决了单独使用冷气溶胶喷射距离不远的问题；二是灭火剂喷到燃烧物表面，阻断氢游离基的连锁反应，抑制燃烧；三是利用气化水的潜热量，降低燃烧温度和可燃气体在燃烧区的百分含量，快速灭火。

③ 复合射流。同时喷射三种复合灭火剂（水、氮气、超细干粉、KFR-100、高效泡沫灭火剂）。以水为载体将新型、高效、环保、复合灭火剂直击燃烧区。超细干粉对燃烧物有很强的抑制作用，水与 KFR-100 有强力的冷却作用，可瞬间降温，抗复燃效果极佳，从而在性能上达到相互兼容、优势互补，灭火速度和效率优势明显，特别适用于扑救石油、天然气、石

油化工、煤化工和隧道等火灾。复合射流消防车喷射不同射流照片见图6.1.6。

(a) 喷射水　(b) 喷射水与超细干粉

(c) 喷射超细干粉　(d) 喷射水、新型高效灭火剂与超细干粉

图6.1.6　复合射流消防车喷射不同射流照片

（2）主要结构特点

复合射流消防车选用沃尔沃底盘，装备美国希尔消防泵、法国POK消防炮及36m的臂架装置。臂架可全方位回转，各机构性能均由液压驱动，操作简便灵活，消防实战灭火作业时展开迅速，运作平稳，安全可靠。本车还带有水罐、泡沫罐及干粉系统。

① 多功能消防炮。臂架顶端的多功能消防炮具有射程远，流量大，既可单独出水、泡沫或干粉，又可同时出水与干粉或泡沫与干粉的混合物，可以在距火源较远的位置独立完成救火作业，是当今世界上先进的高空消防灭火装备。

② 多功能电动卷盘。分布于器材箱的左右两侧，此装置可用来灭小火，而不需要使用臂架及消防炮。卷盘既具有单独出水、泡沫或干粉，又具有同时出水与干粉或泡沫与干粉的混合物，可以独立完成救火作业，是当今世界上先进的消防灭火装备。

③ 一键式集成控制功能。车辆到达火场后，一人即可完成对车辆臂架、水泵、水炮、发动机的全部动作控制，极大地提高了作战效率。

④ 作业稳定性高。标配支腿稳定系统，避免了现役同类产品高喷作业时的车身晃动，提高了作业时的稳定性，安全感强。

⑤ 底盘及消防泵动力强劲。大功率发动机、大流量消防泵，确保车辆行驶加速性优异、水炮连续输出流量达7200L/min以上。

⑥ 全不锈钢管路。整车的水路系统及粉路系统（包括控制阀门）均采用不锈钢材料。

⑦ 内外蒙皮均采用铝板粘接，防腐、减重、美观、靓丽。

（3）MX5420JXFJP36/SS型举高喷射消防车技术参数

MX5420JXFJP36/SS型举高喷射消防车的主要技术性能参数如表6.1.1、表6.1.2所示。

表 6.1.1 MX5420JXFJP36/SS 型举高喷射消防车行驶状态和作业状态的主要技术性能参数

行驶状态主要技术性能参数					
类别	项目			单位	参数
尺寸参数	整机总长			mm	12700
	整机总宽			mm	2500
	整机总高			mm	3820
	轴距	1—2 轴		mm	1995
		2—3 轴		mm	5005
		3—4 轴		mm	1370
发动机参数	型号			D13C540SEUV	
	功率			kW	397
	额定转速			r/min	1900
	排量			mL	12800
质量参数	满载质量			kg	41361
	桥荷	前桥		kg	16431
		后桥		kg	4930
行驶参数	最高车速			km/h	100
	最小转弯直径			m	28.2
	接近角			(°)	14
	离去角			(°)	10
	最小离地间隙			mm	288（前桥处） 327（后桥处）
作业状态主要技术性能参数					
主要性能参数	额定工作高度			m	36
	最大工作幅度			m	20
	支腿形式			H 型	
	支腿跨距（纵×横）			mm	7400×5000
	主臂变幅范围			(°)	0～83
	副臂变幅范围			(°)	0～180
工作速度	臂架动作时间			s	≤150
	支腿调平时间			s	≤40
	回转速度			r/min	0～2
消防性能	总载液量			kg	8000
	水			kg	3000
	泡沫			kg	3000
	干粉			kg	2000
	消防泵型号			美国 Hale 8FGR	
	消防泵流量			L/s、MPa	170、1.03
	消防炮	型号		3480+4142	
		流量	36m	L/s	120
			25m	L/s	126
			干粉	kg/s	30
		射程	36m	m	≥85（水）；≥80（泡沫）；≥80（干粉）
			25m	m	≥85（水）；≥80（泡沫）；≥80（干粉）
		炮头摆动范围		(°)	俯仰：0～135 回转：±174

表 6.1.2 MX5420JXFJP36/SS 型举高喷射消防车主要技术参数

序号	项目			参数及指标
1	发动机	型号		D13C540SEUV
		形式		直列 6 缸增压中冷液冷 W 型压燃式发动机
		额定功率（398r/min 时）/kW		1800
		额定扭矩（2650r/min 时）/N・m		1200
2	尺寸参数	外廓尺寸/mm	长	12840
			宽	2500
			高	3970
		轴距/mm		1995+5005+1370
		轮距（前轮/后轮）/mm		2109/2109/1837/1837
		悬长（前悬/后悬）/mm		1520/2950
3	通过性	最小转弯直径/m		≤26
		最小离地间隙/mm		289
		接近角/离去角（°）		17/10
4	质量参数	整车整备质量/kg		37500
		轴载质量	一轴	6700
			二轴	7600
			三轴	11600
			四轴	11600
		厂定最大总质量/kg		42290
		厂定最大轴载质量	一轴	7800
			二轴	8850
			三轴	12820
			四轴	12820
5	乘员数（含驾驶员）/人			2
6	动力性	最高车速/（km/h）		100

6.1.6 复合射流灭火技术的大型灭火对比实验研究

为验证复合射流在不同条件下的灭火效能，探索喷射参数对灭火效能的影响，开展大型油池火灾灭火对比实验是必要的。

实验测试包括两部分：第一部分为测试的预备实验，测试复合射流灭火技术不同射流落点与灭火时间的关系；第二部分为主体实验，测试复合射流与氟蛋白泡沫、水成膜泡沫在直径 12m 的油池火灾中的灭火效果对比。

6.1.6.1 复合射流灭火技术不同射流落点与灭火时间的关系

复合射流灭火技术以超细干粉作为压制火势、迅速熄灭表面火焰的主要灭火剂，其在燃烧区的有效析出量对灭火时间起主要作用，因此，如何提高超细干粉在燃烧区的有效析出量是提高该技术灭火效能的关键问题。通过以往的试喷效果发现，复合射流落点的不同对超细干粉在燃烧区域的析出量的影响至关重要，因而直接影响着灭火时间及技术装备效果的发挥。

（1）车辆场地布置

复合射流高喷车停靠在距池壁 40m 的上风向，臂架前探，升至 10m 高度，炮口与铅垂线夹角按实验一记录角度，以同心环形炮口中心作铅垂线与地面的交点为原点，原点距池壁距离约 25m，如图 6.1.7 所示，原点与油池中心的连线上，标定预备实验所测得的最佳射流落点。

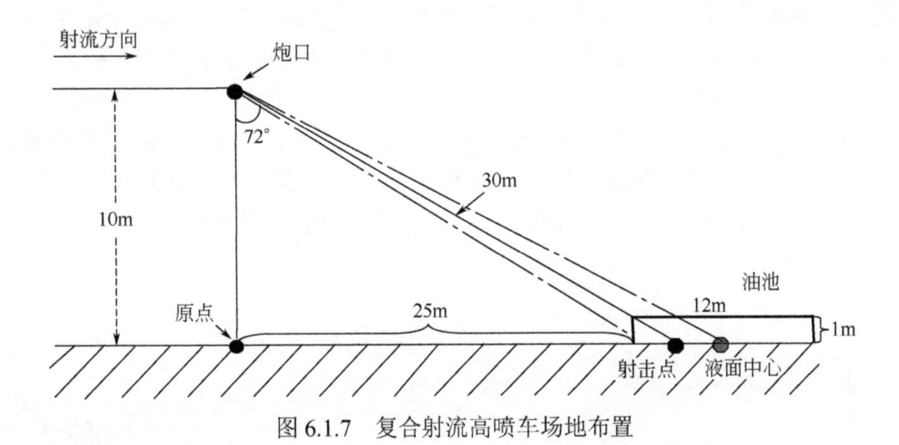

图 6.1.7 复合射流高喷车场地布置

18m 水罐/泡沫举高喷射消防车停靠在距池壁 40m 处，炮口高度与复合射流高喷车相同，泡沫炮的射流落点设定在远点池壁上，测试之前需调校炮口的喷射角度以确定有效落点。

本实验的实验对象为复合射流举高喷射消防车，实验场地平坦，有足够的长度和宽度，测试时风速小于 2m/s，气温在 0～30℃范围内。场地内设有直径 12m 圆形油池（模拟 1000m³ 拱顶罐直径），高度 1m，钢质。油池内共选定 3 个灭火剂射流落点中心（简称“射流落点”），分别进行三次灭火实验，每次燃料消耗车用 0#柴油 2000L，点火用 90#汽油 100L，底部设 10cm 厚的水垫层。复合射流消防车顺风停靠在距油池 40m 左右的上风向，臂架前探，升至 10m 工作高度。同心环形炮口在地面上的投影为原点，原点距油池池壁约为 25m，炮口与铅垂线夹角在 70°～75°之间调整。在原点与油池中心连线上标定射流落点，以射流落点中心为圆心，3m 为半径标定喷射范围，具体标定位置如图 6.1.8、图 6.1.9 所示。

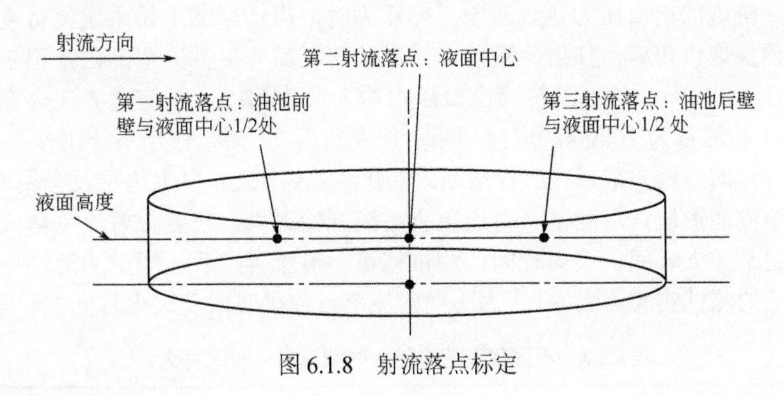

图 6.1.8 射流落点标定

需要说明，实验中复合射流举高喷射消防车选择 10m 的工作高度，旨在模拟 1000m³油罐火灾场景（油罐直径为 12m，罐高 10m，液面高度 9m），即该车在实际中高液位 1000m³油罐火灾中，工作高度应保持高于液面 10m 左右，从而保证从炮口距液面的垂直落差为 10m；选择原点到油罐罐壁距离为 25m，喷射角度在 70°～75°之间调整。一是根据移动消防车喷射干粉类灭火剂在有效射流可达到预定射击点的允许范围内，越接近水平喷射效果越佳的原则；二是由于以此距离与角度喷射，能保证复合射流在将要到达燃烧区时，超细干粉有较好的析出量，并且有足够的动能使其进入燃烧区内部。冷喷实验数据表明，在液相流出口压力 1.0MPa，超细干粉罐出口压力 1.44MPa 工况时，复合射流主体段的中轴长度（剪切面的中心与炮口的直线距离）在 30m 附近时，射流的扩展厚度开始加速增加，即复合射流开始明显扩散，超细干粉此时析出量明显增大，且仍具备较充足的动能使射流中由于涡结构、扩散、卷吸作用析出的超细干粉可进入火焰内部，与火焰充分混合。

图 6.1.10 所示为炮口与铅垂线夹角在 75°与 90°时剪切层扩展厚度随射流中轴的变化，从图 6.1.10 中可见，复合射流在射流中轴长度约 30m 附近，扩展厚度迅速增加，复合射流分解加速；就喷射角度而言，越接近水平喷射，剪切层的扩展厚度越大。

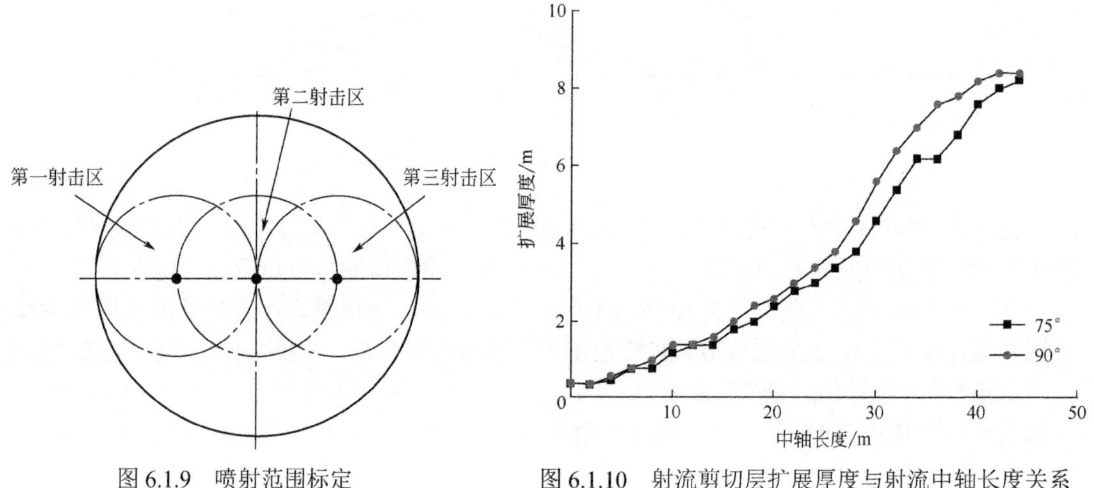

图 6.1.9　喷射范围标定

图 6.1.10　射流剪切层扩展厚度与射流中轴长度关系

（2）不同射流落点灭火时间的测定

在空油池中标定射流落点与射击范围后，进行射流落点的调校，实验时风速小于 2m/s，启动消防泵，待炮的出口压力达到额定工作压力时，启动超细干粉系统，待复合射流喷射连续稳定后，调整炮口角度，使射流覆盖范围准确落在第一射击区范围内，记录此时液相流出口压力稳定在 1.0MPa，超细干粉罐出口压力约为 1.44MPa，微胞囊类灭火剂水溶液流量为 50L/s，超细干粉流量为 10kg/s，炮口与铅垂线夹角为 72°后，停止系统工作。

待射流落点的调校完成后，清理油池，重新注入约 10cm 厚水垫层及车用 0#柴油 2000L，汽油点火至全液面燃烧，启动复合射流灭火系统开始灭火，在复合射流主体段进入燃烧区范围内时开始记录控火时间、灭火时间。测试完第一射流落点后，清空油池，按上述步骤进行其他射流落点的测试实验。表 6.1.3 为不同射流落点控火时间及灭火时间的记录结果。

表 6.1.3　不同射流落点控火时间及灭火时间对比　　s

计时项目		射流落点 1	射流落点 2	射流落点 3
灭火过程	点火至全液面燃烧时间	46	40	44
	控火时间	7	15	28
	灭火时间	15	23	41

由表 6.1.3 可以看出，不同的射击区域对复合射流灭火系统的灭火效果具有相当大的影响。在燃烧区前端的射流落点 1，控火与灭火效果较好，灭火时间仅为 15s，是射流落点 3 的 36.6%，射流落点 3 的灭火时间为 41s，实验中发现以射流落点 3 为目标喷射复合射流时，超细干粉在燃烧区的停留时间最短，无法充分发挥灭火效果，灭火时间与微胞囊类灭火剂单独扑救此类火灾的灭火时间相当，可见射流落点 3 喷射时，超细干粉几乎没有发挥出快速控火的作用，这主要与超细干粉从复合射流中分离的机理与其在燃烧区的淹没时间有关。

根据超细干粉析出分离的机理可知，除由于自由紊动射流本身的涡结构、卷吸及扩散作用之外，惯性碰撞也是促使超细干粉分离的主要原因之一，在多相射流将要到达燃烧区附近时，大部分氮气流已经与主流体分离，可将此时的多相流看作固液两相流，在固液两相流到达燃烧区遇到阻挡（火焰、液面、罐壁等）时，由于流动方向发生急剧变化，部分超细干粉颗粒将受到惯性力的作用而使其运动轨迹偏离液相流体的流线，保持自身的惯性运动，与液相流体分离。而固相的超细干粉颗粒此时大量分离出来，由于主流体（主要是液相流体）所产生的卷吸作用，使得周围气流在遇到阻碍时产生绕流，超细干粉由于粒径达到气溶胶级别，因而由卷吸作用产生的气流裹挟大量超细干粉绕过障碍物，产生一个继续向前的速度，与干粉颗粒自身的惯性力形成向前的合力。由此可知，复合射流灭火系统的射流在燃烧区前方与燃烧表面发生碰撞时，可以使超细干粉灭火剂最大限度地淹没燃烧区并淹没较长的时间。

因此，由上述机理与实验测试数据可以得出以下结论：复合射流灭火系统在射击区域的选择上，应以保证超细干粉的析出量与其在燃烧区域的淹没时间为原则；在完全敞开的燃烧区域，如中高液位油罐火灾或地面流淌火灾，应保证复合射流的射击区域在燃烧区的前端或燃烧表面的前端；但在一些相对半封闭的露天场所，如液位较低的油罐火灾中，射击区域的选择则主要以延长超细干粉在燃烧区域的淹没时间为宗旨。

6.1.6.2 复合射流消防车与泡沫消防车灭火效果对比

实验利用 25m 复合射流举高喷射消防车，与消防队伍目前常用的氟蛋白泡沫灭火剂和水成膜泡沫灭火剂进行扑救直径 12m 油池火灾的灭火效能对比实验，对所选灭火剂的用量、控火时间、灭火时间、温度降和抗复燃性等灭火技术参数进行对比。共进行了三次实验，分别利用氟蛋白泡沫、水成膜泡沫及复合射流灭火技术进行实验，实验中每 3s 采集一次热辐射强度，每 1s 采集一次温度数据，分别就水成膜泡沫、氟蛋白泡沫及复合射流灭火剂灭火进行采集。参与实验的车辆照片见图 6.1.11、图 6.1.12。水成膜泡沫灭火实验照片见图 6.1.13。

图 6.1.11　25m 复合射流举高喷射消防车照片

图 6.1.12　举高喷射水罐/泡沫消防车照片

图 6.1.13 水成膜泡沫灭火实验照片

测温点热电偶布置见图 6.1.14，高于罐口 1m 平面热辐射测量位置见图 6.1.15。

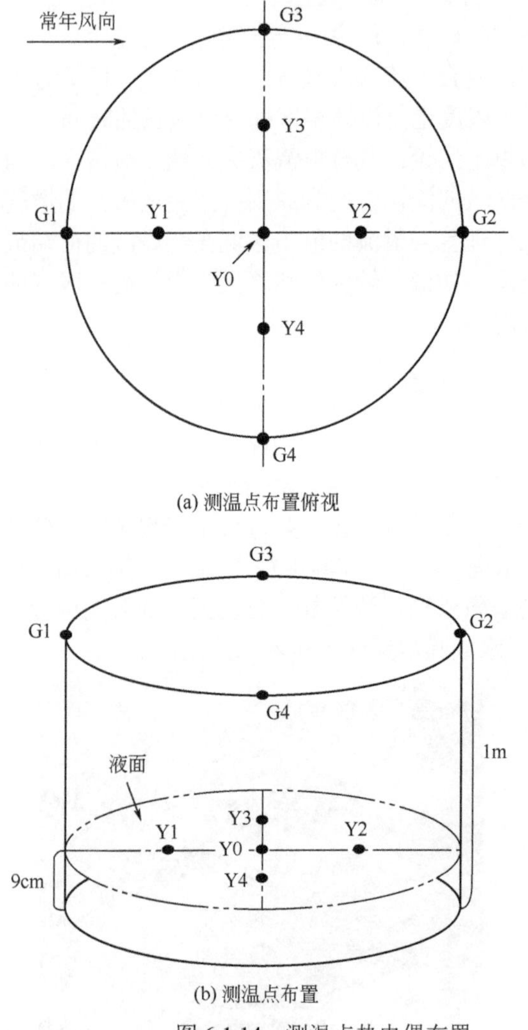

图 6.1.14 测温点热电偶布置

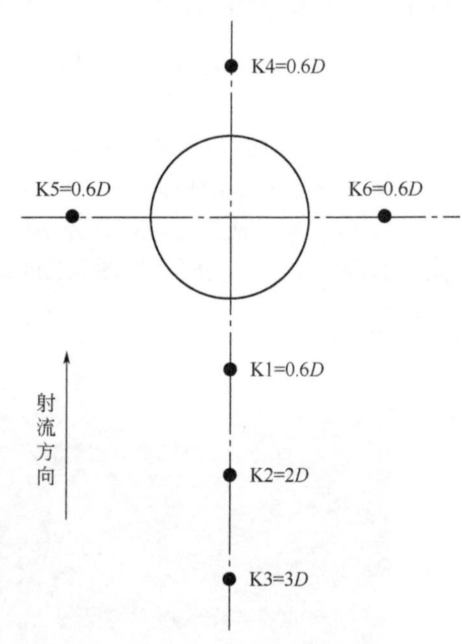

图 6.1.15 高于罐口 1m 平面热辐射测量位置

注：D为油罐直径，0.6D是指该点距罐壁的距离为油罐直径的 0.6。

（1）水成膜泡沫灭火实验

水成膜泡沫灭火剂，实验时风速<2m/s，最大3m/s，环境温度33℃，罐沿温度为39.3℃，预燃时间90s，预燃火焰中部温度为785℃，控火时间43s，灭火时间75s，使用水成膜泡沫原液250kg。

各个测温点的温度随时间变化曲线如图6.1.16所示。可以看出，油层在油品燃烧时温度上升至43℃左右。当 t =135s时，开始喷射水成膜泡沫，随着水成膜泡沫的继续喷射，火焰逐渐熄灭，从开始喷射到火焰熄灭用时约为75s。在水成膜泡沫灭火过程中，油层温度下降到39.1℃，温度降大约为3.9℃。水成膜泡沫灭火实验热辐射强度随时间变化曲线见图6.1.17。水成膜泡沫灭火实验结果见表6.1.4。

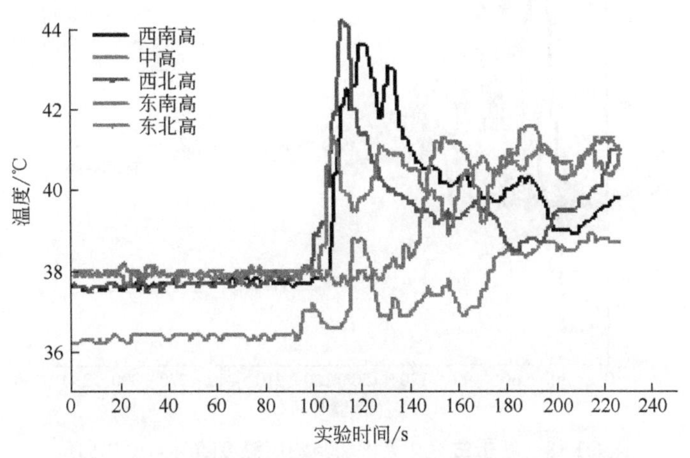

图6.1.16 彩图

图6.1.16　水成膜泡沫灭火实验油层温度随时间变化曲线

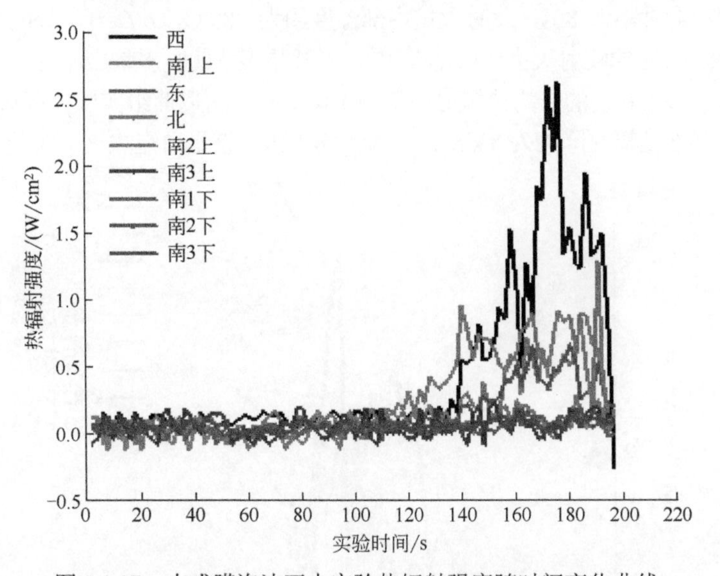

图6.1.17 彩图

图6.1.17　水成膜泡沫灭火实验热辐射强度随时间变化曲线

表6.1.4　水成膜泡沫灭火实验结果

灭火前火焰中部温度/℃	水垫层平均温度/℃	油层平均温度/℃	控火时间/s	灭火时间/s	辐射降/（kW/m^2）	温度降/℃
785	39.48	39.8	43	75	L/D=0.6处约为17	3.9

（2）氟蛋白泡沫灭火实验

氟蛋白泡沫灭火剂灭火实验：风速 2m/s，最大 3m/s，环境温度 33℃，油面初温 33.6℃。

图 6.1.18 所示为氟蛋白泡沫灭仿真油罐火时的油层的温度随时间变化曲线，它给出了油层在油品点燃前、燃烧中和灭火后的温度-时间曲线。可以看出，油层在油品燃烧时温度上升至 51℃左右。当 t=80s 时，开始喷射氟蛋白泡沫，随着氟蛋白泡沫的继续喷射，火焰逐渐熄灭，从开始喷射到火焰熄灭用时约为 45s。

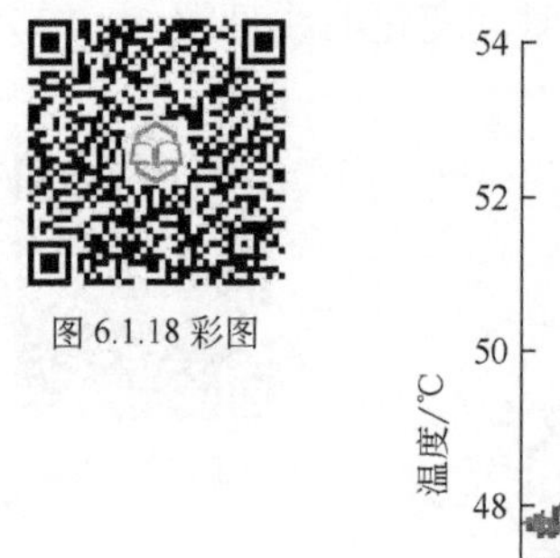

图 6.1.18 彩图

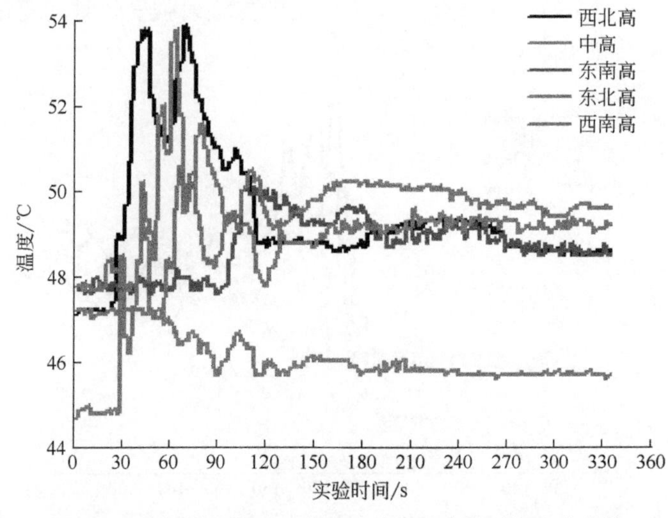

图 6.1.18　氟蛋白泡沫灭火实验油层温度随时间变化曲线

灭火剂开始喷射时刻为 80s，此时火焰中部温度约为 788℃，L/D=0.6 处的平均热辐射通量为 8kW/m^2；经过大约 45s 的喷射灭火，火焰在 125s 时被扑灭，此时水垫层温度为 48.5℃，平均油层温度为 48.42℃，L/D=0.6 处的平均热辐射通量为 10kW/m^2。所以此组实验的灭火时间为 45s，温度降为 3.6℃，L/D=0.6 处辐射降约为 8 kW/m^2，见图 6.1.19。氟蛋白泡沫灭火实验结果见表 6.1.5。

图 6.1.19 彩图

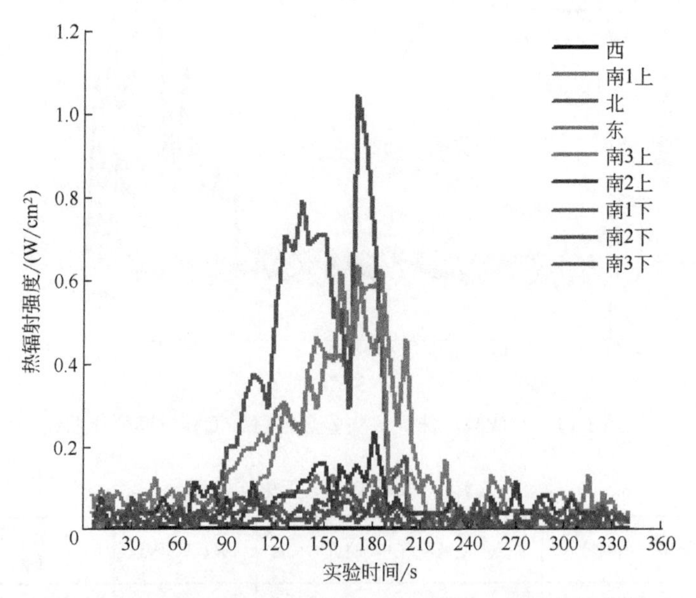

图 6.1.19　氟蛋白泡沫灭火实验热辐射强度随时间变化曲线

表 6.1.5　氟蛋白泡沫灭火实验结果

灭火前火焰中部温度/℃	水垫层平均温度/℃	油层平均温度/℃	控火时间/s	灭火时间/s	辐射降/(kW/m^2)	温度降/℃
788	48.5	48.42	39	45	*L/D*=0.6 处约为 8	3.6

（3）复合射流灭火剂灭火实验

复合射流灭火剂灭火实验，风速<2m/s，最大 3m/s，环境温度 33℃。

图 6.1.20 所示为复合射流灭火剂灭仿真油罐火时的油层的温度随时间变化曲线，它给出了油层在油品点燃前、燃烧中和灭火后的温度-时间曲线。可以看出，油层在油品燃烧时温度最高上升至 43℃左右。当 *t*=110s 时，开始喷射复合射流灭火剂，随着灭火剂的继续喷射，火焰逐渐熄灭，从开始喷射到火焰熄灭用时约为 21s。

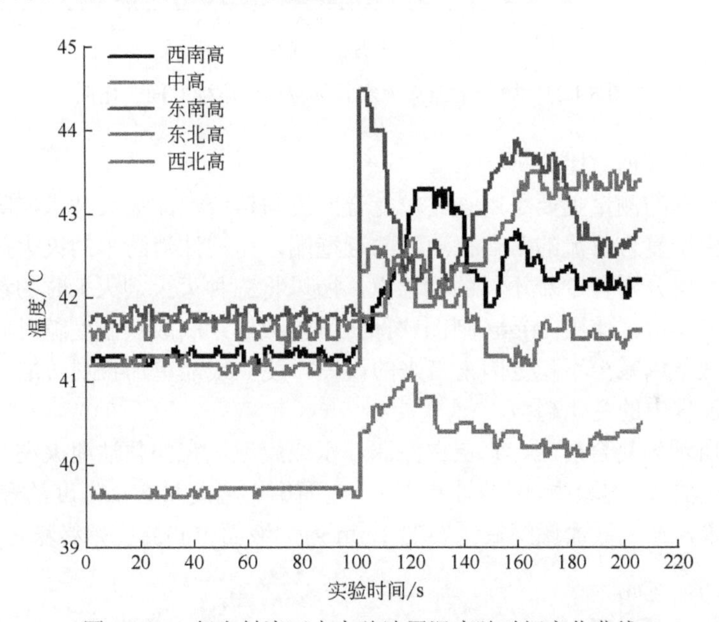

图 6.1.20 彩图

图 6.1.20　复合射流灭火实验油层温度随时间变化曲线

下面对实验的温度-时间变化曲线和热辐射强度-时间变化曲线进行分析。实验灭火剂开始喷射时刻为 110s，此时火焰中部温度约为 778℃，*L/D*=0.6 处的平均热辐射通量为 16kW/m^2；经过大约 15s 的时间，火势基本被控制住，经过大约 21s 的喷射灭火，火焰在 131s 时被扑灭，此时水垫层温度为 41.84℃，油层温度为 42.08℃。所以此组实验的灭火时间为 21s，温度降为 6.2℃，*L/D*=0.6 处辐射降约为 10kW/m^2，见图 6.1.21。复合射流灭火实验结果见表 6.1.6。

表 6.1.6　复合射流灭火实验结果

灭火前火焰中部温度/℃	水垫层平均温度/℃	油层平均温度/℃	控火时间/s	灭火时间/s	辐射降/(kW/m^2)	温度降/℃
778	41.84	42.08	15	21	*L/D*=0.6 处约为 10	6.2

图 6.1.21 彩图

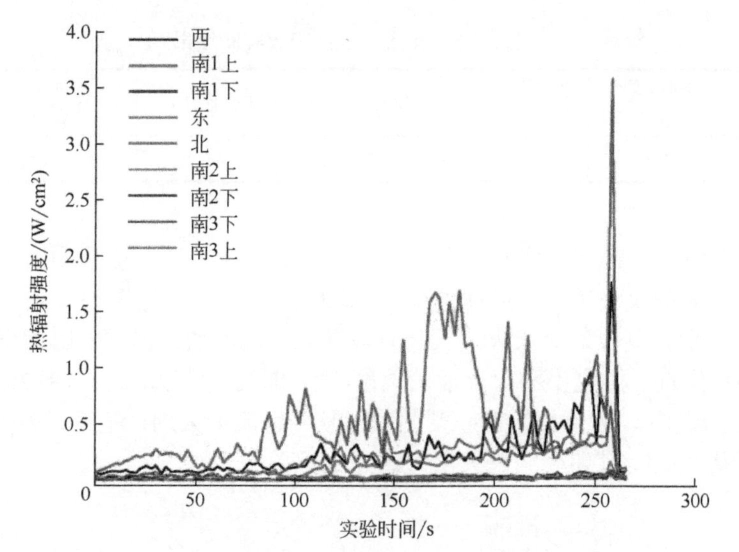

图 6.1.21 复合射流灭火实验热辐射强度随时间变化曲线

（4）液面测温数据对比分析

液面温度数据的测量主要是用来比较复合射流与传统泡沫灭火技术在降低液面温度的效果上的差别。由于复合射流的落点在油池的近壁端，而泡沫消防车的灭火剂落点在油池的远壁端。由于液面层分别有 5 个不同的测温点，所以将三种灭火剂灭火时的液面温度数据分别取液面温度的平均值，使用 origin 制图软件将所得数据绘制成热温度随时间的变化曲线，对其进行平滑处理，以减少不稳定因素带来的误差，使曲线能更加直观、准确地反映出火焰燃烧和火焰扑灭过程中的变化趋势。

图 6.1.22 所示为复合射流、氟蛋白泡沫、水成膜泡沫在扑救油池火灾过程中，液面中心温度随时间变化曲线。实验中，0#柴油点燃后，液面中心温度只有小幅度的升高，在达到 120℃附近后稳定下来，在全液面燃烧后预燃的 1min 内，液面中心温度始终稳定在 100～120℃范

图 6.1.22 彩图

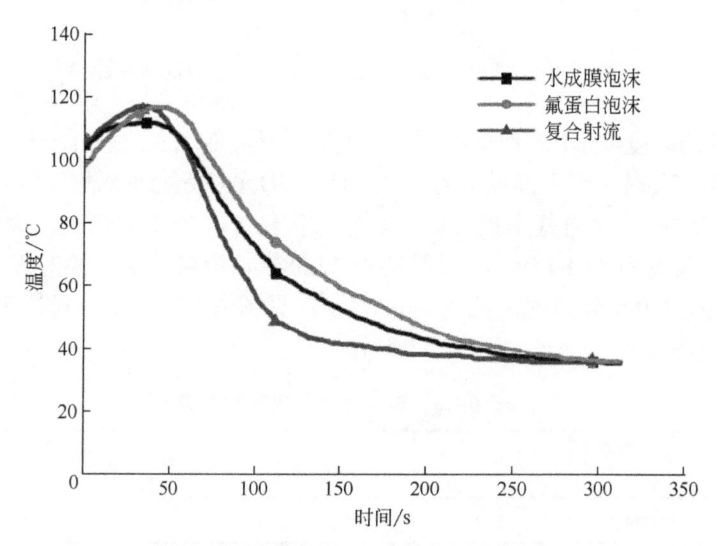

图 6.1.22 液面中心温度随时间变化曲线

围内。由图 6.1.22 可知，就降温效果而言，复合射流>氟蛋白泡沫>水成膜泡沫。水成膜泡沫灭火剂与氟蛋白泡沫灭火剂在降温效果上相差不大，氟蛋白泡沫灭火剂效果稍好，而复合射流灭火系统的降温幅度与降温速度都远远超过上述两种泡沫灭火剂。液面中心降温效果对比数据一览表见表 6.1.7。

表 6.1.7　液面中心降温效果对比数据一览表

对比项目	复合射流	3%型水成膜泡沫	3%型氟蛋白泡沫
开始喷射瞬时温度/℃	117.9	116.5	114.5
火焰熄灭瞬时温度/℃	70.4	68.2	82.1
停止喷射瞬时温度/℃	40.4	64.8	74.1
喷射时间/s	30	80	50
降温幅度/℃	77.5	51.7	45
降温速度/(℃/s)	2.58	0.65	0.9

三者降温效果的差异主要是由各自的灭火机理不同造成的。

① 泡沫类灭火剂主要是通过泡沫层完全覆盖液面隔绝油品与氧气，从而达到灭火效果。因此，泡沫灭火剂要达到降低液面中心温度的效果，主要分为三个阶段。

a.开始喷射泡沫时，由于泡沫射流要达到油池后壁，在喷射过程中，大量泡沫的破损吸热及部分泡沫的散落，使液面中心的温度缓慢降低。

b.泡沫在有效降低油池后壁温度及液面温度，达到泡沫的有效覆盖温度后，泡沫覆盖层延展至液面中心，液面中心测温点温度迅速降低。

c. 泡沫覆盖层在析液过程中降低测温点温度。由于泡沫的析液时间长，降温并不是其主要的灭火机理，从而导致了其降温速度与降温幅度均不理想。水成膜泡沫由于水膜的存在，在延展速度和降温效果上要略优于氟蛋白泡沫灭火剂，但水成膜泡沫的分散性高，容易受风向风速的影响，在实验时水成膜泡沫射流的指向性不好，且抗烧性较差。

② 复合射流灭火系统中，主要起降温效果的是水系的微胞囊类灭火剂 KFR-100，其灭火机理集合了冷却降温、吸收自由基、泡沫与乳膜隔绝助燃剂等效果，尤其突出的是其能降低水的表面张力与迅速冷却降温的效果，使复合射流在喷射后能迅速降低液面温度；其次，复合射流较强的降温效果也和其喷射方式有关，在高液面油池火灾中，复合射流的最佳射击范围靠近油池的前壁端，相比于泡沫的喷射方式，复合射流中的微胞囊类灭火剂覆盖的液面范围更大，也更容易接触到液面中心测温点，有利于快速降低液面中心测温点温度；另外，复合射流中的超细干粉迅速压制火势、熄灭火焰的能力，也使液面接受热源的时间更短，有利于微胞囊类灭火剂更好地发挥冷却降温作用。

（5）热辐射强度数据对比分析

图 6.1.23 所示为三种灭火剂灭火过程中的距离罐体 0.6*D* 处的平均热辐射强度随时间变化对比图，可以看出：开始灭火以后，复合射流灭火剂这一组的热辐射强度下降最快，大约在开始灭火 20s 以后就降到了正常水平，而氟蛋白泡沫灭火剂和水成膜泡沫灭火剂则是分别在开始喷射灭火剂 70s 和 75s 后才下降到正常水平，所以按照热辐射强度降低的效果（即灭火时间的快慢）来看，复合射流>氟蛋白泡沫>水成膜泡沫。

图 6.1.23 彩图

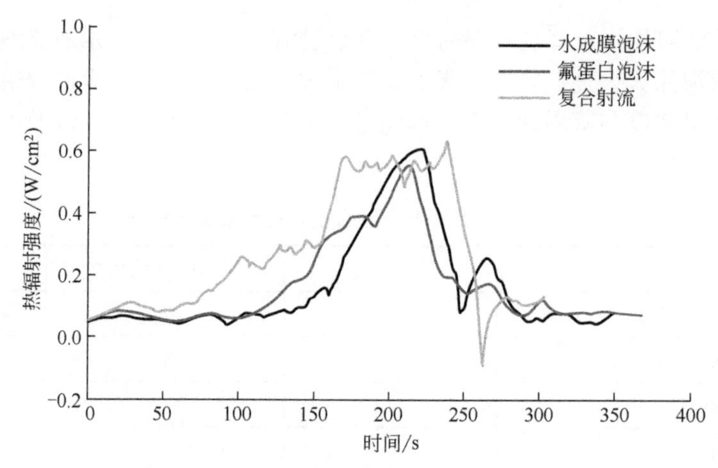

图 6.1.23 热辐射强度随时间变化对比图

（6）灭火时间与灭火剂用量对比分析

在整个扑救过程的灭火效果中，灭火时间与灭火剂用量是最为重要的衡量参数。本实验中，复合射流高喷车、泡沫高喷车使用复合射流、氟蛋白泡沫、水成膜泡沫共灭火三次，灭火后 5min 内观察有无复燃现象，并在此之后，进行再次点燃测试，观察灭火后液面是否可以再次点燃，以测试三种灭火方式的抗复燃效果。具体灭火过程中得到的数据如表 6.1.8 所示。

表 6.1.8 记录了三次灭火过程中的灭火剂类型、灭火剂流量、灭火剂使用量、控火时间、灭火时间、抗复燃能力的具体情况。从灭火能力方面来看，复合射流的灭火时间远低于水成膜泡沫及氟蛋白泡沫灭火剂。另外，复合射流也具备很强的控火能力，由于超细干粉的存在，复合射流喷射 15s 左右已基本控制绝大部分明火，极大地控制了油罐火灾的强辐射热对人员、装备及邻近设备的威胁；氟蛋白泡沫在灭火时间上要优于水成膜泡沫灭火剂。

表 6.1.8 灭火时间与灭火剂用量一览表

测试类型	灭火剂类型	灭火剂流量	灭火剂使用量	控火时间	灭火时间	抗复燃能力
复合射流高喷车	HLK 超细干粉	10kg/s	300kg	15s	21s	5min 内无复燃现象，液面无法再次点燃
	KFR-100（3%配比）	60L/s	50L			
	水		1750L			
高喷水罐/泡沫车	3%型水成膜原液	80L/s	190L	49s	75s	5min 内无复燃，液面拨开泡沫后，可点燃，随后即灭
	水		6200L			
高喷水罐/泡沫车	3%型氟蛋白原液	80L/s	120L	39s	45s	5min 内无复燃，液面拨开泡沫后可再次点燃，复燃
	水		3900L			

从灭火成本来看，由于复合射流所用灭火剂成本较高，KFR-100 属水系灭火剂，无发泡过程，因此，尽管其灭火时间较短，但灭火剂原液用量较两种泡沫灭火剂原液多。但从火灾造成的损失方面来看，由于复合射流灭火时间短，且远低于泡沫灭火剂的灭火时间，因而从火灾中燃烧的油品量、罐体的破坏程度、对邻近设备的威胁、对灭火人员装备的威胁及造成火势扩大的威胁等方面来讲，都极大地减少了火灾损失。由此可见，尽管复合射流的灭火剂成本相对较高，但从减少总的火灾损失的角度来讲，复合射流灭火技术要远优于泡沫灭火剂。

其次，随着复合射流灭火技术的推广，复合射流所用灭火剂的产量必然增大，因此，其价格随使用量与使用范围的扩大而降低是可以预见的。另外，本实验所模拟的是 1000m³油罐火灾，随着油罐直径（燃烧范围）的扩大，复合射流与泡沫灭火剂灭火时间及灭火剂用量上的差距将进一步加大，在某种程度上，缩小了复合射流与泡沫灭火剂成本上的差距。

从抗复燃情况来看，三次灭火过程中停止喷射后，三种灭火方式在 5min 内均无复燃现象，在拨开液面泡沫，以汽油进行再次点燃的过程中，复合射流无法点燃；水成膜泡沫虽可点燃，但由于泡沫合拢较快，随即熄灭；氟蛋白泡沫拨开泡沫后可点燃，并能持续燃烧、扩大。从上述结果中可见，复合射流与水成膜泡沫的抗复燃效果较好，尤其是复合射流的喷射时间短，油池内的液体中的灭火剂含量并不高，其液面仍无法再次点燃，可见其具有较强的抗复燃能力。

结论：实验表明，复合射流在综合灭火效能方面，均高于单一泡沫灭火剂，对扑救大面积油类火灾是一种利器。

6.2 灭火剂连续供给单元

6.2.1 研究背景和意义

大型油罐特别是超大型油罐火灾扑救往往持续十几个小时甚至几个昼夜，需要充足的灭火剂供给才能保证灭火救援行动的顺利进行。如 1993 年的南京炼油厂万吨轻质油罐火灾扑灭大约用了 17h，实际用水 20000t；2001 年的沈阳大龙洋油库火灾战斗作战大约持续了 10h，用水近万吨。在 2010 年中石油大连新港“7 • 16”火灾事故中，作战大约持续了 15h，战斗调集消防车 348 台，使用泡沫 1360 余吨，用水 60000 余吨，远程供水系统以 22000 L/min 的流量向火场实施不间断供水，泡沫混合液强度为 4.3L/（min • m^2）。由此可见，灭火剂的大流量、连续不间断供给，是扑救该类火灾的关键。

在“十三五”国家重点研发计划项目研究中，我们研发了复合射流消防车，该车灭火时间比用水成膜泡沫缩短 72%，用水量节约 70%；在开展的扑救 20000m^3 油罐全液面火灾（截面积 1256m^2）实验中，灭火时间仅为 8min，且无复燃。由此可见，复合射流技术在石化火灾扑救方面的优势很明显。复合射流消防车灭火效能虽然高，但单车装载的灭火剂有限，在扑救大型油品火灾时，难以形成持续的战斗力，只有源源不断地提供灭火剂，才能保证复合射流消防车灭火效果。由于缺乏与该车配套的灭火剂连续供给单元，使该车在扑救超大型油罐全液面火灾方面的优势得不到有效发挥，在很大程度上影响了该成果的运用。因此，研发与复合射流消防车配套的灭火剂连续供给单元，实现灭火剂的大流量、连续不间断供给，具有非常重要的现实意义和广泛的应用前景。

针对超大型油罐火灾扑救中灭火剂的连续供给问题，我们研究了该供给单元与复合射流消防车以及和泡沫消防车配套使用的关键应用技术（包括干粉连续供给模块中驱动气体对复合射流消防车灭火剂性能及灭火效能的影响、基于大尺寸泡沫比例混合器的泡沫连续供给技术等），研发了水连续供给模块、泡沫液连续供给模块、干粉供给模块，集成了复合射流消防车连续供给单元，保证了复合射流消防车的持续战斗力。

6.2.2 国内外研究现状

复合射流灭火剂的连续供给问题，涉及供水、供泡沫和供干粉问题，特别是要突破大流量水系统、大尺寸泡沫比例混合器及干粉流动等关键技术。

① 供水技术方面。主要集中在解决远程供水的技术问题，朱赟在《移动式远程供水系统》一文中通过对移动式远程供水系统的功能、原理构成和应用方式，以及优化结构等方面进行介绍与分析，为远程供水系统的发展革新、研究创新关键部件的设计、制造提供了参考。李存靖和张俊杰在《消防远程供水系统自动增压控制模块设计分析》一文中设计分析了自动增压控制模块，分析了此模块在远程供水系统实施救灾供水过程中，可确保大口径水带远距离输水供应能力，同时该模块具有欠压、过压保护功能，可以通过自动调节，防止前方水带突然关闭或突然断裂对系统机组的影响，可确保装备自动远程持续供水。通过对此模块系统的阐述，使读者对这种新型远程供水系统中的增压模块有了全面的认识。郑春生在《远程供水系统在火灾扑救中的应用探讨》一文中阐述远程供水系统应具备的功能，介绍系统的基本性能参数及目前在消防部队中的装备情况，着重对远程供水系统操作人员配置、训练操法及编成效能进行分析和探讨，并介绍其拓展的应用范围。王振群和刘忠喜在《基于 GS-C1.2/200 型远程供水系统在消防领域中应用研究》一文中以 GS-C1.2/200 型远程供水系统为例，结合实际作战中力量编成和调度的不同方案进行对比介绍，阐述了使该装备得到高效、合理的使用的作战方案。

荷兰特种泵制造公司最早开始开展消防供水系统的研究，并于 20 世纪 70 年代成功研制出大型消防供水系统 HFS（Hytrans Fire System），该系统能从距离动力系统 60m（垂直或水平距离）的任何开放水源中取水。

荷兰奎肯（Kuiken）公司近几年又将漂浮式潜水泵应用于移动远程供水系统中，通过直径 12 英寸（约 304.8mm）的消防水龙带，将流量为 400L/s、压力为 1.2MPa 的水源输送到几十千米以外的火灾现场，能够同时为 8~10 台消防车昼夜不停地连续供水一个月以上。

② 供泡沫技术方面。郎需庆、刘全桢等人在《扑救大型储罐全面积火灾的探讨》一文中针对国内原油储备库的大型原油储罐全面积火灾事故，以某原油库为例分析了固定式消防系统的消防能力，结合大型原油储罐全面积火灾的事故特点和扑救难点，分析了固定式消防系统和移动式消防设备在扑救大型储罐全面积火灾的难点和优点。陆华、刘益民在《泡沫比例混合技术的发展与现状》一文中，列举出了负压式泡沫比例混合装置、压力式泡沫比例混合装置、压力平衡式泡沫比例混合装置、计量注入式泡沫比例混合装置、械泵入式泡沫比例混合装置的工作原理、结构组成和应用范围，通过对比分析装置的优缺点，为装置应用于不同类型需求的火灾场景提供参考。王灿在《平衡式泡沫比例混合装置的研究与开发》一文中通过对多种泡沫比例混合装置优缺点的比较，确定了平衡式泡沫比例混合装置的优越性。之后对核心部件进行研究和分析，根据实际需要及技术要求，确定最终符合技术指标的设计方案。制作验证样机后通过对实验数据的分析和处理，来验证其性能。证明了该设计方案的可行性。陈建雄、韩金波等人在《泡沫灭火系统中泡沫比例混合装置在集输站库中的运行》一文中主要介绍了泡沫灭火系统的组成及工作原理。又将该系统按泡沫产生倍数的不同，分为高、中、低倍数三种系统。文中重点对泡沫比例混合装置在油田大站大库中运行时存在的问题进行探讨。王峰、陈洪武等人在《混合动力平衡式泡沫比例混合装置的设计与研究》一文中基于功能设计方法，设计了一套混合动力平衡式泡沫比例混合装置，即一柴一电平衡式泡沫比例混合装置，该装置能够实现在各种复杂工况下的正常工作，因可靠性高而具有较

强的适应性。进行相关实验后，得出该比例混合装置两个系统的压力损失实验、泡沫混合比均达到国标要求。

③ 模拟仿真技术研究现状。胡立平、何仁等人在《FLUENT 软件在液-液混合器领域中的应用》一文中对通用 CFD 模拟软件——FLUENT 进行了综述，介绍了该软件的应用领域、主要特点。通过简述软件在混合器设备中复杂流场的模拟，为现有的混合器设备的优化与新产品的研发提供指导性参数，指出了软件在液-液混合领域潜在的应用前景。刘传超在《液液喷射器引射结构的数值模拟及优化研究》一文中针对液液喷射器的改进设计问题，开展了基于 CFD 模拟的喷射器性能及优化的研究工作，运用标准 K-f 湍流模型，考察了液液喷射器内部流体的流动特性与渗混效果，获得了喷射器内部速度场、压力场、浓度场等分布信息。考察了引射结构对液液喷射器工作性能的影响。研究了液液喷射混合器中引射流体进料角度和引射口数的影响行为和优化选择问题。最终确定了本模型研究范围内的最佳的工作流体压力、引射压力和出口压力。晏希亮在《混合器结构设计及多物理场仿真研究》一文中通过了解国内外固井车混浆系统、多相流相关研究，探究设计出了有利于水泥浆预混合的混合头。分别对混合头的清水入口尺寸、速度以及干灰入口速度和分水顶针角度、分水顶针与清水出口之间的间距进行了 CFD 模拟仿真，以确定有利于水泥浆混合的最佳方案。之后又对搅拌器的转速以及同轴上两桨叶的间距和两个搅拌轴的距离等操作参数、尺寸参数、位置参数进行了模拟仿真，优化了搅拌器结构更加有利于水泥浆的搅拌混合。最终对混合头与搅拌器内流场进行了整体 CFD 数值模拟，并与水泥浆单独在搅拌器中搅拌混合做对比，分别分析了搅拌时间为 1min、1.5min 时水泥浆的混合状况，最终探究了其对混合效率的影响。王丹华、张冠敏等在《T 型管内两相流分配特性数值模拟》以 FLUENT 为模拟软件，以流体流动参数和管子几何结构为研究变量，对 T 型管内流体流动进行数值模拟。发现影响 T 型管单个支管内流体分布的主要因素是支管入口产生的涡流强度，影响多个支管间流体分布的主要因素是流体惯性。其他入口条件及设备条件相同时，流体入口液相体积分数较大，利于多个支管间流体均布，入口速度或液滴粒径越小，单个支管内和多个支管间，流体越易均布，且入口速度对流体分布影响较明显。支管采用弯管过渡后，相比直角 T 型管，主支管衔接处涡流显著减小，对支管流体均布有明显改善。余小松、崔鹏在《12V190 燃气发动机文丘里混合器流场分析》一文中通过利用流体仿真软件 ANSYS CFX 对 12V190 燃气发动机试验时配套的文丘里混合器内气体进行流场仿真分析，验证了该文丘里混合器设计的可行性，对混合器出口燃气和空气的体积比例进行分析，得出该文丘里混合器在实际情况下的空燃比，与发动机理论空燃比比较后进行结构优化，使该混合器的空燃比和流量能满足发动机额定工况下运行需要。张树梅在《射流混合技术在汽油调合中应用的研究》一文中通过对微观混合机理的研究，在对比几种油品混合方式的前提下，对错流射流的结构及错流射流混合过程的基本特性、影响因素进行了详细的讨论，同时对 THQ 型油品混合器搅拌参数、喷射初速度及油泵出口压力进行了估算，在成品汽油调合罐上安装了 THQ 型错流射流混合器。之后建立数学模型，并应用 CFD 计算分析软件 FLUENT 对整个过程进行了模拟。将模拟结果与实验数据和理论数据进行比较，进一步证实了这个过程的有效性。

④ 供干粉技术方面。主要分为干粉的理化性能研究和灭火效能研究。

（1）理化性能

干粉灭火剂的理化性能研究包括吸湿率、含水率、斥水性、接触角、热重性质等。关于斥水性，吴颐伦等通过实验法证明了干粉灭火剂斥水性主要是因为其表面有一层既不会透气，也不会透水的斥水膜，由于斥水膜紧紧贴住水面，因而可以把水和干粉隔开。关于吸湿率，周文英等从理论角度说明了以磷酸铵盐作为基体材料的干粉灭火剂，其吸湿特性主要与其中磷酸二氢铵成分的吸湿特性有关。关于含水率，吴颐伦等通过实验，证明了在干粉灭火剂干燥的历程中，第一阶段是表面水汽化控制阶段，优先汽化的是粉末表面的空隙水与润湿水；第二阶段是内部扩散控制阶段，此阶段中干粉表面由于水分的减少，有外皮露出，且不断加厚，因而此阶段的干燥速率逐渐下降。

（2）灭火效能

表征干粉灭火效能的参数包括灭火时间、降温效果和抗复燃效果等。一家名为 KIDD 的英国公司，研制出了一种以碳酸氢钾为基体材料的超细干粉，粒径＜5μm，在开展的全淹没类型灭火实验时，其卓越的灭火效能表现为普通灭火剂 10 倍之多；华敏等首先进行理论探讨，而后采用数值模拟，结合国际上常见的气固两相流等模型，建立了以没有火源为基础、以氮气驱动为动力，模拟灭火剂微粒冷喷射和热喷射情况的各种方法；杜立强等通过实验证明，与目前存在的大部分灭火系统等相比，应用超细干粉灭火具有化学与物理方式结合、全湮没灭火方式、大气臭氧层耗减潜能值为零等 7 方面的优势。

6.2.3 总体设计思路与技术路线

（1）灭火剂连续供给单元的设计思路

① 灭火剂连续供给单元主要模块及关键问题。该灭火剂连续供给单元主要包含三大模块，即水连续供给模块、泡沫液连续供给模块和干粉供给模块。水连续供给模块主要基于远程大流量供水系统，关键是研发远程大流量泵浦消防车（泵浦增压车）和水带敷设消防车；泡沫液连续供给模块主要是研发大吨位泡沫供液消防车；干粉供给模块主要是研发大容量干粉供粉消防车。

② 水连续供给、泡沫液连续供给、干粉供给模块研发。反复论证研发方案，设计研发图纸，对泵浦消防车（增压消防车）、水带铺设消防车、大吨位供液消防车、大容量干粉消防车等相关车辆进行设计、组装、实验，并通过第三方检测验证。

③ 干粉供给模块中驱动气体对复合射流性能的影响研究。为提升干粉连续供给时间和灭火效能，搭建模拟实验平台，开展驱动气体对复合射流消防车灭火剂性能及灭火效能的实验研究，探究压缩空气代替压缩氮气作为干粉的驱动气源，应用于复合射流消防车的可行性。

④ 基于大尺寸泡沫比例混合器、水连续供给模块和泡沫液连续供给模块的泡沫灭火剂连续供给技术。通过理论分析和计算，研发设计大尺寸泡沫比例混合器，应用 Fluent 模拟软件，模拟优化设计参数，探索基于大尺寸泡沫比例混合器的远程大流量、连续不间断泡沫供给技术。

（2）研发技术路线

灭火剂连续供给单元研发技术路线见图 6.2.1。

（3）连续供给单元供给原理

水连续供给模块主要通过远程供水系统提供大流量水的连续供给，远程供水系统的关键装备为泵浦消防车、增压消防车和水带敷设消防车；泡沫液连续供给模块主要通过大吨位的泡沫供液消防车，提供泡沫原液的连续供给；干粉供给模块主要通过大容量的干粉供粉消防车和压缩氮气驱动气源为复合射流消防车提供干粉供给。三个模块可与复合射流消防车配套

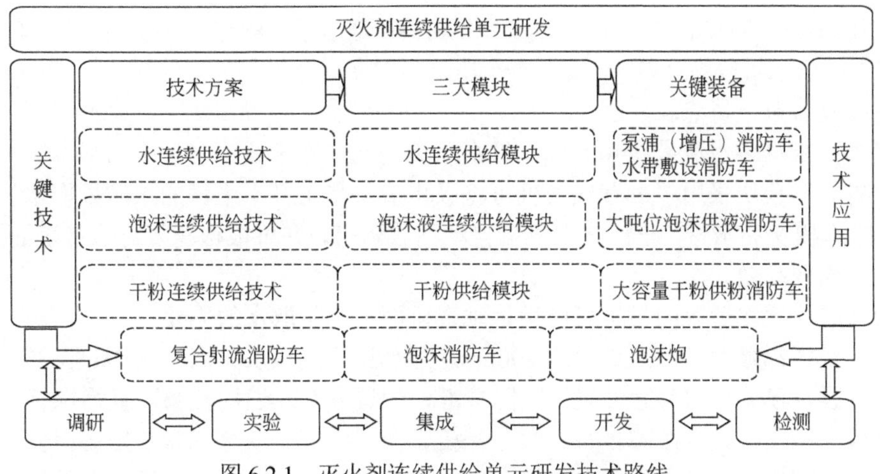

图 6.2.1　灭火剂连续供给单元研发技术路线

使用，喷射复合射流进行灭火；水和泡沫液连续供给模块也可与泡沫消防车或消防炮配套使用喷射泡沫灭火剂。该套灭火剂连续供给单元能够实现泡沫灭火剂≥80L/s 的流量，连续喷射≥1h 的不间断供给，具体设计思路如图 6.2.2 所示。

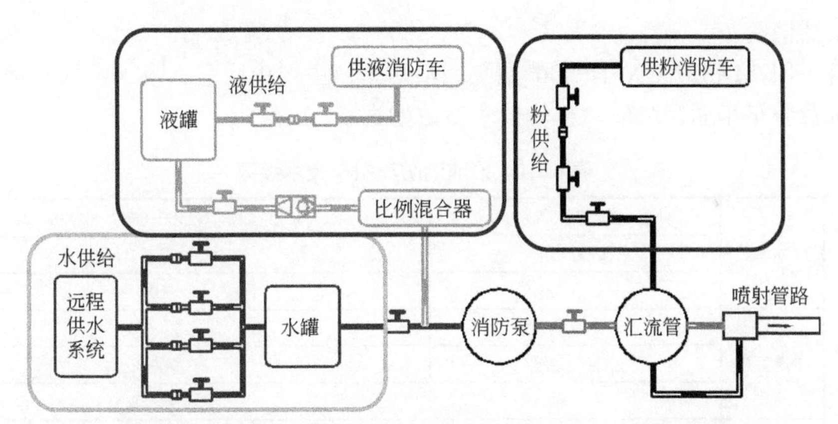

图 6.2.2　复合射流消防车与连续供给单元的设计及供给原理

6.2.4　水连续供给模块的设计与研发

6.2.4.1　系统组成、要求及应用模式

该套系统由 1 辆大流量泵浦消防车、3 辆水带敷设消防车组成。系统具备天然水源、人工水源及水塔（罐）取水功能。天然取水系统由 2 台浮艇泵并联。浮艇泵能将高度不小于 25m 的水源以 400L/s 的流量输送到增压泵进水口。双干线供水时，系统能以 400L/s 的流量输送到不小于 3km 远的火灾现场，并且其末端出水压力不小于 0.4MPa。模块能够自动敷设及收卷 *DN*300mm 的大口径消防水带；施放水带速度 0～15km/h，回收水带速度 0～5km/h。模块借助随车起重机，可吊拉吸水泵组和取水水带。该模块还具备城市排涝功能。

系统的主要性能参数如下。

供水距离：≥3km；供水流量：≥400L/s；末端供水压力：≥0.4MPa；浮艇泵（2 台）：

额定工作压力≥0.25MPa，单泵额定流量≥200L/s；增压泵：额定工作压力≥1.0MPa，额定流量≥400L/s；输水管线：*DN*300mm 水带 6km。

该系统具备以下特点。

流量大：末端供水流量≥400 L/s、供水距离 3km（双干线）。

高效省力：模块采用“后置式吊机可将吸水模块吊至几十米深的水源处取水”、收放悬吊、拖拽吸水模块和水带，车前收带机可自动回收水带，并可根据需要对水带表面进行清洗、吹干，操作简便高效。

适应性好：模块后置的吊机可以满足垂直桥面、码头取水的需要。

供水流量大：最大供水流量可达 400L/s，经加压后其供水距离可达 3km。

通用性强：模块接口等附件采用国际标准，配置齐全、通用性强、互换性好。

安全性高：模块设有故障报警、紧急停机、防滑防撞、安全标识等措施，安全性高；各铝合金水带接扣均有橡胶保护套，能够有效防止磕碰和损坏；同时在浮艇泵的进水口设有滤网，可有效防止杂物堵塞水泵。

可靠性高：系统所采用的增压泵具有高可靠性，可以放心使用。

6.2.4.2 构成系统的主要车辆

（1）泵浦消防车

本系统采用 MX5270TXFBP400 型泵浦消防车，主要由底盘、吸水模块、增压泵系统、随车起重机及整车车厢等组成，整车技术参数如表 6.2.1 所示。

表 6.2.1 泵浦消防车整车技术参数

整车参数	尺寸参数	外形（长×宽×高）/mm	9675（长）×2500（宽）×2978（高）
		接 近 角	24°
		离 去 角	10°
	质量参数	最大总质量	33000kg
		前 轴	7000kg
		后 轴	26000kg
	发动机	型 号	MC11.54-50
		形 式	直列 6 缸、水冷、四冲程、增压中冷柴油发动机
		最大功率（1600r/min 时）/kW	397
		额定扭矩（1500r/min 时）/N·m	2300
	底盘型号		重汽汕德卡 ZZ5356V524ME1
	驱动形式		6×4
	轴距		5800mm+1400mm
	乘员室（含驾驶员）		2 人
	最高车速		90km/h
吸水模块（2 只）	额定流量		200L/s
	设计压力		0.25MPa
	出水口径		250mm
	取水深度		25mm
	水平供水距离		60m
	供水水带直径		250mm

续表

增压发动机(1门)	额定转速	1800r/min
	额定功率	750kW
	品牌	河柴
	型号	CHD620L6LP3B-F
增压泵(2组)	额定流量	400L/s
	额定压力	1.0MPa
	进/出管径	*DN*250/*DN*300
起吊机(1组)	起吊能力	16T·m
	伸缩臂最大长度	12m
	最大半径工作质量	500kg
液压起重机(1只)	最大起重能力	2000kg
	钢丝绳长度	50m

1）泵浦消防车配备吸水模块。由浮艇泵、液压系统、液压控制系统、增压泵组等组成。

① 浮艇泵。浮艇泵如图 6.2.3 所示。质量≤110kg；额定流量≥200L/s（单台）；数量 2 台；额定压力≥0.25MPa；出水口径 250mm；取水深度≥25m；水平供水距离 60m；供水水带直径 250mm；工作温度为-10～46℃；泵体材质：泵体及叶轮均为铸造高强度轻合金；滤网：水泵进水口设有滤网，可有效防止吸入杂物（除水泵进水口设有不锈钢滤网外，并增配主动防护滤网，主动阻拦水中杂物）；防腐：采用先进防腐工艺处理；浮箱：采用轻质材料，一次成型工艺技术，重量轻，耐冲击。

(a) (b)

图 6.2.3 浮艇泵

② 液压系统。液压系统如图 6.2.4 所示，由底盘发动机提供动力。通过液压驱动实现展开和回收液压软管，液压油管长度 60m。液压软管卷盘与浮艇泵连接并持续给予浮艇泵动力。

③ 液压控制系统。液压控制系统具备工况监控、报警、过载保护等功能，液压系统可自动控制和手动控制工作，自动控制模块失效，可用手动模式保证系统取水。

泵浦消防车液压系统的控制原理如图 6.2.5 所示。

④ 增压泵组。由增压泵发动机、增压泵、电气控制系统、大流量供水泵组车厢等组成，实物如图 6.2.6 所示。

a.增压泵发动机。额定转速：1800r/min；额定功率：≥750kW；品牌：河柴；型号：CHD620L6LP3B-F。

(a) 液压软管卷盘

(b) 浮艇泵伸缩吊机

图 6.2.4　液压系统

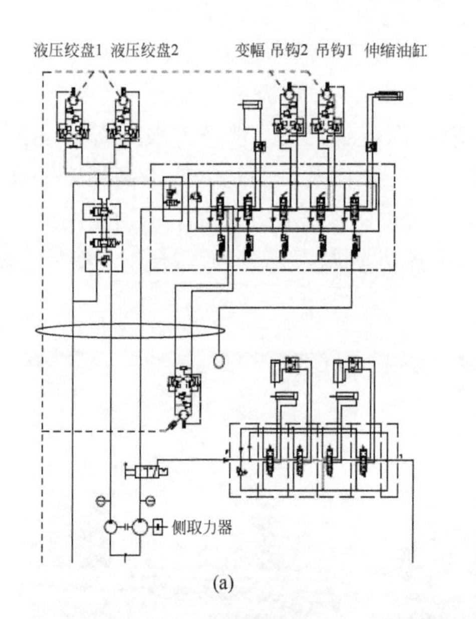

(a)

浮艇电机
浮艇电机
主取力器

(b)

图 6.2.5　泵浦消防车液压系统的控制原理

(a) 柴油机组

(b) 泵组及管路系统

图 6.2.6　泵浦消防车增压泵组实物

b.增压泵。品牌：南京信诚；型号：SSCXB300-250；额定流量：400L/s；额定压力：1.0MPa；进水管径：*DN*250mm（与吸水泵出水管路相匹配）；出水管径：*DN*300mm（与供水干线水带直径相匹配）。

c.电气控制系统由模块进行控制，可实时显示发动机转速、系统电压、增压泵进出口压力等。采用先进的车载 PLC 控制器、现场 CAN 总线控制技术，具备工况监控、故障报警、过载保护等功能，保证泵组自动运行。整车操控更加人性化、智能化。

d.大流量供水泵组车厢。材质：本体主骨架为钢制型材，器材架为铝合金型材；结构：采用钢制框架和铝合金型材专用连接件结构，器材放置空间充足，放置器材隔断空间可调整，适当位置采用旋转架、托架的方式，保证器材便于取用；器材箱门：储物箱内配备拉带及固定座，确保器材放置牢固；储物箱门体为铝合金卷帘门，卷帘门均带有内置锁扣（钥匙通用），把手坚固耐用，不易变形，密封性能良好，通过水淋密封性能试验，门边有密封条以防水淋和灰尘；器材箱卷帘门采用带锁拉杆式结构，门开启和关闭轻便，无异响，且能在任意位置停住，保证车辆运行和不使用时不自行启闭；增压泵组采用液压电动翻板门，方便可靠，极大地减轻了消防人员劳动强度；驾驶室设有卷帘门开启及关闭指示灯，并有声光报警提示车门未关；翻板踏脚：采用钢制框架结构；器材架：采用高强度铝合金型材。

2）随车起重机。泵浦消防车随车起重机如图 6.2.7 所示。

① 吊臂系统。具备无线遥控和手动操作功能。在取水作业时，随车起重吊机可快速施放、回收吸水浮艇泵。

② 吊机。起重能力：最大起吊能力≥16t；液压伸缩臂的最大长度≥12m；最大工作半径时起吊质量≥500kg。

③ 液压起重机。具备在桥面取水和坡道取水时均可用于快速施放和回收浮潜泵、悬停功能。起重能力≥2000kg；钢丝绳长度≥50m。

3）快速充电装置。车尾部安装苏州怡达公司生产的型号为 YD-SES30B 型自动充电装置，并配 20m 三芯电缆及专用电源插头。可利用市电直接对底盘进行充电，具有车辆启动自动脱离功能。装有外接电源接口和快速充电装置，如图 6.2.8 所示。

图 6.2.7 泵浦消防车随车起重机

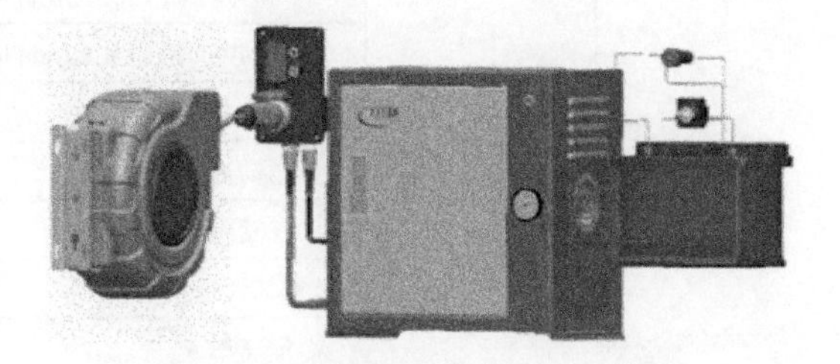

图 6.2.8 泵浦消防车快速充电装置

泵浦消防车如图 6.2.9 所示。

（2）水带敷设车

水连续供给模块配置 3 辆 MX5320TXFDF30 型水带敷设消防车。水带敷设车配置 6km、管径为 *DN*300mm 大口径水带，具有自动敷设、回收、码放、储运、清洗水带的功能。

① 车辆概述。该车采用中国重汽集团生产高端汕德卡 ZZ5356V524ME1 型底盘，国五排放标准的德国曼技术 MC11.44-50 型发动机，额定功率 327kW，驱动方式为 6×4。该车顶部

图 6.2.9 泵浦消防车

安装有收卷机构、导带机构，用于水带的直接收卷。驾驶室加装有仪表板、主驾气动可调座椅，副驾静态可调座椅，冷暖两用空调，主副驾驶电动车窗，外循环进风带粉尘过滤及花粉过滤，驾驶室内有两个内照明灯，车门遮阳帘。加装 200W 警报器、警灯开关、取力器控制开关、行车记录仪、指示灯、预留车载电台位置及电源、天线等仪器仪表设备，360° 倒车可视系统及大屏车载语音导航。附加电路采用独立式结构。

② 整车技术参数。水带敷设车整车技术参数如表 6.2.2 所示。

表 6.2.2 水带敷设车整车技术参数

<table>
<tr><td rowspan="16">整车参数</td><td rowspan="3">尺寸参数</td><td>外形（长×宽×高）</td><td colspan="2">11910（长）×2500（宽）×3950（高）（mm）</td></tr>
<tr><td>接近角</td><td colspan="2">24°</td></tr>
<tr><td>离去角</td><td colspan="2">10°</td></tr>
<tr><td rowspan="4">质量参数</td><td>最大总质量</td><td colspan="2">32100kg</td></tr>
<tr><td>前轴</td><td colspan="2">7700kg</td></tr>
<tr><td>后轴</td><td colspan="2">24400kg</td></tr>
<tr><td>水带装载量</td><td colspan="2">2000m</td></tr>
<tr><td rowspan="4">发动机</td><td>型号</td><td colspan="2">MC11.44-50</td></tr>
<tr><td>形式</td><td colspan="2">直列 6 缸、水冷、四冲程、增压中冷柴油发动机</td></tr>
<tr><td>最大功率（1900r/min 时）</td><td colspan="2">327kW</td></tr>
<tr><td>额定扭矩（1500r/min 时）</td><td colspan="2">2100N · m</td></tr>
<tr><td colspan="2">底盘型号</td><td colspan="2">重汽汕德卡 ZZ5356V524ME1</td></tr>
<tr><td colspan="2">驱动形式</td><td colspan="2">6×4</td></tr>
<tr><td colspan="2">轴距</td><td colspan="2">5800mm+1400mm</td></tr>
<tr><td colspan="2">乘员室（含驾驶员）</td><td colspan="2">2 人</td></tr>
<tr><td colspan="2">最高车速</td><td colspan="2">90km/h</td></tr>
<tr><td rowspan="8">随车器材</td><td colspan="2" rowspan="3">吸水水带总成</td><td>*DN*250mm/30m</td><td>2 根</td></tr>
<tr><td>*DN*250mm/20m</td><td>2 根</td></tr>
<tr><td>*DN*250mm/10m</td><td>2 根</td></tr>
<tr><td colspan="2" rowspan="2">水带接口扳手</td><td>*DN*250mm</td><td>2 副</td></tr>
<tr><td>*DN*300mm</td><td>2 副</td></tr>
<tr><td colspan="2" rowspan="2">供水弯管</td><td>*DN*250mm</td><td>2 只</td></tr>
<tr><td>*DN*300mm</td><td>2 只</td></tr>
<tr><td colspan="2">水带护桥</td><td>*DN*300mm</td><td>2 副</td></tr>
</table>

续表

随车器材	强光手电		2只
	车轮止动块	通用型	4套
	浮艇泵固定绳	ϕ10mm 尼龙-30m	2根
	水裤、救生衣		2套
	滤网清理工具		1套
	分水器	*DN*300mm 转 *DN*150mm×4	2个
	供水水带总成	*DN*300mm/50m	2根
		*DN*300mm/30m	2根
		*DN*300mm/20m	2根
		*DN*300mm/100m	58根

③ 主要组成部件和模块。

a.水带收卷装置。机构组成：由收卷机构、导带机构及控制系统等组成。该装置可将地面上带接口的 *DN*300mm 口径水带自动整齐地收入水带集装箱中，放带速度 0～15km/h，收带速度 0~5km/h。驱动方式：电控液压驱动。其主要机构及模块工作原理：• 导带系统。导带系统工作状态时位于驾驶室顶部并前伸约 1000mm，且具有约 10° 的向下倾角，便于水带进入且距前风窗玻璃有近 1000mm 的距离，便于驾驶员操作及保证了一定的安全距离。导带系统由液压马达驱动同步输送带，使水带顺利进入收带机并具有辅助收卷水带，防止水带收取过程中因收卷力过大或不足而导致的打滑损坏。导带系统的倾角由液压油缸驱动，使之向下倾斜回收水带或回复至水平位置；回复至水平位置时可向后至行车状态。• 收带机构。收带机构为收带系统的主体部分，主要包括收卷胶辊、驱动马达、传动装置、压紧装置等。水带回收时通过导带系统将水带导入收带机构，收带机构通过收卷胶辊及压紧装置将水带输送至水带厢中，遇有接口时通过红外线感应装置自动打开压紧装置使接口顺利进入水带厢。• 俯仰机构。俯仰机构包括油缸驱动的俯仰机构及前伸机构等，主要功能是使导带机构俯仰 10°~15°，以便水带进入，并可使导带机构回复至行车状态。收卷水带遇有接口时，通过红外线感应装置自动打开压紧装置使接口顺利进入水带厢。

b.自动清洗装置。机构组成：由液压动力单元、高压清洗泵、水箱、高压喷头等组成。在收带同时可对水带上下表面进行清洗，去除水带表面灰尘、泥浆等。水带清洗系统：包括由液压马达驱动的高压清洗泵、水箱、管路等。车辆前部配有 4 个高压喷嘴，在收带同时可对水带上下表面进行自动清洗，去除水带表面灰尘泥浆等。水带吹扫系统：在车辆前部装有 4 个喷嘴，在水带收卷过程中，从喷嘴中喷出的压缩空气可以对水带的上下表面进行吹干；在水带清洗后同步完成吹干处理，并按照设计装载模式放入存储箱内。

c.水带箱。箱体结构：主骨架采用钢制骨架，特殊关键部位采用优质不锈钢骨架，外表面采用钢板蒙皮，部分内饰采用花纹铝板。表面处理：箱体经表面除锈后喷涂防锈底漆和消防红油漆。存放容量：*DN*300mm 口径水带≥6000m（3 辆车）。

d.器材箱及翻板踏脚。器材箱：主骨架及外蒙皮为优质碳钢，内饰板均为 1.5mm 氧化铝合金小花纹板，底板为 2.5mm 氧化铝合金小花纹板。主骨架与外蒙皮为焊接结构。翻板踏脚：外蒙皮及骨架为优质碳钢，内蒙皮覆铝合金花纹板。采用气弹簧加卷门止口双重锁定，安全可靠。

e.附加电器设备。驾驶室顶部前端安装 1 个红色长排警灯；车辆两侧上方各配有 3 个侧照明灯带及 8 个爆闪灯（红蓝相间），下方安装安全标志灯和侧回复反射器（组合式），配有前、后示廓灯，两侧各一只转向灯，乘员室、器材箱内均装有照明灯，并符合 GB 4785—2019《汽车及挂车外部照明和光信号装置的安装规定》规定。警报器功率为 100W；警报器、警灯、爆闪灯电路为独立式附加电路，控制器件安装在驾驶室内。

f.快速充电装置。型号为 YD-SES30A。主要功能：针对消防车辆时常电瓶亏电现状，为执勤车辆安装自动分离式充电装置，当需要出动车辆时，驾驶员只需打开启动钥匙，在车辆启动的同时，分离式弹性插头自动与装置分离。当不能自动分离时，会发出声光报警，提醒驾驶员查看故障或手动分离，从而达到快速出动的要求。

g.装饰和喷漆。所有暴露金属面均彻底清洁、整理和喷漆。在喷涂最后完成前打磨掉所有不平整的喷漆表面。喷漆颜色：驾驶室、车身、器材箱、翻板等上装部分主体喷涂消防红，轮毂外圈、前保险杠、车后防护板及车身下部裙板为灰色。

④ 总体技术要求。整车油漆采用国产优质油漆；所有操作开关、仪表、器材及车辆均有符合规范的铭牌标志；整车性能、平整度、整车外廓尺寸、轴荷及质量、整车外部照明和信号装置应符合现行国家标准；所有粘接、焊接牢固，光洁，平整；车顶设有防护栏板、防滑花纹板；车辆车厢前部右侧设有铝合金制作的上下人梯，梯蹬有防滑条纹设计。

水带敷设车如图 6.2.10 所示。

图 6.2.10　水带敷设车

6.2.5 基于大吨位泡沫消防车的泡沫液连续供给模块研发

当用 24t 以上泡沫液消防车给复合射流消防车连续供给泡沫液时，在流量为 80L/s 的情况下，可以连续供给 80min 以上，形成较强的战斗力。该系统的关键装备为大吨位泡沫液供液消防车，既可以储存大量泡沫液，又能够将泡沫液输送到复合射流消防车。

6.2.5.1 泡沫液供液消防车整车概述

MX5430GXFGY240 型 24t 泡沫液供液消防车（图 6.2.11）是我们严格按照国家消防装备质量监督检验中心及国家发展改革委汽车新产品开发要求进行开发，采用新技术、新工艺、新材料自主研发的。该车采用中国重汽集团生产高端汕德卡 ZZ5446V516ME1 型底盘，国五排放标准的德国曼技术 MC11.44-50 型发动机，额定功率 327kW。该车中部配备 1 个 23500L 泡沫液罐；前部配备 2 个器材箱，后部配备 1 个泡沫供液泵及管路系统，流量 108m^3/h，扬程 120m；顶部配备罐上装有消泡器一套，可有效消除向罐内注液时产生的泡沫。同时该车还提供 6 个 *DN*50mm 的外进液接口， 2 个 *DN*80mm 和 2 个 *DN*65mm 蝶阀控制的出液口，可以同时为 4 台消防车按比例供给所需泡沫原液。该车作为泡沫灭火剂供给车辆，配合我们研发的水连续供给模块（远程供水系统），可为石油化工企业、油罐及工矿企业、仓库等工业类火灾扑救中前方主战车辆、管网消防炮提供大流量、连续泡沫液供给。

(a)

(b)

图 6.2.11　MX5430GXFGY240 型 24t 泡沫液供液消防车

6.2.5.2　泡沫液供液消防车整车技术参数

泡沫液供液消防车整车技术参数如表 6.2.3 所示。

表 6.2.3　泡沫液供液消防车整车技术参数

整车参数	尺寸参数	外形（长×宽×高）	11980（长）×2500（宽）×3400（高）(mm)
		接近角	24°
		离去角	10°
	质量参数	最大总质量	42600kg
		前轴	2×9000kg
		后轴	26000kg
		泡沫液装载量	23500kg
	发动机	型号	MC11.44-50
		形式	直列 6 缸、水冷、四冲程、增压中冷柴油发动机
		最大功率（1900r/min 时）	327kW
		额定扭矩（1500r/min 时）	2100N・m
	底盘型号		重汽汕德卡 ZZ5446V516ME1
	驱动形式		8×4
	轴距		1950+4500+1400(mm)
	乘员室（含驾驶员）		2 人
	最高车速		90km/h
泡沫液罐(1 只)	容积		23500t
	材质		316L
	人口孔		3 个
	排污口		1 个
	呼吸阀		2 个
泡沫供液泵(1 门)	型号		XBD12/30P-WGL 型泡沫泵
	流量		$108m^3/h$
	最高工作压力		1.2MPa
	扬程		120m
消泡器(1 个)	型号		FGFRD-A-5-0.75
	消泡量		$5m^3/h$
	功率		750W

6.2.5.3 泡沫液供液消防车的工作原理

泡沫供液消防车的工作原理如图 6.2.12 所示。

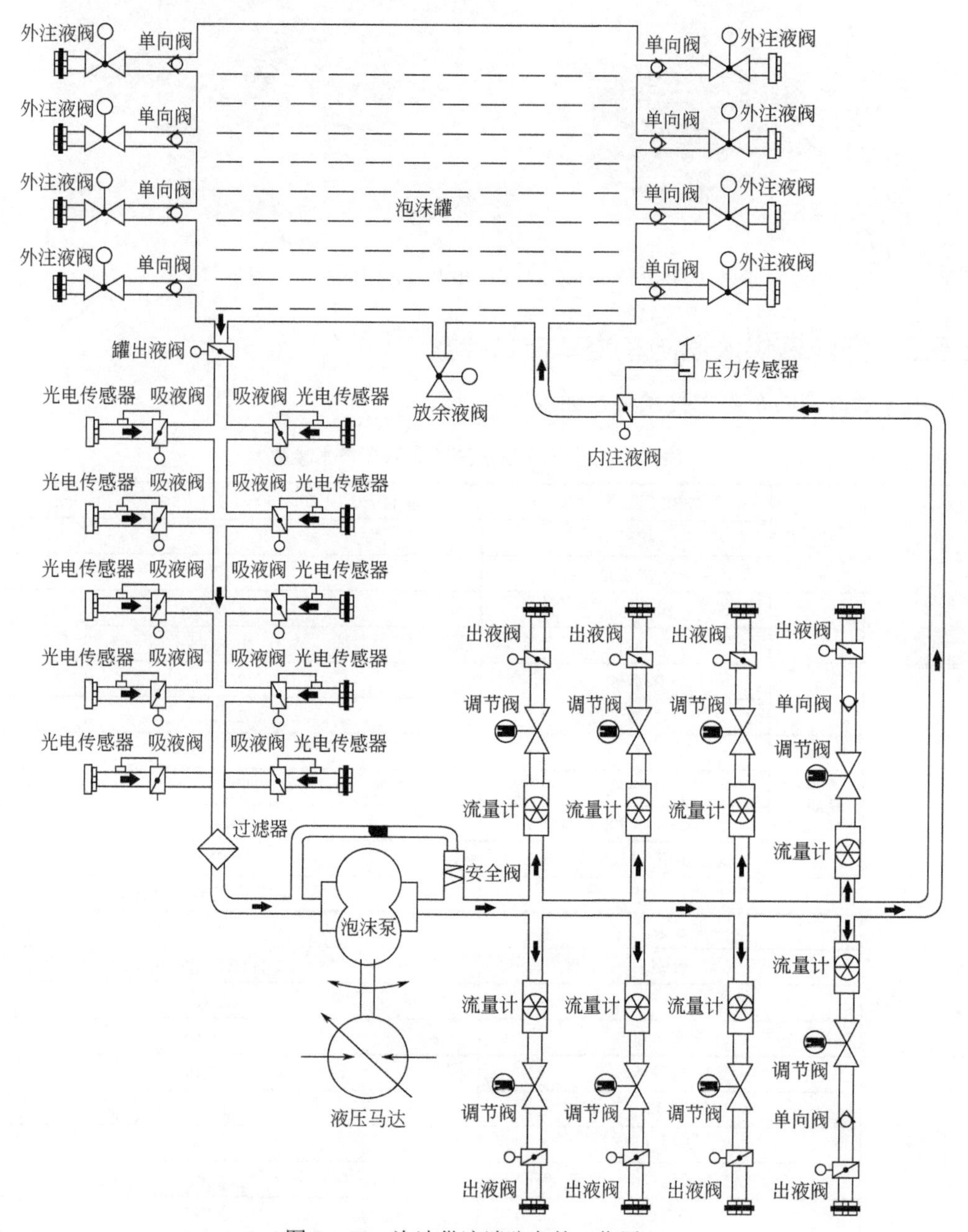

图 6.2.12 泡沫供液消防车的工作原理

6.2.5.4 泡沫液供液消防车底盘技术参数

（1）整车概述

型号：重汽汕德卡 ZZ5356V524ME1；厂家：中国重汽集团济南商用车有限公司；驱动形式：8×4；轴距：1950+4500+1400(mm)；排放依据标准：国五标准、SCR 后处理技术；其他配置：带硅油离合风扇、带粗滤的双级过滤进气系统、带燃油粗滤器（带油水分离器和电加热装置）、单缸空压机（360ccm）、带排气阀制动系统、冷启动电加热系统、离合器（430拉式膜片弹簧离合器总成）、水箱散热器带蚊虫灰尘防护网、定速巡航功能、带前下防护装置。

（2）发动机

型号：MC11.44-50；形式：直列六缸、水冷、增压中冷、电喷式柴油机；功率：327kW；排量：10518mL；扭矩：2100N·m；油箱：300L油箱(铝制)、油箱口带过滤网、油箱盖带锁；制动系统：电子刹车系统，带刹车防抱死 (ABS)，双回路压缩空气制动系统，配空气干燥器，空气干燥器带电加热。前盘后鼓式制动器。弹簧力作用的驻车制动系统，作用于后桥，制动间隙自动调整。

（3）驾驶室外部

单排驾驶室，前面罩带锁，车内打开；主副驾驶带车门灯；弹簧减震驾驶室；带中控锁；副驾驶侧带车头前部下视镜；带电加热及电动调整的后视镜及广角镜带防溅挡泥板；电动翻转驾驶室、带后窗。驾驶室顶靠前部加装有长排警灯。

（4）驾驶室内部

驾驶室内采用主动气动调节座椅，带靠背调整及座椅高度及前后调整；副驾静态座椅 1把带遥控功能的主钥匙和1把不带遥控功能的额外钥匙；自动空调；外循环进风带粉尘过滤及花粉过滤；驾驶室内有照明灯；带应急工具；带车门遮阳帘；主副驾驶均带电动车窗；前风窗玻璃带遮阳板；B柱带扶手；A柱带扶手。除原车设备外，加装有100W警报器、回转警灯开关、侧照明灯开关。加装行车记录仪及可视液晶360° 全景倒车影像仪。

（5）电子装置

智能通A版；发动机转速传感器位于曲轴；仪表板带车辆信息显示；车尾灯带倒车灯，倒车蜂鸣器；燃油压力报警。

（6）电路系统

双音气喇叭、单音电喇叭；车内带24V直流口、12V直流口（10A）；带电磁式电源总开关；12V 180A·h电池，两块，免维护；发电机功率28V，70A；全车电路均带熔丝。

6.2.5.5 泡沫液供液消防车上装技术

（1）总体布局

上装为模块化设计，能单独吊装；由副车架、前部罐体、后部泵室等模块组成。液罐与副车架采用弹性连接，能够有效减少因汽车大梁变形而导致液罐的应力集中。器材室内部器材布置合理，集中存放一目了然，存取方便，泵室管路设计合理、操作方便。

上装总体分为两段式：前部为罐体和器材室；后部为独立泵室，内部设计方便人员进入维护，内有LED照明灯。

① 罐体柔性连接。上装厢体、罐体等通过此种柔性连接方式与副车架固定在底盘上，能可靠有效地削减和释放来自行驶过程中地面的颠簸及车辆刹车、转弯等情况产生过大扭矩变形的能量和应力，保证整车车辆安全及使用寿命。

② 器材室。车身两侧优化设计器材室，为充分利用空间；采用下翻式门封闭，门可锁；器材室内可放置水带、接扣等各种器材。

③ 储物箱材质及结构。材质：器材室及泵室的框架采用高强度、防腐蚀、无变形的不锈钢型钢，确保其强度和刚度；内骨架采用铝合金型材，内蒙板采用铝合金板，质轻防腐蚀；

结构：在充分考虑器材及管路设计布置情况下，合理设计器材及泵室，增加器材布置空间；可根据用户使用需求调整器材隔断，布置科学合理，符合人体工程学原理；内有LED照明灯，门两侧装有LED照明灯带，随门启闭开关；工艺：外骨架采用焊接结构，内骨架采用搭接结构，蒙板和骨架之间连接牢固，满足使用要求。

④ 车顶蒙板及扶梯。车顶部铺设不锈钢花纹板，可行走，并具有防滑措施；在车后右侧安装1部上车扶梯，折叠式，带轻合金梯级保护（踏步表面有防滑花纹），质轻方便快捷；车顶扶手，梯蹬有防滑设计，保证人员上下安全。

⑤ 上装制造工艺及技术要求。整车表面平整光洁，无砂眼、裂纹、结疤等缺陷，提高铸件强度和外观质量；整车铆接件铆接紧密贴合、牢固可靠，铆钉排列整齐，无松动、破裂、偏斜；整车焊接部位均经过除渣、打平等处理，无漏焊、无砂眼，焊缝美观，符合GB 12467.1—2009《金属材料熔焊质量要求　第1部分：质量要求相应等级的选择准则》焊接质量标准；整车连接件、紧固件、自锁装置采用标准件，具有互换、通用性；安装配备牢固，各种管路固定可靠；车身蒙皮平面凸凹度控制在1000mm×1000mm的范围内不大于±1mm、在500mm×500mm的范围内不大于±0.5mm；整车防腐措施先进可靠，涂装工艺先进；整车使用的涂装油漆为进口杜邦的油漆，整车颜色采用消防红，底盘、轮毂为亮黑色，前保险杠、翼子板为白色。

（2）储液罐

① 形式及材质。外露式，316L不锈钢罐 [00Cr17Ni14Mo2]。

② 厚度尺寸。罐的壁板、隔板、顶板和封板壁厚3mm，底板壁厚4mm；可确保容罐质保期15年以上。

③ 总容量。泡沫液23500kg。

④ 结构。罐整体为焊接式结构，内设网格式纵横防荡板，确保有效阻挡及缓减车辆行驶过程中的冲击力；防荡板留有人孔，便于清洁与检修。

⑤ 人孔及排污孔。罐顶设3个直径450mm的人孔，带有快速锁定/开启、自动泄压装置；罐底设1个*DN*65mm排污口，并配有球阀、管牙接扣和扪盖；排污口位置避开底盘部件且低于大梁，排污口阀控制手柄在车辆侧面便于操作。

⑥ 过滤网。液罐与泡沫液消防泵连接口有杂质过滤网。

（3）供液泵技术要求

安装形式：后置式螺旋转子泡沫液消防泵；品牌型号：浙江威隆XBD12/30P-WGL型泡沫泵；流量：30L/s；供液能力：200m，同时具备向2台车供给泡沫原液能力的供液车；扬程：120m；自吸高度：3m；材质：304不锈钢；放余液装置：设置在泵的低处；泵驱动：通过取力器由汽车发动机驱动。

（4）供液泵管路及各类水管路、阀门及接口技术要求

泡沫液供液消防车的管路系统如图6.2.13所示。

① 整体要求。采用布局合理、质量可靠的全套管路装置保证整车管路，结构设计紧凑，性能可靠稳定。

② 外进液口。液罐两侧各安装4个*DN*80mm的球阀控制进液口。

③ 出液口。泵室两侧各安装4个*DN*80mm不锈钢球阀控制的出液口。

④ 吸液管路。泡沫泵具有吸液功能，单侧配有5个*DN*50mm的吸液管路，配有不锈钢截止阀、管牙接口、滤网及扪盖。

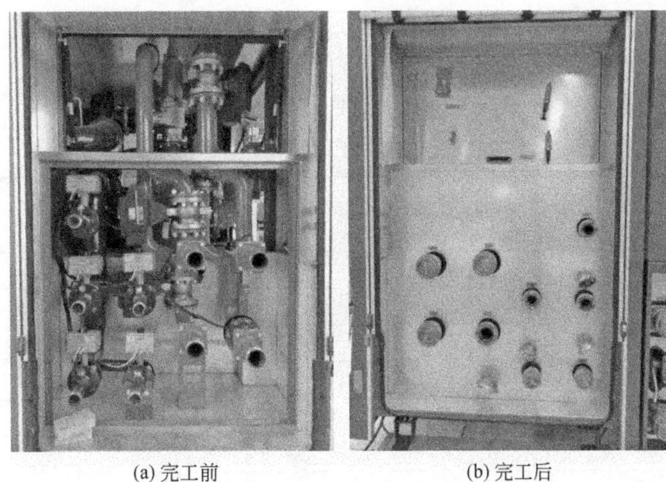

(a) 完工前　　(b) 完工后

图 6.2.13　泡沫液供液消防车的管路系统

⑤ 内注液管路。泵室内设置 1 个 ϕ125mm 内注液管路，可通过泡沫泵向罐内注液，并装 1 只 *DN*125mm 气动蝶阀控制。

⑥ 内进液管路。配设 1 个 *DN*125mm，材质为不锈钢，带电、气、手动控制功能的液罐至泡沫液泵的管路及阀门。

⑦ 清洗管路。泡沫系统自吸清水进行管路清洗。

⑧ 外供泡沫量调控装置。由原车取力器驱动液压泵并通过液压电机使泡沫泵工作，系统采用 PLC 智能控制，由比例阀控制出口流量，并可根据受液设备所需流量，输送泡沫液。

（5）控制系统技术要求

① 消防泵室控制操作盘。消防泵室控制操作盘设有压力、罐液位、照明、吸液阀、出液阀等各种功能的仪表、指示及开关。

② 驾驶室控制系统操作盘。驾驶室控制系统操作盘设有电气总开关、取力器等与泵室相互关联的各种仪表、指示及开关。

（6）附加电器技术要求

驾驶室顶部前端安装长排红色频闪警灯、200W 警报器。车尾、车身两侧加装频闪轮廓灯（红蓝色相间）、反光带；驾驶室安装一部摩托罗拉车载电台（由用户指定）；驾驶室内安装带手麦喊话警报器（功率 200W，有连续调频功能）；车身顶部前后安装全方位可手动伸缩的火场照明灯各 1 只；器材箱、泵室安装自动开关 LED 照明灯；驾驶室内安装行车记录仪及可视液晶 360° 全景倒车影像仪；驾驶室内设 1 个 12V 的通信电源接口，1 个 24V 的电瓶充电接口；其他附加仪表、开关集中布置在驾驶室内或泵室内的一个控制板上，位置合理，结构紧凑，便于操作并有中文的铭牌标志；车辆配制苏州怡达 YD-SES30 B 型自动充电充气装置 1 套；安装位置：车辆后尾部，车辆启动时自动分离；工作方式：由自动绕线器提供的 220V 电源通过分离式弹性插头给装置供电供气，当电瓶充满、储气罐压力到达设定值后装置自动停止工作。当需要出动车辆时，驾驶员只需打开启动钥匙、在车辆启动的同时分离式弹性插头自动与装置分离。当不能自动分离时，会发出声光报警，提醒驾驶员查看故障或手动分离，从而达到快速出动的要求。

6.2.5.6 泡沫液供液消防车随车配备清单

泡沫供液消防车随车配备清单见表 6.2.4。

表 6.2.4 泡沫供液消防车随车配备清单

序号	名称	规格型号	单位	数量	附注
1	异径接口	KJ65/50	个	4	内扣式
2	异径接口	KJ65/40	个	4	内扣式
3	KJ50/40	异径接口	只	4	内扣式
4	水带总成	16-65-20	盘	4×20000mm	内扣式接口，16kg 级
5	吸液管扳手	FG600	个	2	
6	水带护桥	FH80	副	1	
7	铁锹	2#	把	1	
8	消防平斧	GFP810	把	1	
9	丁字镐		支	1	
10	橡皮锤		把	1	
11	手提贮压式干粉灭火器	5 kg	具	1	
12	充气软管及接嘴		只	1	
13	吸液管	*DN*65mm	根	2×4m	两端配 *DN*65 mm 内扣式接扣
14	吸液管	*DN*40 mm	根	4×4m	一端配 *DN*40 mm 内扣式接扣，另一端配金属导管
15	泡沫供液管	*DN*50 mm	根	4×8m	两端接头均采用 *DN*50mm 内扣式接扣
16	便携式手提灯		只	1	
17	手提式泡沫液输转泵	WP20	台	1	
18	原车工具	底盘厂随车附件	套	1	
19	供液水带	16-80-20	盘	20×20000mm	内扣式接口，16kg 级

6.2.6 基于大尺寸泡沫比例混合器的泡沫远程连续供给技术

6.2.6.1 泡沫连续供给系统方案设计

（1）设计思路

泡沫连续供给系统的核心为远程供水系统和泡沫比例混合器两部分，在水源和泡沫能保证不间断大量供应的情况下，只需选择远程供水系统和稳定大尺寸比例混合器进行恰当的组合即可，泡沫连续供给系统设计思路如图 6.2.14 所示。

消防水先由远程供水系统中漂浮式潜水泵作为吸水单元进行吸水作业，而后使用直径为 300mm 的专业水带将消防水运送至途中增压泵，对消防水进行途中的二次加压，以保证在远程供水系统的输出端具有足够的压力；消防水经过一段长距离的运输后，至大尺寸正压式泡沫比例混合器，与此同时，由泡沫储罐和泡沫罐车运送的泡沫原液也到达泡沫比例混合器，大尺寸正压式泡沫比例混合器将消防水和泡沫原液进行精确比例混合形成泡沫混合液，继续由 300mm 水带将泡沫混合液运送至固定消防设施及移动车载泡沫炮等一线火场进攻端，实施扑救作业。

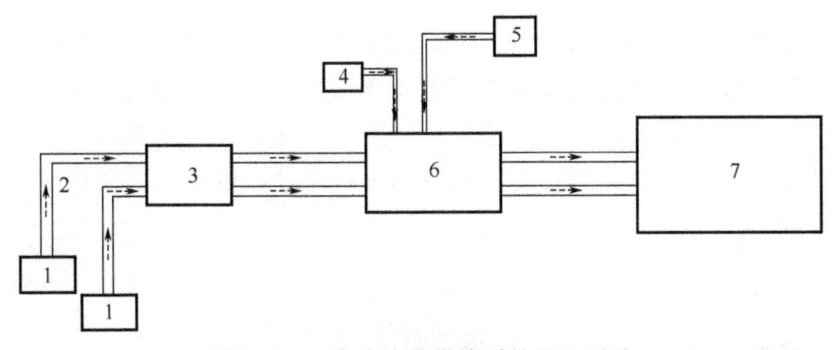

图 6.2.14　泡沫连续供给系统设计思路

1—吸水单元；2—300mm 输水水带；3—增压泵单元；4—泡沫储备罐；

5—泡沫罐车；6—大尺寸泡沫比例混合器；7—固定消防设施及移动车载泡沫炮等

方案设计中，远程供水系统采用漂浮式潜水泵从水源中吸水以及加压泵对消防水在途中进行二次加压相串联的方式进行供水，途中输水管线为双干线输水方式。大尺寸正压式泡沫比例混合器采用水利驱动水轮机为动力、将小部分水能转化为机械能，再由机械能驱动柱塞式计量泵，由调速器进行动态调节注入的泡沫液量，从而保证装置在运行过程中不断配制出混合比相对精确的泡沫混合液。

方案设计中理想的泡沫混合液输出流量约为 425L/s、压力约为 1.0MPa、混合比最大为 6%。

（2）泡沫比例混合技术分析

目前我国生产的泡沫比例混合器按混合方式不同分为负压比例混合器和正压比例混合器。负压类的有环泵式泡沫比例混合器和管线式泡沫比例混合器；正压类的有压力式泡沫比例混合器和平衡压力式泡沫比例混合器。

管线式泡沫比例混合器原理如图 6.2.15 所示。管线式泡沫比例混合装置利用的是文丘里管，当流体在文丘里管结构中流动时，由于管道直径的缩小，在管道的直径最小的地方喉道处，所产生的真空度吸入泡沫液，动能也达到最大值，由于能量守恒，静态压力为整个管道中的最小值，外界大气压的压力与混合器中压力压差变大，喉道处与外界大气压产生压力差，这个压力差给泡沫剂提供一个外在压力，把泡沫液引入混合管道与压力水混合，最终达到一定比例的混合液。其优点在于结构简单，制造工艺简易，经济性较好。但是，因为管路向出口端收缩，压力损失较大，且吸入量和送水量都受到限制，使枪、炮进口的压力较低。因此适用于要求压力和流量较小的小型装备。

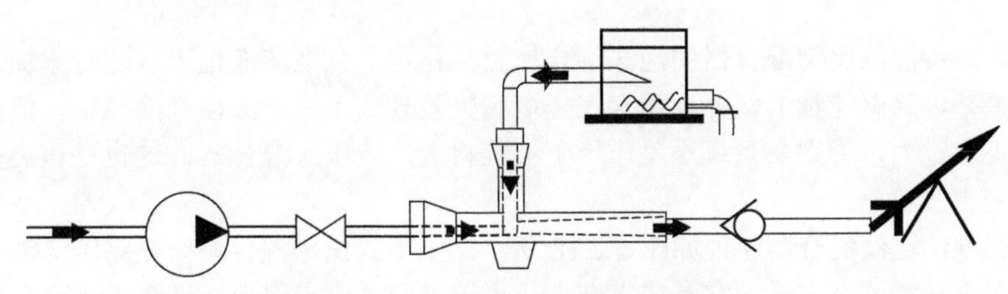

图 6.2.15　管线式泡沫比例混合器原理

环泵式泡沫比例混合器原理如图 6.2.16 所示。环泵式泡沫比例混合器在它的收缩部位造成真空（文丘里效应），此处经管道与泡沫液罐相连接，泡沫液在大气压作用下进入混合器。

泡沫液的流量由混合器调节阀控制，指针对着某些数字，表示有相应流量的泡沫液参加混合。在泡沫比例混合器出液管中首先制成20%~30%比例的混合液，再将这种浓度的混合液送入泵的进水管，进而达到规定的混合比例。其结构简单、价格低廉，故障少。但因在安装及使用过程中影响因素较多，混合液的混合比例难以确定。此外，进水口不能直接使用压力水源，适宜使用天然水源。

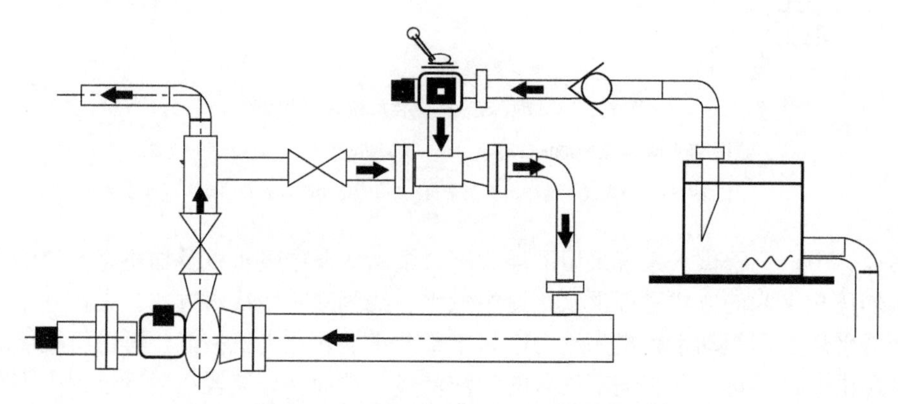

图 6.2.16　环泵式泡沫比例混合器原理

压力式泡沫比例混合器原理如图 6.2.17 所示。泡沫液储存在常压容器中，泡沫液通过泡沫泵加压输送至平衡阀，平衡阀将泡沫液与消防的压力平衡，使通过压力平衡阀进入比例混合器的泡沫液压力与消防水压力保持压差基本恒定，多余泡沫液通过回液管道输送回到泡沫液罐。由于压力平衡阀的作用，可以让进入比例混合器的消防水和泡沫液压力差保持相对稳定。

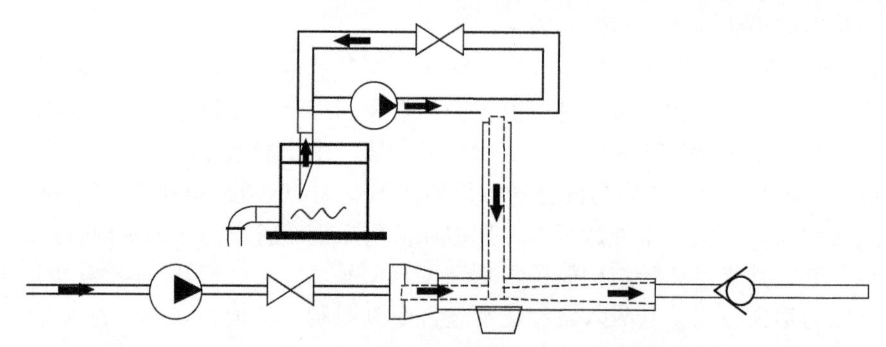

图 6.2.17　压力式泡沫比例混合器原理

因此，这种泡沫比例混合器的泡沫混合比更加稳定，且泡沫液也可以随时添加，但设备结构比较复杂，除有能量浪费外，还存在平衡阀失效导致系统无法运行的风险。但是泡沫剂储罐容积不宜过大，否则在系统压差作用下很难将泡沫液压入混合器，这也是该类型泡沫比例混合器的主要缺点。

平衡式泡沫比例混合器原理如图 6.2.18 所示。平衡式比例混合系统是将泡沫液强制压入水中形成混合液的混合方式，它有依靠储水压力压送和采用专用泡沫液泵送入两种方式。平衡式泡沫比例混合器在工作时，消防水泵和泡沫泵同时工作。由于平衡阀的特殊结构，当消防水流量增大，压力也会随之上升，比例靠平衡阀调节。其优点是泡沫液储罐压力为常压，储罐的体积可以根据被保护对象的需要进行调整，并且可以随时添加泡沫液，避免了在灭火时因泡沫液不足引起的灭火失效。其次，当消防主管道水的压力和流量变化不稳定时，平衡阀均能动态调节注入混合器的泡沫液量，从而保证装置在运行过程中不断地配制出较为精确混合比的泡沫混合液系统的稳定性较好、性能优越。其缺点为装置的总体成本偏高。

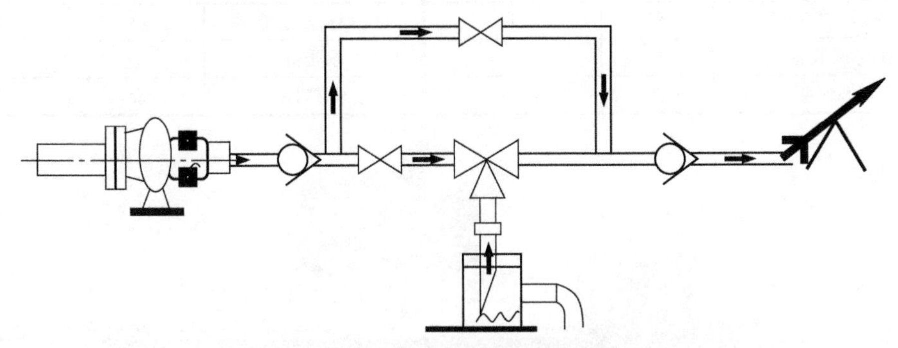

图 6.2.18 平衡式泡沫比例混合器原理

正压式泡沫比例混合器是由泵驱动混合器进行混合，驱动动力有水轮机驱动和发电机驱动两种，水轮机驱动主要是由进入比例混合器的消防水自身的压强和流速通过将部分水能转化为驱动比例混合器驱动力，发电机则是通过燃烧燃料转化为驱动力驱动比例混合器，之后由驱动力将泡沫原液正压压入混合管道，压入混合管道的泵为计量泵，水轮机或发电机通过联轴器和调速器将扭力传递给计量泵，从而实现正压泵入泡沫原液。此套正压式泡沫比例混合器具有操作简单，维护方便的优点，可以有多个供泡沫的入口，最主要的优点是可以通过改造设计为满足大流量的泡沫比例混合器，性能优越。其缺点为装置的总体成本偏高，各个关键部件的维护技术不一。

（3）泡沫混合液远程连续供给技术可行性

综合上述分析，远程供水技术和泡沫比例混合器技术都已非常成熟，设计研发大尺寸泡沫比例混合器是其中的关键，关于这方面的技术，国外某些公司已经实现。因此，基于大尺寸泡沫比例混合器、远程供水系统（水连续供给单元）和大吨位泡沫液供液车，能够实现泡沫灭火剂的远程连续供给，从技术上是可行的。

6.2.6.2 泡沫远程连续供给系统中关键装备和部件的选择

泡沫远程连续供给系统由远程供水系统和大尺寸泡沫比例混合器组成，远程供水系统包括浮艇式潜水泵，途中加增压泵。

大尺寸泡沫比例混合器的关键部件主要包括水轮机、计量泵、调速器、联动装置（联轴器）及管路系统。

（1）远程供水系统参数的选择

整套装备由以下三大模块组成：大功率供水泵车、水带自动铺设车及器材附件。每个模块都科学合理地组合在标准的自装卸集装箱内，由自装卸卡车底盘进行装卸和运输，快速方便，节约人力。

（2）装备构成方案

方案一：1 台泵浦消防车，1 台水带敷设车，串联使用。出口流量 12500L/min（约 208L/s），供水距离 2km，一套系统基本满足目前消防队灭火时的供水需要。方案一装备清单见表 6.2.5，方案一装备组合方式见图 6.2.19。

表 6.2.5　方案一装备清单

零部件名称	单位	数量	零部件名称	单位	数量
CSGS300-Ⅰ/1.0 泵组	套	1	ϕ300mm 水带	km	2
ϕ300mm 水带收卷机头	台	1	水带箱	套	1
自装卸地盘	台	2	器材附件	套	1

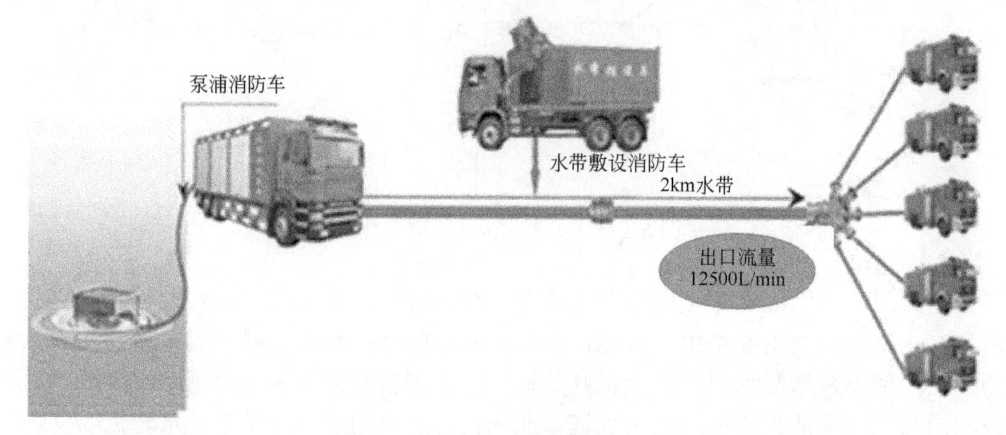

图 6.2.19　方案一装备组合方式

方案二：2 台泵浦消防车，2 台水带敷设车，并联使用。

输送距离在 2km 以内时，2 套供水系统可同时供水，分别展开时，形成 2 条出口流量分别为 12500L/min 的输水管线，集中展开时，在终点形成出口流量为 25000L/min（417L/s）的超大流量。方案二装备清单见表 6.2.6，方案二装备组合方式见图 6.2.20。

表 6.2.6　方案二装备清单

零部件名称	单位	数量	零部件名称	单位	数量
CSGS300-Ⅰ/1.0 泵组	套	2	ϕ300mm 水带	km	4
ϕ300mm 水带收卷机头	台	2	水带箱	套	2
自装卸地盘	台	4	器材附件	套	2

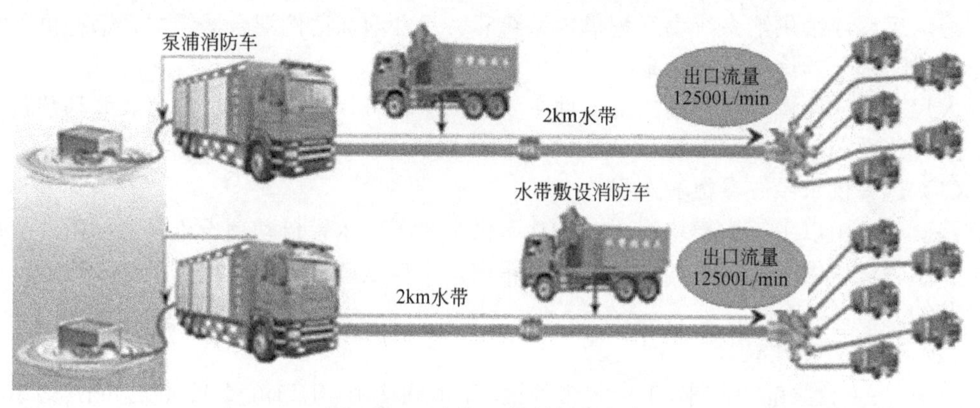

图 6.2.20　方案二装备组合方式

方案三：2 台泵浦消防车，2 台水带敷设车，串联使用。

输送距离在 2km 以内时，配置 1 台水罐消防车，可将水输送到 4km 处，出口流量达到 12500L/min。方案三装备清单见表 6.2.7，方案三装备组合方式见图 6.2.21。

表 6.2.7 方案三装备清单

零部件名称	单位	数量	零部件名称	单位	数量
CSGS300-Ⅰ/1.0 泵组	套	2	ϕ300mm 水带	km	4
ϕ300mm 水带收卷机头	台	2	水带箱	套	2
自装卸地盘	台	4	器材附件	套	2

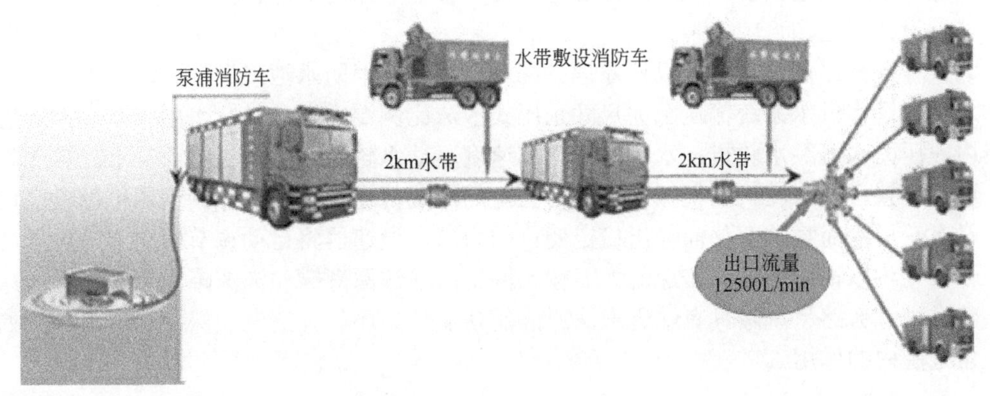

图 6.2.21 方案三装备组合方式

方案四：1 台泵浦消防车，1 台水带敷设车，出口流量 22000~25000L/min（367~417L/s），供水距离 2km，一套系统基本满足目前消防部灭火时的供水需要。方案四装备清单见表 6.2.8，方案四装备组合方式见图 6.2.22。

表 6.2.8 方案四装备清单

零部件名称	单位	数量	零部件名称	单位	数量
CSGS300-Ⅱ/1.0 泵组	套	1	ϕ300mm 水带	km	4
ϕ300mm 水带收卷机头	台	1	水带箱	套	1
自装卸地盘	台	2	器材附件	套	1

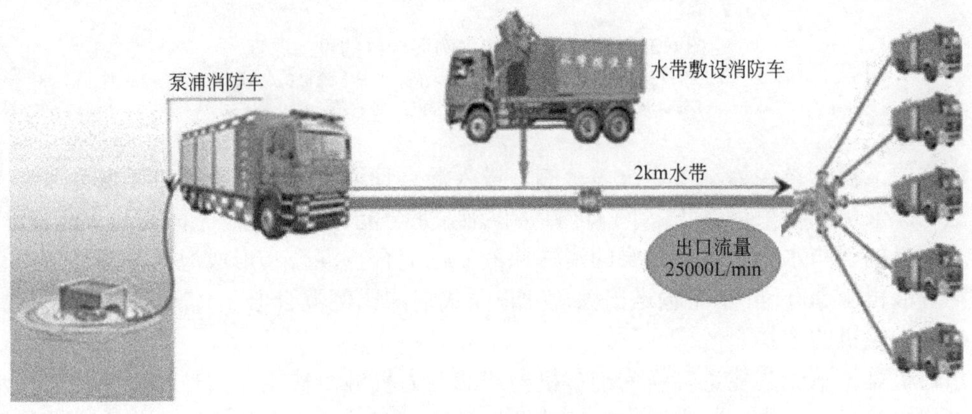

图 6.2.22 方案四装备组合方式

CSGS300-Ⅱ/1.0 型泵组：流量 22000～25000L/min，扬程 10~15m。CSGS300-Ⅱ/1.0 包含 2 个大流量漂浮式液压潜水泵，由 2 台柴油发动机提供动力和增压，利用自动控制系统来调节输出和输入功率确保长时间自动稳定运转。泵组配有 2 套 60m 长的液压油管，通过液压绞盘使 2 个潜水泵到达各种水域。泵组中内置有增压泵，使泵出口压力达到 1.0MPa，大流量供水的水平输送距离可达 2km。

系统可以 200～400L/s 的流量远程向火场进行不间断供水。

6.2.6.3 大尺寸泡沫比例混合器设计

该泡沫灭火剂连续供给系统的核心是研发大尺寸泡沫比例混合器。

（1）设计原理图

大尺寸泡沫比例混合器的设计原理见图 6.2.23。从消防水池或湖泊、河流中抽取上来的消防水，经远程供水系统输送至大尺寸正压式泡沫比例混合器入口，水由三通阀控制进入混合器内，压力水流经水轮机，水流的压强和速度驱动水轮机，水轮机将部分水能转化为机械能，联动装置可将水轮机的机械能转化为扭矩的形式传递给调速器，调速器可以自动调节根据流经水轮机水荷载的变化而输出稳定变化的力矩，调速器将自动调节好的力矩传递至计量泵，计量泵可以根据调速器传递的力矩按比例将由泡沫原液罐和泡沫罐车运输来的泡沫原液吸入管道中。旁路系统除具有输送泡沫原液的功能外，还具有清洗和保持管道内压力处在一个正常范围内的作用。

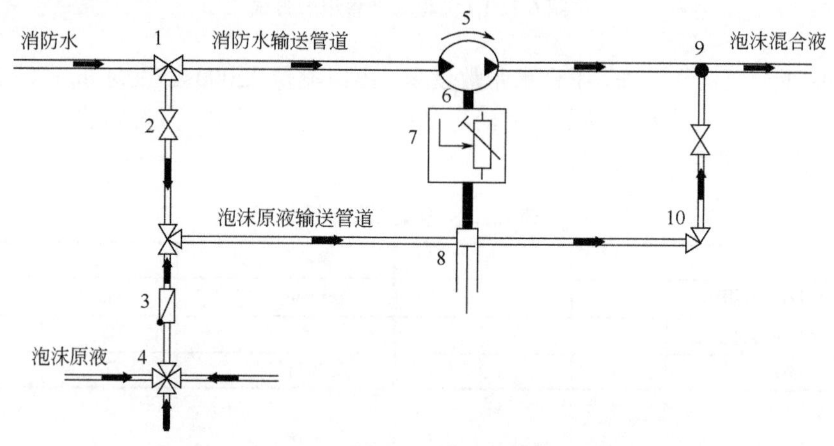

图 6.2.23 大尺寸泡沫比例混合器的设计原理

1—三通阀；2—截止阀；3—旋启式止回阀；4—四通阀；5—水轮机；6—联动装置；7—调速器；8—计量泵；9—泡沫混合液混合点；10—角式截止阀

泡沫原液以计量泵为动力通过多个阀口进入混合管道，多阀口设计可以保证在一个阀口处的泡沫原液供应结束后，另一个口可直接供液，完全能够保证连续不间断地供应泡沫原液。经过水轮机的消防水和经过计量泵的泡沫原液，在混合点混合，形成泡沫混合液。混合后的泡沫混合液再由 300mm 水带输送出大尺寸正压式泡沫比例混合器。

（2）水轮机的选择

水轮机是把水流的能量转换为旋转机械能的动力机械，按工作原理可分为冲击式水轮机和反击式水轮机两大类。冲击式水轮机的转轮受到水流的冲击而旋转，工作中水流的压力不变，主要是动能的转换。反击式水轮机的转轮在水中受到水流的反作用力而旋转，工作过程中水流的压力和动能均有改变，但主要是压力能的转变。由于反击式水轮机存在势能的转化，作为大尺寸泡沫比例混合器对水流高度并无变化，且反击式水轮机的工作过程主要是通过进出口的压力变化来实现；而冲击式水轮机进出口压力几乎不变，它的工作过程即是射流冲击转轮，所以选择冲击式水轮机。

大尺寸泡沫比例混合器中水轮机的选择主要为冲击式水轮机，冲击式水轮机的能量转化原理如下。

① 第一次转化。水流动能转化为射流动能。利用特殊的导水装置，其内部大管径管道变化为多个小管径管道，将最初的高水头动能转化为高速射流动能。

② 第二次转换。射流动能转换为旋转机械能。通过射流与转轮的相互作用将水流的动能传递给转轮，它是通过射流冲击旋转轮实现的。

冲击式水轮机主要分为斜击式和切击式两种，斜击式水轮机的结构与水斗式水轮机基本相同，只是射流方向有一个倾角，只用于小型机组，理论分析证明，当水斗节圆处的圆周速度约为射流速度的一半时，效率最高。这种水轮机在负荷发生变化时，转轮的进水速度方向不变，此水轮机大多用于高水头，水头变化相对较小、速度变化不大的情况下，因而效率受负荷变化的影响较小，效率曲线比较平缓，最高效率超过 91%。

（3）计量泵的选择

计量泵按液力端结构形式可分为柱塞式计量泵和隔膜式计量泵。其中，柱塞式计量泵有普通有阀泵和无阀泵两种；隔膜式计量泵又包括机械隔膜式计量泵、液压隔膜计量泵和波纹管计量泵。计量泵按驱动形式又可分为电磁驱动计量泵和电动机驱动计量泵。此外，还有采用液压驱动、启动等驱动形式的计量泵。

由于大尺寸泡沫比例混合器在计量精度上要求较高，在面对灭火救援中的急险任务时，仪器操作越简单，其效能越高。在仪器维护方面，维护成本低，维护工序越简单越受基层消防人员欢迎，消防水和泡沫原液混合的时候，由于混合流量较大，而且混合后的泡沫混合液除了控制火势和冷却油罐并无其他用途，所以有少量的润滑液泄漏，对混合液的浓度和用途都无太大影响。泡沫比例混合器混合物为消防水和泡沫原液，无腐蚀性，泡沫颗粒小，但氟蛋白泡沫在常温下（20℃）为中黏度（1000mPa・s）。柱塞式计量泵和隔膜式计量泵不同，不需要定期更换隔膜，只需要检测润滑剂的存量即可，柱塞式计量泵还有操作简单、维护方便、计量精度高等特点，所以在计量泵的选择上优先选择柱塞式计量泵，其各项参数值见表 6.2.9，工作原理见图 6.2.24。所选柱塞式计量泵为组合式，开启一个柱塞式计量泵混合液的混合比为 1%，设置方式为将 3 个计量泵组合在一起，一共设置两组，同时开启两个泵组，即可达到混合比为 6%的状态。

表 6.2.9 柱塞式计量泵参数

项目	参数值
流量	10000L/h
最高工作压力	20bar（20×10^5Pa）
功率	15kW
转速	1450r/min
工作温度	−30~100℃
材质	黄铜
黏度	0.3~800mm^2/s

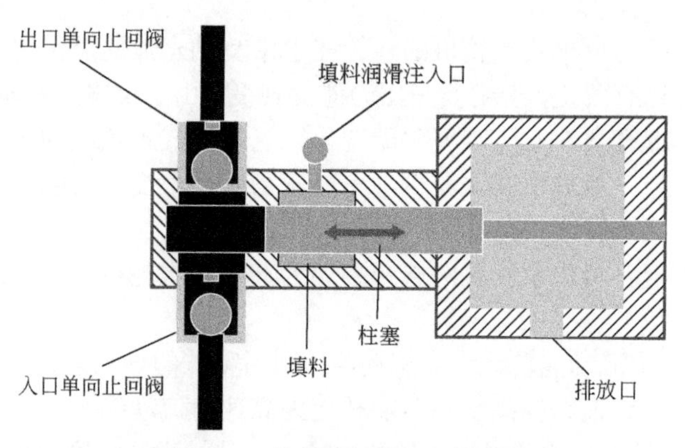

图 6.2.24　柱塞式计量泵工作原理

（4）调速器的选择

调速器是一种自动调节装置，它根据柴油机负荷的变化，自动增减喷油泵的供油量，使柴油机能够以稳定的转速运行，用于减小某些机器非周期性速度波动的自动调节装置，可使机器转速保持定值或接近设定值。水轮机、汽轮机、燃气轮机和内燃机等与电动机不同，其输出的力矩不能自动适应本身的载荷变化，因而当载荷变动时，由它们驱动的机组就会失去稳定性。这类机组必须设置调速器，使其能随着载荷等条件变化，随时建立载荷与能源供给量之间的适应关系，以保证机组做正常运转。

水轮机调速器是根据水轮发电机组转速偏差的方向和大小，及时控制进水轮机的流量，是机组转速保持恒定或在允许范围内的一些装置和机构的组合体。除上述最基本的作用之外，还可以承担机组的启动、停机、紧急停机、增减负荷等任务，是水轮发电机组最重要的辅助设备之一。水轮机调速器可分为手动调速器、手控电动调速器和自动调速器等类型。也就是自动和手动两种运行方式。自动运行是指液压系统接收来自微机调节器的控制量，实行电液随动控制，一般情况下，必须采用自动运行方式，这是对该系统的最起码也是必须达到的要求。特殊情况下（如微机系统致命故障）可采用手动运行，以保证对机组的正常发电控制，避免因停机造成巨大经济损失。所谓手动控制，就是将电液转换器退出工作，液压系统不接收来自微机调节器的控制输出，主液压缸与主配压阀之间构成机械闭环，系统处于纯机液伺服状态，通过手轮直接控制主液压缸的位移。

在远程泡沫连续供给系统中，调速器是用来保持水轮机的转速稳定的关键装置。在水轮机的负载变化的过程中，它的转速是会相应发生变化的。当转速降低时，如果调速器不调节，水轮机最终将停掉；当转速升高时，如果调速器不作用，水轮机最终将无法承受过大的离心力而损坏。调速器的作用就是保持水轮机的转速稳定。另外，调速器还可以使水轮机保持在最低转速和最高转速工作，防止低转速运转时熄火和高转速运转时“飞车”，造成机械损坏。

调速器由速度感受元件、控制机构、执行机构组成。速度感受元件是分布在动力自由端处的两个速度传感器；控制机构是分布在靠近输出端一侧的两个“黑匣子”，控制机构一般有两套，两套是互为备用的，当一套控制机构故障时，会自动切换到另一套；执行机构分布在动力的自由端，速度传感器的上部，其内部有管线与动力源的润滑油系统相连，用作动力。

从调速器的结构特点及发展历程来看，水轮机调速器经历了机械液压型调速器、电气液压型调速器和微机调速器三个阶段，目前微机调速器应用最为广泛。水轮机调速主要由微机调节器和电液随动系统构成，其中的微机调节器广泛采用并联控制规律。在实际应用中，考虑到理想微分环节对噪声敏感，通常采用带实际微分环节的并联控制规律，以提高调节器的抗干扰能力。

大尺寸泡沫比例混合器所选择的动力源为消防水，通过小型水轮机将部分水能转化为机械能并为整个泡沫比例混合器提供动力。由于大尺寸泡沫比例混合器要求水轮机的功率相对较小，所以可以选择功率较小的调速器，为使比例混合器结构紧凑，要选择尺寸较为小型的调速器。在成本所限的范围内，优先选择调节精度高、灵敏度高、操作简单、相对自动化程度高的调速器。

6.2.6.4 大尺寸泡沫比例混合器参数计算

（1）水轮机与计量泵之间工作的数学原理

由于水轮机与计量泵均为容积式仪器，在一定的转速范围内，水轮机和计量泵每转的容量也是一定的。具体计算原理如下。

由于水轮机的容积是一定的，则流量 Q 为

$$Q_{水} = V_{水轮机} n_1 \tag{6.2.1}$$

$$Q_{泡沫原液} = V_{计量泵} n_2 \tag{6.2.2}$$

式中 $V_{水轮机}$——水轮机每转的体积流量，L/s；

$V_{计量泵}$——计量泵每转的体积流量，L/s；

n——转速，r/min，由于联轴器和调速器是将水冲击水轮机的水能转化为机械能，机械能以扭矩的形式传递给计量泵，所以水轮机和计量泵的转速是同步的，则 $n_1=n_2$。

泡沫原液与水的混合比 R 为

$$R = \frac{Q_{泡沫原液}}{Q_{水} + Q_{泡沫原液}} = \frac{V_{泡沫原液}}{V_{水} + V_{泡沫原液}} \tag{6.2.3}$$

水轮机每转的流量与计量泵每转的流量确定后，即可确定稳定的混合比。

在整理水轮机与计量泵之间实际工作的数据后，得到如图 6.2.25 所示的流量与转速的关系。从图中可以看出，在水轮机和计量泵工作稳定后，由于每一转的流量是确定的，通过联轴器和调速器扭矩的传递，可以保证水轮机和计量泵的转速同步，由于流量为每一转的流量与转速的乘积，所以在水轮机和计量泵容积一定的情况下，水流量和泡沫流量随着转速的增大而增大，且呈现线性关系。

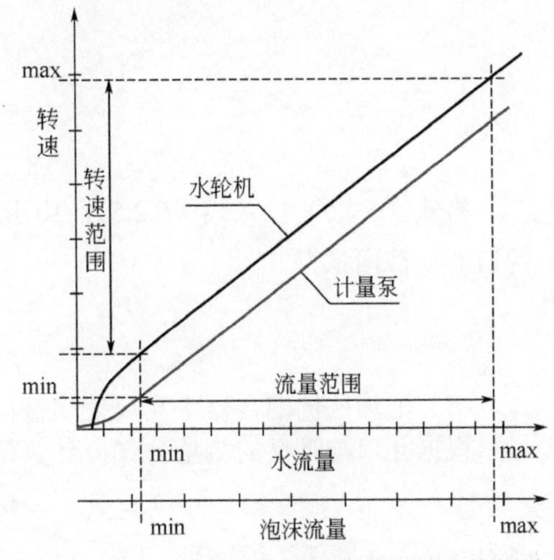

图 6.2.25 水轮机和计量泵流量与转速的关系

（2）泡沫比例混合器中扩散管口设计

图 6.2.26 所示为大尺寸泡沫比例混合器中泡沫液混合示意图，其中，断面 1 处为水入口，断面 2 处为泡沫比例混合器扩散管口，断面 3 处为泡沫原液入口。

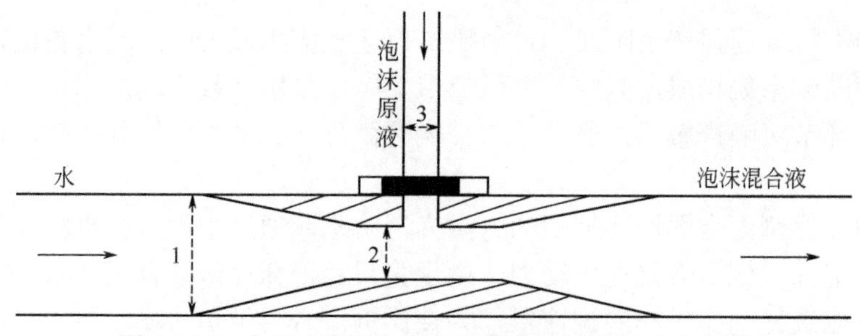

图 6.2.26 大尺寸泡沫比例混合器中泡沫液混合示意图

先假定远程供水系统供水的压力流量一定（即图中 1 处的压力流量一定），根据伯努利方程得：

$$Z_1+\frac{p_1}{\rho_1 g}+\frac{v_1^2}{2g}=Z_2+\frac{p_2}{\rho_2 g}+\frac{v_2^2}{2g}+h_{W1-2} \quad (6.2.4)$$

式中 Z_1——断面 1 处管道高度，m；

Z_2——断面 2 处管道高度，m；

p_1——断面 1 处消防水压力，Pa；

p_2——断面 2 处消防水压力，Pa；

v_1——断面 1 处消防水流速，L/min；

v_2——断面 2 处消防水流速，L/min；

h_{W1-2}——两界面的水头损失；

ρ_1，ρ_2——分别为水的密度，kg/m^3。

由于混合管道在同一水平高度，Z_1=Z_2=0，收缩管的压力损失很小（可以忽略不计），$h_{W1-2}=0$。下面以断面 1 处和断面 2 处进行平衡方程的计算，得式（6.2.5）：

$$\frac{p_1}{\rho_1 g}+\frac{v_1^{\ 2}}{2g}=\frac{p_2}{\rho_2 g}+\frac{v_2^{\ 2}}{2g} \quad (6.2.5)$$

设断面 1 处流量为 Q_1，断面 2 处流量为 Q_2，A_1、A_2 分别为断面 1 和断面 2 处的横截面积，由体积流量和横截面积的关系得

$$v_1=\frac{Q_1}{A_1}$$
$$v_2=\frac{Q_2}{A_2} \quad (6.2.6)$$

将式（6.2.6）代入式（6.2.5），由于在同一管道内混合，所以 $Q_1=Q_2$，故断面 2 处扩散管口的横截面积得

$$A_2^2=\frac{2A_1^2\rho_1 Q_1^2}{\rho_1 Q_1^2+2A_1^2(p_1-p_2)} \quad (6.2.7)$$

（3）泡沫比例混合器中孔口处横截面积设计

根据孔口与管嘴的流量公式，计算混合后泡沫液经过断面 3 处流量 Q_3 为

$$Q_3=V_3A_3=mA_3\varphi\sqrt{2gH_0}=\mu A_3\sqrt{2gH_0} \quad (6.2.8)$$

式中 V_3——断面 3 处流量，L/s；

A_3——孔口处横截面积，m^2；

m——孔口板片质量，g；

φ——流速系数；

H_0——孔口的水头作用；

μ——孔板的流量系数。

根据孔口水头作用与泡沫原液及泡沫混合液压力差和泡沫原液密度的关系得

$$H_0 = \frac{\Delta p}{\rho_3 g} \tag{6.2.9}$$

式中 Δp——泡沫原液及泡沫混合液压力差；

ρ_3——泡沫原液密度，kg/m^3。

根据薄壁大孔的定常出流公式，所以孔口处横截面积 A_3 得

$$A_3 = \frac{Q_3}{\mu}\sqrt{\frac{\rho_3}{2\Delta p}} \tag{6.2.10}$$

（4）泡沫连续供给器中流量与混合比设计

将式（6.2.6）代入式（6.2.5）得到断面1处的流量为

$$Q_1 = \sqrt{\frac{p_1 - p_2}{\rho_1}} \times \sqrt{\frac{2A_1^2 A_2^2}{A_1^2 - A_2^2}} \tag{6.2.11}$$

根据式（6.2.8）和式（6.2.7）得3处孔口流量为

$$Q_3 = \mu A_3 \sqrt{\frac{2\Delta p}{\rho_3}} \tag{6.2.12}$$

根据泡沫液混合比 R 为泡沫原液流量与总的流量和之比得

$$R = \frac{Q_3}{Q_3 + Q_1} \tag{6.2.13}$$

将式（6.2.11）和式（6.2.12）代入式（6.2.13）得

$$R = \frac{\mu A_3 \sqrt{\frac{2(p_3 - p_2)}{\rho_3}}}{\sqrt{\frac{p_1 - p_2}{\rho_1}} \times \sqrt{\frac{2A_1^2 A_2^2}{A_1^2 - A_2^2}} + \mu A_3 \sqrt{\frac{2\times(p_3 - p_2)}{\rho_3}}} \tag{6.2.14}$$

理想情况下消防水压力 p_1 与注入的泡沫混合液压力 p_3 相等，则

$$R = \frac{\mu A_3 \sqrt{\frac{1}{\rho_3}}}{\sqrt{\frac{A_1^2 \times A_2^2}{\rho_1\left(A_1^2 - A_2^2\right)} + \mu A_3 \sqrt{\frac{1}{\rho_3}}}} \tag{6.2.15}$$

由上述推导结果可知，泡沫液混合比由孔口处横截面积与泡沫液密度决定。

6.2.7 干粉供给模块的设计与研发

干粉供给模块的关键装备为大容量干粉供粉车。

6.2.7.1 干粉供粉车整车概述

MX5320GXFGF60 型 6t 干粉供粉车（图 6.2.27）是我们严格按照国家消防装备质量监督检验中心及国家发改委汽车新产品开发要求进行开发，采用新技术、新工艺、新材料，自主研发的集干粉灭火、气体灭火、外供干粉等多种功能于一身的最新一代消防车。该车采用中国重汽集团生产的高端汕德卡 ZZ5356V524ME1 型底盘，国五排放标准的德国曼技术 MC11.44-50 型发动机，额定功率 327kW。该车中部配备两个 6000L 干粉罐，最大超细干粉装载量 6t；前部配备 16 个 120L 的氮气瓶，后部配备 16 个 120L 的氮气瓶，额定充气压力 16MPa；顶部前端配备 PF40 型干粉炮，有效喷射率 40L/s，普通干粉射程大于 40m。同时该车还提供 2 个 *DN*80mm 的外供粉接口，供粉距离大于 80m，1 个 *DN*18mm 的供气卷盘，供气距离大于 80m。该车干粉罐采用敞开式结构，造型新颖、美观大方、操作维修保养方便。本车主要用于扑救可燃和易燃液体、可燃气体火灾、带电设备火灾。配合我们研发的复合射流消防车，对石油化工企业、油罐及工矿企业、仓库等工业类火灾扑救效果尤为显著。

(a)

(b)

图 6.2.27 6t 干粉供粉车

6.2.7.2 干粉供粉车整车技术参数

干粉供粉车整车技术参数如表 6.2.10 所示。

表 6.2.10 干粉供粉车整车技术参数

<table>
<tr><td rowspan="16">整车参数</td><td rowspan="3">尺寸参数</td><td>外形（长×宽×高）</td><td>11910（长）×2500（宽）×3950（高）/ mm</td></tr>
<tr><td>接 近 角</td><td>24°</td></tr>
<tr><td>离 去 角</td><td>10°</td></tr>
<tr><td rowspan="4">质量参数</td><td>最大总质量</td><td>32100kg</td></tr>
<tr><td>前 轴</td><td>7700kg</td></tr>
<tr><td>后 轴</td><td>24400kg</td></tr>
<tr><td>超细干粉装载量</td><td>6000kg（12m³）</td></tr>
<tr><td rowspan="4">发动机</td><td>型 号</td><td>MC11.44-50</td></tr>
<tr><td>形 式</td><td>直列 6 缸、水冷、四冲程、增压中冷柴油发动机</td></tr>
<tr><td>最大功率（1900r/min 时）</td><td>327kW</td></tr>
<tr><td>额定扭矩（1500r/min 时）</td><td>2100N・m</td></tr>
<tr><td colspan="2">底盘型号</td><td>重汽汕德卡 ZZ5356V524ME1</td></tr>
<tr><td colspan="2">驱动形式</td><td>6×4</td></tr>
<tr><td colspan="2">轴距</td><td>5800mm+1400mm</td></tr>
<tr><td colspan="2">乘员室（含驾驶员）</td><td>2 人</td></tr>
<tr><td colspan="2">最高车速</td><td>90km/h</td></tr>
</table>

续表

干粉罐 (2只)	容积（超细干粉）	6m³
	设计压力	1.7 MPa
	最高工作压力	1.6 MPa
	最低工作压力	0.5 MPa
	充气时间	180s
	剩粉率	≤15%
干粉炮 (1门)	型号	PF40
	有效喷粉率	40kg/s（常规干粉时）
	最高工作压力	1.6 MPa
	射程	40m（常规干粉时）
氮气瓶组 (2组)	钢瓶数量	16×2=32（只）
	钢瓶容量	120L/只
	钢瓶充气压力	16MPa
减压阀 (2组)	型号	YQKG-866
	工作压力	1.6 MPa
	数量	2个
卷盘 (2只)	软管内径	ϕ25mm
	软管长度	40m
	额定工作压力	2.0MPa
供气卷盘 (1只)	软管内径	ϕ18mm
	软管长度	80m
	最高工作压力	2.0MPa
供粉管路 (2路)	供粉口数量	2个
	供粉接扣通径	*DN*80mm
液压翻转门 (2套)	电机参数	DC24V 2kW 2800RPM
	液压油缸	ϕ63，35×400
	控制方式	电动按钮+手动应急控制

6.2.7.3 干粉供粉车底盘技术参数

（1）主要技术参数

底盘型号为重汽汕德卡 ZZ5356V524ME1；厂家为中国重汽集团济南商用车有限公司；驱动形式为6×4；轴距为5800 mm +1400 mm；排放依据标准为国五标准、SCR后处理技术；其他配置：带硅油离合风扇、带粗滤的双级过滤进气系统、带燃油粗滤器（带油水分离器和电加热装置）、单缸空压机（360ccm）、带排气阀制动系统、冷启动电加热系统、离合器（430拉式膜片弹簧离合器总成）、水箱散热器带蚊虫灰尘防护网、定速巡航功能、带前下防护装置。

（2）发动机

型号：MC11.44-50；形式：直列六缸、水冷、增压中冷、电喷式柴油机；功率：327kW；排量：10518mL；扭矩：2100N • m。

（3）油箱

300L油箱（铝制）、油箱口带过滤网、油箱盖。

（4）带锁制动系统

电子刹车系统，带刹车防抱死 (ABS)，双回路压缩空气制动系统，配空气干燥器，空气干燥器带电加热；前盘后鼓式制动器；弹簧力作用的驻车制动系统，作用于后桥；制动间隙自动调整。

（5）驾驶室外部

C7H-M 驾驶室，带卧铺；前面罩带锁，车内打开；主副驾驶带车门灯；弹簧减震驾驶室；带中控锁；副驾驶侧带车头前部下视镜；带电加热及电动调整的后视镜及广角镜带防溅挡泥板；电动翻转驾驶室、带后窗。驾驶室顶靠前部加装有长排警灯。

（6）驾驶室内部

主动气动调节座椅，带靠背调整及座椅高度、前后调整；副驾静态座椅 1 把带遥控功能的主钥匙和 1 把不带遥控功能的额外钥匙；自动空调；外循环进风带粉尘过滤及花粉过滤；驾驶室内有两个内照明灯；带应急工具；带车门遮阳帘；主副驾驶均带电动车窗；前风窗玻璃带遮阳板；B 柱带扶手；A 柱带扶手。除原车设备外，加装有 100W 警报器、回转警灯开关、侧照明灯开关。

（7）电子装置

智能通 A 版；发动机转速传感器位于曲轴；仪表板带车辆信息显示；车尾灯带倒车灯，倒车蜂鸣器；燃油压力报警。

（8）电路系统

双音气喇叭、单音电喇叭；车内带 24V 直流口、12V 直流口（10A）；带电磁式电源总开关；12V 180A·h 电池，两块，免维护；发电机功率 28V 70A；全车电路均带熔丝。

6.2.7.4 干粉氮气系统

（1）干粉罐

干粉罐采用卧式双罐，数量为 2 个，装载量为 6000L+6000L，总质量 6000kg，设计压力 1.7MPa，最高工作压力 1.6MPa，最低工作压力 0.5MPa，干粉罐材质 Q345R，结构为压力容器，配有装粉口、排粉口、氮气输送管和出粉管，罐内氮气输送管为环行并配多个进气阀，使气体与干粉混合均匀呈流态。进气阀的设计能够保证干粉无法进入氮气输送管。

（2）氮气钢瓶

氮气瓶的数量为 32 个（车辆前部配备 16 个，后部配备 16 个，实物如图 6.2.28 所示），单瓶溶剂 120L，额定充气压力为 16MPa。所有钢瓶置于瓶架内，钢瓶组由氮气钢瓶、瓶头阀、充气接口、高压球阀等组成。充气总管接口配 1 根 20m 长的充气软管作为附件，便于充气。

图 6.2.28　干粉供粉车氮气瓶装配位置

（3）干粉炮

干粉炮的型号为 PF40 型干粉炮，数量 1 门，独立各 1 门。手动控制，有效喷射率普通干粉时≥40kg/s，超细干粉为 20kg/s；射程普通干粉≥40m，超细干粉为 20m；旋转角度水平为 340°，仰角 70°，俯角-30°。

（4）干粉枪及干粉软管卷盘

该车标配 2 支干粉枪和 2 盘干粉软管卷盘，有效喷射率为 2.5kg/s，射程≥10m，胶管内径为ϕ25mm，胶管长40m。

（5）供气软管卷盘

数量1套，末端供气压力0.5 MPa，胶管内径ϕ18mm，供气距离80m。

（6）减压阀

型号为YQKG-866，数量4只，并联装于干粉罐进气口，工作压力≤1.6MPa。

（7）安全阀

型号为A47H-25，数量3只，2只装于干粉罐顶部，1只装于干粉罐进气管路上。开启压力为1.7MPa。

（8）干粉系统控制装置

整个控制面板以干粉管路原理图为基础，在适当位置设置操作说明、安全警告等文字。面板上设有罐压力表、管路压力表、汇气排压力表，分别用来显示干粉罐压力、低压管路压力、高压管路压力。面板上开关、仪表均有金属腐蚀形成的中文标志。所有说明牌和标牌都具有持久性和高附着性，能经受由于温度及气候的剧变所导致的影响，10年不会脱落或字迹模糊；操作面板上方设有照明装置，使操作面板在夜间操作时具备充足的照明。

6.2.7.5 液压翻转门

系统包含组件：油箱、过滤器、直流电机、油泵、单向阀、溢流阀、DC24V电磁换向阀（带应急手柄）、MPD液压锁、叠加式单向节流阀、翻门油缸、手摇泵、压力表、油管。

操纵方式：采用电控按钮或手动方式举升液压上掀门液压缸，数量4个。

6.2.7.6 器材箱及翻板踏脚

（1）材质

主骨架及外蒙皮为优质碳钢，内饰板均为1.5mm氧化铝合金小花纹板，底板为2.5mm氧化铝合金小花纹板。

（2）结构

主骨架与外蒙皮为焊接结构。

（3）卷帘门

所有的器材箱、氮气罐室及干粉控制室都采用拉杆式卷帘门，帘式门均带有内置锁扣，把手坚固耐用，不易变形，密封性能良好，通过水淋密封性能试验，门边有密封条以防水淋和灰尘。每个器材箱内均设有照明灯，并在驾驶室内设有集中控制开关。

（4）翻板踏脚

材质：外蒙皮及骨架为优质碳钢，内蒙皮覆铝合金花纹板。结构：采用气弹簧加卷门止口双重锁定，安全可靠。

6.2.7.7 附加电器设备

驾驶室顶部前端安装1个红色长排警灯；车顶器材箱前部左右两侧各安装1只手动可调节式照明灯；车顶后部安装一只回转式搜索灯，便于火场照明，该搜索灯具有有线遥控功能；车辆两侧上方各配有3个侧照明灯带及8个爆闪灯（红蓝相间），下方安装安全标志灯和侧回复反射器（组合式），配有前、后示廓灯，两侧各有一只转向灯，乘员室、器材箱内均装有照明灯，并符合GB 4785—2019《汽车及挂车外部照明和光信号装置的安装规定》的规定；警报器功率为100W；警报器、警灯、爆闪灯电路为独立式附加电路，控制器件安装在驾驶室内。

配有快速充电装置。型号为YD-SES30A，厂家为苏州怡达电气有限公司。主要功能：针对消防车辆时常电瓶亏电现状，为执勤车辆安装自动分离式充电装置，当需要出动车辆时，驾驶员只需打开启动钥匙、在车辆启动的同时分离式弹性插头自动与装置分离。当不能自动分离时，会发出声光报警，提醒驾驶员查看故障或手动分离，从而达到快速出动的要求。

6.2.7.8 总体技术要求

① 整车油漆采用国产优质油漆。

② 所有操作开关、仪表、器材及车辆均有符合规范的铭牌标志。

③ 整车性能符合GB 7956.1—2014《消防车　第1部分：通用技术条件》的规定。

④ 整车性能符合GA 39－2016《消防车消防要求和试验方法》的规定。

⑤ 整车外观美观大方，平整度符合GA 39－2016《消防车消防要求和试验方法》的规定。

⑥ 整车外廓尺寸、轴荷及质量应符合GB 1589—2016《汽车、挂车及汽车列车外廓尺寸、轴荷及质量限值》的规定。

⑦ 整车外部照明和信号装置应符合GB 4785—2019《汽车及挂车外部照明和光信号装置的安装规定》的规定。

⑧ 所有粘接、焊接牢固，光洁，平整。

⑨ 车顶设有防护栏板、防滑花纹板。

⑩ 车辆后尾部右侧设有铝合金制作的上下人梯，梯蹬有防滑条纹设计。

6.2.8 干粉供给模块中驱动气体对复合射流灭火剂性能的影响研究

我们研发的干粉供给模块中，所使用的干粉为憎水性超细干粉，最大容量为6t，与复合射流消防车配套使用，喷射时间为3～4min。干粉供给驱动气体为压缩氮气，每辆干粉供给消防车要配32个满装压缩氮气瓶。压缩氮气不仅消耗快，更换充装均不容易，而且压缩氮气瓶随车安装，占用了大量的有效空间。为提升干粉的持续喷射时间，一方面，可研制更大容量的干粉供粉车；另一方面，如果能够找到一种便捷获取、便捷充装、不随车装配、能够代替氮气作为驱动气源的气体，不但节省供粉车的安装空间，提升载粉量，而且能够延长驱动气体的供气时间，将达到更好的效果。

因此，我们在驱动气体对复合射流性能的影响方面，开展了深入的理论分析与研究，重在探索压缩空气替代压缩氮气作为驱动气体的可行性。

6.2.8.1 驱动气体对干粉理化性能的影响研究

重点研究对比压缩空气和压缩氮气作为驱动气体，对超细干粉理化性能的影响。参照XF 578—2005《超细干粉灭火剂》，通过热重分析、接触角测量等方法，对吸湿性、含水率、针入度的测定与计算。

实验结论：

（1）空气对超细干粉的吸湿性影响

间隔6个月后，超细干粉的吸湿率最大增加了0.007%，表明空气对超细干粉的吸湿性影响很小。

（2）空气对干粉的含水率影响

间隔 6 个月后，超细干粉的含水率最大增加了 0.007%，表明空气对干粉的含水率影响很小。

（3）对热重性质的影响

间隔 6 个月后，测得的超细干粉的初始分解温度仅仅降低了 0.3℃，质量变化率仅仅增加了 0.06%，说明空气对超细干粉的热重性质没有显著影响。

（4）对接触角的影响

经过 6 个月暴露在空气中的储存，测得的超细干粉的接触角只减小了 0.50°，说明空气对超细干粉接触角的影响不大。

（5）对针入度的影响

间隔 6 个月后其针入度变化情况测得的超细干粉的针入度只减小了 0.60mm，可以说明空气对超细干粉针入度的影响很小。

6.2.8.2 驱动气体对灭火剂喷射性能的影响研究

灭火剂的喷射性能主要包括灭火剂的喷射距离、灭火剂中的氧气含量，是灭火剂发挥灭火效能的基础条件，因此在考虑使用压缩空气替代压缩氮气进行超细干粉驱动之前，必须首先研究驱动气体对灭火剂喷射性能的影响。

实验测试内容：

① 灭火剂的喷射距离；

② 灭火剂中氧气含量；

③ 单纯喷射压缩氮气时气体中的氧气含量。

为更好地进行实验，首先固定人员分工，按实验模型摆放好实验仪器装置，并进行一次预实验和预拍摄，根据喷射距离和拍摄效果，确定人员的大概站位，之后进行调整，将实验环境固定成型。冷喷实验模拟平台如图 6.2.29 所示。

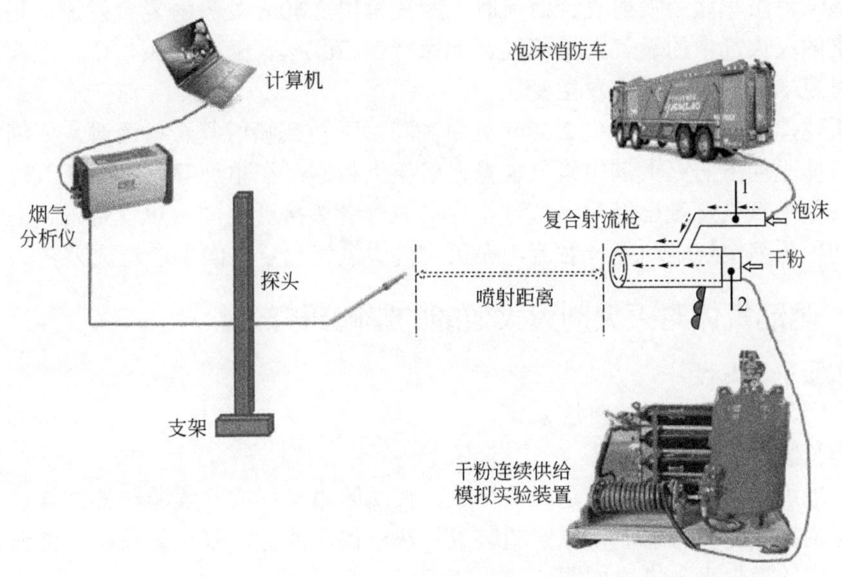

图 6.2.29 冷喷实验模拟平台

（1）喷射距离测试

在 4 种喷射方式下，灭火剂的喷射距离如表 6.2.11 所示。

表 6.2.11　4 种喷射方式下灭火剂的喷射距离

喷射方式	喷射距离测定值	平均值	两种气体喷射距离的变化量（率）
压缩空气供压单独喷射干粉	3.88	3.86	0.1m（2.60%）
	3.84		
压缩氮气供压单独喷射干粉	3.76	3.76	
	3.76		
压缩空气供压喷射复合射流	10.22	10.24	0.05m（0.48%）
	10.26		
压缩氮气供压喷射复合射流	10.30	10.29	
	10.31		

由表 6.2.11 可知，在单独喷射干粉时，采用压缩空气平均喷射距离为 3.86m，采用压缩氮气的平均喷射距离为 3.76m，采用压缩空气比采用压缩氮气多前行 0.10m，增加率为 2.60%；喷射复合射流时，采用压缩空气平均喷射距离为 10.24m，采用压缩氮气平均喷射距离为 10.29m，采用压缩空气比采用压缩氮气驱动少前行 0.05m，减少率为 0.48%。

综上，采用压缩空气供压喷射复合射流，不会对灭火剂的喷射距离产生显著影响。

（2）灭火剂中氧气含量结果对比分析

单独喷射干粉时，探头距离枪口 2.60m，若单独喷射干粉，采用压缩氮气时测得的干粉中氧气含量稳定时为 20.5%；采用压缩空气时干粉中的氧气含量一直保持在 20.7%左右，与周围大气环境中的氧气含量相同；采用压缩氮气比采用压缩空气驱动下的干粉中氧气含量在稳定时仅仅少了 0.2%。

当与泡沫消防车联用喷射复合射流时，距离枪口 2.60m 处喷射复合射流，采用两种驱动气体驱动出的灭火剂中的氧气含量相同，均保持在 20.7%，随着探头与枪口距离的增加，测得的复合射流中氧气含量均未发生变化。

综上所述，在枪口距离探头 2.60m 处单独喷射干粉或喷射复合射流时，压缩空气与压缩氮气两种气体驱动下的灭火剂中氧气含量已经接近相同；在单纯喷射压缩氮气时，距离枪口 3.40m 处气体中氧气含量已经与大气环境中的氧气含量接近相同。也就是说，与利用压缩氮气相比，利用压缩空气驱动复合射流，在灭火剂中氧气含量方面不会造成差异。

6.2.8.3　驱动气体对灭火剂灭火效能的影响研究

（1）实验测试内容

灭火时间、降温效果、抗复燃效果。

（2）实验装置

为更好地进行实验，首先固定人员分工，按实验模型摆放好实验仪器装置，并进行一次预实验和预拍摄，将复合射流模拟实验装置、热电偶、油盘、复合射流枪、测温装置等固定成型，灭火实验模拟平台搭建如图 6.2.30 所示。

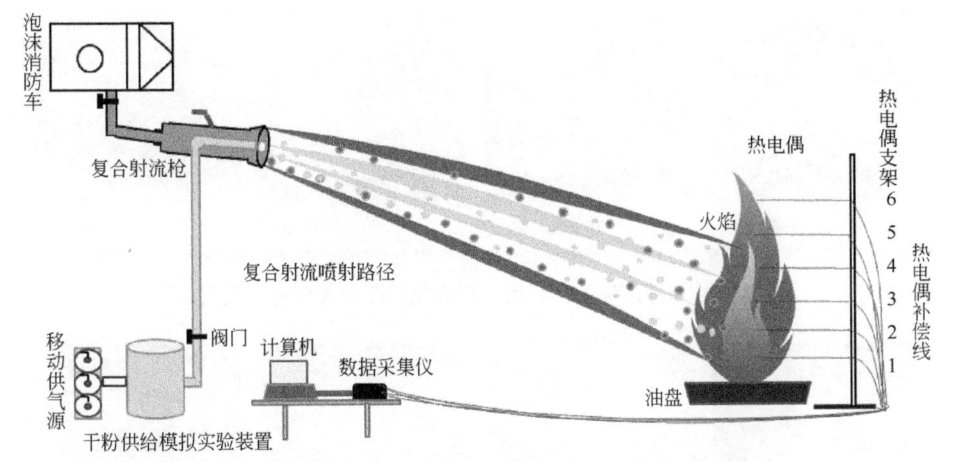

图 6.2.30 灭火实验模拟平台搭建

灭柴油火、汽油火实验现场分别如图 6.2.31、图 6.2.32 所示。

图 6.2.31 55B 油盘加 0#柴油持枪灭火

图 6.2.32 233B 油盘加 92#汽油持枪灭火

（3）灭火剂灭火时间对比分析

① 灭柴油火。采用 55B 油盘，在距离油盘边沿 2.6m 处灭 50L 柴油火，各种喷射方式灭火效果如图 6.2.33~图 6.2.36 所示，对应的灭火时间如表 6.2.12 所示。

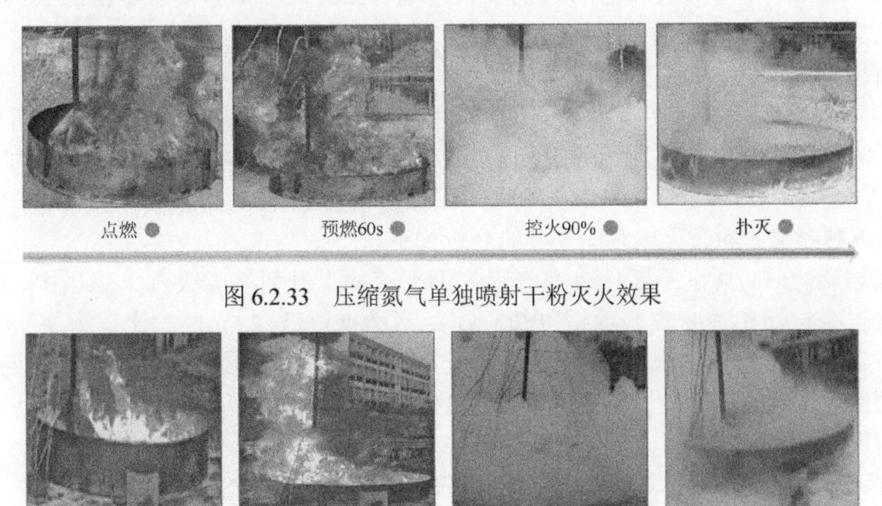

图 6.2.33 压缩氮气单独喷射干粉灭火效果

图 6.2.34 压缩空气单独喷射干粉灭火效果

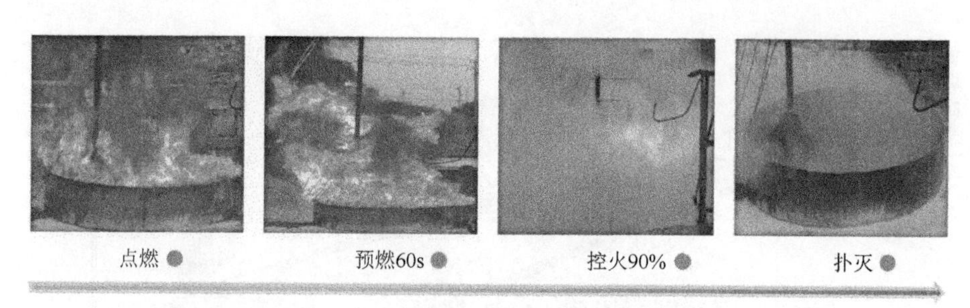

图 6.2.35　与泡沫消防车联用，压缩氮气驱动复合射流灭火效果

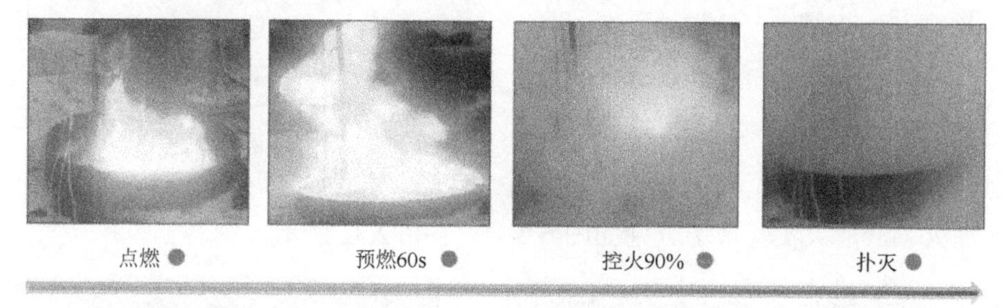

图 6.2.36　与泡沫消防车联用，压缩空气驱动复合射流灭火效果

表 6.2.12　55B 油盘柴油火四种喷射方式灭火时间

喷射方式	灭火时间实验值/s	两者误差
压缩氮气供压单独喷射干粉	5.1	4%
压缩空气供压单独喷射干粉	5.3	
压缩氮气供压喷射复合射流	4.2	0%
压缩空气供压喷射复合射流	4.2	

由表 6.2.12 可知，喷射复合射流的灭火时间，显著低于单独喷射干粉的灭火时间，以压缩氮气驱动为例，灭火时间减少了（5.1−4.2）÷5.1≈18%。当单独喷射干粉时，采用压缩空气所用的时间为 5.3s，采用压缩氮气所用的时间为 5.1s，采用压缩空气比采用压缩氮气所用的时间稍长，两者误差为 4%；当喷射复合射流时，采用压缩空气供压所用的时间为 4.2s，采用压缩氮气供压所用的时间为 4.2s，两种驱动气体喷射复合射流时的灭火时间一样。

造成单独喷射干粉时灭火时间差异的分析如下。

当火焰燃烧时，周围不断地有空气因为烟羽流的上升而被卷吸进火焰当中，因此周围空气含量很少；而由冷喷实验数据可知，在距离油盘边沿 2.6m，对比压缩空气与压缩氮气单独喷射超细干粉，灭火剂中氧气含量稳定时仍然有差别，采用压缩氮气时为 20.5%，采用压缩空气时为 20.7%，因此采用压缩空气供压喷射相当于人为向油盘中充进空气，使灭火时间增加。

但是，在与泡沫消防车联用喷射复合射流时，距离油盘边沿 2.6m 处，两种供气方式中灭火剂中的氧气含量都是 20.7%，因此在灭火时间上基本没有差距。

② 灭汽油火。枪口距离油盘边沿为 6.0m，采用 233B 油盘加注 92#汽油进行灭火，各种喷射方式灭火效果如图 6.2.37～6.2.40 所示，对应的灭火时间如表 6.2.13 所示。

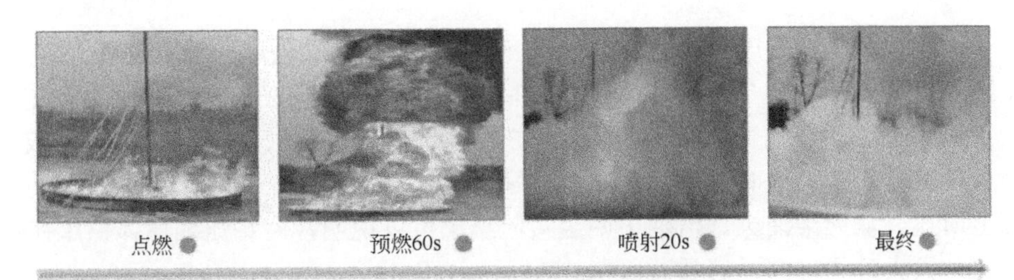

图 6.2.37　压缩氮气单独喷射干粉灭火效果

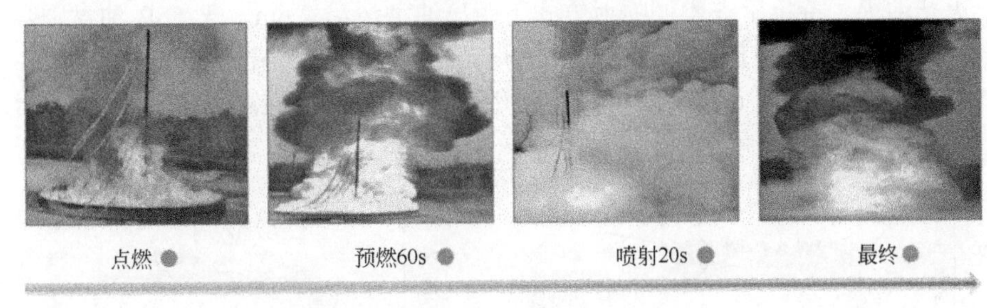

图 6.2.38　压缩空气单独喷射干粉灭火效果

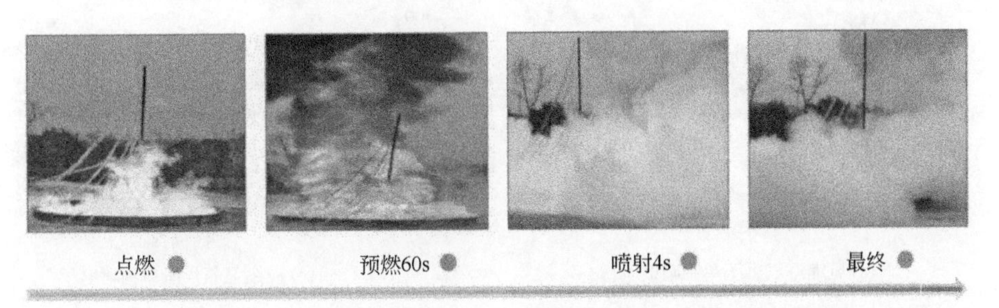

图 6.2.39　与泡沫消防车联用，压缩氮气驱动复合射流灭火效果

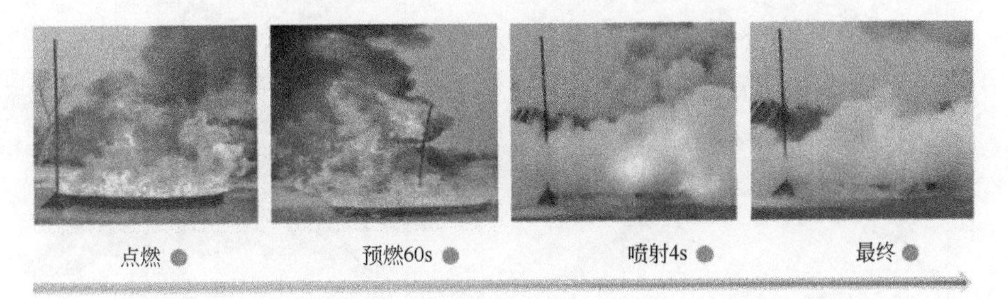

图 6.2.40　与泡沫消防车联用，压缩空气驱动复合射流灭火效果

表 6.2.13　233B 油盘汽油火四种喷射方式下灭火时间

喷射方式	灭火时间实验值/s	两者误差
压缩氮气供压单独喷射干粉	44.0	0.2%
压缩空气供压单独喷射干粉	43.9	
压缩氮气供压喷射复合射流	7.4	3%
压缩空气供压喷射复合射流	7.6	

由表6.2.13可知，在与泡沫消防车联用喷射复合射流时，采用压缩氮气灭火时间为7.4s，采用压缩空气灭火时间为7.6s，误差约为3%；考虑到汽油火热值较大，几乎没有差别；而在单独喷射干粉时，采用压缩空气灭火时间为43.9s，而采用压缩氮气时为44.0s，误差仅有0.2%，说明两种供气方式在灭火时间方面没有明显区别。

综上所述，从灭柴油火、汽油火两组实验结果可以说明，两种压缩气体供压在喷射复合射流灭火时灭火时间方面没有显著区别。

（4）降温效果对比分析

① 灭柴油火。持枪手在不同喷射方式下距离油盘边沿2.6m，灭55B油盘、容积为50L的0#柴油油盘火时，热电偶探测到点火、火焰预燃阶段、火焰最后熄灭过程中的各个测温点温度随时间变化数据如图6.2.41所示，以距离地面 *m* 处的6号热电偶为例，各种喷射方式得到的温度数据如表6.2.14所示。

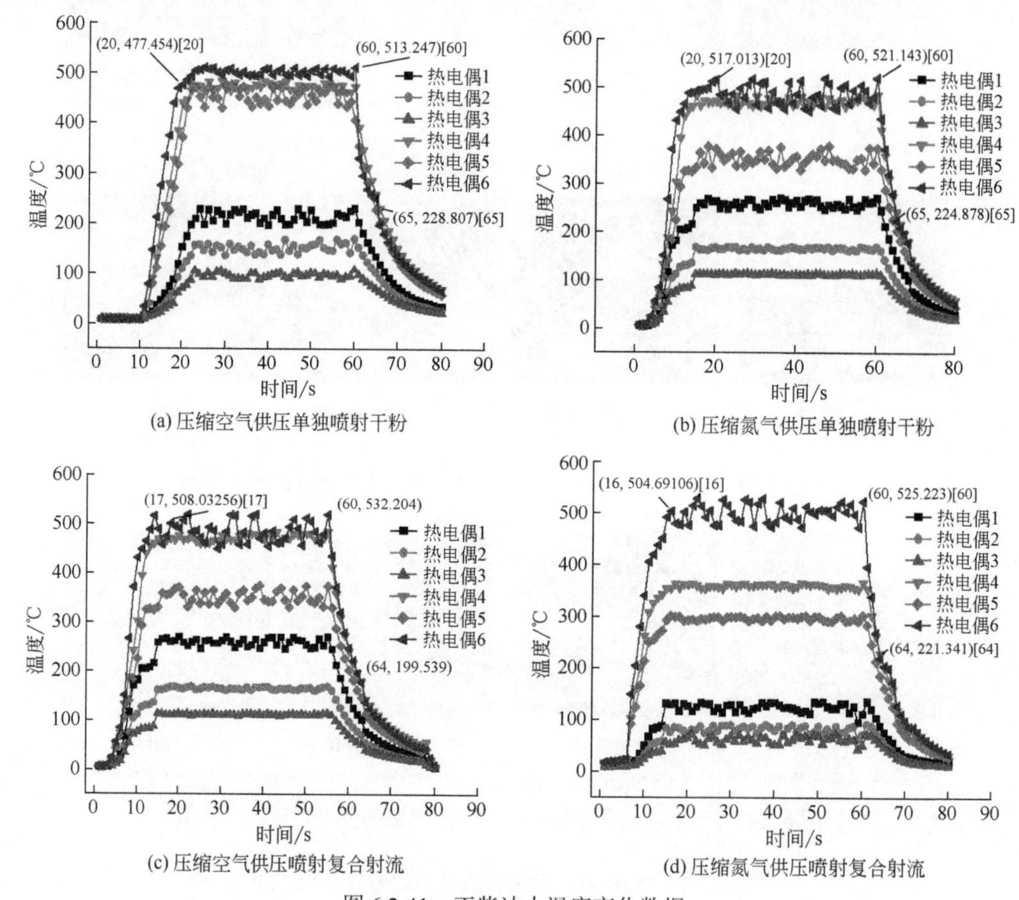

(a) 压缩空气供压单独喷射干粉

(b) 压缩氮气供压单独喷射干粉

(c) 压缩空气供压喷射复合射流

(d) 压缩氮气供压喷射复合射流

图6.2.41 灭柴油火温度变化数据

表6.2.14 不同喷射方式灭55B柴油油盘火温度数据 ℃

灭火方式	温度区间	开始温度	熄灭温度	降温幅度
压缩空气供压单独喷射干粉	480~520	513	228	285
压缩氮气供压单独喷射干粉	478~523	521	224	297
压缩空气供压喷射复合射流	477~534	528	222	306
压缩氮气供压喷射复合射流	481~527	525	221	304

由图 6.2.41 可以看到，虽然在灭火的过程当中，火焰受微风摆动、各种灭火剂喷射到油盘上产生的压力、自身卷吸造成形态变化等影响，导致各个热电偶之间的测温效果有差别，但是各个热电偶测得的最高温度、灭火点的温度基本在一个固定的区间内，出现升温、降温的时间也基本一致，说明各个热电偶运行良好，误差较小。

由图 6.2.41（a）可知，若选取 6 号热电偶的数据，在采用压缩空气单独喷射超细干粉灭柴油油盘火时，火焰在第 20s 左右达到了 477℃，之后最高温度便稳定在 480~520℃，其余各个热电偶的温升温降变化也呈现出一定的一致性；预燃 60s 后温度为 513℃，此时开始灭火，随着灭火剂的不断喷射，油盘表面逐渐被水系灭火剂所覆盖，自由基遭到破坏，因此油盘各点的温度不断降低。取第 65s 温度数据 228℃作为火焰熄灭温度，降温幅度为 285℃。

由图 6.2.41（b）~（d）和表 6.2.14 可知，对比单独喷射干粉时降温幅度，采用压缩空气为 285℃，采用压缩氮气为 297℃，采用压缩氮气喷射干粉灭火的降温幅度更大；进一步对开始灭火温度和火焰熄灭温度做比较，尽管采用压缩空气的开始灭火温度 513℃低于采用压缩氮气供压的 521℃，但在火焰熄灭时，采用压缩空气的温度 228℃却高于采用压缩氮气的 224℃，说明此时采用压缩氮气降温效果稍好。也就是说，若单独喷射干粉，在距离油盘为 2.6m 处灭柴油火时，采用压缩氮气要比采用压缩空气降温效果稍好，与冷喷实验结果相符。但是，在喷射复合射流时，采用压缩空气为 306℃，采用压缩氮气为 304℃，降温幅度差别很小。

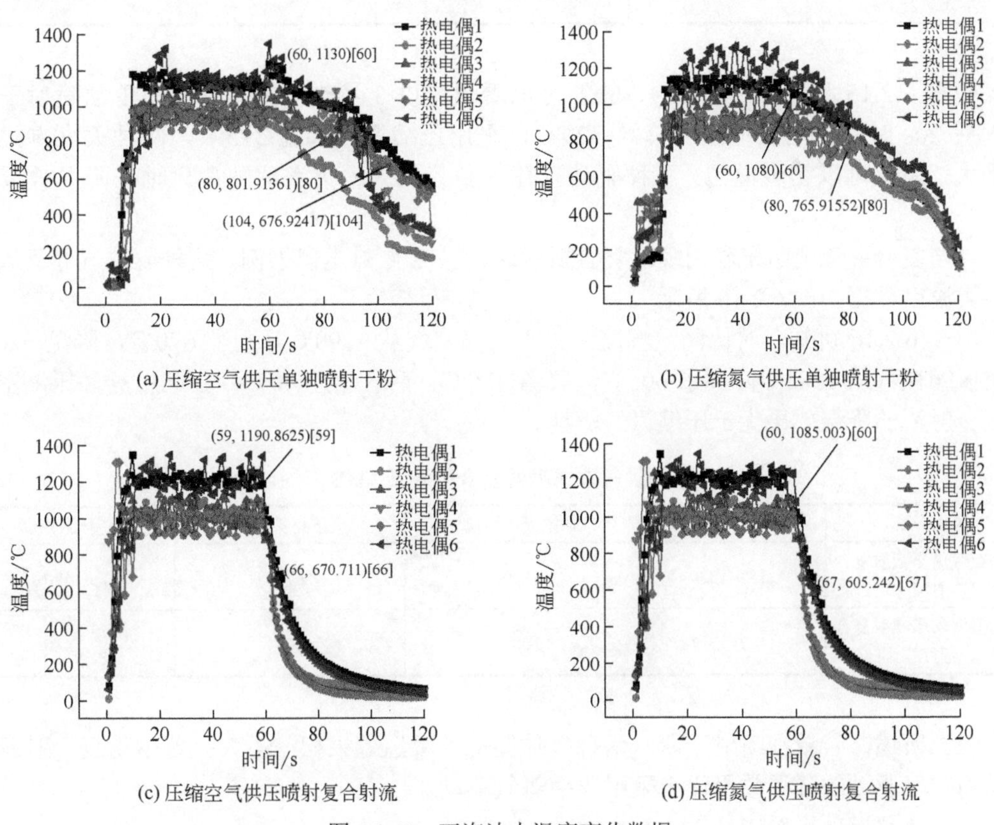

图 6.2.42　灭汽油火温度变化数据

综上所述，若使用复合射流，在距离油盘为2.6m处灭柴油火时，采用压缩氮气与压缩空气降温效果差别不大。

② 持枪手在不同喷射方式下距离油盘边沿6.0m，灭233B油盘、容积为150L的92#汽油油盘火，热电偶探测到点火、火焰预燃阶段、火焰最后熄灭过程中的各个测温点温度随时间变化数据如图6.2.42所示。

由图6.2.42可知，汽油油盘火的热值明显高于柴油油盘火，虽然在灭火的过程当中，火焰受微风摆动、各种灭火剂喷射到油盘上产生的压力、自身卷吸造成形态变化等影响，导致各个热电偶之间的测温效果有差别，但是各个热电偶测得的最高温度、灭火点的温度基本在一个固定的区间内，出现升温、降温的时间也基本一致，说明各个热电偶运行良好，误差较小。

当单独喷射干粉时，以距离地面7m处的3号热电偶为例，两种驱动气体灭火得到的各类温度数据如表6.2.15所示。

表6.2.15　不同供气方式单独喷射干粉灭233B汽油油盘火数据　℃

灭火方式	最高温度	开始灭火温度	喷射20s后温度	20s内降温幅度
压缩空气供压单独喷射干粉	1130~1270	1130	801	329
压缩氮气供压单独喷射干粉	1187~1331	1080	765	315

由表6.2.15和图6.2.42（a）、（b）可以看出，以3号热电偶为例，在单独喷射干粉灭火剂后20s时，采用压缩空气降温329℃，采用压缩氮气降温315℃，两种灭火方式差别并不大，因此可以初步说明，两种驱动气体单独喷射干粉灭汽油油盘火时在降温效果上区别很小。

当与复合射流消防车联用喷射复合射流时，以3号热电偶为例，两种驱动气体灭火得到的各类温度数据如表6.2.16所示。

由表6.2.16可知，对比降温幅度，采用压缩空气从1190℃降到了670℃，降温520℃，采用压缩氮气从1085℃降到了605℃，降温480℃，两者相差40℃，由此可见，压缩空气驱动复合射流的降温效果优于压缩氮气驱动。

表6.2.16　不同供气方式喷射复合射流灭233B汽油油盘火数据　℃

灭火方式	最高温度	开始灭火温度	火焰熄灭温度	降温幅度
压缩空气供压喷射复合射流	1187~1320	1190	670	520
压缩氮气供压喷射复合射流	1187~1331	1085	605	480

综上所述，若单独喷射干粉，两种气体驱动的降温效果相差不大；若驱动复合射流，采用压缩空气驱动的降温效果优于采用压缩氮气驱动。

（5）抗复燃效果对比分析

在每次灭火结束时，用点火器靠近油面，观察油面是否复燃，结果如表6.2.17所示。

表 6.2.17 各种灭火方式油面复燃状况

油盘燃料	喷射方式	是否复燃
0#柴油	压缩氮气供压单独喷射干粉	否
	压缩空气供压单独喷射干粉	否
	压缩氮气供压喷射复合射流	否
	压缩空气供压喷射复合射流	否
92#汽油	压缩氮气供压单独喷射干粉	否
	压缩空气供压单独喷射干粉	否
	压缩空气供压喷射复合射流	否
	压缩氮气供压喷射复合射流	否

在喷射末端，灭火剂散落在油面上，此时，灭火剂中的氧含量相同，影响抗复燃效果的关键在于灭火剂的种类。如前面所述，压缩空气储存对超细干粉无论是在吸湿性、含水率，还是在接触角、针入度等方面，均没有明显影响。由此保证了压缩空气、水系灭火剂与超细干粉混合时，与压缩氮气、水系灭火剂与超细干粉混合相对比，超细干粉的理化性能不会发生太大变化。再加上干粉与水系灭火剂本身具有抗燃性，将相当一部分燃料与空气隔绝，所以，无论采取哪种驱动气体，对灭火剂的抗复燃效果均无影响。

6.3 复合射流扑救油罐火灾的战斗编成与灭火战术

上面两节介绍了复合射流消防车和灭火剂连续供给系统的研发与定型，为扑救大型油罐火灾提供了新的技术装备，但形成战斗力尚需建立相应的战斗编成和适当的灭火战术。

6.3.1 复合射流消防车灭火能力分析

目前，复合射流消防车主要有三种级别，分别是 60L/s、80L/s 和 100L/s 以上，通过反复实验，表 6.3.1~表 6.3.3 给出了不同工况下，扑救不同容积的油罐所需要的车辆数量，这里的数据都是按照油罐全液面火灾计算。

表 6.3.1 喷射普通泡沫灭火剂时不同油罐所需复合射流消防车数量

序号	容积/m^3	截面积/m^2	高度/m	60L/s 数量	80L/s 数量	100L/s 数量	说明
1	1000	104	10.7	1	1	1	
2	2000	165	12.79	1	1	1	
3	3000	227	14.27	1	1	1	
4	5000	346	14.27	1	1	1	
5	10000	707	15.85	2	2	2	
6	20000	1385	15.85	4	2	2	

续表

序号	容积/m³	截面积/m²	高度/m	60L/s 数量	80L/s 数量	100L/s 数量	说明
7	30000	1520	15.85	4	3	3	
8	50000	2826	19.35	8	6	5	
9	70000	3630	19.35	10	8	6	
10	100000	5024	21	14	10	8	
11	125000	6359	21.8	17	13	10	
12	150000	7850	21.8	21	16	13	

注：1.面积油罐内径计算，取整数。

2.所需复合射流消防车整车为一个单位，均取整数。

表 6.3.2 喷射高效泡沫灭火剂时不同油罐所需复合射流消防车数量

序号	容积/m³	截面积/m²	高度/m	数量/（60L/s）	数量/（80L/s）	数量/（100L/s）	说明
1	1000	104	10.7	1	1	1	
2	2000	165	12.79	1	1	1	
3	3000	227	14.27	1	1	1	
4	5000	346	14.27	1	1	1	
5	10000	707	15.85	2	2	1	
6	20000	1385	15.85	3	2	2	
7	30000	1520	15.85	4	3	2	
8	50000	2826	19.35	6	5	4	
9	70000	3630	19.35	8	6	5	
10	100000	5024	21	11	8	5	
11	125000	6359	21.8	13	10	8	
12	150000	7850	21.8	16	12	10	

注：采用 H2000 高效泡沫灭火剂，灭火效能提高 30%。

表 6.3.3 喷射复合射流时不同油罐所需复合射流消防车数量

序号	容积/m³	截面积/m²	高度/m	数量/（60L/s）	数量/（80L/s）	数量/（100L/s）	说明
1	1000	104	10.7	1	1	1	
2	2000	165	12.79	1	1	1	
3	3000	227	14.27	1	1	1	
4	5000	346	14.27	1	1	1	
5	10000	707	15.85	2	1	1	
6	20000	1385	15.85	3	2	2	
7	30000	1520	15.85	3	2	2	
8	50000	2826	19.35	5	4	3	
9	70000	3630	19.35	7	5	4	
10	100000	5024	21	9	7	6	
11	125000	6359	21.8	12	9	7	
12	150000	7850	21.8	14	11	9	

注：运用复合射流，灭火效率提升 50%。

6.3.2 复合射流消防车灭火战斗编成

由 6.2 节可知，灭火剂连续供给系统由远程供水系统+泡沫液供给消防车+干粉灭火剂供给车组成，有四种基本配置可选。四种组合的灭火剂连续供给系统与复合射流消防车的编成见表 6.3.4。

表 6.3.4 四种组合的灭火剂连续供给系统与复合射流消防车的编成

序号	灭火剂供给单元组合	灭火剂供给单元组成与参数	可供给复合射流消防车台数		
			60L/s 级	80L/s 级	100L/s 级
1	组合一	1 台泵浦消防车+1 台浮艇泵+1 台水带敷设车+1 台供泡沫液车+1 台供干粉车 流量 200L/s，23.5m^3 泡沫液，6m^3 干粉灭火剂，供给距离 2km	3 台 1 台 6%供液车的持续时间 36min	2 台 1 台 6%供液车的持续时间 40min	2 台 1 台 6%供液车的持续时间 32min
2	组合二	2 台泵浦消防车+2 台浮艇泵+2 台水带敷设车+2 台供泡沫液车+1（2）台供干粉车，并联使用 流量 400L/s，23.5m^3 泡沫液，6m^3 干粉灭火剂，供给距离 2km	6 台 1 台 6%供液车的持续时间 36min	5 台 1 台 6%供液车的持续时间 32min	4 台 1 台 6%供液车的持续时间 32min
3	组合三	1 台泵浦消防车+1 台浮艇泵+2 台水带敷设车+1 台水罐消防车+1 台供泡沫液车+1 台供干粉车 流量 200L/s，23.5m^3 泡沫液，6m^3 干粉灭火剂，供给距离 4km	3 台 1 台 6%供液车的持续时间 36min	2 台 1 台 6%供液车的持续时间 40min	2 台 1 台 6%供液车的持续时间 32min
4	组合四	1 台泵浦消防车+2 台浮艇泵+3 台水带敷设车+2 台供泡沫液车+1（2）台供干粉车 流量 400L/s，23.5m^3 泡沫液，6m^3 干粉灭火剂，供给距离 6km	6 台 1 台 6%供液车的持续时间 36min	5 台 1 台 6%供液车的持续时间 32min	4 台 1 台 6%供液车的持续时间 32min

（1）水源在 2km 范围内

水源在 2km 以内，可采用组合一、组合二两种灭火剂供给方式。图 6.3.1、图 6.3.2 所示为基本组合，串联使用，分别为一供二式、一供三式，供液流量大于 200L/s。图 6.3.3、图 6.3.4 所示为两套系统并联使用，分别为一供四式、一供六式，供液流量大于 400L/s。

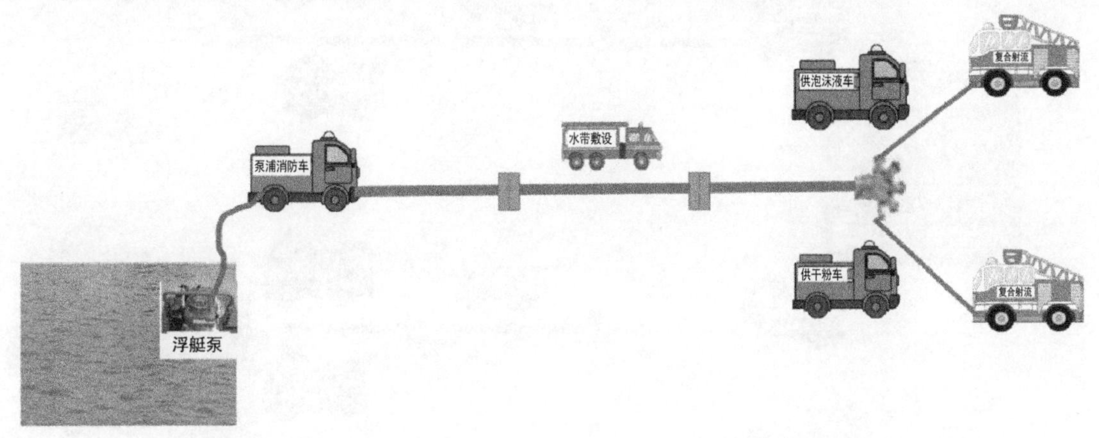

图 6.3.1 水源在 2km 内的（二、三级）一供二式灭火战斗编成

图 6.3.1 所示的编成的含义是水源在 2km 范围内，1 套灭火剂供给单元配 2 台复合射流消防车，其中灭火剂供给单元包括 1 台浮艇泵，1 台泵浦消防车，1 台水带铺设消防车，1 台供泡沫液消防车，1 台供干粉消防车，浮艇泵流量≥200L/s，复合射流消防车等级为二级或三级，流量为 80L/s 或 100L/s，系统实际灭火流量为 160L/s 或 200L/s。

图 6.3.2 所示的编成的含义是水源在 2km 范围内，1 套灭火剂供给单元配 3 台复合射流消防车，其中灭火剂供给单元包括 1 台浮艇泵，1 台泵浦消防车，1 台水带铺设消防车，1 台供泡沫液消防车，1 台供干粉消防车，浮艇泵流量≥200L/s，复合射流消防车等级为一级，流量为 60L/s，系统实际灭火流量为 180L/s。

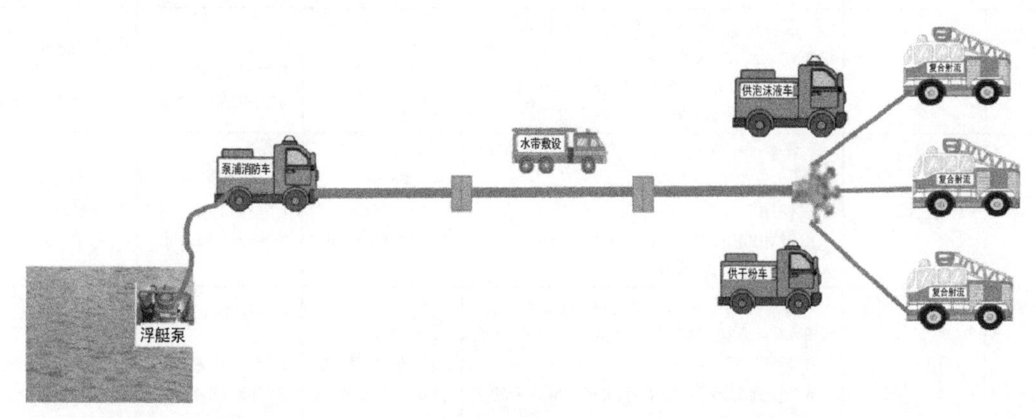

图 6.3.2　水源在 2km 内的（一级）一供三式灭火战斗编成

图 6.3.3 所示的编成的含义是水源在 2km 范围内，1 套灭火剂供给单元配 4 台复合射流消防车，其中灭火剂供给单元包括 2 台浮艇泵，2 台泵浦消防车，1（2）台水带铺设消防车，2 台供泡沫液消防车，2 台供干粉消防车，2 台浮艇泵流量≥400L/s，复合射流消防车等级为三级，流量为 100L/s，系统实际灭火流量为 400L/s。如果采用流量为 80L/s 的二级复合射流消防车，则改为一供五式，灭火剂喷射流量依然是 400L/s，如采用二级一供四式，灭火剂喷射流量为 320L/s。

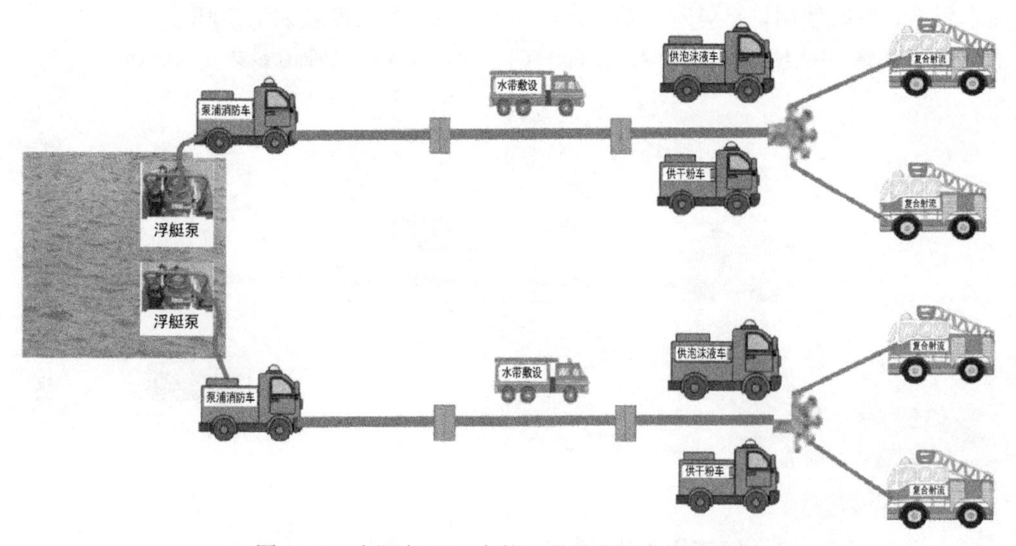

图 6.3.3　水源在 2km 内的一供四式灭火战斗编成

图 6.3.4 所示的编成的含义是水源在 2km 范围内，1 套灭火剂供给单元配 6 台复合射流消防车，其中灭火剂供给单元包括 2 台浮艇泵，2 辆泵浦消防车，1（2）台水带铺设消防车，2 台供泡沫液消防车，1（2）台供干粉消防车，2 台浮艇泵流量≥400L/s，复合射流消防车等级为一级，流量为 60L/s，系统实际灭火流量为 360L/s。

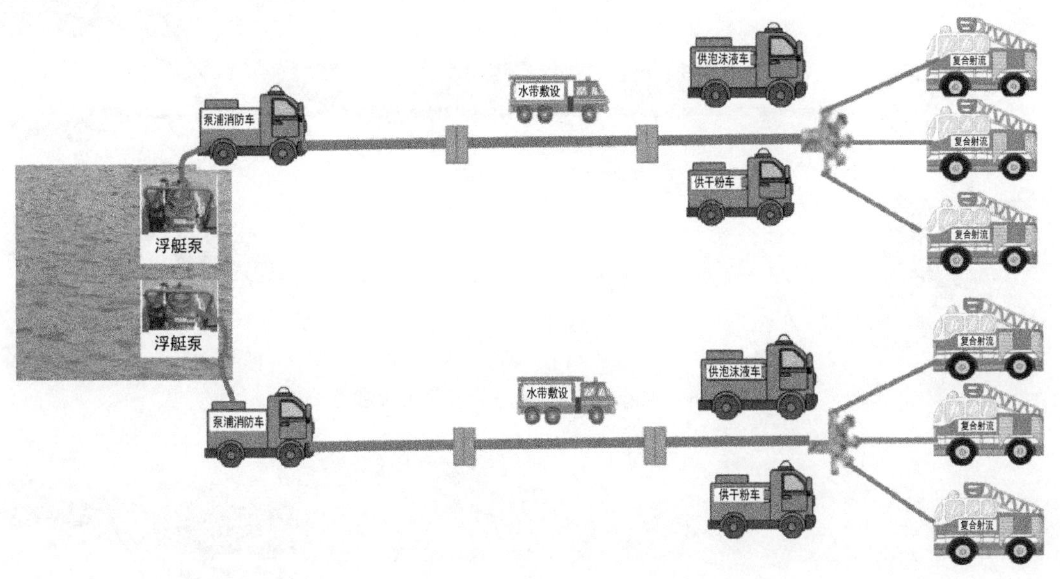

图 6.3.4　水源在 2km 内的一供六式灭火战斗编成

（2）水源在 2～4km 范围内

水源在此范围内，与上面编成的区别就是增加 1 辆水带铺设车，其他不变。

（3）水源在 4～6km 范围内

采用组合四的灭火剂供给单元，采用了大流量泵，可组成一供四式（图 6.3.5）、一供五式（图 6.3.6）、一供六式（图 6.3.7），供给系统流量超过 400L/s，三式的实际灭火流量分别为 400L/s、400L/s 和 360L/s。

图 6.3.5　水源 6km 内的一供四式灭火战斗编成

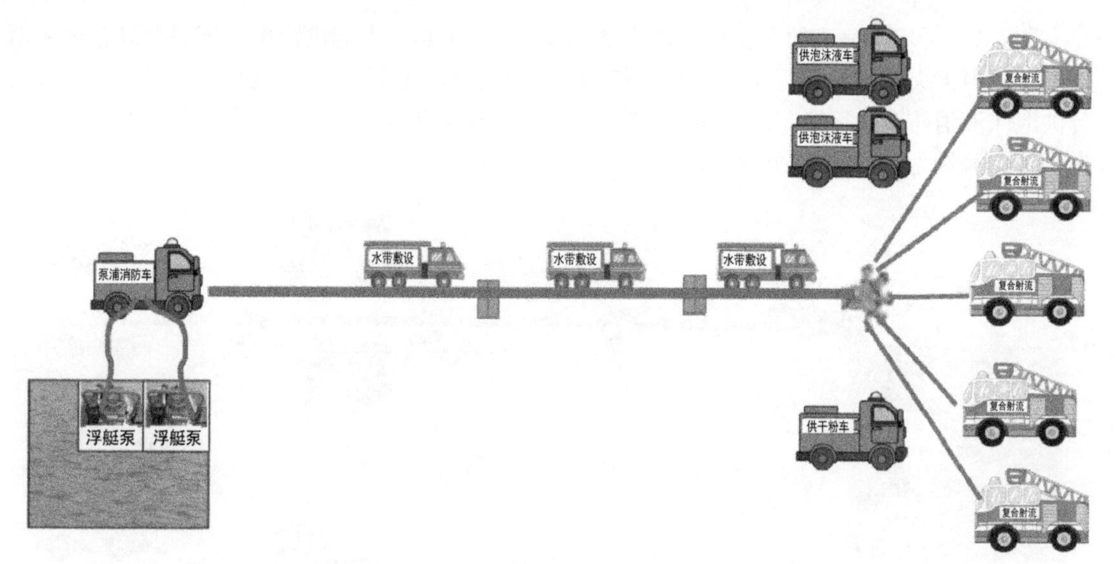

图 6.3.6　水源 6km 内的一供五式灭火战斗编成

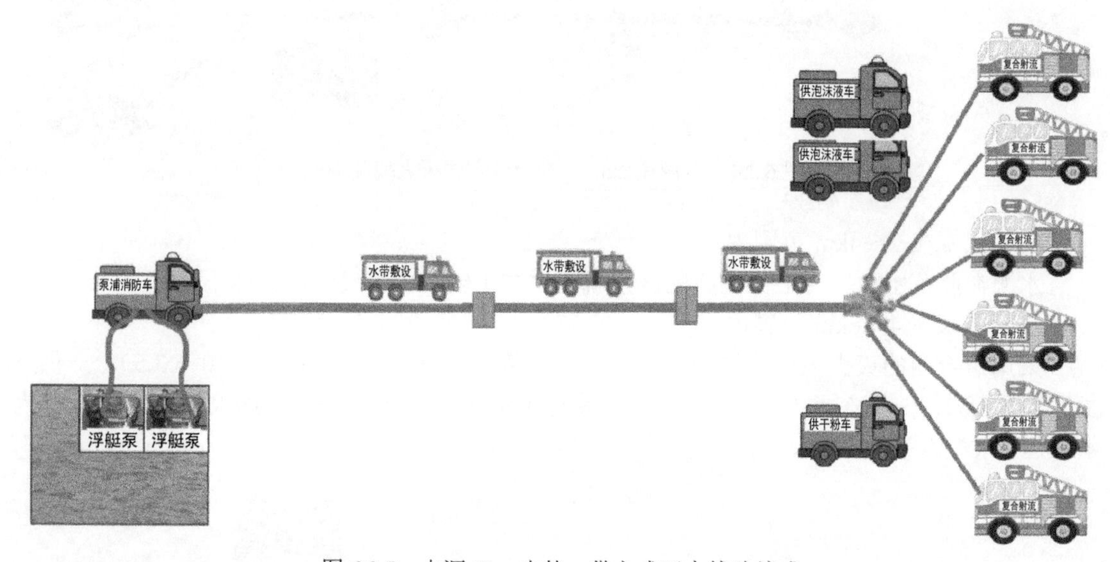

图 6.3.7　水源 6km 内的一供六式灭火战斗编成

这里只是给出了一些基本战斗编成，根据火灾情况、水源距离和装备实际情况可以变化出更多的编成。

6.3.3　复合射流消防车扑救大型油罐火灾灭火战术

6.3.3.1　适用火情

根据“2.3”的油罐火灾提炼，只有敞开式燃烧的固定顶罐、全液面燃烧的浮顶罐和内浮顶罐，需要复合射流消防车。从我国发生的火灾案例看，2010 年大连“7.16”油库火灾爆炸，引起 10m^3 外浮顶油罐全面积燃烧，2014 年漳州“4.6”PX 项目爆炸燃烧，引起 2m^3 内浮顶油罐全液面燃烧，2019 年响水“3.21 爆炸”，引起苯胺和甲醇罐全面积燃烧。类似这些案例的火灾火情，燃烧面积大，火势猛烈，用普通的装备，灭火效能不高，如果采用复合射流消防车，会取得更好的效果。表 6.3.5 所示为不同油罐类型灭火所需的战斗编成。

表 6.3.5　不同油罐类型灭火所需的战斗编成

序号	容积/m^3	截面积/m^2	高度/m	推荐战斗编成类型	编成数量
1	1000	104	10.7	一级一供二式或一供三式	1
2	2000	165	12.79	一级一供二式或一供三式	1
3	3000	227	14.27	一级一供二式或一供三式	1
4	5000	346	14.27	一级一供二式或一供三式	1
5	10000	707	15.85	一级一供二式或一供三式	1
6	20000	1385	15.85	二级一供二式或一级一供三式	1
7	30000	1520	15.85	二级或三级一供二式	2
8	50000	2826	19.35	二级或三级一供三式	2
9	70000	3630	19.35	二级或三级一供三式	3
10	100000	5024	21	三级一供二式	3
11	125000	6359	21.8	三级一供二式	4
12	150000	7850	21.8	三级一供二式	5

注：表中凡是用一级复合射流消防车场所的均可由二级、三级替代。同样凡是用二级的场所，均可由三级替代。

6.3.3.2　一般战术

第一力量到场后，须针对当前事故情景展开行动，一般采取的战术措施及主要内容如表 6.3.6 所示。

表 6.3.6　采取的战术措施及主要内容

战术措施名称	主要内容
火情侦察	第一到场通过现场观测、询问知情人、监控中心等摸清火灾情况，主要确定有无人员被困、起火油罐数量、蔓延途径、受威胁的邻近罐和其他建筑设施等
确定主要方面	可能爆炸、沸溢、喷溅或烧塌的油罐，包括燃烧罐和邻近罐
力量计算	计算冷却力量、计算灭火力量（参考表 6.3.5）
冷却防爆	对上述油罐进行冷却
分析潜在风险	辐射热、爆炸、沸溢、喷溅
伤害评估	计算热辐射伤害范围、爆炸伤害范围
战术措施	冷却防爆、筑堤拦坝、防止漫流、登顶作战、炮打灭火
灭火总攻	当油罐火势稳定时，可以用复合射流消防车发动灭火总攻，火势比较猛烈时，可首先用干粉压制火势，干粉喷射结束后，喷射高效泡沫灭火剂或防复燃灭火剂
撤出火场	消灭残火、冷却监控、防止复燃

6.3.3.3　伤害评估分析

下面以 2014 年漳州“4.6”PX 项目爆炸火灾案例为背景，分析各阶段战术实施情况，参考图 2.2.5。

针对当前的火场情况，运用优化的事故伤害模型，定量评估事故伤害范围，着火罐均为 10000m^3 油罐，607、608 号罐储存重质油，610 号罐储存轻质油，现场风速二级（3m/s）。

（1）火灾热辐射范围分析

607、608 号罐热辐射的伤害范围。

消防员上风向安全距离：$R_{rs}=0.66D-2.62u_w+6.85=0.66\times30-2.62\times3+6.85=18.8$（m）

消防员下风向安全距离：$R_{rx}=1.06D+2.18u_w-5.07=1.06\times30+2.18\times3-5.07=33.3$（m）

财产上风向安全距离：$R_{cs}=0.27D-0.95u_w=0.27\times30-0.95\times3=5.3$（m）

财产下风向安全距离：$R_{cx}=0.43D+2.03u_w=0.43\times30+2.03\times3=19.0$（m）

610 号罐热辐射的伤害范围：

消防员上风向安全距离：$R_{rs}=0.54D-0.94u_w=0.54\times30-0.94\times3=13.4$（m）

消防员下风向安全距离：$R_{rx}=0.63D+1.65u_w=0.63\times30+1.65\times3=23.9$（m）

财产上风向安全距离：$R_{cs}=0.15D-0.94u_w=0.15\times30-0.94\times3=1.7$（m）

财产下风向安全距离：$R_{cx}=0.28D+2.11u_w=0.28\times30+2.11\times3=14.7$（m）

上述的分析结果可作为消防力量安全部署范围的参考依据。

（2）爆炸伤害范围分析

609 号罐受到 3 个着火罐的热辐射叠加，高温受热情况下很有可能发生物理性爆炸，需要评估其超压爆炸的伤害范围，事故发生时该罐储量 1563m³，即充装率约为 16%，则油罐超压爆炸伤害范围计算如下。

致死距离：$R_{c1}=0.32D-8.93Q+7.30=0.32\times30-8.93\times0.16+7.30=15.5$（m）

重伤距离：$R_{c2}=0.41D-12.14Q+10.13=0.41\times30-12.14\times0.16+10.13=20.5$（m）

轻伤距离：$R_{c3}=0.53D-15.72Q+13.10=0.53\times30-15.72\times0.16+13.10=26.5$（m）

财产损失距离：$R_{c4}=0.21D-6.37Q+5.31=0.21\times30-6.37\times0.16+5.31=10.6$（m）

上述计算的物理意义是：在油罐物理爆炸的瞬间，消防员处于 27m 以外的位置比较安全。油罐超压爆炸发生后，罐内气相空间的油蒸气有可能迅速与空气混合形成蒸气云，遇火源直接爆炸，蒸气云爆炸所造成的危害范围计算如下。

轻重整液油蒸气质量：

$W_f=\rho V=3.5\times1.293\times0.25\times3.14\times30^2\times16.5=52754.9$（kg）（轻重整液为混合物，无固定的理化性质，故以汽油的理化性质计算蒸气云质量，其结果可以作为参考）

蒸气云 TNT 当量：

$$W_{TNT}=\frac{\beta\alpha W_f H_C}{Q_{TNT}}=1.8\times0.04\times52754.9\times44000\div4500=37139.5\text{（kg）}$$

死亡半径：$R_1=13.6\times(W_{TNT}/1000)^{0.37}=13.6\times(37139.5\div1000)^{0.37}=51.8$（m）

重伤半径：$R_2=3.784\times{W_{TNT}}^{1/3}=3.784\times37139.5^{1/3}=126.2$（m）

轻伤半径：$R_3=6.906\times{W_{TNT}}^{1/3}=6.906\times37139.5^{1/3}=230.4$（m）

财产损失半径：$$R_{财}=\frac{K_{II}{W_{TNT}}^{1/3}}{\left[1+\left(\frac{3175}{W_{TNT}}\right)^2\right]^{1/6}}=\frac{5.6\times37139.5^{1/3}}{\left[1+\left(\frac{3175}{37139.5}\right)^2\right]^{1/6}}=186.8\text{(m)}$$

在这种情况下，蒸气云爆炸时间与油罐超压爆炸时间间隔很小，因此两者难以绝对区分。由于消防车、消防炮射程有限，力量部署不可能这么远，可以将蒸气云爆炸距离作为撤退安全距离，灭火救援时必须时刻监控油罐爆炸的前兆，确保安全撤离。

6.3.3.4 力量需求

（1）灭火力量计算

依据表 6.3.5 可知，一个 $10000m^3$ 的油罐需要 1 个一级一供二式战斗编成，现场共有 3 个罐全面积燃烧，则共需 3 个编成；考虑到现场风力等级为二级（λ_f=1.5），则火场实际共需战斗编成数量约为 5 个一供三式。

（2）冷却力量计算

① 着火罐冷却力量计算。计算方法参考 5.3 节和 8.2 节。

首先需确定各修正系数值，根据着火罐情况及现场风速，结合表 8.2.1 得出 3 个着火罐的风力风向系数和热叠加系数如表 6.3.7 所示。

表 6.3.7　3 个着火罐的风力风向系数和热叠加系数值

油罐型号	相对位置	热叠加系数 K_d	风力风向系数 K_f
607 号罐	上风向	1.0+0.5	0.7
608 号罐	侧风向	2×1.0	1.0
610 号罐	下风向	1.0+0.5	1.9

607 号罐冷却用水量：$Q_{冷着1}=Lq_sK_dK_f=3.14\times30\times0.8\times1.5\times0.7=79.1$(L/s)

607 号罐 SP40 水炮数量：$n_1=Q_{冷着1}/Q_s=79.1\div40=2$(门)

608 号罐冷却用水量：$Q_{冷着2}=Lq_sK_dK_f=3.14\times30\times0.8\times2.0\times1.0=150.7$(L/s)

608 号罐 SP40 水炮数量：$n_2=Q_{冷着2}/Q_s=150.7\div40=4$(门)

610 号罐冷却用水量：$Q_{冷着3}=Lq_sK_dK_f=3.14\times30\times0.8\times1.5\times1.9=214.8$(L/s)

610 号罐 SP40 水炮数量：$n_3=Q_{冷着3}/Q_s=214.8\div40=6$(门)

② 邻近罐冷却力量计算。确定需要冷却的邻近罐数量：609 号罐与 3 个着火罐的距离为 15m，在 1.5D 范围内，需要冷却；其余邻近罐虽不在冷却范围内，但由于现场 3 个油罐同时猛烈燃烧，辐射热很强，仍需要对周边邻近罐进行冷却，主要包括 602、604、101、102 和 202 号罐。邻近各油罐的风力风向系数和热叠加系数如表 6.3.8 所示。

表 6.3.8　三个着火罐的风力风向系数和热叠加系数值

油罐型号	相对位置	热叠加系数 K_d	风力风向系数 K_f
609 号罐	侧风向	2.0+0.5	1.0
602 号罐	上风向	—	0.7
604 号罐	上风向	—	0.7
101 号罐	下风向	—	1.9
102 号罐	下风向	—	1.9
202 号罐	下风向	—	1.9

609 号罐冷却用水量：$Q_{邻着1}=0.5Lq_sK_dK_f=0.5\times3.14\times30\times0.6\times2.5\times1.0=70.1$(L/s)

609 号罐 SP40 水炮数量：$n_1=Q_{邻着1}/Q_s=70.1\div40=2$(门)

602、604 号罐冷却用水量：

$Q_{邻着2}=2\times0.5Lq_sK_dK_f=2\times0.5\times3.14\times30\times0.6\times0.7=2\times19.8=39.6$(L/s)

602、604 号罐 SP40 水炮数量：$n_2=2（Q_{邻着2}/Q_s）=2\times(39.6\div40)\approx2$(门)（单独计算时向上

取整，即每罐各需一门炮）

101、102 号罐冷却用水量：

$Q_{邻着3}=2\times0.5Lq_sK_dK_f=2\times0.5\times3.14\times40.5\times0.6\times1.9=2\times72.5=145.0$(L/s)

101、102 号罐 SP40 水炮数量：$n_3=Q_{邻着3}/Q_s=145\div40=4$(门)

202 号罐冷却用水量：$Q_{邻着4}=0.5Lq_sK_dK_f=0.5\times3.14\times60\times0.6\times1.9=107.4$(L/s)

202 号罐 SP40 水炮数量：$n_4=Q_{邻着1}/Q_s=107.4\div40=3$(门)

上述采用向上取整的方式计算水炮，$n_{炮}=23$ 门，为满足水炮的冷却流量，火场所需冷却用水总量：$Q_{总}=n_{炮}Q_s=23\times40=920$(L/s)。

③ 水罐消防车及水编成计算。可按水源 6km 范围内，采用远程供水系统供水，每套流量 200～400L/s，冷却使用的是 SP50 水炮，一套远程供水可带 4～8 门水炮，编成可用一供四式或一供八式，所需编成 2 个一供八式加 1 个一供四式，总计流量 1000L/s。

通过上面的分析，可以得出当前事故情景下灭火救援消防力量调集数量，如表 6.3.9 所示。

表 6.3.9　当前事故情景下灭火所需消防力量

所需力量	消防炮	战斗编成	编成数量
冷却力量	20 门	一供四式和一供八式	3
灭火力量	—	二级一供二式	5

6.3.3.5　力量部署

对灭火和冷却力量的部署，需有一个合理的部署范围，在有效控火的同时保证人员装备的安全。以 607 号罐（D=30m）为例，使用复合射流消防车在上风方向进行灭火，池火在上风方向的财产安全距离 R_{cs}=5.3m，则灭火阵地应部署在距罐壁 5.3m 以外。使用 SP50 水炮冷却，其阵地距罐壁的最远水平距离 l=47.6m，为全面冷却油罐，冷却阵地的设置包括上风向和下风向，池火的安全距离分别为 R_{cs}=5.3m 和 R_{cx}=19.0m，则上、下风向冷却阵地部署范围为距罐壁 5.3～47.6m 和 19.0～47.6m。同理系统可得出其余着火油罐消防力量部署范围标准，如表 6.3.10 所示。

表 6.3.10　着火油罐消防力量部署范围标准

油罐型号	泡沫炮/m	水炮/m		消防员/m		紧急撤退距离/m	
		上风向	下风向	上风向	下风向	装备器材	人员
607、608	＞5.3	5.3～47.6	19.0～47.6	18.8	33.3	186.8	230.4
610	＞1.7	1.7～47.6	14.7～47.6	13.4	23.9		

6.3.3.6　灭火总攻

在火势猛烈燃烧的发展阶段，主要以冷却控火、防止爆炸和蔓延等战术措施为主。在油罐火势稳定、人员器材准备到位时，可以将复合射流消防车部署在上风向的安全区域，发动灭火总攻；火势比较猛烈时，可首先用干粉压制火势，干粉喷射结束后，喷射高效泡沫灭火剂或防复燃灭火剂。灭火总攻需遵循“先外围后中间，先上风后下风，先地面后油罐”的处置原则，总攻时间必须满足 0.5h 以上，待火势熄灭后需持续监控，防止复燃。

复合射流消防车操作程序：先用液相射流瞄准着火罐，找准喷射的最佳角度，然后用超细干粉灭火剂压制火势，待干粉喷射结束，直接喷射防复燃灭火剂或高效泡沫灭火剂，直至火势完全熄灭，再喷射 10min，确保不复燃。

灭火总攻时人员装备的主要安全防护类型和内容见表 6.3.11。

表 6.3.11 人员装备的主要安全防护类型和内容

安全防护类型	防护内容
防辐射热	① 救援人员着防护服、隔热服，佩戴空气呼吸器 ② 靠近油罐作战人员穿避火服，并有水枪掩护 ③ 消防力量部署在安全范围之内
防爆炸冲击	① 提前确定撤退信号和路线 ② 车辆尽量停靠在上风方向的高地势处，车头尽量朝向撤退方向 ③ 设立安全员，时刻监测油罐爆炸前兆的现象：油罐变形、火焰发亮发白，安全阀和呼吸阀等啸叫、有异常响声等

参考文献

[1] 杨子健,李威.中国石油储备体系的发展现状与建议[J].国际石油经济,2015(9):69-77.

[2] 朱赞.移动式远程供水系统[J].专用汽车,2011(5):68-70.

[3] 刘沛清.自由紊动射流理论[M].北京:北京航空航天大学出版社,2008.

[4] 平浚.射流理论基础及应用[M].北京:宇航出版社,1995.

[5] 张珍珍,董希琳,李玉,等.不同类型灭火剂的复合射流灭火实验研究[J].消防科学与技术,2015(7):925-927.

[6] 周樟华.浓淡气固两相射流扩散规律研究和炉内防结渣技术[D].杭州:浙江大学,2006.

[7] 于超.高压水射流结构与磨料分布特性的研究[D].秦皇岛:燕山大学,2012.

[8] 梁海杰.气液两相双流体模型与数值分析[D].西安:西安交通大学,2000.

[9] 崔金雷,容易,王希麟.气固两相湍射流颗粒对气相流动的影响中国工程热物理学会 2004 年多相流学术会议[R]. 北京:中国工程热物理学会,2004.

[10] Sivakumar V,Senthilkumar K,Kannadasan T.Prediction of gas holdup in the three-phase fluidized bed:air/Newtonian and non-Newtonian liquid systems[J].Polish Journal of Chemical Technology,2010,12(4):64-71.

[11] Luo, X,P.Jiang,and L.-S.Fan,(1997a),High pressure three-phase fluidization:hydrodynamics and heat transfer,AIChE JOURNAL [J].1997,10 (5):2432-2455.

[12] 程继国,高勇,刘军等.举高式复合射流灭火装置：中国,201519406U[P].2010-07-07.

[13] 赵文,季明刚.多功能三相射流消防车：中国,103599614A[P].2014-02-26.

[14] 万寅,张胜玖,陈开玮等.一种三相射流举高喷射消防车：中国，203379539U[P].2014-01-08.

[15] 李玉,董希琳,倪军等.三相射流灭火技术灭火效能试验研究[J].消防科学与技术,2015(7):894-896.

[16] 张珍珍,董希琳,李玉等.不同类型灭火剂的复合射流灭火实验研究[J].消防科学与技术,2015(7)：925-927.

[17] 吴颐伦.干粉灭火剂的斥水性、斥水膜及其由来[J].消防技术与产品信息,2003(12):20-24.

[18] 周文英,邵宝州,张媛怡等.磷酸铵盐干粉灭火剂[J].消防技术与产品信息,2004(7):70-76.

[19] 吴颐伦,苏韬.干粉灭火剂的吸湿机理和干燥曲线[J].消防技术与产品信息,2004(4):20-24.

[20] 华敏.超细干粉灭火剂微粒运动特性研究[D].南京:南京理工大学,2015.

[21] 杜力强,柴涛.超细干粉灭火技术探讨[J].机械管理开发,2008(3):93-95.

[22] 朱赞.移动式远程供水系统[J].专用汽车,2011(5):68-70.

[23] 李存靖,张俊杰.消防远程供水系统自动增压控制模块设计分析[J].科技创新与应用,2016(8):22-23.

[24] 郑春生.远程供水系统在火灾扑救中的应用探讨[J].消防科学与技术,2016(8):1145-1148.

[25] 王振群,刘忠喜.基于 GS-C1.2/200 型远程供水系统在消防领域中应用研究[J].中国消防协会科学技术年会论文集,2015:377-380.

[26] 郎需庆,牟小冬,尚祖政等.压缩空气泡沫灭火系统在罐区的应用探讨[J].消防科学与技术,2016(6):815-817.

[27] 郎需庆,刘全桢,宫宏等.扑救大型储罐全面积火灾的探讨[J].2011 中国消防协会科学技术年会论文集.2011:296-299.
[28] 白云,张有智.压缩空气泡沫灭火技术应用研究进展[J].广东化工，2015(6):86-87.
[29] 陆华,刘益民.泡沫比例混合技术的发展与现状[J].水上消防，2014(4)：20-22.
[30] 陈建雄,韩金波,樊光耀.泡沫灭火系统中泡沫比例混合装置在集输站库中的运行[J].物联网技术,2012(11):82-83.
[31] 王峰，陈洪武，高婷，等.混合动力平衡式泡沫比例混合装置的设计与研究[J].机械设计，2014（11）：37-40.
[32] 胡立平,何仁,黄永春,等.FLUENT 软件在液-液混合器领域中的应用.[J].中国石油和化工标准与质量，2012(16):42-43.
[33] 刘传超.液液喷射器引射结构的数值模拟及优化研究[D].青岛:中国海洋大学.2015.
[34] 晏希亮.混合器结构设计及多物理场仿真研究[D].荆州：长江大学.2017.
[35] 王丹华,张冠敏,冷学礼,等.T 型管内两相流分配特性数值模拟[J].山东大学学报,2018（1）:89-95.
[36] 余小松,崔鹏.12V190 燃气发动机文丘里混合器流场分析[J].内燃机与动力装置,2013（3）：20-23.
[37] 张树梅.射流混合技术在汽油调合中应用的研究[D].北京:中国石油大学.2007.
[38] XF 578—2005,超细干粉灭火剂.
[39] GB/T 13464—2008 物质热稳定的分析试验方法.
[40] 周杰.聚磷酸铵热分解动力学模型研究[J].武警学院学报,2009(10):12-15.
[41] 任保轶,王思林,孙伶.有机液体在粉末上接触角的测定研究[J].辽宁化工,2005 (5):219-220.
[42] 姬永兴,倪军,刘军.高效、环保、智能新概念消防车——第三代消防车及其灭火技术[J].消防技术与产品信息，2009(1):4-5.
[43] 明光市浩淼消防科技发展有限公司简介及产品介绍[J].消防技术与产品信息，2011(12):100-104.
[44] 邓义斌.多相流试验装置设计与关键技术研究[D].武汉:武汉理工大学,2005.
[45] 方全喜.气动给粉试验研究[D].南京:南京理工大学,2010.
[46] 李潮锐,郑碧华.实验误差分析中的概念及意义[J].中山大学学报：自然科学版,2003(A19):150-153.
[47] 王大庆,魏海燕.压力容器泄漏源模型的分析研究[J].石油工程建设,2010 (5):17-18.
[48] 金晗辉.气粒两相湍流拟序结构的大涡模拟研究 [D].杭州:浙江大学,2002.
[49] 臧子璇,黄小美,陈贝.燃气泄漏射流扩散模型及其应用[J].煤气与热力,2011 (6):39-42.
[50] 赵承庆，姜毅.气体射流动力学[M].北京:北京理工大学出版社,1998:55-59.
[51] 赵洪海.油罐火灾特性的小尺寸实验研究[J].消防科学与技术,2010(1):26-29.
[52] Hiroshi Koseki，Yusaku Iwata．Tomakomai Large Scale Crude Oil Fire Experiments[J].Fire Technique，2000(1):24-38.
[53] Hiroshi Koseki，Yasutada Natsume，Yusaku Iwata．Large-scale Boilover Experiments Using Crude Oil[J].Fire Safety Journal,2006(1):529-535.
[54] 史聪灵,霍然,李元洲，等.大空间火灾实验中温度测量的误差分析[J].火灾科学,2002 (3):157-163.
[55] 方辉.原油储罐火灾爆炸危险分析[J].油气田地面工程,2007 (4):51.
[56] 周文英,杜泽强,介燕妮,等.超细干粉灭火剂[J].中国粉体技术,2005 (1):42-44.
[57] 于波,肖慧民.水轮机原理与运行[M].北京：中国电力出版社,2008.
[58] 袁寿其,施卫东,刘厚林.泵理论与技术[M].北京：机械工程出版社,2014.
[59] 骆红,阮忠唐.联轴器相关标准中几个问题的商榷[J].机械工业标准化与质量,2004(10):37-39.
[60] 禹华谦,莫乃榕.工程流体力学[M].北京:高等教育出版社,2004.
[61] 侯国祥.流体力学[M].北京:机械工业出版社,2015.
[62] 丁欣硕,刘斌.Fluent 17.0 流体仿真从入门到精通[M].北京:清华大学出版社,2018.
[63] 陶文铨.数值传热学[M].第 2 版.西安:西安交通大学出版社,2001.
[64] 王福军.计算流体动力学分析——CFD 软件原理与应用[M].北京:清华大学出版社,2004.
[65] 王瑞金,张凯,王刚.Fluent 技术基础与应用实例[M].北京:清华大学出版社,2007.
[66] 张建文,杨振亚,张政.流体流动与传热过程的数值模拟基础与应用[M].北京:化学工业出版社,2008.
[67] 李文敏.基于 CFD 模拟的换热器传热性能分析与优化选型[D].青岛:中国海洋大学,2013.
[68] 朱荣生,燕浩,李继忠等.小型气液射流泵内部流场数值模拟及优化选择.排灌机械工程学报[J].2010(3):207-210.
[69] Speziale C.G.,Thangam S.Analysis of an RNG based turbulence model for separated flows.International Journal Engineering Science[J].1992,30(10):1379-1388.
[70] Smith L.M., Reynolds W.C.On the Yakhot-Orszag renormalization group method for deriving turbulence statistics and

models. Physics of fluids A[J].1992,4(4):364-390.

[71] Hassel E,Jahnke S,Kornev N.Large-eddy simulation and laser diagnostic measurementsof mixing in a coaxial jet mixer.Chemical Engineering Science[J].2006,61(11):2908-2912.

[72] 沈海龙,苏玉民.肥大型船伴流场数值模拟的网格划分方法研究.哈尔滨工程大学学报[J].2008 (11):1190-1198.

[73] 张师帅.计算流体动力学及其应用——CFD 软件的原理与应用[M].武汉:华中科技大学出版社,2011.

[74] 刘传超,别海燕,安维中,等.液液喷射混合器最佳引射角度的 CFD 模拟[J].计算机与应用化学,2014,(12):1439-1443.

[75] Patankar S.V.,Spalding D.B. A calculation procedure for heat, mass and momentum transfer inthree-dimensional parabolic flows. International Journal of Heat Mass ransfer[J].1972,15(10):1787-1806.

7

大型油罐火灾爆炸事故的灭火救援行动安全

7.1 油罐火灾热伤害危险计算模型构建

油罐稳定燃烧时，对消防员的伤害主要是辐射热。辐射热最大的是油罐敞开燃烧或流淌火燃烧，表现为池火燃烧。

7.1.1 池火模型理论

计算池火表面热辐射通量和目标热辐射通量是模型计算的关键，许多专家学者通过理论分析、实验计算等方法总结出各种经验模型，目前比较经典的池火计算模型有点源模型、Shokri-Beyler 模型和 Mudan 模型，不同的模型在计算时的假设条件不同，计算公式也各不相同。

点源模型和 Shokri-Beyler 模型通常使用 Heskestad 方程计算火焰长度，Heskestad 方程是由 Heskestad 根据实验数据拟合修正后提出的。点源模型假设火焰全部的辐射热量由液池的中心点辐射出来，并将点源设在火焰高度一半的位置；Shokri-Beyler 模型将火焰看成向外均匀辐射的圆柱形黑体，直径为液池直径，高度为火焰的高度，通过火焰表面热辐射通量和目标与火焰间的视角系数，计算目标热辐射通量。

Mudan 模型也是将火焰看成垂直（无风）或倾斜（有风）的圆柱形黑体，与 Shokri-Beyler 模型不同的是，Mudan 模型的表面热辐射公式不是实验拟合结果，而是由理论推导出来，同时计算目标热辐射通量时附加了大气透射系数。Mudan 模型使用 Thomas 公式计算火焰长度，是 Thomas 在分析木材堆垛燃烧实验数据的基础上得出的经验公式，分别可以计算无风和有风两种情况下的火焰长度。

三种模型各有特点，其适用范围已有许多专家学者做了比对分析，本书不再对此做过多分析，仅引用李元梅、张龙梅等学者的研究成果，他们通过数值计算分析了不同油罐直径、不同风速对三种模型辐射热的影响，得出如下结论。

① 点源模型适合计算离火源较远处目标物的热辐射通量，可用于热通量小于 $5kW/m^2$ 的区域，不适合计算近火源处的辐射热。

② 油罐直径（$D<10m$）较小时，Shokri-Beyler 模型相比于 Mudan 模型，其热辐射计算结果更可靠；直径（$D>10m$）较大时，Mudan 模型的计算结果更准确。

③ Mudan 模型适用性更广，特别适用于计算有风时火焰的热辐射通量。

本书讨论的是大型油罐火灾防治技术，故采用 Mudan 模型进行池火焰热辐射计算，在设置火灾时应考虑风速、风向对火焰高度的影响。

7.1.2 Mudan 模型计算方法

Mudan 模型计算示意图如图 7.1.1 所示，池火焰热辐射通量计算遵循以下计算步骤。

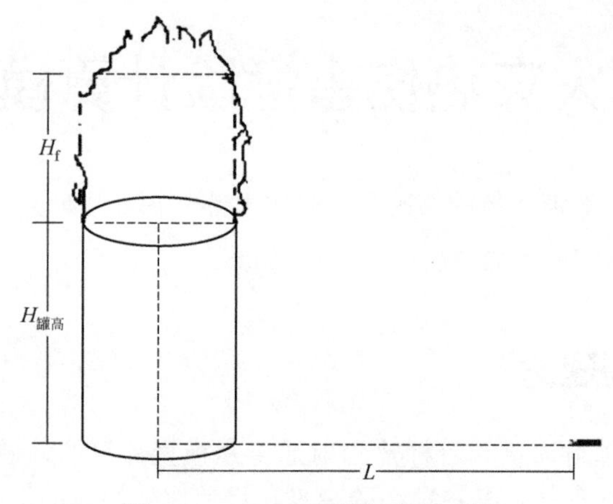

图 7.1.1 Mudan 模型计算示意图

第一步，确定液体燃烧速率。液体的单位面积质量燃烧速率可以通过查表或从手册中得到，表 7.1.1 中列举了部分常见可燃液体的燃烧参数。

表 7.1.1 部分常见可燃液体的燃烧参数

物质名称	汽油	煤油	柴油	原油	重油	苯	甲苯	甲醇	乙醚
液体的单位面积质量燃烧速率/[kg/(m² · s)]	0.055	0.039	0.042	0.033	0.035	0.085	0.0384	0.015	0.035
液体燃烧热 H_c/(kJ/kg)	4.60×10^4	4.40×10^4	4.02×10^4	4.1×10^4	4.39×10^4	4.20×10^4	4.26×10^4	2.39×10^4	3.68×10^4

对一些无法通过查表获取燃烧速率的可燃液体，可以通过计算求得。若可燃液体的沸点高于环境温度，液体单位面积质量燃烧速率为

$$\dot{m}'' = \frac{0.001H_c}{C_p\left(T_b - T_0\right) + H_v} \tag{7.1.1}$$

式中 H_c——液体燃烧热，J/kg；

C_p——液体的比定压热容，J/(kg · K)；

T_b——液体的沸点，K；

T_0——环境温度，K；

H_v——液体的汽化热，J/kg。

当可燃液体的沸点低于环境温度时，如加压液化气或冷冻液化气，其单位面积质量燃烧速率为

$$\dot{m}'' = \frac{0.001H_c}{H_v} \tag{7.1.2}$$

第二步，确定池火直径 D。对油罐池火，液池为圆形，池火火焰为圆柱形，火焰直径即为液池直径；对非圆形池火，在估算池半径时，为方便计算，通常假设燃料池是圆形，油池的有效直径计算公式如下：

$$D = \left(\frac{4S}{\pi}\right)^{1/2} \tag{7.1.3}$$

式中 D——油池直径，m；

S——油池面积，m^2。

第三步，计算火焰长度 H_f。计算池火火焰长度有两个重要参数——火焰半径和环境风速，Mudan 模型采用 Thomas 公式计算火焰长度。

不考虑风速时火焰长度计算公式如下：

$$H_{\mathrm{f}} = 42D\left(\frac{\dot{m}''}{\rho_{\mathrm{a}}\sqrt{gD}}\right)^{0.61} \tag{7.1.4}$$

有风时的火焰长度计算公式：

$$H_{\mathrm{f}} = 55D\left(\frac{\dot{m}''}{\rho_{\mathrm{a}}\sqrt{gD}}\right)^{0.67}\left(u^{*}\right)^{-0.21} \tag{7.1.5}$$

式中　$\dot{m}''$——液体的单位面积质量燃烧速率，$\mathrm{kg/(m^2 \cdot s)}$；

ρ_{a}——周围的空气密度，kg/m³，$\rho_{\mathrm{a}} = 1.2\mathrm{kg/m^3}$（标准状态）；

g——重力加速度，$9.8\mathrm{m/s^2}$；

u^*——无量纲风速。

u^*的定义为

$$u^{*} = \frac{u_{\mathrm{w}}}{\left(g\dot{m}''D/\rho_{\mathrm{a}}\right)^{1/3}} \tag{7.1.6}$$

式中　u_{w}——实际风速，m/s；

其他符号意义同上。

当 u^*的计算值小于 1 时，仍按 1 取值。

第四步，计算池火火焰表面热辐射通量 E。液体燃烧的热量从圆柱形火焰的侧面和上底面向周围辐射，火焰表面热辐射通量的计算公式如下：

$$E = \frac{\pi D^{2}\eta\dot{m}''H_{\mathrm{c}}}{\pi D^{2} + 4\pi DH_{\mathrm{f}}} \tag{7.1.7}$$

式中　E——火焰表面热辐射通量，$\mathrm{kW/m^2}$；

η——燃烧效率因子，取值范围为 0.15～0.35，通常取值 0.3。

通常考虑烟气、水蒸气等对火焰热辐射的影响，火焰表面热辐射通量还可利用下式计算：

$$E = E_{\max}e^{-0.12D} + E_{\mathrm{s}}\left(1 - e^{-0.12D}\right) \tag{7.1.8}$$

式中　$E_{\max}$——可见火焰的辐射功率，取值 $140\mathrm{kW/m^2}$；

E_{s}——烟气的辐射功率，取值 $20\mathrm{kW/m^2}$。

第五步，计算火焰倾角。有风情况下，火焰会发生一定的倾斜，可依据理论计算求得火焰的倾斜角度 θ（θ 为火焰倾斜方向与垂直方向的夹角），计算公式如下：

$$\cos\theta = \begin{cases} 1 & u^{*} \leqslant 1 \\ \dfrac{1}{\sqrt{u^{*}}} & u^{*} > 1 \end{cases} \tag{7.1.9}$$

目标物处于池火下风向时，θ 取正值；目标物处于池火上风向时，θ 取负值。

第六步，计算视角系数 $F_{\max}$。

视角系数的计算公式较为烦琐，包括垂直和水平两个方向的视角系数，计算公式如下：

$$F_{\max} = \sqrt{F_{\mathrm{V}}^{2} + F_{\mathrm{H}}^{2}} \tag{7.1.10}$$

垂直和水平视角系数计算公式如下：

$$\pi F_{\mathrm{V}}=-E\tan^{-1}G+E\left[\frac{a^{2}+(b+1)^{2}-2b(1+a\sin\theta)}{AB}\right]\tan^{-1}\left(\frac{AG}{B}\right)+$$

$$\frac{\cos\theta}{C}\left[\tan^{-1}\left(\frac{ab-H^{2}\sin\theta}{HC}\right)+\tan^{-1}\left(\frac{H\sin\theta}{C}\right)\right] \tag{7.1.11}$$

$$\pi F_{\mathrm{H}}=\tan^{-1}\left(\frac{1}{G}\right)-\frac{a^{2}+(b+1)^{2}-2(b+1+ab\sin\theta)}{AB}\tan^{-1}\left(\frac{AG}{B}\right)+$$

$$\frac{\sin\theta}{C}\left[\tan^{-1}\left(\frac{ab-H^{2}\sin\theta}{HC}\right)+\tan^{-1}\left(\frac{H\sin\theta}{C}\right)\right] \tag{7.1.12}$$

$$a=\frac{2H_{\mathrm{f}}}{D},\quad b=\frac{2L}{D}$$

$$A=\sqrt{a^{2}+(b+1)^{2}-2a(b+1)\sin\theta}$$

$$B=\sqrt{a^{2}+(b-1)^{2}-2a(b-1)\sin\theta}$$

$$C=\sqrt{1+(b^{2}-1)\cos^{2}\theta}$$

$$E=\frac{a\cos\theta}{b-a\sin\theta}$$

$$G=\sqrt{\frac{b-1}{b+1}}$$

$$H=\sqrt{b^{2}-1}$$

当 θ 取 0 时，即可得到无风时的视角系数计算公式，同时火焰长度 H_{f} 应使用无风时的 Thomas 公式计算。

当目标在火焰阴影之内，即 $D/2<L<D/2+H\sin\theta$ 时，应取截断的火焰长度 $H_{\mathrm{f}}=(L-D/2)/\sin\theta$；当目标在火焰阴影之外，即 $L\geqslant D/2+H\sin\theta$ 时，取原火焰长度 H_{f}。

第七步，计算目标物的热辐射通量。

计算目标物接收的热辐射通量是池火模型的关键步骤，以此来判断火灾的热辐射范围和目标物的受损程度，对距池火焰中心轴线 L 处目标物接收的热辐射通量 $\dot{q}''$ 计算如下：

$$\dot{q}''=EF_{\max}\tau \tag{7.1.13}$$

式中 $\dot{q}''$——热辐射通量，$\mathrm{kW/m^2}$；

τ——大气透射系数，$\tau=1-0.058\ln L$；

其余符号意义同上。

7.1.3 热辐射伤害准则

对消防训练或实战而言，仅求得目标物热辐射通量的数值太过抽象，还应结合热辐射伤害准则，计算出池火灾伤害的死亡半径、重伤半径、轻伤半径和财产损失半径，这样才能更好地指导消防员训练行动安全。

判断热辐射危险性的伤害准则主要有三种，具体的衡量标准和适用范围见表 7.1.2。

表 7.1.2　热辐射伤害准则和适用范围

准则类型	衡量标准	适用范围
热通量准则	以热通量作为衡量目标是否受损的依据	热辐射持续时间比较长的稳态火灾
热强度准则	以热强度作为衡量目标是否受损的依据	热辐射持续时间比较短的瞬时火灾，如火球、喷溅等
热通量-热强度准则	热通量和热强度两个参数共同决定目标是否受损	目标物暴露于热辐射中的时间为40~180s

热辐射通量是指单位时间、单位火焰表面积辐射出的热能，W/m^2；热辐射强度是指单位火焰表面积辐射出的热能，J/m^2。

热辐射是池火灾的主要危害，且池火持续时间比较长，根据表 7.1.2 的对比分析，选择热通量准则来确定消防员的灭火安全距离和财产损失半径，热通量准则对人员和设备的破坏临界热通量如表 7.1.3 所示。

表 7.1.3　稳态油罐火灾下的热通量伤害准则

热辐射通量/(kW/m^2)	油罐火灾热辐射损害情况
37.5	设备严重损坏，油罐会受到破坏
25	钢结构变形，扶手、管廊会倒塌；1min 人员 100%死亡
12.5	木材被引燃；建筑物会引燃；1min 人员 1%死亡
4.0	30min 玻璃破裂；20s 以上感觉疼痛；长时间会造成皮肤灼伤
1.6	长时间暴露无不适感

依据表 7.1.3，人员长时间暴露无不适感的临界热通量为 $1.6kW/m^2$，对应的距离变为灭火救援安全距离；以钢结构变形时的热辐射通量 $25kW/m^2$ 作为财产损失安全距离。

表 7.1.3 中的临界热辐射通量是裸露皮肤情况下的数据，而消防员在灭火时通常会穿着战斗服，因此应将临界热辐射通量与消防战斗服的防护性能结合起来，计算池火灾的伤害范围。我们查阅相关资料得知，当防护服内的热辐射通量为 $1.6kW/m^2$ 时，战斗服的安全临界热通量为 $12.029kW/m^2$。参考前人研究结果，得出人员安全距离和财产安全距离的计算标准，如表 7.1.4 所示。

表 7.1.4　池火热辐射人员和财产安全距离的计算标准

安全距离	消防员	财产
临界热通量/（kW/m^2）	12.029	25

将表 7.1.4 中的各项数值与目标物接收的热辐射通量计算式（7.1.13）结合起来，便可得出消防员着战斗服时的安全距离。

7.1.4　模型优化

上述的池火模型虽然能较好地计算油罐的辐射热值，但由于公式繁杂、计算步骤多，且方程涉及中间变量，导致在实际应用中计算不便，尤其是在大型复杂火场计算时间较长，结果出来时事故已是另外一个阶段，不符合火场时效性的要求。此外，现有的池火模型是计算辐射热，而消防灭火训练则需要根据现场情况确定安全距离。因此，针对模拟训练需要，对池火计算模型进行优化，只需要几个参数便能快速计算池火的伤害范围。

7.1.4.1 模型优化思路

池火伤害距离可通过对应的临界热通量值求得，后者又与油品种类、罐径尺寸、风速、风向等因素有关。因此，模型优化的思路是通过控制变量法，每次运算只有一个因素作为变量，即选定一种油品，保持风速不变，求出罐径与伤害距离的关系；保持罐径不变，求出风速与伤害距离的关系。将大量的计算结果进行拟合分析，得到各参数与伤害范围的关系方程，即为池火优化模型。

选择事故发生率较高的汽油和原油分别作为轻质油品和重质油品的代表，汽油通常存储在固定顶罐和内浮顶罐中，原油通常存储在固定顶罐和大型外浮顶罐中。因此，选取容积为 1000m³、2000m³、3000m³、5000m³、10000m³、20000m³、30000m³ 的汽油罐及容积为 1000m³、5000m³、10000m³、50000m³、100000m³、150000m³ 的原油罐作为池火模型研究对象，风速选择 0m/s、1m/s、3m/s、5m/s、7m/s，分别对应无风及一～四级风时的风速。常见油罐的公称尺寸如 7.1.5 所示。

表 7.1.5 常见油罐的公称尺寸

序号	容积/m³	直径/m	高度/m	序号	容积/m³	直径/m	高度/m
1	1000	11.5	10.7	7	30000	44	15.85
2	2000	14.5	12.79	8	50000	60	19.35
3	3000	17	14.27	9	70000	68	19.35
4	5000	21	14.27	10	100000	80	21
5	10000	30	15.85	11	125000	90	21.8
6	20000	42	15.85	12	150000	100	21.8

鉴于模型的复杂性和大量的数据运算，借助 MATLAB 软件进行辅助计算，通过编制池火模型计算程序，绘制不同参数情况下辐射热值随距离的变化图。

7.1.4.2 以汽油为代表的轻质油罐池火伤害范围分析

为确定汽油罐池火灾时的安全距离（R_r）和财产安全重伤距离（R_c），分别研究罐径（D）、风速（W）和距离（L）等因素对油罐辐射热的影响，并将结果绘制成曲线图，结合临界热通量值，通过调整图形精度，调用函数便可获得对应热通量值下的伤害距离，见图 7.1.2～图 7.1.4。

（1）无风时，不同容积油罐辐射热值变化情况

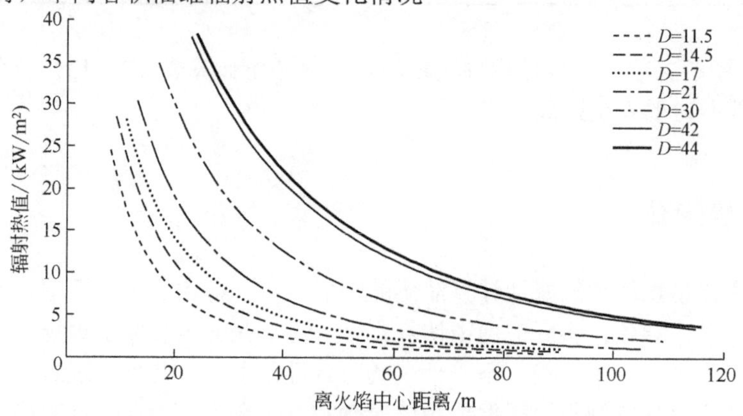

图 7.1.2 不同罐径时辐射热值随距离变化曲线

（2）容积一定时，不同风速下油罐辐射热值变化情况

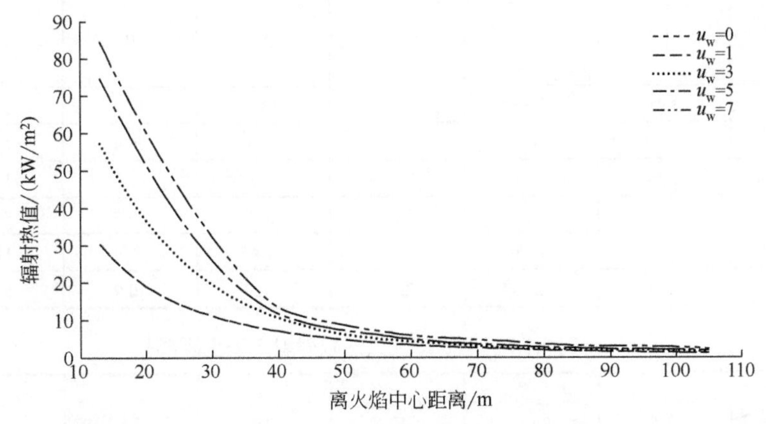

图 7.1.3　5000m³ 油罐不同风速时（下风向）辐射热值随距离变化曲线（u_w=0 和 u_w=1 两条线重合）

图 7.1.3 只有 4 条曲线，这是因为 5000m³ 的汽油罐在风速为 1m/s 时，计算得出的 $u^* < 1$，仍取值为 1，由此求得的火焰倾角 θ=0，即火焰没有发生倾斜，与无风时的火焰状态一样，在图里则体现为 u_w=0 和 u_w=1 这两条曲线重合。

（3）容积和风速一定时，不同风向下油罐辐射热变化情况

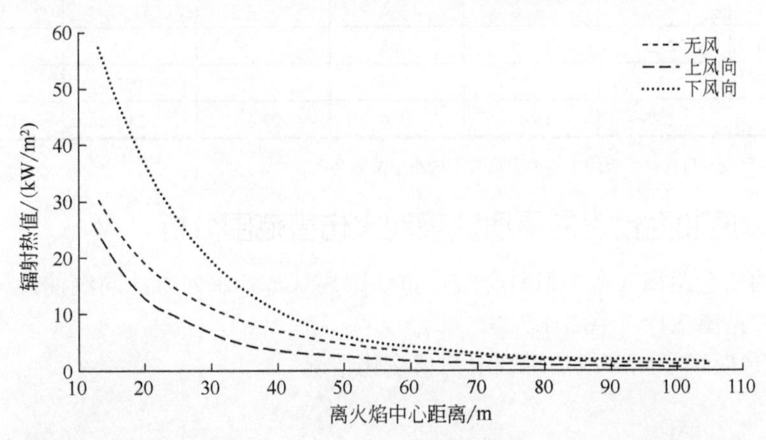

图 7.1.4　5000m³ 油罐风速 3m/s 时不同风向下辐射热值随距离变化曲线

（4）安全距离的数据汇总

通过所得的辐射热值随距离变化曲线，便可得到对应临界热辐射通量下的伤害距离，再减去相应的油罐半径即为消防作战安全距离，将数据汇总于表 7.1.6、表 7.1.7 中。

表 7.1.6　汽油罐池火热辐射消防员安全距离

W ＼ R_r ＼ D		11.5	14.5	17	21	30	42	44
0	—	9.05	11.75	14.1	17.8	26.2	37.3	39.2
1	上风向	9.05	11.75	14.1	17.8	26.2	37.3	39.2
	下风向	9.05	11.75	14.1	17.8	26.2	37.3	39.2

续表

W \ R_r \ D		11.5	14.5	17	21	30	42	44
3	上风向	3.95	5.75	7.3	10.2	17.4	28.9	31
	下风向	16.55	20.05	22.9	27.3	36.4	47.1	48.7
5	上风向	2.35	3.55	4.6	6.45	11	17.8	19.1
	下风向	17.45	21.25	24.3	29.1	39.5	52.8	55
7	上风向	1.65	2.55	3.4	4.8	8.3	13.7	17.7
	下风向	19.05	22.15	25.9	31.1	40.9	55.1	57.2

表 7.1.7　汽油罐池火热辐射财产安全距离

W \ R_r \ D		11.5	14.5	17	21	30	42	44
0	—	2.15	3.05	3.9	5.2	8.6	13.3	14.2
1	上风向	2.15	3.05	3.9	5.2	8.6	13.3	14.2
	下风向	2.15	3.05	3.9	5.2	8.6	13.3	14.2
3	上风向	—	—	—	—	8.6	13.3	14.2
	下风向	9.65	11.65	13.2	15.6	20.4	25.5	26.02
5	上风向	—	—	—	—	1.5	3.6	4.1
	下风向	12.15	14.75	16.8	20	26.8	35.3	36.7
7	上风向	—	—	—	—	0.5	1.7	1.9
	下风向	12.75	15.45	17.6	22.6	28.1	37.1	38.6

注：表中“—”表示目标物距火焰中心的距离等于或小于油罐半径。

7.1.4.3　以原油为代表的重质油罐池火伤害范围分析

原油罐的安全距离（R_r）和财产安全重伤距离（R_c）研究方法同汽油罐一样，下面仅展示部分图例，见图 7.1.5～图 7.1.7。

（1）无风时，不同容积油罐辐射热值变化情况

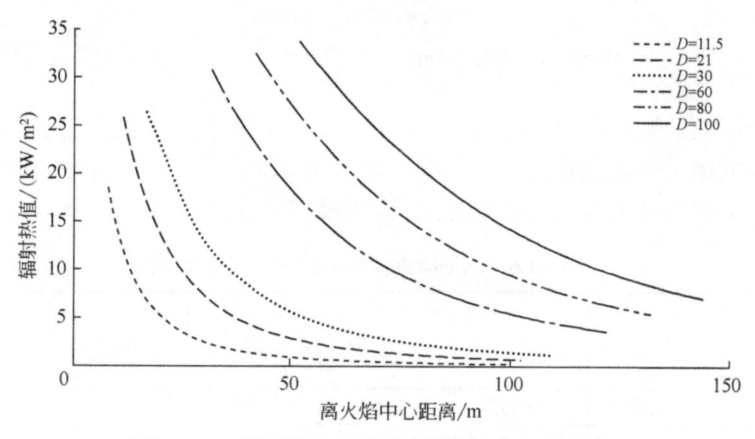

图 7.1.5　不同罐径时辐射热值随距离变化曲线

（2）容积一定时，不同风速下油罐辐射热值变化情况

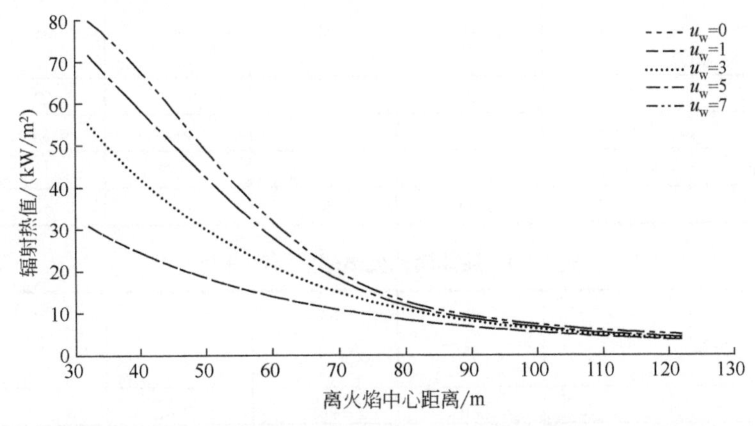

图 7.1.6　10000m³ 油罐不同风速时（下风向）辐射热值随距离变化曲线（u_w=0 和 u_w=1 两条曲线重合）

此处只有 4 条曲线的原因与汽油罐的相同，是 u_w=0 和 u_w=1 两条曲线重合。

（3）容积和风速一定时，不同风向下油罐辐射热值变化情况

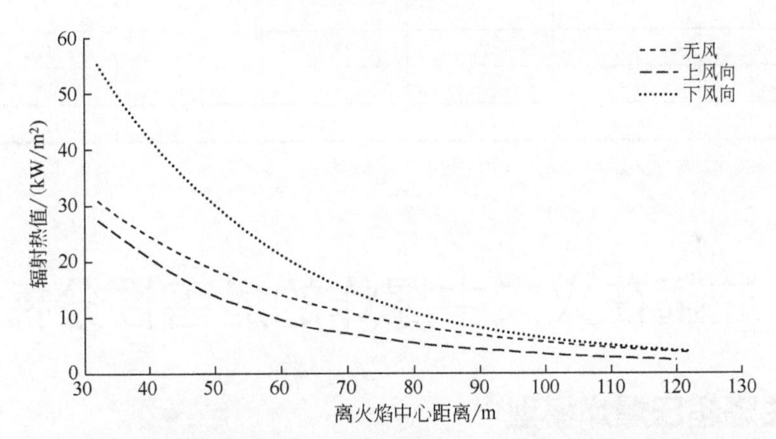

图 7.1.7　10000m³ 油罐风速 3m/s 时不同风向下辐射热值随距离变化曲线

（4）安全距离的数据汇总

将所得对应临界热辐射通量下的伤害距离，再减去相应的油罐半径即为消防作战安全距离，数据汇总于表 7.1.8、表 7.1.9。

表 7.1.8　原油罐池火热辐射消防员安全距离

W	R_c \ D	11.5	21	30	60	80	100
0	—	5.85	11.7	17	35.8	47.9	59.7
1	上风向	5.85	11.7	17	35.8	47.9	59.7
	下风向	5.85	11.7	17	35.8	47.9	59.7
3	上风向	1.85	5.3	9.3	24.1	39.9	60
	下风向	12.05	20	26.8	46.6	57.3	61.9

续表

W \ R_c \ D		11.5	21	30	60	80	100
5	上风向	0.95	3	5.4	15.5	23.2	31.4
	下风向	12.15	20.3	27.4	49.5	63.3	76.4
7	上风向	0.45	1.9	3.7	11.3	17.1	23.3
	下风向	12.75	20.6	28.5	51.7	64.5	78.4

表 7.1.9　原油罐池火热辐射财产安全距离

W \ R_c \ D		11.5	21	30	60	80	100
0	—	—	1.4	3.3	9.3	14	18.8
1	上风向	—	1.4	3.3	9.3	14	18.8
	下风向	—	1.4	3.3	9.3	14	18.8
3	上风向	—	0	1.9	4.8	13.7	16.3
	下风向	7.25	11.7	15.5	25.3	29.5	28.1
5	上风向	—	—	—	1.3	3.4	8
	下风向	8.55	14	18.7	32.7	41	48.9
7	上风向	—	—	—	—	0.8	4
	下风向	8.75	14.3	19.1	35.4	42.4	50.8

注：表中“—”表示目标物距火焰中心的距离等于或小于油罐半径。

7.2　油罐在火灾中爆炸的危害性分析计算

7.2.1　油罐超压爆炸模型

7.2.1.1　模型理论

油罐虽然不是按压力容器设计，但在火灾辐射热的情况下，内压迅速上升，使之成为承压容器，因此，本节按压力容器的爆炸模型考虑。压力容器破裂时释放的机械能大小，不但与容器的压力和容积有关，而且与容器内储存介质的状态（有压缩气体、液化气体和高温饱和水、压缩液体等）有关，不同的介质在容器破裂时产生的能量不同，物理爆炸计算模型也不同。

油罐超压爆炸事故通常发生在固定顶罐和内浮顶罐里，介质一般为汽油、煤油、石脑油等轻质油，这些油品通常易挥发，在油罐上方形成饱和油蒸气，在油罐破裂时，仅仅是从容器破裂前的压力降至大气压的一个简单膨胀过程。由于这一过程经历的时间很短，因此可以认为罐内的气体与大气没有热量交换，即气体的膨胀是在绝热状态下进行的，压力容器爆破能量也就是气体绝热膨胀做的功。压缩气体爆炸能的计算模型主要包括 Brode 公式、Baker 公式（等熵膨胀）、Kinney 公式（等温膨胀）和有效能法。以下采用表示气体绝热膨胀做功的 Baker 公式进行计算油罐的超压爆炸。

7.2.1.2 模型计算方法

（1）介质爆炸的 TNT 当量计算

$$E_{\mathrm{g}}=\frac{pV}{\kappa-1}\left[1-\left(\frac{0.1013}{p}\right)^{\frac{\kappa-1}{\kappa}}\right]\times10^{3} \tag{7.2.1}$$

式中，E_{g}——气体的爆炸能量，kJ；

p——容器内气体的绝对压力，MPa；

V——容器的容积，m^3；

κ——气体的等熵指数，即气体的比定压热容与比定容热容之比。

常用气体的等熵指数如表 7.2.1 所示。

表 7.2.1 常用气体的等熵指数

气体名称	空气	氮	氧	氢	甲烷	乙烷	乙烯	丙烷	氨气
κ 值	1.4	1.4	1.397	1.412	1.316	1.18	1.22	1.13	1.32
气体名称	二氧化碳	一氧化氮	二氧化氮	一氧化碳	氯气	过热蒸汽	饱和蒸汽	氢氰酸	
κ 值	1.295	1.4	1.31	1.395	1.35	1.3	1.135	1.31	

为便于研究爆炸危害，需将爆炸能量转换成 TNT 当量，1kgTNT 爆炸所放出的爆炸能量为 4230～4836kJ / kg，一般取平均爆炸能量 4500kJ/kg，所以爆炸时介质所释放的能量折算为 TNT 当量 W_{TNT}(kg)为

$$W_{\mathrm{TNT}}=\frac{E_{\mathrm{g}}}{4500} \tag{7.2.2}$$

（2）冲击波超压与危害计算

压力容器破裂时，大部分的能量是产生空气冲击波，多数情况下，冲击波的破坏作用主要与波阵面上的超压 Δp 有关。冲击波的伤害准则有超压准则、冲量准则、超压-冲量准则等。为便于操作，下面使用超压准则计算冲击波的危害。超压准则认为，当超压达到某一临界值时，便会对目标物造成伤害，冲击波超压对人体和建筑物的毁坏作用见表 7.2.2。

表 7.2.2 冲击波超压对人体和建筑物的毁坏作用

超压 Δp_0/MPa	毁坏作用	超压 Δp_0/MPa	毁坏作用
0.02～0.03	轻微损伤；建筑物轻微破坏	0.05～0.10	内脏严重损伤或死亡；房柱折断，砖墙倒塌
0.03～0.05	听觉器官损伤或骨折；建筑物中度破坏	>0.10	大部分人员死亡；大型钢架结构破坏

实验数据表明，不同数量的同类炸药爆炸时，若目标与爆炸中心的距离 R 与 R_0 之比和炸药量 q 的三次方根之比相等，则所产生的冲击波超压相同，用公式表示如下：

$$q=\frac{W_{\mathrm{TNT}}}{W_0}$$

若

$$\frac{R}{R_0}=\left(\frac{W_{\mathrm{TNT}}}{W_0}\right)^{1/3}=\alpha$$

则 $$\Delta p=\Delta p_0 \tag{7.2.3}$$

式中 R——目标与爆炸中心距离，m；

R_0——目标与基准爆炸中心的相当距离，m；

W_0——基准爆炸能量（TNT当量），kg；

W_{TNT}——爆炸时产生冲击波所消耗的能量（TNT当量），kg；

Δp——目标处的超压，MPa；

Δp_0——基准目标处的超压，MPa；

α——炸药爆炸试验的模拟比。

式（7.2.3）也可写成

$$\Delta p_0（R_0）=\Delta p（R_0\alpha） \tag{7.2.4}$$

表7.2.3 1000kgTNT爆炸时的R_0与Δp_0值对应表

R_0/m	5	6	7	8	9	10	12	14	16	18	20
Δp_0/MPa	2.94	2.06	1.67	1.27	0.95	0.76	0.50	0.33	0.235	0.17	0.126
R_0/m	25	30	35	40	45	50	55	60	65	70	75
Δp_0/MPa	0.079	0.057	0.043	0.033	0.027	0.0235	0.0205	0.018	0.016	0.0143	0.013

综上所述，计算压力容器爆破时对目标的伤害与破坏作用，可按下列程序进行：

① 根据容器内所装介质的特性，选用式（7.2.1）计算出其爆炸能量；

② 使用式（7.2.2）将爆炸能量E_g换算成TNT当量W_{TNT}；

③ 以1000kg的TNT炸药爆炸能量为基准进行计算，按式(7.2.5)求出爆炸的模拟比α，即：

$$\alpha=\left(\frac{W_{TNT}}{W_0}\right)^{1/3}=\left(\frac{W_{TNT}}{1000}\right)^{1/3}=0.1W_{TNT}{}^{1/3} \tag{7.2.5}$$

④ 结合式(7.2.5)和表7.2.3中各个相当距离为R_0处的超压Δp_0，根据表7.2.2中给出的破坏压力，就能确定某个破坏压力下对应的伤害半径。

7.2.2 模型优化

压力容器超压爆炸模型在计算不同爆炸冲击波下的伤害范围时，需要每次先计算出的爆炸模拟比 α，再根据基准目标处的超压值对应表才能得出对应的伤害距离。这样的计算过程较为烦琐，消防训练需要优化以快速估算出伤害范围的模型。

（1）模型优化思路

从分析模型可知，压力容器超压爆炸时不同冲击波下的伤害距离主要与容器内气体种类、气体的绝对压力和气相空间的体积有关。在油品选择上，汽油事故发生率最高且为易挥发油品，将其作为模型的研究对象。油罐内的油品蒸气可视为饱和蒸汽，依据表7.2.1，等熵指数κ可取1.135。根据（GB 50341—2014）《立式圆筒形钢制焊接油罐设计规范》，油罐罐内设计压力一般为0.02MPa，当罐内压力达到设计压力的3倍（即0.06MPa）时，油罐会发生爆炸，则爆炸瞬间罐内的绝对压力p为0.16MPa。将κ=1.135、p=0.16MPa代入式（7.2.1），则有

$$E_g=59.2V \tag{7.2.6}$$

式中 V——油罐上部的气相空间容积，m^3。

由式(7.2.6)可知，爆炸冲击波的大小与气相空间的体积有关，后者又与有关的容积和油品的充装率相关，即油罐充装率越高（油罐越满），爆炸威力越小，反之；油罐越空，爆炸威力越大。压力容器超压爆炸通常发生在固定顶罐和内浮顶罐中，因此选取容积为 1000m^3、2000m^3、3000m^3、5000m^3、10000m^3、20000m^3、30000m^3 的油罐，对应的直径分别为 11.5m、14.5m、17m、21m、30m、42m、44m，见表 7.1.5，充装率分别取 0.1、0.25、0.5、0.75、0.9，定量分析两者对爆炸范围的影响。

（2）模型优化过程

依据表 7.2.2 内容，可以归纳出压力容器冲击波毁坏作用对应的临界超压值，结合表 7.2.3 可以得出目标与基准爆炸中心的相当距离 R_0（表 7.2.3 中没有的数据可以通过插值法得出），将冲击波的临界毁坏超压值Δp_0 与相当距离 R_0 相对应的汇总值见表 7.2.4。

表 7.2.4　冲击波临界超压值与相当距离对应表

毁坏作用	致死超压	重伤超压	轻伤超压	财产损失超压
临界超压值Δp_0/MPa	0.05	0.03	0.02	0.10
相当距离 R_0/m	32.5	42.5	55	22.3

针对不同容积、不同充装率的汽油罐，按照压力容器爆破时对目标的毁坏作用，利用计算机软件依次求出爆破能量 E_g、TNT 当量 W_{TNT} 和爆炸的模拟比 α，结合 α 和表 7.2.4 便可得出不同毁坏作用下的伤害距离。将不同情况下的伤害距离汇总成表 7.2.5～表 7.2.8。

表 7.2.5　汽油罐超压爆炸致死距离

充装率 Q / 安全距离 Y_{c1}/m / 直径/m	0.1	0.25	0.5	0.75	0.9
11.5	7.67	7.22	6.31	5.01	3.69
14.5	9.50	8.94	7.81	6.20	4.57
17	10.96	10.31	9.01	7.15	5.27
21	12.62	11.87	10.37	8.23	6.06
30	16.57	15.60	13.62	10.81	7.97
42	20.74	19.52	17.05	13.53	9.97
44	21.39	20.13	17.59	13.96	10.28

表 7.2.6　汽油罐超压爆炸重伤距离

充装率 Q / 安全距离 Y_{c1}/m / 直径/m	0.1	0.25	0.5	0.75	0.9
11.5	10.03	9.44	8.25	6.55	4.82
14.5	12.43	11.69	10.21	8.11	5.97
17	14.33	13.49	11.78	9.35	6.89
21	16.50	15.52	13.56	10.76	7.93
30	12.67	20.39	17.81	14.14	10.42
42	27.12	19.52	17.05	13.53	9.97
44	27.97	26.33	23.00	18.25	13.45

表 7.2.7　汽油罐超压爆炸轻伤距离

直径/m \ 安全距离 Y_{c1}/m \ 充装率 Q	0.1	0.25	0.5	0.75	0.9
11.5	12.98	12.22	10.67	8.47	6.24
14.5	16.08	15.13	13.22	10.49	7.73
17	18.54	17.45	15.24	12.10	8.92
21	21.35	20.09	17.55	13.93	10.26
30	28.05	26.39	17.82	14.14	10.42
42	35.10	33.03	28.85	22.90	16.87
44	36.20	34.07	29.76	23.62	17.40

表 7.2.8　汽油罐超压爆炸财产损失距离

直径/m \ 安全距离 Y_{c1}/m \ 充装率 Q	0.1	0.25	0.5	0.75	0.9
11.5	5.26	4.95	4.33	3.43	2.53
14.5	6.52	6.14	5.36	4.25	3.13
17	7.52	7.08	6.18	4.91	3.61
21	8.66	8.15	7.11	5.64	4.16
30	11.37	10.80	9.35	7.41	5.47
42	14.23	13.39	11.70	9.29	6.84
44	14.68	13.81	12.07	9.58	7.05

（3）数据拟合分析

分析表中数据可知，罐径越大、充装率越低，即气相空间越大，爆炸威力也越大。为更直观地分析罐径和充装率对伤害距离的影响，分别以 5000m^3 油罐和 0.5 的充装率为例，单独研究各参数与伤害距离的关系，如图 7.2.1、图 7.2.2 所示。

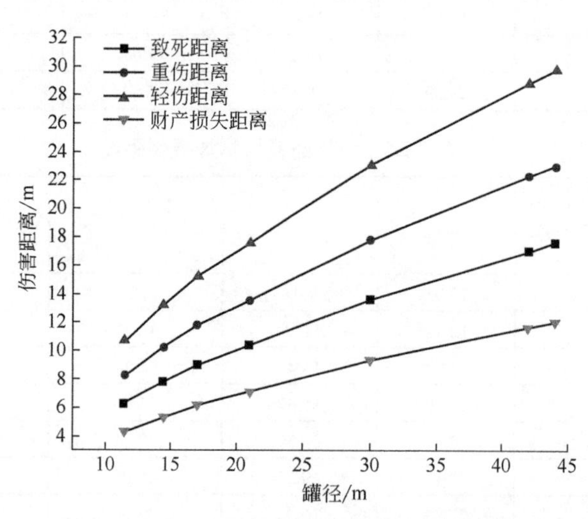

图 7.2.1　充装率为 0.5 时不同罐径的伤害距离

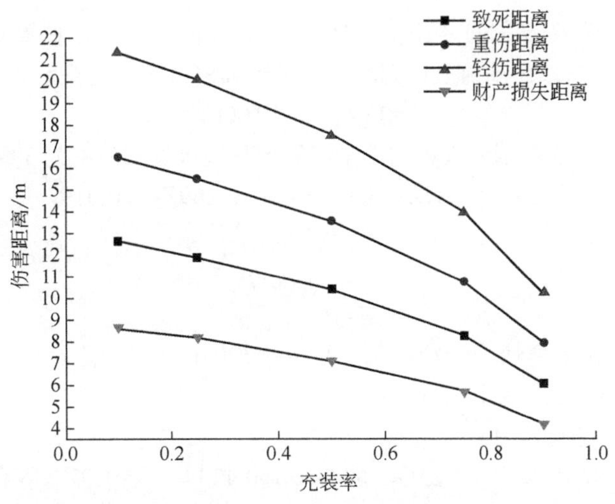

图 7.2.2　5000m^3 汽油罐不同充装率下的伤害距离

7.2.3　蒸气云爆炸模型

7.2.3.1　模型理论

蒸气云爆炸的危害主要有火球的热辐射作用、破片伤害、爆炸的冲击波作用等，但最危险、伤害范围最广的还是冲击波作用，因此本节重点研究冲击波的伤害范围。

评价爆炸冲击波效应的模型主要有 TNT 当量模型和 TNO 多能模型，TNT 当量模型是将蒸气云爆炸的能量转换成释放相同能量时相应的 TNT 炸药的质量，用 TNT 当量描述蒸气云爆炸的威力，在军事上已经积累了大量的实验数据，模拟远场时误差较小。TNO 多能模型考虑了蒸气云爆炸的机理，理论上更为合理，但在具体应用上还有一定的限制性。由于 TNT 当量模型操作简单、应用广泛，因此选用 TNT 当量模型来分析蒸气云爆炸后果。

7.2.3.2　模型计算方法

（1）蒸气云 TNT 当量计算

TNT 当量模型不考虑爆炸前燃料的泄漏扩散过程，只需假设燃料泄漏量和参与爆炸的燃料百分比，参与爆炸的燃料释放的能量按式（7.2.7）计算：

$$W_{\mathrm{TNT}}=\frac{\beta\alpha W_{\mathrm{f}}H_{\mathrm{c}}}{Q_{\mathrm{TNT}}} \tag{7.2.7}$$

式中　W_{TNT}——蒸气云的 TNT 当量，kg；

β——地面爆炸系数，取 β=1.8；

α——蒸气云的 TNT 当量系数，产生爆炸冲击波的燃料占参与蒸气云爆炸的燃料百分比，统计平均值为 4%；

W_{f}——蒸气云中燃料的总质量，kg；

H_{c}——燃料的燃烧热，kJ/kg；

Q_{TNT}——TNT 的爆炸热，一般取 Q_{TNT}=4500kJ/kg。

（2）蒸气云爆炸伤害半径

依据上节计算的蒸气云 TNT 当量，结合超压破坏准则，可以估算其伤害-破坏半径。

① 死亡半径 R_1。在该范围内人员因冲击波导致肺出血致死的概率为 50%，公式表示如下：

$$R_1=13.6(W_{TNT}/1000)^{0.37} \tag{7.2.8}$$

② 重伤半径 R_2。在该范围内人员因冲击波导致耳膜破裂的概率为 50%，由下列方程式求解：

$$\begin{gathered}\Delta p_2=0.137Z_2^{-3}+0.119Z_2^{-2}+0.269Z_2^{-1}-0.019\\Z_2=R_2/(E/p_0)^{1/3}\\\Delta p_2=\Delta p_{S2}/p_0\\E=W_{TNT}Q_{TNT}\end{gathered} \tag{7.2.9}$$

式中　Δp_{S2}——引起人员重伤冲击波峰值，取 44000Pa；

p_0——环境压力，取 101300Pa；

E——爆炸总能量，J。

将上述式中的数据代入式（7.2.9），解得$\Delta p_2=0.4344$，$Z_2=1.07$，综合可得重伤半径：

$$R_2=3.784W_{TNT}^{1/3} \tag{7.2.10}$$

③ 轻伤半径 R_3。表示在该范围内人员因冲击波导致耳膜破裂的概率为 1%，由下列方程式求解：

$$\begin{gathered}\Delta p_3=0.137Z_3^{-3}+0.119Z_3^{-2}+0.269Z_3^{-1}-0.019\\Z_3=R_3/(E/p_0)^{1/3}\\\Delta p_3=\Delta p_{S3}/p_0\end{gathered} \tag{7.2.11}$$

式中　Δp_{S3}——引起人员轻伤冲击波峰值，取 17000Pa。

将上述式中的数据代入式（7.2.11），解得$\Delta p_3=0.168$，$Z_3=1.95$，综合可得轻伤半径：

$$R_3=6.906W_{TNT}^{1/3} \tag{7.2.12}$$

④ 财产损失半径 $R_{财}$。对爆炸性破坏，财产损失半径 $R_{财}$ 计算公式为

$$R_{财}=\frac{K_{II}W_{TNT}^{1/3}}{\left[1+\left(\frac{3175}{W_{TNT}}\right)^2\right]^{1/6}} \tag{7.2.13}$$

式中　K_{II}——二级破坏系数，$K_{II}=5.6$。

7.2.3.3　模型优化

（1）模型优化思路

蒸气云爆炸既可以是油品蒸气在罐内的气相空间发生，也可以是油品泄漏到地面挥发扩散后发生，根据上节分析可知，蒸气云爆炸伤害范围主要由参与爆炸的燃料质量 W_f 决定，W_f 主要是参与蒸气云爆炸的可燃气体质量，也是蒸气云爆炸模型计算的关键要素。但上节的模型没有明确对 W_f 进行确定，因此针对油罐发生蒸气云爆炸的事故情形，有必要在此进行详细研究。

（2）罐内油品蒸气爆炸伤害模型优化

对于罐内气相空间的油品蒸气发生蒸气云爆炸，为方便研究起见，假设气相空间内的气体全部泄漏至罐外，且泄漏前后油蒸气质量不发生变化。则油蒸气质量 $W_f=\rho V$，式中，ρ 为油品的蒸气密度，V 为罐内油品上方的气相空间，油罐容积越大、充装率越小，则罐内油品上方空间越大，蒸气云爆炸伤害也就越大。部分常见油品的密度如表 7.2.9 所示。

表 7.2.9 部分常见油品的密度

物质名称	汽油	苯	柴油	煤油
物质密度/（kg/m^3）	700	880	837	800
相对蒸气密度（空气=1）	3.5	2.77	4.0	4.5

注：标准状况下空气密度为1.293kg/m^3。

在油品种类、油罐容积和充装率已知的情况下，便可得出油蒸气质量 W_f，进而求出蒸气云爆炸伤害范围。

（3）液态油品泄漏爆炸伤害模型优化

对液态油品泄漏至罐外后发生蒸气后爆炸，主要是油品挥发的大量油蒸气参与蒸气云爆炸，油品的挥发量便为参与爆炸的燃料质量，与油品的泄漏量和蒸发速率有关。油罐的油品泄漏，其泄漏量 W 是可以通过查询罐区设置的DCS系统（分布式控制系统）得出。液体蒸发速率的计算较为复杂，一般包括闪蒸、热量蒸发和质量蒸发，油品主要是质量蒸发，蒸发速率的表达式为

$$Q_m = \frac{MKAp_s}{R_g T} \tag{7.2.14}$$

式中 Q_m——蒸发速率，kg/s；

M——泄漏液体的摩尔质量，kg/mol；

A——液体泄漏的面积；

R_g——理想气体常数，取 8.314J/(K・mol)；

T——环境温度，K；

K——面积 A 的传质系数，m/s，K=0.02$M^{-1/3}$；

p_s——液体在不同温度下的饱和蒸汽压，Pa。

p_s表达式如下：

$$\lg p_s = \frac{-0.05223A}{T} + B \tag{7.2.15}$$

式中，A、B 的值可从物理化学手册中查出。

据统计蒸气云爆炸多发生在泄漏后的 3min 内，即挥发时间为 180s。因此，油品泄漏后参与蒸气云爆炸的燃料质量为

$$W_f = 180Q_m \tag{7.2.16}$$

将式（7.2.16）与蒸气云爆炸伤害模型结合，即可得出相应的伤害范围。

7.3 油罐在火灾中强度失效模型与预警系统研制

7.3.1 概述

固定顶油罐（含内浮顶油罐）在火灾中，由于受高温影响，罐内油品大量蒸发，致使内

压不断上升而发生物理爆炸，给救援人员带来极大的威胁。目前尚缺少对固定顶罐失效条件的相关研究，消防救援人员多数是依靠经验来判断是否会发生爆炸，这容易造成在灭火中提前撤离而延误战机，或因撤离不及时造成人员伤亡。我们运用有限元分析法，建立固定顶油罐热力学模型，并通过小尺寸实验，对不同温度和不同容积的固定顶罐的失效条件进行研究，之后利用数值模拟的方法对全尺寸的模型进行分析，找出真实的固定顶储罐的失效规律，并研制了报警装置，为消防人员在进行相关处置时提供一定的参考依据。

7.3.2 拱顶油罐有限元模型的建立

对拱顶油罐的各项数据进行分析，利用有限元技术，分别建立 500m³、1000m³、2000m³、3000m³、5000m³和 10000m³的油罐模型，通过力学分析，确定拱顶油罐在受压情况下的整体形变和其应力分布情况。

（1）我国现有拱顶油罐的结构分析与简化

拱顶油罐规格众多，最小的有 100m³的小油罐，最大的有 30000m³的大型拱顶油罐，各个设计院所设计出的油罐的参数不一，结构也有所差别，但都满足国家相关规范的要求。

国标 GB 50341—2014《立式圆筒形钢制焊接油罐设计规范》中没有对各个容积的油罐做出具体的尺寸规定，而是根据油罐的内径对其的各项尺寸的最低值进行规定。例如，规范中规定的罐底板厚度应该符合表 7.3.1。

表 7.3.1 罐底板厚度

油罐内径/m	罐底板厚度/mm
$D \leqslant 10$	5
$D > 10$	6

通过这种规定，油罐的设计参数有了一定的灵活性，设计人员可以根据需要，对设计参数进行调整，以符合设计需求和安全标准。

由于我国使用的固定顶油罐数量庞大，而且规格众多，为使研究具有一定代表性，因此选择 500m³、1000m³、2000m³、3000m³、5000m³、10000m³的油罐进行研究。

拱顶油罐一般由罐底、罐壁、罐顶及附件组成。其中附件的种类较多，且分布于油罐各处，功能各异，有用于进行泄压的呼吸阀、释放阀，有用于保证消防安全的泡沫发生器，有用于人员进出油罐的人孔等。拱顶油罐的结构如图 7.3.1 所示。

当拱顶油罐处于火灾条件下时，罐内的油品受到高温作用，开始出现汽化现象。由于内部的气体增多，罐体内部的压力会不断升高，当压力开始上升时，拱顶油罐所设有的换气阀会开始工作，会和外界的空气交换，保证拱顶油罐内的气压为大气压。但当汽化速率大于换气阀的排放量时，内部压力就会上升，当内部气压达到一定值时，拱顶油罐上设计的弱连接结构就会发生断裂，即物理爆炸，使内部的油蒸气泄出。在火灾情况中，拱顶油罐周边的高温或火灾会将泄出的气体云点燃，造成化学爆炸。因此对拱顶油罐的模拟研究主要用于确定拱顶油罐在不同压力下的整体受力情况，确定弱连接结构是油罐整体中的最弱部位。

为便于进行模拟和计算，需要对油罐结构进行简化。首先是对油罐内部压力和油罐安全没有影响的附件进行了简化，去除盘体平台、就地液位计、透光孔、量油孔、泡沫发生器口、

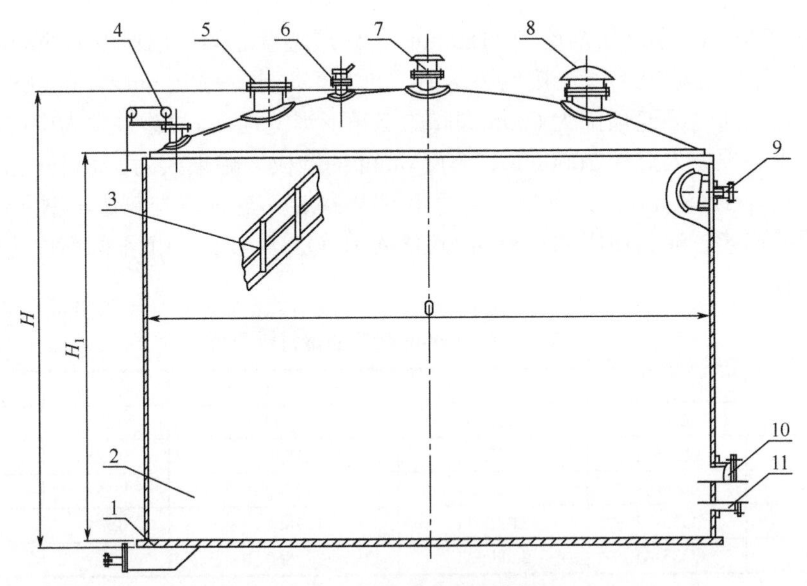

图 7.3.1　拱顶油罐的结构

1—排污孔；2—罐体；3—盘体平台；4—就地液位计；5—透光孔；6—量油孔；
7—阻火呼吸阀；8—紧急释放阀；9—泡沫发生器口；10—罐壁人孔；11—进出管口

罐壁人孔和进出管口。其次考虑到油罐在发生爆炸时是内部压力足够高的情况下，而与油罐的内部压力上升过程无关，因此对油罐的泄压设备进行简化，在模拟中不予考虑，去除了排污孔、阻火呼吸阀和紧急释放阀。最后模型中存留的结构为罐底、罐壁、包边角钢、罐顶、中心顶板五个部分。简化后的拱顶油罐模型如图 7.3.2 所示。

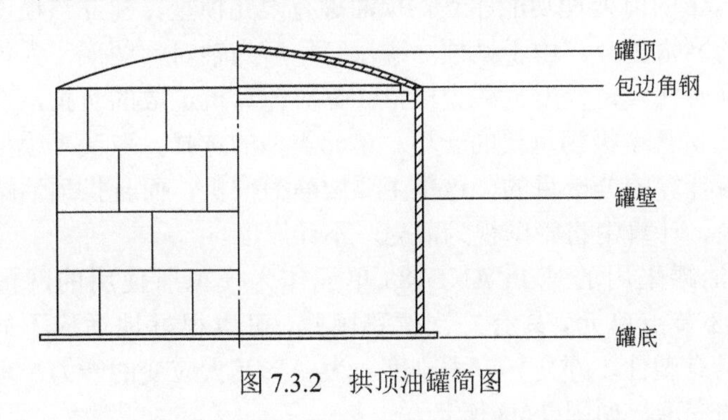

图 7.3.2　拱顶油罐简图

考虑到拱顶油罐在进行完成简化后，结构上为中心轴对称的图形，因此在建模时采用了 2D 轴对称模型，一方面可以降低计算量，另一方面可以对网格进行更加精细地划分，提升计算的精准程度。

（2）3000m³油罐有限元模型建立

为能详细说明模型建立的过程，下面对 3000m³拱顶油罐的模型建立过程进行详述。

现有 3000m³油罐的罐底半径为 9515mm，其中有 65mm 的外侧底板，油罐底部内半径为 9450mm，油罐的罐底板厚度均为 8mm。油罐罐壁共分为 8 层，从最底部开始计算层数。第一层罐壁的厚度为 12mm；第二层、第三层罐壁厚度为 10mm，高度为 1580mm；第四层、第五层罐壁厚度为 8mm，高度为 1580mm；第六层、第七层、第八层厚度为 6mm，第六层和第七层高度为 1580mm，第八层高度为 1180mm。每两层罐壁之间使用厚度为 6mm、高度为 3mm 的焊缝连接。第八层罐壁上方连接包边角钢，包边角钢规格为 75mm×75mm×8mm。顶部罐壁板与包边角钢通过罐壁顶部为 6mm 焊脚的三角形焊缝连接。油罐罐顶为中心顶板和罐顶板拼接而成。中心顶板为直径 2000mm、厚度 6mm 的圆板。罐顶板为长 8715mm 的弧形钢板，钢板弧度半径为 22680mm，罐顶板与包边角钢成 24.5°。罐顶板与包边角钢通过焊脚为 4mm 的三角形焊缝连接。油罐使用的材料为 Q235-A 和 Q235-AF，各个不同部位使用的材料参数如表 7.3.2 所示。

表 7.3.2　3000m³拱顶油罐材料参数

部位名称	材料名称	弹性模量/Pa	密度/（kg/m³）	泊松比	屈服强度/MPa
罐底板	Q235-A	2.12E+11	7860	0.288	235
罐壁	Q235-A	2.12E+11	7860	0.288	235
包边角钢	Q235-A	2.12E+11	7860	0.288	235
罐顶板	Q235-AF	2.08E+11	7860	0.277	235
中心顶板	Q235-AF	2.08E+11	7860	0.277	235

根据我国的钢材命名规则，Q 代表的是材料的屈服强度，Q235 代表材料的屈服强度为 235MPa，A 代表的是钢材的质量等级，不做冲击，保证常规的抗拉强度、屈服强度和伸长率。同时质量等级还有 B、C、D 三级。各级钢材的硫含量递减。F 代表的则是沸腾钢，即脱氧不完全的钢，塑性和韧性较差。同样代表脱氧方式的除了 F，还有代表平镇静钢的 b 和代表镇静钢的 z。

ANSYS 软件中有限元模型的建立采用的是自下而上的方法进行。首先根据实际数据建立实体模型，之后通过对模型进行网格划分，施加载荷，最后进行模拟计算得出最终结果。利用 ANSYS 软件自带的前处理功能建立拱顶油罐有限元模型，建立该模型的关键则是合适的单元类型和合理的网格划分。由于拱顶油罐在简化后为轴对称图形，为得到更为细致的网格和精确的计算，同时在一定程度上减少模拟计算对计算机造成的负担，选择合适的单元类型是 ANSYS 有限元仿真中极为重要的一环。单元类型的选择，取决于模型的主要结构、载荷的加载条件、模拟计算的分析目的，这里主要做静力分析，而且拱顶油罐的各结构厚度远小于拱顶油罐的直径，计算中将管壁视为薄壳，不计厚度。

3000m³拱顶油罐采用的是 PLANE183 单元作为模拟所使用的网格单元。PLANE183 是一个高阶 2 维 8 节点单元，具有二次位移函数，可以很好地适应不同规则模型的分网。PLANE183 单元具有塑性、蠕变、应力刚度、大变形及大应变的能力，可以模拟接近不可压缩的弹塑性材料的变形，如图 7.3.3 所示。

网格划分是 ANSYS 前处理中极为重要的一步。网格的好坏直接影响着 ANSYS 软件的求解精度和程序计算量。在网格划分时最为重要的是网格的均匀程度和连接部位的关系处理。网格划分需要进行多次调整，从而获得最终令人满意的结果。ANSYS 软件上设定了 4 种不同的网格划分方法，分别是自由网格划分、映射网格划分、延伸网格划分和自适应网格划分。自由网格划分是 ANSYS 软件中极为强大的一个功能，这种网格划分方法没有网格单元形状的限制，网格也不遵循任何固定模式，因此十分适合对复杂形状的面和体进行网格划分，可以有效避免网格划分后组装时各个构件网格不匹配所造成的麻烦。当对面进行网格划分时，自由网格可以只由四边形单元组成，或只由三角形单元组成，或两者混合组成。当对体进行

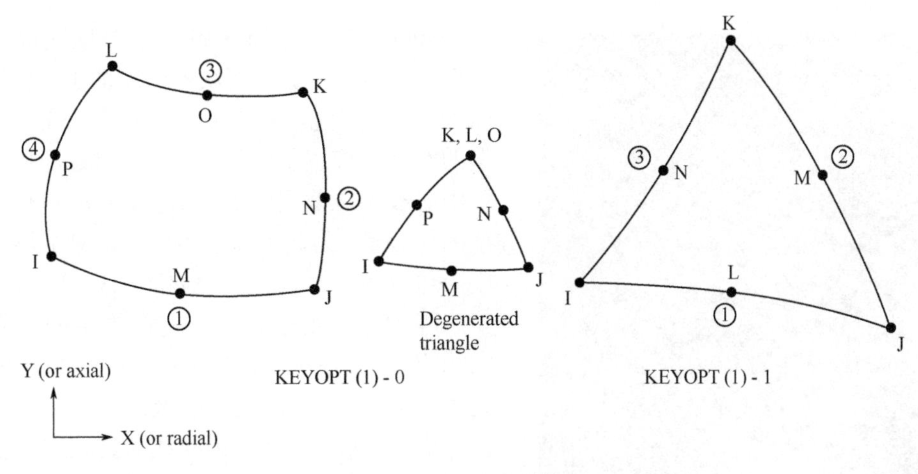

图 7.3.3　PLANE183 结构

网格划分时，自由网格由四面体单元、六面体单元组成。可以通过相应的指令或代码对单元形状进行固定。映射网格划分为允许用户将几何模型分解成简单的几部分，然后选择合适的单元属性和网格控制，生成映射网格，映射网格划分主要适合于规则的面和体，单元成行并具有明显的规则形状，仅适用对面的四边形单元和对体的六面体单元。延伸网格划分可将一个二维网格延伸成一个三维网格，主要是利用体扫掠，从体的某一边界面扫掠贯穿整个体而生成体单元。如果需要扫掠的面由三角形网格组成，体将会生成四面体单元，如果面网格由四边形网格组成，体将生成六面体单元，如果面由三角形和四边形单元共同组成，体将会由四面体单元和六面体单元共同填充。自适应网格划分是在生成了具有边界条件的实体模型后，用户指示程序自动地生成有限元网格，分析、估计网格的离散误差，然后重新定义网格大小，再次分析计算、估计网格的离散误差，直至误差低于用户定义的值或达到用户定义的求解次数。

由于 3000m³拱顶油罐中各个结构和载荷大小不相同，因此采用了自由网格划分和映射网格划分两种方法进行。对整体结构较为规范的罐底和罐壁部分，选择使用映射网格划分的方式进行，网格单元较大。对结构造型较为复杂的包边角钢、罐顶和焊缝结构，则选择使用限定单元面积的自由网格划分，一方面确保网格划分的精度，另一方面保证连接部位的匹配性。划分后单元总数量为 286997，节点总数为 924186，划分结果如图 7.3.4 所示。

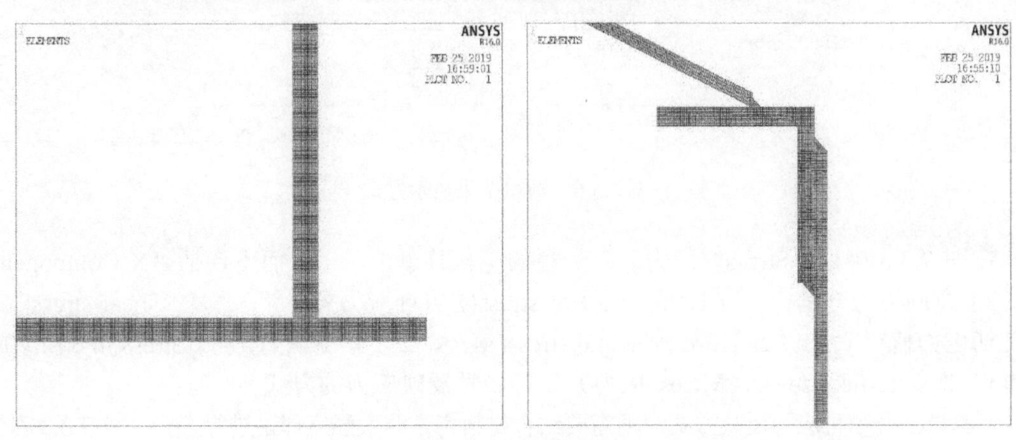

图 7.3.4　3000m³拱顶油罐网格划分结果

图 7.3.5　3000m^3拱顶油罐边界条件设置

3000m^3拱顶油罐在设置中对罐底板施加了固定约束，该约束施加在罐底板的底面上，所以罐底和地面处于固定状态，不会发生任何方向的位移。对该模型的对称轴施加了对称约束，即对罐底中心截面和罐顶中心板中心截面施加了对称，对称可以有效降低模型的计算量，因此可以适当地增加划分网格的精细程度。边界条件设置完成后如图 7.3.5 所示。

静力分析用来分析结构在给定静力载荷作用下的响应。一般情况下，比较关注的往往是结构的位移、约束反力、应力及应变等参数。由于拱顶油罐的特性，在考虑 3000m^3拱顶油罐的载荷过程中，要考虑重力作用、液压作用和蒸气压的作用。

（3）模拟结果分析

ANSYS 作为当今世界上应用最广泛的有限元分析软件，在力学响应分析方面功能强大，这一点从其计算结果的显示上可见一斑。在结果显示一栏中，包含多种体现应力的方式，如图 7.3.6 所示。

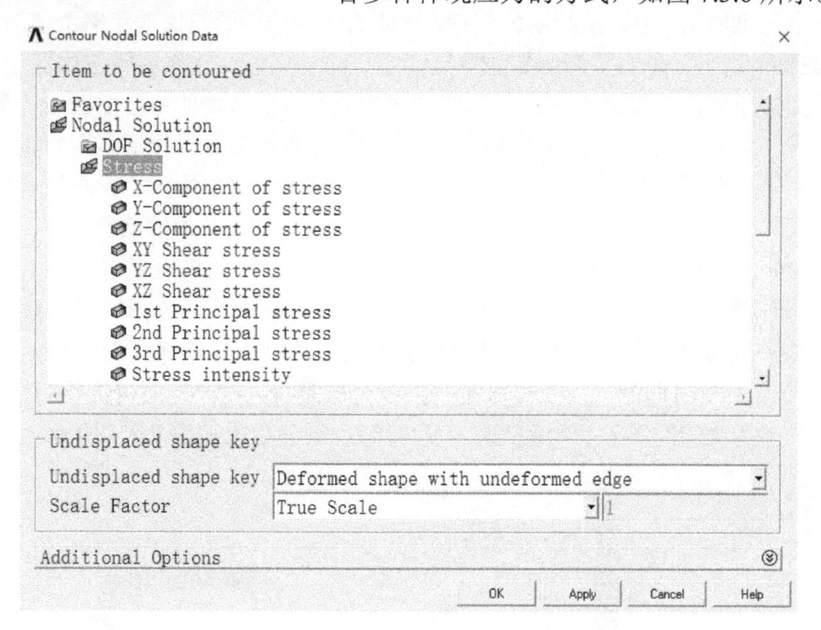

图 7.3.6　模拟结果显示方式

在图 7.3.6 中，“Stress（应力）”一栏的下拉菜单中，自上而下包括“X-Component of stress(*X* 方向应力分量)”“Y-Component of stress(*Y* 方向应力分量)”“XY Shear stress(*XY* 平面剪切应力值)”“1st / 2nd /3rd Principal stress(第一、二、三主应力)”“Stress intensity(应力强度)”“Von Mises stress（Mises 应力）”等多种反映应力的方式。

而具体选择哪种应力反映方式，则需要结合材料力学四大强度理论进行选择，表 7.3.3 对四大强度理论进行了比对整理。

表 7.3.3　四种强度理论

理论	内容	适用范围
第一强度理论（最大拉应力理论）	认为引起材料脆性破坏的因素是最大拉应力，无论什么应力状态，只要构件内一点处的最大拉应力达到单向应力状态下的极限应力，材料就要发生脆性断裂	适用于脆性材料，例如铸铁
第二强度理论（最大伸长线应变理论）	认为最大伸长线应变是引起断裂的主要因素，无论什么应力状态，只要最大伸长线应变达到单向应力状态下的极限值，材料就要发生脆性断裂破坏	适用于极少数脆性材料复合，应用很少
第三强度理论（最大剪应力理论）	认为材料在复杂应力状态下的最大剪应力达到在简单拉伸或压缩屈服的最大剪应力时，材料就发生破坏。由此，弹性失效准则的强度条件为 $\sigma_1-\sigma_3\leqslant[\sigma]$。式中，$\sigma_1$ 和 σ_3 分别为材料在复杂应力状态下的最大主应力和最小主应力；$\sigma_1-\sigma_3$ 为当量应力；$[\sigma]$为材料的许用应力	适用于塑性材料，如低碳钢，形式简单，应用极为广泛，尤其经常应用于油罐一类压力容器的力学强度判断中
第四强度理论（畸变能密度理论）	认为形变改变比能是引起材料屈服破坏的主要因素，无论什么应力状态，只要构件内一点处的形状改变比能达到简单轴向应力状态下的极限值，材料就要发生屈服破坏	适用于大多数塑性材料，与第三强度理论相比，更为准确

以材料力学四大强度理论为基础，结合立式拱顶油罐的实际情况，在本节的模型计算结果中，符合选取第四强度理论，即 MISES 应力。再分别施加了不同内压后，得到了相应的计算结果，其 MISES 应力结果如图 7.3.7～图 7.3.11 所示。

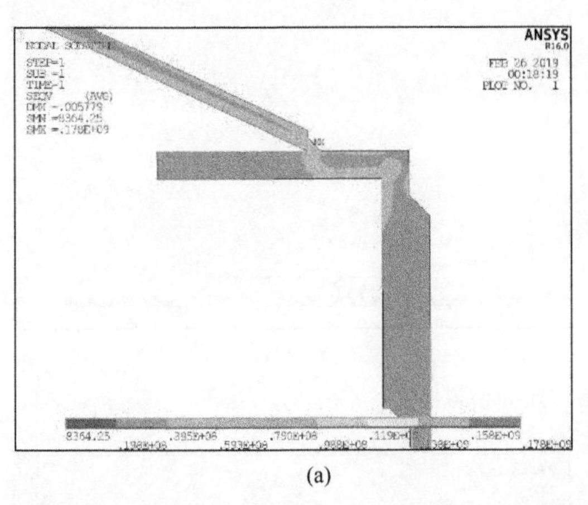

(a)

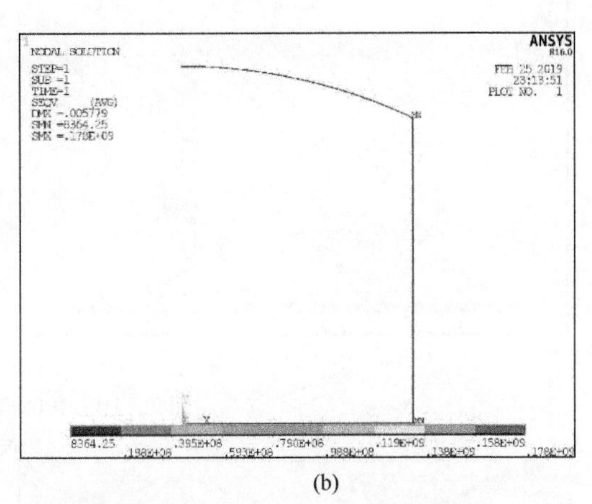

(b)

图 7.3.7　1000Pa 内压力模拟结果

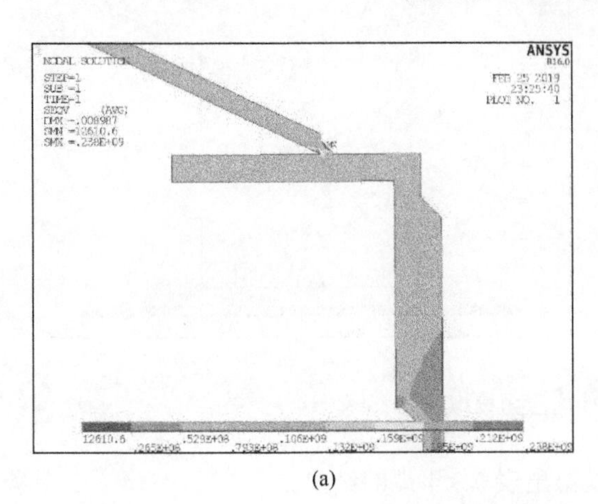

(a)

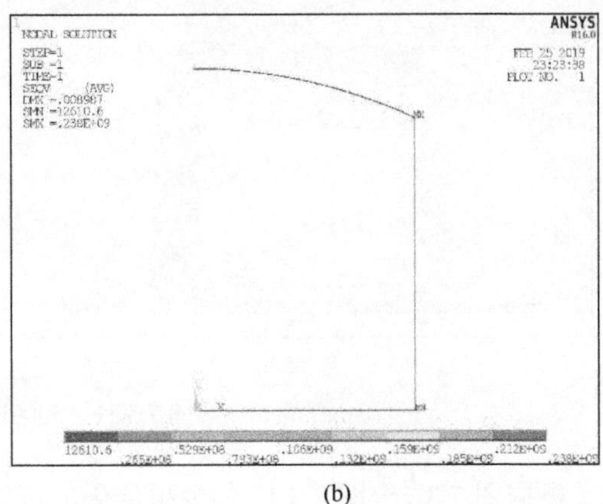

(b)

图 7.3.8　2000Pa 内压力模拟结果

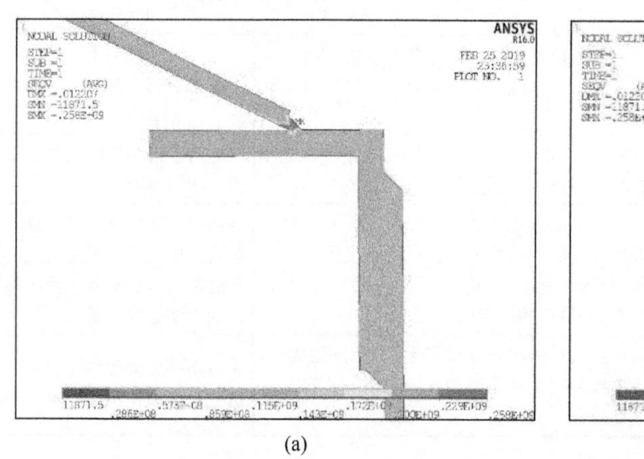

(a)

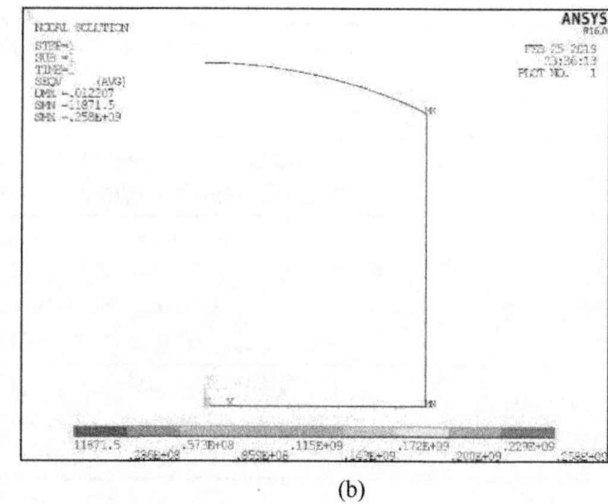

(b)

图 7.3.9　3000Pa 内压力模拟结果

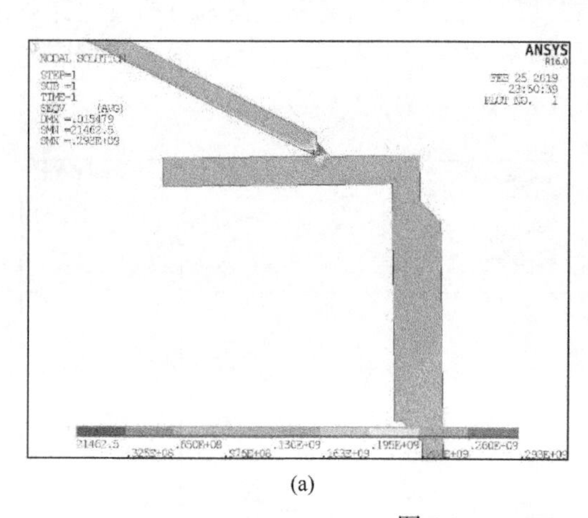

(a)

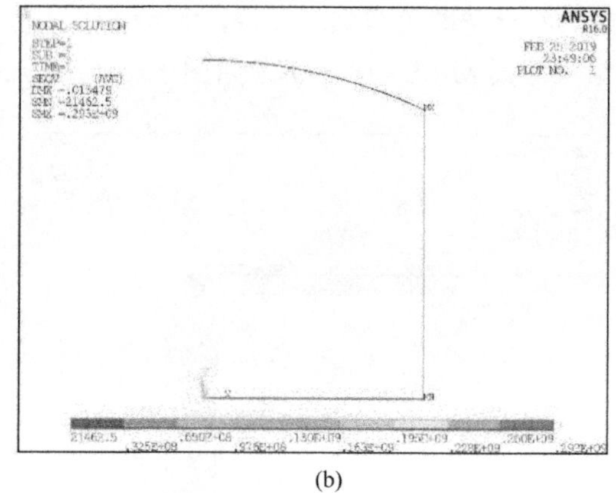

(b)

图 7.3.10　4000Pa 内压力模拟结果

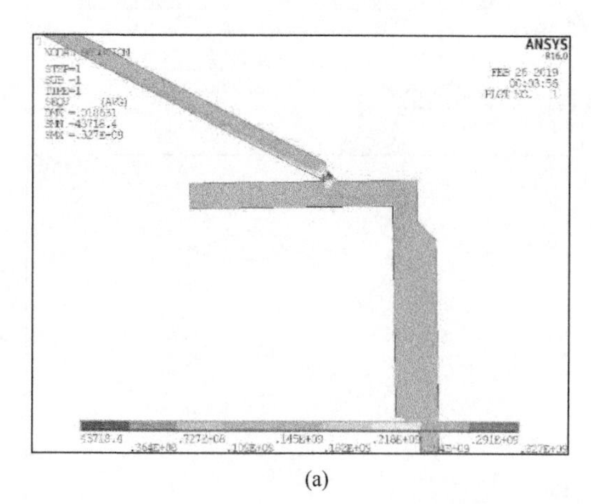

(a)

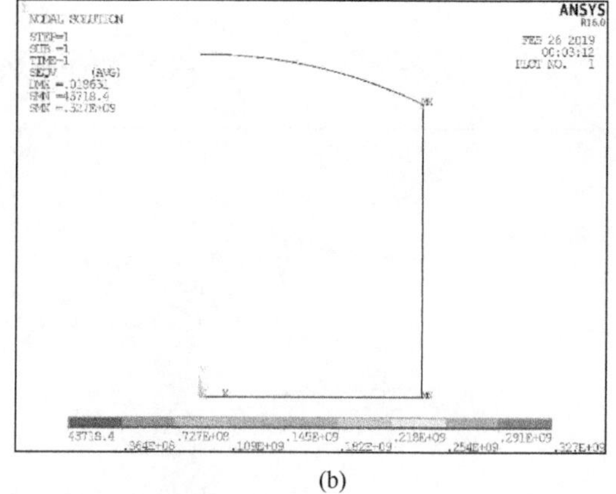

(b)

图 7.3.11　5000Pa 内压力模拟结果

根据图 7.3.7～图 7.3.11 的模拟结果，可以得出表 7.3.4 中的结果。

表 7.3.4　3000m³拱顶油罐模拟结果

内部压力/Pa	最大压力部位	最大受力值/MPa	最大形变部位	最大形变值/mm
1000	弱连接结构	178	罐顶中心	5.78
2000	弱连接结构	238	罐顶中心	8.99
3000	弱连接结构	258	罐顶中心	12.21
4000	弱连接结构	293	罐顶中心	15.48
5000	弱连接结构	327	罐顶中心	18.63

可以得出以下结论：对该3000m³拱顶油罐，在其内部压力上升的情况下，承受力最大的部位为设计中的弱连接结构，该部位为拱顶油罐最容易失效的部位。

（4）不同容积的油罐有限元模型的建立

通过对 3000m³拱顶油罐的有限元模型的建立，计算及分析确定了该 3000m³拱顶油罐的最易失效部位为拱顶油罐设计中的弱连接结构，本节旨在通过建立从 500m³到 10000m³的拱顶油罐有限元模型，并通过同样的方式进行网格划分，施加边界条件及施加载荷，最后通过计算，研究不同容积的拱顶油罐的最易失效部位。

根据各个拱顶油罐的设计图纸，可以获得不同容积的拱顶油罐的各项设计参数。

边界条件和载荷的设定和3000m³拱顶油罐的边界条件和载荷保持一致，分别施加油罐底部的固定约束、中心的轴对称约束、重力载荷、油品静压载荷和内部气压载荷，可以得出不同容积的拱顶油罐在不同压力下的受力和形变情况，如表 7.3.5 所示。

表 7.3.5　不同容积拱顶油罐在不同内压下的模拟结果

容积/m³	内部压力/Pa	最大压力部位	最大受力值/MPa	最大形变部位	最大形变值/mm
500	1000	弱连接结构	50.7	罐顶中心	1.25
	3000	弱连接结构	119	罐顶中心	2.58
	5000	弱连接结构	183	罐顶中心	3.85
	10000	弱连接结构	242	罐顶中心	6.85
	20000	弱连接结构	315	罐顶中心	12.5
1000	1000	弱连接结构	74.9	罐顶中心	6.33
	3000	弱连接结构	180	罐顶中心	11.00
	5000	弱连接结构	273	罐顶中心	14.34
	10000	弱连接结构	264	罐顶中心	21.12
	20000	弱连接结构	264	罐顶中心	31.96
2000	1000	弱连接结构	134	罐顶中心	4.40
	3000	弱连接结构	240	罐顶中心	9.00
	5000	弱连接结构	276	罐顶中心	13.50
	10000	弱连接结构	387	罐顶中心	23.85
	20000	弱连接结构	655	罐顶中心	63.30
5000	1000	弱连接结构	255	罐顶中心	8.04
	3000	弱连接结构	304	罐顶中心	17.67
	5000	弱连接结构	392	罐顶中心	26.79
	10000	弱连接结构	637	罐顶中心	63.60
	20000	弱连接结构	916	罐顶中心	166.70

续表

容积/m³	内部压力/Pa	最大压力部位	最大受力值/MPa	最大形变部位	最大形变值/mm
10000	1000	弱连接结构	250	罐顶中心	16.79
	3000	弱连接结构	374	罐顶中心	35.63
	5000	弱连接结构	477	罐顶中心	52.18
	10000	弱连接结构	807	罐顶中心	136.69
	20000	弱连接结构	1100	罐顶中心	305.22

得出以下结论：

① 不同容积的拱顶油罐在内部压力上升时，内部应力最大的部位是弱连接结构，也就是当拱顶油罐内部压力上升的情况下，最易发生失效的部位；

② 不同容积的拱顶油罐在内部压力上升时，发生形变最大的部位是中心顶板的中央部位。

7.3.3 拱顶油罐失效准则的建立

以上对不同容积的拱顶油罐分别建立了有限元仿真模型，并且通过对其在不同内压的情况下进行了模拟求解，从模拟结果得到了弱连接结构是所有已建立模型的拱顶油罐的最大承压部位，也就是在内部压力上升时的最易破裂部位。根据前面的研究，更为细致的研究弱连接结构的受力情况，并建立拱顶油罐的失效准则，用于判定不同容积的拱顶油罐在不同的温度下何时会发生结构失效。

（1）实验设计

为研究不同容积拱顶油罐的弱连接结构的失效规律，进行实测实验。由于实验需要真实反映拱顶油罐的弱连接部位的受力情况和承压极限，因此选择进行的是全尺寸实验。整体拱顶油罐的全尺寸实验所消耗的人力和物资太过庞大，为保证实验的可靠性和经济性，实验选择在模拟中最薄弱的结构进行实验，即拱顶油罐的弱连接结构，该结构是拱顶油罐整体结构中最先发生失效的部位，因此可以用该结构的失效准则近似代替拱顶油罐的整体失效准则。

（2）实验平台

本次试验所使用的是材料高温力学性能实验平台。该平台主要是由四个部分组成，分别为控制系统、数据采集系统、材料拉伸系统、液压系统。实验装置示意图如图 7.3.12 所示。

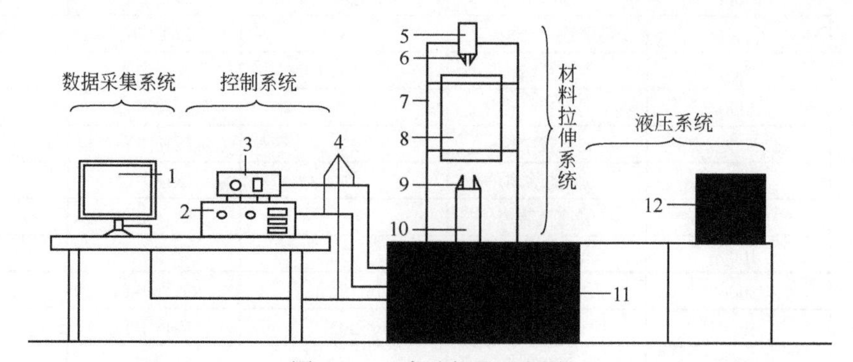

图 7.3.12 实验装置示意图

1—计算机；2—温度控制器；3—手动液压控制器；4—数据连接线；5—上端手柄；6—上端夹具；7—支撑架；8—加热炉；9—下端夹具；10—下端手柄；11—液压泵；12—液压油箱

（3）实验构件设计

实验主旨在于研究弱焊（连接）结构的失效准则，因此将弱焊结构制作成为实验件是主要目标。该结构不同于实验平台所使用的标准试件，因此需要结合平台情况进行合理设计。

国标 GB 50341—2014《立式圆筒形钢制焊接油罐设计规范》中 7.1.5 和 7.1.6 对弱焊结构进行了要求。

当直径不小于 15m 的油罐采用弱连接结构时应符合以下要求：

① 连接处的罐顶坡度不应大于 1/6；

② 罐顶支撑构件不得与罐顶板连接；

③ 顶板与包边角钢仅在外侧连续角焊，且焊脚尺寸不应大于 5mm，内侧不得焊接。

当直径大于 15m 的油罐采用弱连接结构时除上述条件外，应对其进行弹性分析，确认罐底强度和附件强度满足相应规定，确保弱连接结构是整体结构中最弱的一点。

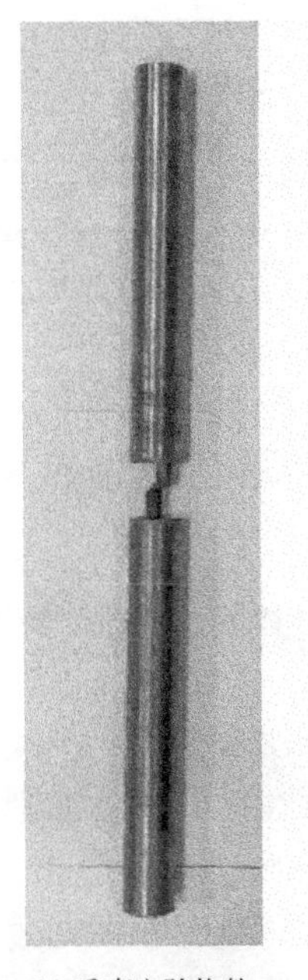

(a) 垂直实验构件

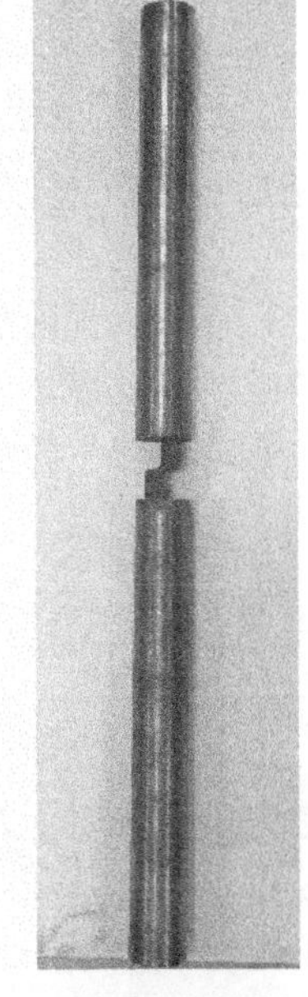

(b) 水平实验构件

图 7.3.13　实验构件

最终制作完成的实验构件如图 7.3.13 所示。

（4）实验结果

根据上节所说的实验过程，分别对 A_2～A_6 及 B_2～B_6 共 10 组构件分别进行了实验，得出实验结果。A 组实验结果如表 7.3.6 所示，B 组实验结果如表 7.3.7 所示。

表 7.3.6　A 组实验结果

编号	A_1（对照组）	A_2	A_3	A_4	A_5	A_6
温度/℃	20	20	150	300	450	600
分拉力/kN	—	34.5	31.52	29.7	21.0	14.6
最大应力值/MPa	—	431	394	371	263	182

表 7.3.7　B 组实验结果

编号	B_1（对照组）	B_2	B_3	B_4	B_5	B_6
温度/℃	20	20	150	300	450	600
分拉力/kN	—	34.25	31.5	28.95	20.5	15.05
最大应力值/MPa	—	428	386	360	256	188

（5）拱顶油罐失效准则

根据上一节的实验结果可以得知，当焊脚长度为 4mm 的焊缝受到压力时，在不同温度下，会有不同的承压极限，根据其不同的承压能力，可以建立出拱顶油罐的失效准则，其具体情况如表 7.3.8 所示。

表 7.3.8 弱连接结构失效准则

温度/℃	20	150	300	450	600
垂直失效/MPa	431	394	371	263	182
水平失效/MPa	428	386	360	256	188

通过拱顶油罐失效准则研究实验，设计并进行了弱壁结构受力失效实验，确定了弱壁结构在不同温度下的水平和垂直方向的受力极限，通过受力极限情况确定了不同容积拱顶油罐在不同温度下的失效准则，为下一步进行研究奠定了基础。

7.3.4 油罐的热力学行为及失效研究

小尺寸拱顶油罐实验证明了拱顶油罐的最易发生失效部位是拱顶油罐的弱连接结构，并通过模拟确定了拱顶油罐的失效准则的可行性。研究不同容积拱顶油罐在不同温度下的失效规律，主要是利用不同容积拱顶油罐的有限元模型，代入弱连接结构失效准则模型中，确定不同容积拱顶油罐不同温度下的失效条件，并总结分析其规律。

（1）不同容积拱顶油罐在 20℃下的失效条件

通过上面研究可以确定，对拱顶油罐来说，当其弱连接结构收到足够的水平或竖直方向的压力时，会最先发生失效，从而造成拱顶油罐整体的失效。当环境温度和拱顶油罐内部温度都处在常温下（即 20℃）时，拱顶油罐的弱连接结构所能够承受的极限压力大约为 430MPa。

分别对不同容积的拱顶油罐的有限元模型进行计算，寻找当弱壁结构处所承受最大应力值为 430MPa 时，拱顶油罐内部所承受的内压力，从而确定不同容积的拱顶油罐的承压能力极限，建立 20℃时，不同容积拱顶油罐的力学行为及失效规律。

通过代入不同的压力数值，在多次进行计算后，寻找到不同容积的拱顶油罐在常温下的受压极限，如表 7.3.9 所示。

表 7.3.9 不同容积拱顶油罐在常温下的受压极限

容积/m³	内压/Pa	最大位移点	最大位移值/mm
500	33800	罐顶中心	21.23
1000	22050	罐顶中心	28.43
2000	11960	罐顶中心	28.20
3000	8520	罐顶中心	29.17
5000	6000	罐顶中心	31.10
10000	4000	罐顶中心	44.08

（2）不同容积拱顶油罐在 20℃下模拟结果验证

ANSYS 软件可对常温下不同容积拱顶油罐的受压能力进行模拟，在不同温度下，对各个不同容积的拱顶油罐的受压极限条件进行模拟前，需要对 20℃下的模拟结果进行验证，将该计算结果和 ANSYS 软件模拟计算的结果进行对比，如图 7.3.14 所示。

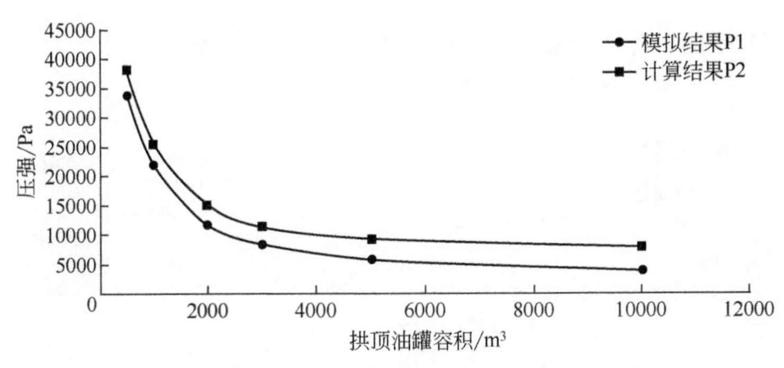

图 7.3.14 模拟结果与计算结果对比

根据图 7.3.14 可以得知，模拟所得的结果与分析计算所得出的结果存在部分误差，计算结果所得出的压强略高于模拟结果，可以得知计算结果相对于模拟结果来说更为保守。

根据相关的研究，GB 50341—2014《立式圆筒形钢制焊接油罐设计规范》中对于弱连接结构的设计是相对保守的，即该部位的数值会略略高于正常计算值。

该结果可以证明模拟和计算有部分误差，但属于可接受范围，因此可以认为通过 ANSYS 的模拟对不同容积拱顶油罐的受力情况的计算是可行的，可以进一步通过 ANSYS 软件对高温情况下的不同容积的拱顶油罐的受力情况进行研究。

（3）不同容积拱顶油罐在不同温度下的极限失效条件

通过上面研究，确定了当不同容积的拱顶油罐在 20℃时，拱顶油罐的弱连接结构所能够承受的内压力的极限值，并通过计算对其模拟结果进行了验证，确定了 ANSYS 有限元模拟所使用的计算模型可以用于对弱连接结构的受力极限进行研究。

根据上面的研究成果，可以确定 150℃、300℃、450℃、600℃的情况下，其水平受力和垂直受力的极限，如表 7.3.10 所示。

表 7.3.10 弱焊结构失效极限

温度/℃	150	300	450	600
垂直失效/MPa	394	371	263	182
水平失效/MPa	386	360	256	188

将表 7.3.10 中的数据分别代入前面建立的不同容积拱顶油罐的有限元模型，在保持其他条件不变的情况下，通过更改拱顶油罐内部压力，来寻找弱连接结构分别满足表 7.3.11 中各个情况时的内压数值，确定不同容积拱顶油罐在不同温度下的受压极限。其模拟结果如表 7.3.11 所示。

表 7.3.11 不同容积拱顶油罐在不同温度下的受压极限 Pa

容积/m³	150℃	300℃	450℃	600℃
500	31000	28000	13500	5000
1000	19500	16900	8000	3000
2000	10500	9300	4500	1600
3000	7069	6500	3069	1000
5000	5000	4400	2050	610
10000	3400	3000	1200	270

根据表 7.3.11 中的数据可以确定不同容积的拱顶油罐在不同温度下失效时的内压极限数值，将该数值建立折线图，如图 7.3.15 所示。

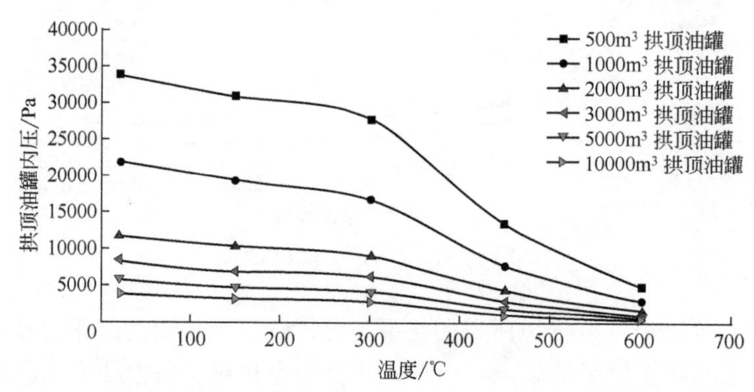

图 7.3.15　不同容积拱顶油罐在不同温度下的失效规律

根据模拟结果，可以知道在不同温度下，不同容积的拱顶油罐在内压上升时各个结构会发生位移，其中位移最大的部位可以得到不同容积的拱顶油罐在不同温度下发生失效时的罐顶位移，结果如表 7.3.12 所示。

表 7.3.12　不同容积拱顶油罐不同温度下的最大位移

容积/m^3	位移/m			
	150℃	300℃	450℃	600℃
500	18.8	16.71	8.90	3.85
1000	24.9	22.09	12.41	6.01
2000	24.8	22.48	12.38	5.83
3000	24.8	23.14	12.44	5.8
5000	26.8	24.14	13.03	6.18
10000	39.1	35.63	18.93	9.96

可以建立不同容积拱顶油罐在不同温度下失效极限条件时拱顶油罐顶板中心位置的位移量的折线图，通过该折线图，可以建立相对应的趋势线，如图 7.3.16 所示。

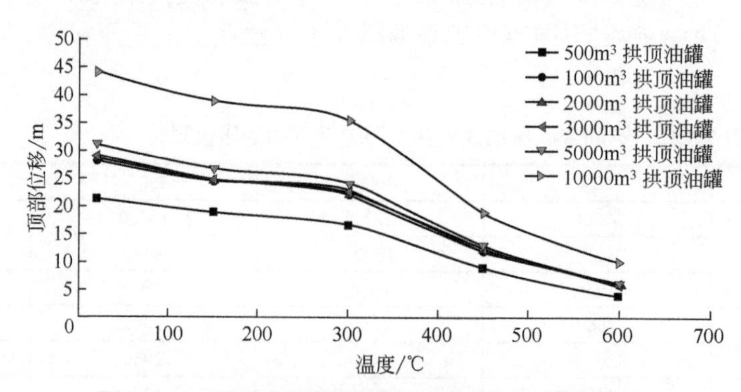

图 7.3.16　不同容积拱顶油罐在不同温度下最大位移

通过实验和有限元分析相互结合的方法，建立了不同温度下的 500m³、1000m³、2000m³、3000m³、5000m³、10000m³拱顶油罐的有限元模型，并使用实验数据对模拟数据进行了修正。这些数据可作为 7.2 节的计算依据。

7.3.5 油罐在爆炸的预测预警装备研发

尽管上面已经有了油罐爆炸的力学模型，但在火场上，指挥员更相信仪器直观测量的数据。因此，研发一款油罐爆炸监测仪器更有必要。

7.3.5.1 研发思路

火场中因有大量的浓烟、热扰动气流、热辐射等不利因素的影响，例如纯光学手段等常规测量技术手段行不通。为克服火场环境的不利因素的干扰，拟采取雷达测量技术。通过模拟火灾环境检验雷达技术的形变量测量能力及抗干扰能力，为后续研发油罐形变量测量装置奠定技术基础。以雷达技术手段为基础，研发适用于油罐火灾现场环境的形变量测量装置，通过设计水罐实验平台装置模拟油罐超压爆炸状态下罐体的变形过程，利用新研发的形变量测量装置样机对实验罐体顶部的变形量进行测量，检验该装置在正常环境及油火环境下测量油罐形变量的准确性及抗干扰能力，为油罐火灾现场监测罐体的形变量变化奠定基础，以便在灭火救援现场中应用。在油罐火灾的灭火救援现场，通过对受火势威胁的邻近固定顶罐体的温度、罐体顶部形变量进行监测，结合油罐超压爆炸的模拟结果判断油罐当前所处的状态，辅助指挥员做出科学合理的战术选择、力量调配；评估受威胁罐体爆炸后产生的危害，确定安全距离；若火势到达无法控制的状态，发出爆炸预警，灭火救援指挥员下达撤退命令，救援人员可以及时撤离现场，保证救援人员生命安全。

7.3.5.2 火灾环境对雷达形变量测量技术影响实验研究

实际油罐超压失效形变量较小且油罐火灾现场环境复杂，罐体周围环绕着浓烟、热气流、热辐射等极端不利环境因素，在保证人员安全的前提下实现对油罐形变量的测量，考虑油罐火灾现场实际环境影响因素，选取毫米波雷达作为油罐火灾现场形变量监测的技术基础，毫米波雷达技术初步满足“远距离、高精度地测量”的基本要求；为进一步验证油罐火灾现场的不利环境因素对毫米波雷达的影响程度，设计实验检验毫米波雷达技术是否可以实现毫米级精度的形变量测量，通过模拟油罐火灾现场的不利环境因素，研究火灾环境对毫米波雷达的形变量监测的影响以及影响程度是否会影响毫米级别的监测精度，检验毫米波雷达技术穿越火场不利环境实现高精度测量的效果，为后期实现油罐爆炸预警奠定技术基础。

（1）实验平台设置

火灾环境对毫米波雷达测量微小形变量实验研究，其实验平台主要由毫米波雷达装置样机、油火障碍、被测物体三部分组成。其中毫米波雷达装置样机主要是通过收发天线发射和接收电磁波信号，通过对反射回来的电磁波信号的采集分析实现对微小形变量的测量，如图 7.3.17 所示；被测目标物体是 1m×2m 的防盗门及钢板；为尽可能模拟油罐火灾现场火焰、浓烟等不利环境，火源的设置采用柴油为主体与少量汽油混合的燃料，利用 4 个直径为 0.8m 的不锈钢盆作为油盆模拟油火火灾现场环境，实验平台场地布置如图 7.3.18 所示。

图 7.3.17　雷达收发天线

图 7.3.18　实验平台场地布置

（2）实验设计及方案

雷达工作时的回波信号通常由于多径效应形成杂波而影响测量结果，为尽量避免抑制杂波的影响，雷达测试环境设在开阔的场地，在目标测量范围的近距离附近避免有强反射目标。此次雷达测试设置两种不同模拟环境：一种是目标附近无浓烟和无火源的正常模拟环境；另一种是目标附近有浓烟和有火源的模拟环境，其实验示意图分别如图 7.3.19、图 7.3.20 所示。

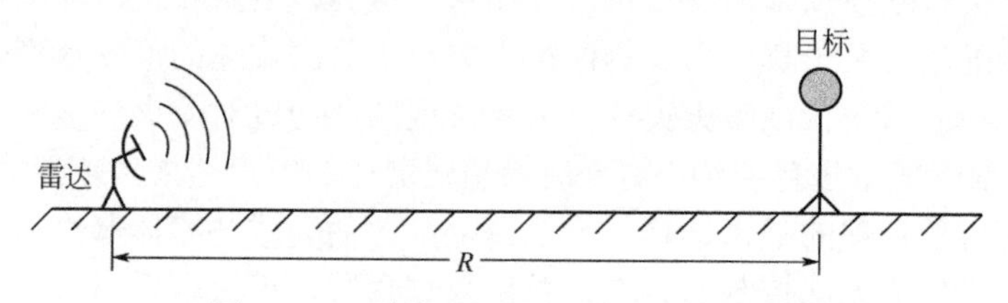

图 7.3.19　雷达无烟无火照射目标示意图

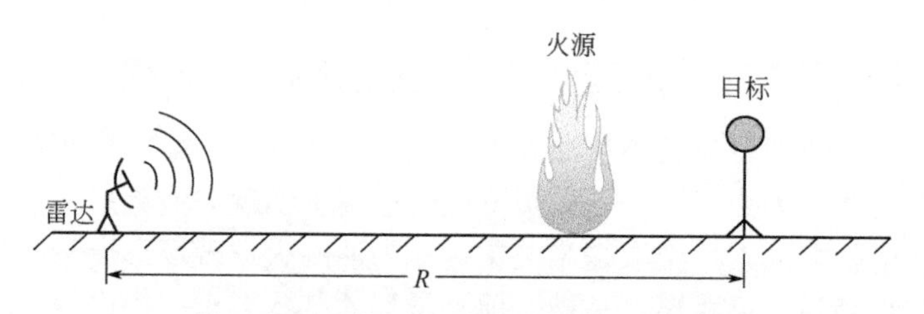

图 7.3.20　雷达有烟有火照射目标示意图

根据上述模拟环境设置了 3 个实验，实验 1、实验 2 的目标测量物体是钢板，因钢板材料特性的原因，钢板在实验时受热辐射影响过程中基本不产生变形，形变量很微小，几乎可以忽略不计；实验 1 在雷达装置与被测物钢板之间不设置烟火阻碍，主要目的是检验雷达装置精度测距的能力，是否可以达到所需的毫米级别的精度，同时为实验 2 做对照组实验。

实验 2（图 7.3.21）在实验 1 的基础上设置了烟火障碍，主要目的是检验雷达波穿越油火制造的烟气和火焰后，对雷达精密测距的影响，实验结果和实验 1 互为对照组实验。

实验 3 的目标测量物体是防盗门，由于防盗门不是实心结构，其结构组成是由两块铁皮夹着填充材料构成，受热时由于热胀冷缩的原理，防盗门的表面会产生微小变形量，在防盗门后方设置油火对防盗门进行热辐射加热，使其受热产生形变，实验 3 的主要目的是检验雷达装置对微小形变连续测量能力。

图 7.3.21　实验 2 点火实验现场

（3）实验结果

在模拟油火火灾造成的不利环境因素下，对雷达装置精密测距技术应用效果进行了实验研究，对雷达装置的实验测量精度、火灾不利因素对雷达测量精度影响程度、雷达对形变量发生过程的测量进行了实验数据采集并进行数据分析，得出以下结论。

① 在实验过程中，雷达装置在正常环境及不利环境因素，对目标物体测量均可达到毫米级别测量精度。

② 模拟油火火灾造成的不利环境因素对雷达形变量测量的影响程度范围在±0.23mm 左右，影响程度远未达到 1mm，因此对毫米级别测量并无较大影响。

③ 雷达装置可对油火火灾环境下受火势威胁物体形变量变化过程进行动态监测，直观反映物体变形的过程。

以上实验结果显示雷达技术可以在火灾环境造成的不利环境因素下对目标物体的形变量进行监测，受火灾不利环境因素影响，其监测精度仍可达到毫米级别，为后期实现油罐爆炸预测预警装置的研发奠定技术基础，同时也提供了一种全新的油罐火灾技术侦查手段。

7.3.5.3　固定顶油罐形变量测量实验研究

（1）实验目的

为验证基于毫米波雷达技术的形变量监测装置对油罐形变量高精度实时监测的能力及克服火灾不利环境的能力，通过实验方式模拟油罐在正常环境条件及火灾环境下内部超压状态的形变过程，采用雷达形变量监测技术、高精度激光位移测量装置及高清相机分析比对法三种不同形变量监测手段，对油罐形变过程进行实时监测，通过对比三种测量方式的形变量监测结果，检验雷达形变量测量装置对油罐形变量实时测量的精度及克服火灾不利环境影响因素的监测能力。

（2）实验准备

雷达形变量测量装置、高清相机、激光位移测距装置、角反射器（用于增强罐体顶部雷达波地反射）、量程 5m 卷尺一个、透明胶布一卷、4 块标定小铁皮贴片（辅助拍照后分析径向及横向位移，4 个贴片位置分别在罐体顶部、两侧及法兰处）、安装雷达设备的支架、龙门型红外探头支架，其安装激光位移传感器的探头距离罐体顶部 400mm，以保证角反射器的顺利安装。

用相机拍摄罐体照片时，由于罐壁及罐顶弧形物体边缘部分拍摄时聚焦不清晰，可能无法通过模糊照片准确分析出罐体形变量变化大小。为解决弧形边缘拍摄问题，定制 4 块特殊贴片粘贴在特定位置，将曲面的形变量转化成平面物体的形变量，便于光学相机的测量分析，贴片粘贴位置如图 7.3.22 所示，4 个贴片处于同一剖面位置。

图 7.3.22 贴片粘贴位置

（3）实验方法

实验通过对比分析法，将雷达形变量测量装置对实验罐体形变量测量结果，与高清相机拍照分析结果、罐体顶部架设的激光测距分析结果进行比对分析，检验雷达形变量测量装置测量罐体形变量的精度及克服火灾不利环境影响监测形变量的能力。

（4）实验场景设置

实验场景设置基本原则是在保证能够准确测量到所需数据的前提下，三种形变量测量装置之间的位置设置不会相互影响，导致实验数据采集受到影响。

由于高清相机需要固定在一个地方对实验罐体进行连续拍照，相机只能拍摄到罐体的一半，因此高速摄像机需架设在高清相机对面，互相弥补自身的拍摄盲角，保证对罐体的全范围监测；雷达形变量测量装置在保证其测量效果的前提下，为避免与相机架设位置重叠，将其与相机架设位置垂直；激光测距仪通过“拱门型”支架架设在罐体中心的正上方，数据后台采集装置设置在测试环境的侧后方，保证其不影响整体实验测试过程。

（5）实验过程及数据分析

实验 1:正常试验环境下，雷达形变量测量装置与实验罐体之间不存在烟火障碍，雷达形变量测量装置、激光位移测量装置及相机三者同时对实验罐体加压变形的过程进行实时监测，将三种形变量测量方法的测量结果进行对比分析，通过对比分析结果检验雷达形变量测量装置的准确性、可靠性。罐体加压从初始压力为 0 开始每 0.5MPa 为一个阶段，分阶段记录罐体形变量状态并记录形变量数据，分别为 0~0.5MPa、0.5~1.0MPa、1.0~1.5MPa、1.5~2.0MPa、2.0MPa 直至罐体爆炸失效，共分为五个阶段，雷达形变量、激光位移数据（形变量）部分对比数据见表 7.3.13。

表 7.3.13 实验 1 罐体形变量测试部分数据对比

压力范围	时间/s	雷达形变量/mm	激光形变量/mm
0～0.5MPa	204	0	0.02
	207	0.17	0.25
	210	0.43	0.44
0.5～1.0MPa	330.5	0.50	0.49
	332.5	0.80	0.78
	336	0.90	0.95

续表

压力范围	时间/s	雷达形变量/mm	激光形变量/mm
1.0～1.5MPa	388.5	1.00	1.04
	394	2.53	3.05
	398	2.73	3.12
1.5～2.0MPa	474	3.12	3.38
	479	5.43	5.61
	485	6.40	6.31
2.0～2.5MPa	597.5	6.47	6.52
	600	7.23	7.72
	605	8.37	8.69

根据实验 1 测试所记录的数据，将雷达形变量测量装置和激光位移测量装置对罐体所测量的实验数据生成连续曲线进行结果比对，两者比对结果如图 7.3.23 所示。

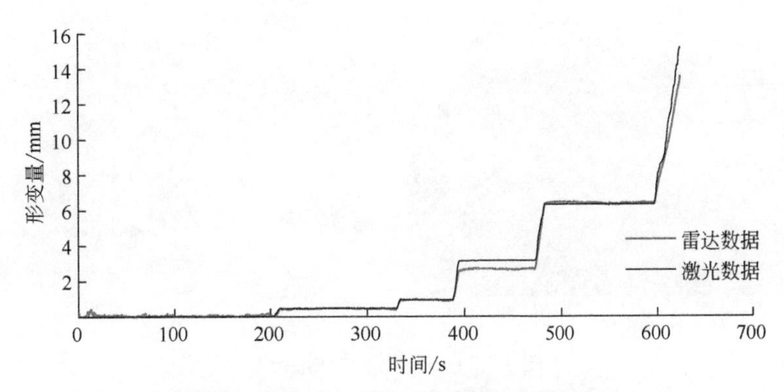

图 7.3.23　实验 1 罐体形变量测量对比结果

由图 7.3.23 所示实验 1 对比结果可知，在正常无烟火干扰的实验环境下，考虑实验环境并非理想化环境，在误差允许范围内，基于毫米波雷达的形变量测量技术与激光位移测距技术测量罐体形变量的结果呈现高度一致性。

利用相机对实验罐体进行监测，实验结果通过比对照片前后之间的细微差距，计算得出最终罐体形变量，实验结果选取部分代表性照片如图 7.3.24 所示。

通过比对加压前罐体初始状态与罐体发生超压爆炸最终状态，计算得出罐体两个状态的像素差距，结果显示两者之间相差 85 个像素（依据相机的清晰度，一个像素差距 0.1mm，高清相机对比分析精度为 0.1mm），则表明罐体爆炸失效状态时与初始状态相比产生了 8.5mm 的形变量；其测量结果与雷达装置测量结果 8.37mm 相差 0.13mm，与激光测量法 8.69mm 测量结果相差 0.19mm，对比结果在误差允许范围内。

综上所述，实验 1 结果显示雷达形变量测量结果与其他两种测量方式所得结果相一致，验证了装置在正常环境下测量罐体形变量的准确性。

实验 2：实验 2 整体实验过程与实验 1 保持一致，相较于实验 1 的正常实验环境而言，实验 2 在雷达与罐体之间设置油火障碍，用于模拟油罐火灾现场不利的环境因素，干扰雷达波对油罐罐顶变形量的监测，用于检验雷达形变量测量装置是否可以在一定影响范围内穿越油火产生的不利环境影响因素，实现对油罐罐顶形变量的准确监测，实验现场如图 7.3.25 所示设置。

状态(1) 状态(2)

状态(3) 状态(4)

图 7.3.24 相机照片比对分析

图 7.3.25 实验 2 实验现场

实验 2 记录了罐体从初始状态 0 至罐体内部压力达到 2.0MPa 时的激光测距装置及雷达形变量测量装置所测量到的形变量数据，部分对比数据如表 7.3.14 所示。

表 7.3.14　实验 2 罐体形变量测试部分对比数据

压力范围	时间/s	雷达形变量/mm	激光形变量/mm
0～0.5MPa	62	0	0.09
	63.5	0.03	0.17
	65.5	0.20	0.18
0.5～1.0MPa	130	0.33	0.14
	132.5	0.56	0.49
	134.5	0.73	0.76
1.0～1.5MPa	194.5	0.77	0.77
	197	1.23	1.41
	199.5	1.83	1.92
1.5～2.0MPa	250	1.91	3.38
	265	3.57	3.60
	279	3.83	3.98

同理，根据实验 2 测试所记录的数据，将雷达形变量测量装置和激光位移测量装置对罐体所测量的实验数据生成连续曲线进行结果比对，两者比对结果如图 7.3.26 所示。

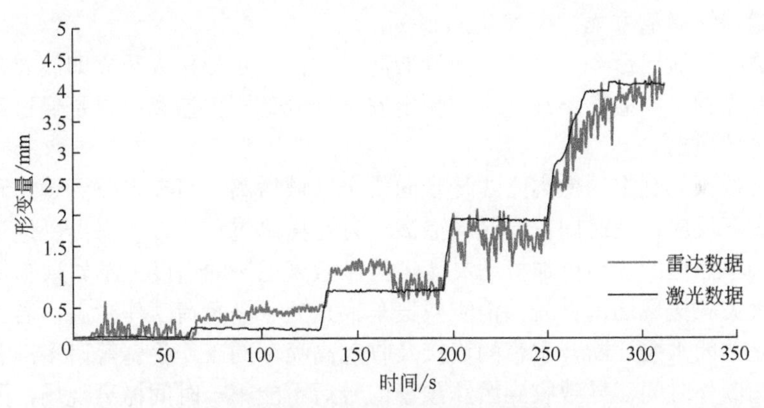

图 7.3.26　实验 2 罐体形变量测量对比结果

由图 7.3.26 所示实验 2 对比结果可知：在存在烟火干扰的实验环境下，雷达波由于受到烟火不利环境因素的影响，其测量结果存在一定范围内的波动，其测量结果的波动范围考虑在误差可接受的范围之内，基于毫米波雷达的形变量测量技术的测量结果在激光位移测量结果的上下浮动，其变化趋势上基本保持一致。

由于增设了火灾环境干扰因素，其对以光学测量为基础的相机产生较大影响，相机拍摄照片受强光影响，其清晰度已无法保证，后期无法进行对比分析，利用相机实现对比分析的方法受到火灾环境的影响而无法正常实现。

综上所述，实验 2 结果显示在火灾环境的干扰下，雷达形变量测量结果与正常环境下测量结果相比存在一定程度的波动，其影响程度对毫米级测量精度无较大影响；在一定误差允许范围内，雷达形变量测量结果与其他两种测量方式所得结果基本一致，雷达形变量测量装置达到了在火灾环境的干扰下测量罐体形变量的基本要求。

（6）小结

以上为检验基于毫米波雷达技术开发的形变量测量装置对油罐形变量高精度监测及克服火灾不利环境的监测能力，通过实验方式模拟油罐在正常环境条件及火灾环境下内部超压状态的形变过程，采用雷达形变量监测技术、高精度激光位移测量装置及高清相机分析比对法三种不同形变量监测手段，对油罐形变过程进行实时监测。通过对比分析实验1和实验2相关实验数据，在正常环境下雷达形变量测量装置可以准确实现对罐体形变量监测，当存在火灾环境的不利影响因素时，相机的照片受到火灾环境严重影响无法正常分析，雷达形变量测量装置的测量结果受到一定程度的干扰，在误差允许范围内，不影响罐体形变量测量的毫米级精度；因此，基于毫米波雷达技术开发的油罐形变量测量装置可以实现在火灾环境影响下油罐形变量的毫米级监测。

7.3.5.4 火灾情况下固定顶油罐爆炸预警技术应用

在油罐火灾现场火情处于动态发展阶段，罐体状态受火情影响不断变化难以判断，通过研发新型形变量测量装置实时监测罐体的形变量、温度来判断罐体当前所处状态，从而实现对火灾情况下罐体状态的动态监测并及时发出爆炸预警；通过对火灾情况下固定顶油罐的爆炸危害后果进行分析，划分出油罐爆炸的危害范围，为救援人员制定科学行动方案、确定撤退时机奠定理论基础，为油罐爆炸预警提供了科学判断和理论依据。

（1）油罐爆炸撤退方式

救援人员收到撤退命令，主要有两种撤离方式：一是救援人员立即放弃目前救援任务以最快速度按预先制定的撤离路线徒步向预定安全区域范围内撤离；二是通过乘坐现场的救援车辆向安全区域撤离。

救援人员按预先制定的撤离路线徒步向安全区域撤离，可在接收到爆炸预警信号后的第一时间做出撤离反应，及时向安全区域撤离，且在撤离过程中徒步撤离受地形环境的影响较小，相对于乘车撤退的行动更加机动灵活，但在撤离现场的速度上不如乘车快速。

在油罐火灾救援现场，首先，消防救援车辆正处于满负荷工作状态，若使用车辆撤离现场，则需要先关闭水泵、断开水带的连接及收起高喷车的工作手臂等诸多准备工作，此种准备工作需增加额外时间，导致收到爆炸预警信号后不能第一时间撤离现场，贻误人员撤离的最佳时机，进一步威胁救援人员的生命；其次，油罐火灾现场环境复杂，车辆通行容易受到阻碍，车辆撤离路线可能受到流淌火、铺设的水带等因素的影响致使车辆无法及时撤离，不能发挥出车辆撤离的速度优势，且在混乱的救援现场极大程度可能造成撤离车辆的拥堵，导致撤离路线完全堵塞，进一步延长撤退到安全区域的时间，增加人员受伤的风险。

结合油罐火灾现场实际情况，通过对以上两种撤离方式优劣特点进行综合对比分析，乘车和徒步撤退相比，具有速度优势，但受限制于车辆的体型和现场环境，在油罐火灾现场复杂环境下，车辆的速度优势无法正常施展，失去速度优势且受环境影响严重的车辆，在撤离过程中不如徒步撤离机动灵活。因此，在收到爆炸预警信号时，优先考虑选择徒步撤离到预定安全区域。

（2）爆炸预警时间

在油罐区火灾现场，前线安全员通过对罐体状态的实时监测发出爆炸预警信号，从发出爆炸预警信号到前线救援人员撤离至无生命危险的区域所需时间称为油罐爆炸预警时间。爆炸预警时间主要由两部分组成，前线安全员将爆炸预警信息传达到一线灭火救援人员所需时间及一线救援人员撤离到安全区域所需时间。油罐爆炸对救援人员的伤害高且爆炸危害范围大，考虑到现场撤退的紧迫性，安全员通过发射信号弹、无线电呼叫等方式，第一时间将油罐爆炸预警信号传达到一线救援现场，通知一线救援人员及时撤退，尽可能缩短预警信息的传达时间；在救援人员接收到撤退信号时，人员撤离到安全区域所消耗的时间，救援人员撤离所耗时间在爆炸预警时间中占主要方面。由上述所述内容得知，受油罐爆炸冲击波的影响，救援人员至少要撤离到轻伤区域才能保证生命的基本安全，因此救援人员撤离 R_2 距离所需时间即为最小爆炸预警时间。根据应急管理部消防救援局印发的《2019 年度训练工作实施方案》，消防员负重 5km 的合格成绩为 26min，假定在撤离现场时以消防员负重 5km 合格成绩的平均速度 v_0（v_0=3.21m/s）作为撤离速度，计算出撤离到相对安全区域所需最时间；则人员撤离到轻伤区域、安全区域至少所需时间为

$$t_1=\frac{R_3}{v_0} \tag{7.3.1}$$

$$t_2=\frac{R_4}{v_0} \tag{7.3.2}$$

$$R_4=1.8R_3 \tag{7.3.3}$$

式中 t_1——撤离至轻伤区域所需时间；

t_2——撤离至安全区域所需时间；

R_3——从油罐爆炸中心到轻伤区域边界距离；

R_4——爆炸中心距安全区域边界距离；

v_0——消防员负重 5km 的平均速度。

由式（7.3.1）、式（7.3.2）可计算出发出油罐爆炸预警到救援人员撤离现场所需时间。1000m³汽油固定顶油罐爆炸所需最少撤退时间见表 7.3.15。

表 7.3.15 1000m³固定顶汽油储罐爆炸撤退时间

油罐容积	撤退距离 R_3	撤至轻伤区 t_1	撤退距离 R_4	撤至安全区 t_2
1000m³	308.12m	95.99s	553.71m	172.50s

通过表 7.3.15 所示计算结果可知，1000m³汽油固定顶油罐发生爆炸时，消防救援人员撤离至轻伤区域至少需要 95.99s，此时人员处于轻伤区域，因爆炸冲击波影响会受到轻微伤害；消防救援人员撤离至安全区域至少需要 172.50s，此时人员处于安全区域，不受爆炸冲击波影响。

（3）爆炸预警判断方法

由于无法直接获取实际罐体物理性超压爆炸时“温度-形变量”的相关数据，因此通过 ANSYS 模拟出不同容积固定顶罐体在不同温度情况下的超压失效状态，得到 1000m³、3000m³、5000m³三种不同容积罐体在五种不同温度情况下的超压失效形变量，其模拟结果如图 7.3.27 所示。

图 7.3.27 所示的 1000m³、3000m³、5000m³固定顶罐体的“温度-形变量”超压失效曲线，随着罐体温度的升高，罐体的失效形变量临界值逐渐减小；罐体失效形变量随着罐体温度升高，罐体钢结构材料受到高温影响，改变了钢材料原有的弹性性质，罐体弹性伸缩能力降低，在相同压力作用下温度较高的罐体形变量较小，最终罐体超压失效形变量值减小。若模拟的温度点情况足够多，即可得知罐体在任意温度下的超压失效形变量值。

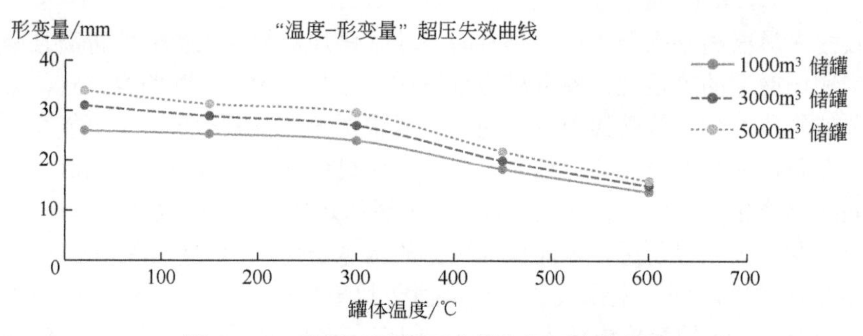

图 7.3.27 油罐“温度-形变量”超压失效曲线

油罐火灾现场处于无规律的动态变化状态，例如：在流淌火、风向、冷却强度等影响下，罐体温度随火场环境的变化而不断变化；罐体温度的不断变化导致罐体的结构性质、内部压力也随着温度的变化而改变，其罐体当前温度状态下的形变量值及失效形变量值也随之变化。罐体的物理性超压失效受到多种因素影响，当前通过计算机模拟仿真或相关的理论模型方法无法实现对油罐火灾现场的真实情况的描述，罐体的温度、形变量等指标参数处于无规律变化阶段，目前无法通过成熟的模型方法对其变化趋势进行预测。当前采用计算机模拟或相关火灾动力理论模型无法对真实油罐火灾爆炸状况进行有效的预测预警，通过对罐体相关状态指标实行动态监测预警存在较大可能性。

结合油罐火灾现场的实际情况，通过将火灾现场的不确定因素转化为定量指标参数，通过实时监测罐体形变量、温度指标参数来判断罐体当前所处状态，在此基础上实现对油罐爆炸的预警；在油罐火灾现场利用红外测温仪和雷达形变量测量装置对受火势威胁油罐的“温度”“形变量”进行实时监测，可得知在当前状态下的温度、形变量值同时对比该温度下罐体模拟失效形变量值，此时通过对比该温度状况下的罐体形变量与失效形变量值，可判断出该温度环境下罐体距离罐体超压形变量失效的形变量差值。

在油罐火灾现场无法实现对未发生的情况进行准确预测，只有通过罐体当前的状态去推测判断罐体之后的可能性，以此作为油罐爆炸预警的基础；通过对目标油罐的状态指标进行动态实时监测，掌握罐体当前所处的状态指标，通过对目标罐体当前状态对罐体之后的发展趋势进行假设预测。

假设在油罐火灾现场的任意时刻，通过装置测量得出罐体在此时刻的温度、形变量及形变量变化速率，通过罐体模拟结果可得知在该温度下罐体的失效形变量，假定罐体以该时刻的形变量变化速率继续发展，则距离罐体超压失效爆炸的时间为

$$t_e(t)=\frac{\Delta X_f(t)-\Delta X_m(t)}{V_m(t)} \tag{7.3.4}$$

式中 $\Delta X_f(t)$——在油罐火灾现场任意 t 时刻目标罐体的超压失效形变量值；

$\Delta X_m(t)$——在 t 时刻目标罐体当前的形变量值；

$V_m(t)$——在 t 时刻目标罐体的形变量变化速率；

$t_e(t)$——按照 t 时刻罐体当前的形变量变化发展趋势，罐体距离超压失效所需时间；

t——连续不间断的点，理论上可以无限分割，在实际使用环境中 t 值与形变量测量装置、温度测量装置的数据采集频率相关。

在油罐火灾现场，可实现对罐体形变量、形变量变化速率、温度的实时监测，通过式

（7.3.4）可实时得出罐体在当前时刻距离罐体超压爆炸失效的时间，随着火灾进程的发展可形成失效时间曲线，如图 7.3.28 所示；将救援人员撤离至轻伤区域所需时间 t_1、撤离至安全区域所需时间 t_2 设置为油罐爆炸预警的阈值。

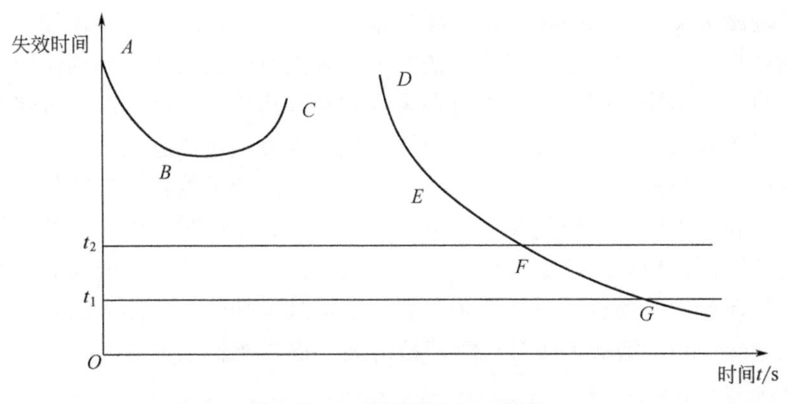

图 7.3.28　油罐爆炸失效预警

图 7.3.28 所示是假设模拟 1000m³汽油固定顶油罐受到火势威胁的过程，t_1、t_2 是根据油罐火灾现场实际情况设置的油罐爆炸预警阈值；图中 *A~B* 阶段罐体爆炸失效时间处于下降阶段，此阶段罐体由相对安全阶段逐步向危险区域变化，说明油罐火灾现场火情进一步恶化，当前罐体冷却强度不足以抵抗热辐射威胁；*B~C* 阶段罐体爆炸失效时间平稳一段时间后逐渐上升，此时罐体逐渐远离危险区域，说明油罐火灾现场火情减弱或加大对罐体冷却力量发挥作用；*C~D* 阶段罐体形变量停止增长或处于减小状态，此时罐体远离危险区域处于暂时安全状态，说明罐体处于暂时平稳阶段；*D~E* 阶段形变量失效时间快速减小，*E~G* 阶段失效时间降低速率减缓，但仍处于持续减小阶段，最终超出设置的爆炸预警阈值 t_1、t_2，说明此阶段火情迅猛发展，虽加强对罐体的冷却力量，但无法有效控制火情，罐体极大程度即将发生爆炸，当失效时间超出预警阈值 t_2 时下达撤退命令，人员将可撤离至安全区域，不受爆炸冲击波伤害；当失效时间超出预警阈值 t_1 时下达撤退命令，人员将有受轻伤的可能性。

综上所述，在油罐火灾现场，灭火救援指挥员可根据油罐爆炸失效时间的变化趋势对罐体当前的发展趋势做出判断，当爆炸失效时间曲线处于下降趋势，此时应及时采取有效控制措施，例如加强油罐冷却力量等，若曲线处于上升阶段，则说明采取的措施有效及时地控制了罐体向危险方向发展；若曲线处于继续下降趋势，当到达爆炸预警阈值 t_2，指挥员可以考虑继续采取进一步控制措施或及时撤离现场，当曲线下降到爆炸预警阈值 t_1 时，指挥员必须及时下达撤退命令，否则现场救援人员将存在生命危险。

通过对火灾情况下固定顶油罐发生物理性超压爆炸危害后果进行分析，以二次蒸气云爆炸产生的爆炸冲击波危害作用为依据划分爆炸危害范围为安全区、重伤区、轻伤区域及安全区域，并确定救援人员撤离的最短时间；利用红外测温仪及形变量测量装置对罐体的形变量、温度状态指标进行实时监测，结合罐体超压失效模拟结果，通过目标罐体当前状态对罐体之后的发展趋势进行预测，设置油罐爆炸预警阈值，结合其爆炸失效时间曲线的变化趋势辅助指挥员采取合理战术措施控制灾情，达到爆炸预警阈值时，及时下达撤离命令保护救援人员生命安全。

7.4 新型避火服装研究

扑救大型油罐火灾时，消防员经常在高温条件下长时间作战，对身体损耗极大，甚至带来不可恢复的热损伤，有时需要在烈焰中执行任务。为避免消防员受到热伤害，避火服成为必要的装备。目前，消防员配备的避火服多采用被动隔热式避火服，即通过特殊的多层结构来阻挡外界热量进入人体。其良好的隔热功能在阻挡外界热量传进人体的同时也阻挡了人体新陈代谢产生的热量向外界的传递，所以导致避火服隔热效果越好，其散热效果就越差，这两者成为无法调和的矛盾。消防员穿着厚重的避火服灭火作业时，由于内部热量排不出去，出汗很多，对体能消耗极大，严重时造成虚脱。因此，研究一种新型避火服，及时排除避火服内人体新陈代谢产生的热量，提高消防员舒适度，减少甚至避免热应激的产生，可以有效保护消防员免受热伤害，增加消防员火场停留时间，提高扑救火灾的能力。

7.4.1 避火服的研究现状

（1）被动式避火服

目前国内研究消防员的防护服装时，对其功能的升级，核心都是在于防护材料的更新换代。例如在我国科研人员的不断努力下，目前已经研制开发出了一些阻燃纤维及阻燃织物，例如：丁雪梅等人对 Nomex 纤维和棉纤维不同混纺比织物的热稳定性进行了研究；沈兰萍等人用阻燃涤纶长丝和棉作为表、里层原料开发研制了双层阻燃防热织物；黄晓梅等人以聚丙烯腈纤维为原料设计开发了一系列耐高温阻燃布；刘丽英对 Kermel 和 ViscoseFR 不同比例的混纺织物的阻燃性能及服用性能进行了比较研究。在研究开发不同原料的阻燃织物的同时，一些研究单位和厂家也研制了一些具有自主知识产权的高性能阻燃纤维，如芳砜纶纤维和 NewstarÀ 芳纶纤维。

上海市纺织科学院和上海市合成纤维研究所共同研究和生产的一种高性能合成纤维芳砜纶，利用大分子主链上存在强吸电子的砜基基团，通过苯环的双键共轭，使其具有优异的耐热特性；山东烟台氨纶股份有限公司和广东彩艳股份有限公司生产的芳纶 1313 纤维具有优异的耐高温和阻燃性能、良好的尺寸稳定性、可纺性和机械性能，成为目前国内使用最广泛的新型阻燃纤维。

为解决热应激带来的问题，国外有关专家和研究机构陆续研制了较先进的防水透气层，例如美国 Gore 公司研制的 PTFE 膜和 eVENT 膜，在防水的前提下提高了灭火防护服透气的性能。

2008 年，杜邦公司的科学家们发明了一项研究成果——NomexROnDemand 的隔热层，在常规或普通的条件下，该隔热层能够保持非常薄的状态，具有良好的透气性和灵活性，从而尽可能降低消防员在出勤过程中遇到的热应激。而当消防员处于因爆燃高温可能导致严重烧伤的紧急情况下时，NomexROnDemand 会快速激活变厚，使隔热层中保留更多的空气，从而大大提高防护服的热防护性能。

目前美国、欧洲等国家和地区制定并实施的一系列先进和完善的热防护服产品标准和测试方法标准中，建立了热防护性能方面的各项测试标准，如热防护服的隔热性、完整性和抗液体透过性及反映综合热防护性能的 TPP 法等。虽然这种测试方法有着较为广泛的应用，但是它也存在着不能完全反映整个防护服人体舒适度功能的缺陷。Geroge Havenih 就曾专门按照工效学上的要求对消防服装及其他防护服装进行测试和评价，指出仅仅依靠材料的因素没有办法保证服装的性能。

（2）主动温控技术研究现状

中国科学院理化技术研究所刘静教授研制了人体降温空调服，风扇尺寸较小，易于编织到衣服内，从而可对所接触的皮肤局部进行强化换热，促进该处气体的对流及汗液蒸发；当大量由此集成的风扇阵列工作时，即可完成对身体特定部位皮肤表面温度的选择性调节。中国航天员科研训练中心研制的便携式航天服通风热调节装置功能完善，工作稳定，具有很高的可靠性和安全性，操作简单，有较好的人-机界面，重量轻，结构紧凑，便于携带。便携式航天服通风热调节装置在国内首次实现了航天员着航天服时的便携式通风热调节，也满足了航天服使用后的通风干燥和日常维护等方面的要求。我国南沙守礁部队装备了自动降温的专用服装。该服装由热区岛礁迷彩服、热区岛礁内衣裤、护膝护肩、遮阳凉帽、高腰防刺鞋等组成，具有防紫外线、抗菌防臭、导湿快干和冷却降温功能。衣服中的降温系统由降温背心和制冷系统组成，利用制冷系统中的水泵将冰袋的冰水通过循环注入背心的塑料管道中，使其循环达到制冷功能。清华同方股份有限公司研制了一种医用降温服，是在一件普通布制背心上，根据人体的主要发热部位，每个小兜装着一个密封的小塑料袋。小塑料袋内装有一种相变吸热降温材料，这种材料是相变材料，相变温度为 27℃左右，相变潜热可达 200kJ/kg 左右，约是水的比热容的 50 倍，能够持续几个小时吸收人体散热量。这种材料性能稳定，无毒无害，能够多次使用，使用前只需将其放在 20℃左右的环境中（如冷水）保存，便可变成固态。

2017 年，美国海军航空兵系统司令部开发了一种称为“制冷盔甲”的背心式空调系统。该系统采用的方法是：通过一套过滤吹风管将周围的空气吸进位于进气口一侧的空气调节器，经过调节的空气从出气口进入飞行服内的导管，达到降低飞行员体温的目的。系统开始运转后，内部电扇就会打开，并释放冷气，可以将飞行员周围的温度降低 18 ℃。整套系统只有笔记本大小，重 5kg，使用时，只需将其安装在飞行员背心的前部，用背带悬挂在肩上即可。

第一套液体冷却服装是在 1962 年由英国皇家空军基地的 Borton 和 Collier 研制成功的。虽然研究的初衷是用于战斗机飞行员的热防护，但是他们很快意识到个体冷却系统将有很多可能的应用。最初英国研制的液冷服是用 40 根细的塑料管编织在一套棉制内衣里，冷水被输送到脚踝和腕部，然后沿着四肢和躯干返回，头部和颈部不被冷却。

世界上在航天服制作方面较为先进的是美国用于出舱活动的航天飞机舱外航天服和俄罗斯用于国际空间站出舱活动的奥兰-M 型航天服。虽然美国舱外航天服和俄罗斯奥兰-M 型航天服有所不同，但相同点是它们都有液冷服。液冷服是由许多管道排列而成的，细管内的水循环可以将人体代谢产生的热量吸收并带到生命保障背包里，然后经过背包内的冷却装置冷却后再回到液冷服。

2005 年 4 月，日本问世了一种新型的空调服。这种空调服每件外衣的背部都缝入两台小风扇，通过超小型可充电电池组为风扇供电，使穿着者皮肤表面的空气流通，排汗蒸发，体温下降。

德国研制的降温背心外表看上去与普通的运动背心没什么区别，但其夹层里密布着细小的水管，水管中流淌着 17℃的降温液，可以达到抵御高温、帮助运动员保持体能的作用。

总体来看，主动温控技术在个人热防护装备中的应用主要有以下几种形式。

① 以冷凝胶或相变材料为冷源的降温装置。降温原理是将相变材料冷冻后插入衣物中，由材料发生的相变反应带走人体热量从而达到降温目的。

② 采用空气压缩制冷的降温装置。原理是通过空气压缩机将空气增压后送入制冷压缩机，冷却后的空气通入含有导管的降温衣物中，通过导管内冷空气与衣内空气的热交换降低衣内温度。

③ 常温通风降温装置。利用微型风扇把环境风导入衣物中的通风管道，靠人体汗液蒸发带走热量。

④ 用半导体冷片作为冷源的降温装置。

⑤ 通过冷却水循环降温的装置。通过循环水导入冷量，可降低人体皮肤和血液的温度。

综上所述，在对避火服的研究中，国内外研究者往往将关注的重点放在如何提高避火服面料的热防护性能，而对高温高辐射的消防环境和高强度的消防作业对消防员产生的热应激的消除方法研究较少。目前主动温控技术的应用主要集中在航空航天、海军等领域，如能将主动温控技术应用于现有消防防护服装，将有效缓解消防员的热应激效应，提升穿着的舒适感。

7.4.2 主动温控型避火服的设计

7.4.2.1 主动温控型避火服的工作原理及结构组成

为研发主动温控型避火服，我们设计了一款新型实验服装。该服装主要由避火服主体、液体循环系统、动力与控制系统及连接系统组成。避火服主体部分包括避火服外层的七层面料和内层的棉布材质网眼布；液体循环系统包括换热管网及冷源装置；动力与控制系统包括动力循环泵及温控系统；连接系统包括转换接头及快速插拔接头。其工作原理如图 7.4.1 所示，整个系统通过热敏电阻来探测消防员服装内的温度，当避火服内温度超过设定温度后，水泵即开始工作，在泵的驱动下，液体存储装置中的冷却水不断流入避火服内的循环管路网，在换热管路网内部通过对流和传导的方式，将消防员人体代谢产生的废热回流到冷却液装置冷却；当热敏电阻探测到消防员服装内温度小于设定温度后，水泵即停止工作，液体存储装置中的冷却水不会再进入循环管路网，保证人体温度得到有效回升。如此可以保证消防员一直处于舒适状态，不会出现过冷和过热的现象。

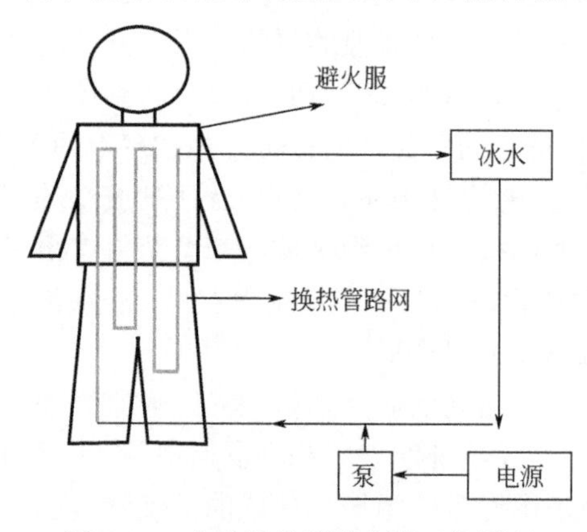

图 7.4.1　主动温控型避火服工作原理

7.4.2.2 避火服主体的设计

（1）外层面料的选择

在避火服的选取中，通过对全国 13 个省市消防救援队配备的避火服的情况进行调查，选取了配备数量最多的江西某牌避火服作为避火服的外层面料。

选用的避火服适用于火焰温度 860℃以下、辐射温度 1050℃以下环境使用，无论是主动还是被动型的避火服，都要具有抵御外界热量进入内部的特殊多层结构，实验所用的避火服主体外衣是由七层面料组合而成，从外至内分别是耐氧化强力防火外层、铝箔防热辐射层、防火棉布层、高密度防水透气层、纯棉防火隔热层、全棉细纱防静电舒适层及阻燃层。耐氧化强力防火外层由 70%的耐氧化纤维和 30%的强力防火纤维制成，高温状态下不燃烧，不熔融，也不会发生收缩变形，可以抵御外部火焰的燃烧；铝箔防热辐射层主要为涂铝隔热材料，其作用是隔绝大部分的热辐射进入人体；第三层的防火棉布层和第五层的纯棉防火隔热层对整体起加倍保护的作用，提高避火服的耐火能力；高密度防水透气层选用 PTFE 膜防水透湿复合面料构成，能够防止火场中产生的水渍打湿避火服的同时使人体与外界有一定程度的热交换；最内层的阻燃层的设置是为防止火焰从空隙中进入衣服内部导致避火服从内向外燃烧。为能够更好地将循环管路固定在避火服内部，选择内径 3mm 的棉布材质网眼布材料作为支撑。考虑到避火服使用的场合，委托阻燃布料生产厂家对布料进行后期的织物阻燃处理，以使其具有阻燃功能。内衬布整体选用硬材质网眼布料，结合循环管路管径的尺寸，网眼内径确定为 3mm。

（2）液体循环系统的设计

液体循环系统由换热管网、循环泵和冷媒等组成，换热管网的设计主要是选择管网材料、泵的规格型号、选择冷媒和确定管的内径和排布等。

1）换热管网材料的选择。换热管网是液体循环系统的核心部分，冷却水在管路中流动的同时与人体发生热交换，从而实现避火服对人体温度进行调解的功能，得以保证消防员在闷热环境中保持舒适。在避火服的穿脱过程中，换热管网与避火服受到各种力的作用，从可靠性角度出发，换热管网要坚固，但是从穿着舒适性角度考虑，换热管网越柔软越好。因此初步选用成本适中的聚氨酯橡胶管和成本较低的聚氯乙烯橡胶管作为主动温控型避火服的换热管网，通过实验进一步得出结论。

2）内径的选择。综合考虑换热效率和流动阻力因素，换热管路初步选定内径 2mm、外径 3mm 的管道及内径 3mm、外径 5mm 的管道。但是对于内径的最终选择不能简单确定，应通过实验进一步得出结论。

3）管路的排布。确定了管路的材料及内径后，就要对管路的排布进行设计，管路的排布要遵循两个原则：

① 管路不能间隔太小，否则会造成弯折现象，影响循环水在管路中的流动；

② 管路不能间隔太大，会影响管路的整体降温效果。据此在管路不至于发生弯折而又紧密排布的条件下最终确定管路间距为 2mm。

资料显示，人体各部位皮肤温度分布及受气温与风速的影响有明显的规律性。在同一气温及相同风速条件下，各部位的皮肤温度并不相同。总体情况是，头颈部及躯干温度高于四肢温度。在气温及风速改变的情况下，皮肤温度随着环境气温的降低而降低，随着风速的增强而降低。但头颈部的变化最小，范围为 0.5～1.04℃，其次是躯干，皮肤温度变化范围为 0.45～1.55℃，臂部、腿部及手部皮肤温度变化最大。此外，体表热流量及出汗量的分布也反映出类似的规律。加强对这些部位的制冷，有利于提高液冷服的制冷效能。特别是加强额部制冷，有利于减少出汗及增强主观热舒适感。因此，管路排布设计时考虑了头部制冷问题，制作了冷却头套。大腿由于大的肌肉群的存在而阻碍了动脉血管与液冷服制冷管之间的热交换，因而制冷效率较低，但是由于大腿的体表面积比较大，所以也不可忽视对大腿的制冷，尤其是在下肢活动剧烈时更应加强。

（3）冷源的选择

1）冷源介质的选择。冷却装置的作用是利用人工方法将物体冷却，使其温度降低到指定温度以下，并保持这个温度。虽然有很多制冷的方法，但它们的基本原理都是类似的，即应用一种专门的装置，消耗一定的外加能量，使热量从温度高的物体传给温度低的物体，从而获得所需要的低温。常用的冷源介质主要有水、冰水混合物、干冰、水与乙烯基乙二醇组成的低于零度的冷冻液、相变乳状液及微胶囊乳状液等。

目前温控技术中应用较为广泛的是相变制冷的方法，主要是冰水混合物和干冰两种，利用水冰溶解和干冰升华吸热的原理，制成各种形式的低温装置。冰的相变潜热是 335kJ/kg，冰化成水后温度由 0℃升高到接近于身体皮肤温度（30℃）时吸收的显热是 126kJ/kg，因此就冷却身体而言，冰具有吸收 461kJ/kg 热量的能力。另一种常用的相变材料是干冰（固态二氧化碳），干冰的气化潜热是 547kJ/kg，把气化的二氧化碳由-79℃升温至接近于身体皮肤温度（30℃）需要吸热 108kJ/kg，因此干冰用于冷却身体时其冷却能力是 655kJ/kg，同等条件下是冰的冷却能力的 1.4 倍多。使用干冰作为相变材料的一个优点是由固态变成气态，当它吸热时，冷却服的重量会逐渐减轻。但是使用干冰作为相变材料有两大问题：一是搬运干冰的安全问题，因为干冰温度非常低，容易造成冻伤；二是生产和保存干冰的成本非常高。这两大问题极大地限制了干冰作为相变材料的使用。因此，选用冰水混合物作为冷源介质，既能满足制冷需求，又经济实惠。

2）冷源体积的确定。生物体与外界环境之间的物质和能量交换以及生物体内物质和能量的转变过程叫作新陈代谢。也就是说，新陈代谢中所产生的能量，一部分用于基础代谢，用于生物体内能力的转化，如维持人体的心跳、血压、循环、呼吸、体温，以及体内每个细胞的滋养；另一部分则用于与外界环境的能量交换。这一能量关系可以由式 7.4.1 表示：

$$Q_{总} = Q_1 + Q_2 \tag{7.4.1}$$

式中 $Q_{总}$——人体新陈代谢量，J；

Q_1——基础代谢量，J；

Q_2——人体散热量，J。

穿着被动式避火服时产生的热应激主要是由于人体产生的多余能量无法排出所导致。因此主动温控型避火服研制的目的是将这一能量通过换热管路网有效排出，以达到平衡。其能量关系如式（7.4.2）所示：

$$Q_2 = Q_3 + Q_4 \tag{7.4.2}$$

式中 Q_3——冷却液温度升高所带走热量，J；

Q_4——冰相变带走热量，J。

由于避火服的绝热性能，直接散热量很小，计算时予以忽略。

冷却液带走热量由式（7.4.3）计算得出：

$$Q_3 = \Delta T C_p m \tag{7.4.3}$$

式中 ΔT——温度变化，℃；

C_p——水的比热容，J/（kg·℃）；

m——冷却液质量，kg。

冰相变带走热量由式（7.4.4）计算得出：

$$Q_4 = m_1 q \tag{7.4.4}$$

式中　m_1——冷却液中冰的质量，kg；

　　q——冰相变潜热，kJ/kg。

在热舒适研究中，新陈代谢率通常是根据不同活动水平进行查表得到的，对于冷源体积的确定，要保证人体在最大产热量的情况下仍能够达到冷却要求，因此选取表内的人体最大代谢率为 707W/m^2，人体体表面积为 1.78m^2，时间取 1800s，人体新陈代谢产热量为 2265228J。

人体消耗热量基础代谢量根据苏联著名生理学博士列·伊瓦绍科研究出的体育锻炼消耗热量的计算公式来确定：

消耗热量（kcal/min）＝（0.2×运动最高心率－11.3）÷2

上海消防科学研究所的谢春龙等曾让 16 名消防员分别穿着全密封化学防护服和隔热防护服进行 1000m 长跑训练，采集到消防员的最大心率分别为（189.9±6.2）次/min 和（186.6±4.4）次/min，根据此研究结果，取最高心率为 190 次/min，此时消防员基础代谢消耗热量为 801 kcal/h，30min 内消耗热量为 1239946J。

假设冰水混合物质量为 m，冰水混合物质量混合比为 50%，此时冰的质量为 0.5m，ΔT 取 30℃、C_p 取 4.18kJ/（kg·℃）、q 取 335 kJ/kg，将所取数据代入式（7.4.2）~式（7.4.5）中，得出冰水混合物质量 m=4.2kg。根据所得结果，综合考虑设备重量、加工等因素，确定冷源体积为 3L。

（4）动力与控制系统的设计

1）循环泵的选择。循环泵是分系统中的关键组件，只有它的正常运转，才能保证回路的正常工作，对循环泵的选择，初步选用恒流泵与磁力驱动泵。

恒流泵广泛应用于各个大专院校实验室、医药、化工、食品、环保、实验、科教、医疗卫生等各个领域，恒流泵有许多优点：易于清洗和清洁，只需简单更换泵管或清洗泵管就可重新工作；液体只接触泵管，泵体其他任何部件不受污染及接触；可输送剪切敏感的流体及各种化学性质的液体（匹配相应化学性质的软管）；无密封件，无阀门，无接缝，液体无处可渗漏，设备维护成本低；具有体积小、重量轻、结构简单、性能平稳、容易操作和维修方便等特点；可实现定时、恒量、变量输送，具有自灌能力；具有很好的自吸、单向阀门功能——非虹吸，可干转并自吸，可防止倒流现象。磁力驱动泵由泵体、磁力耦合器、电动机三部分构成，关键部位——磁力耦合器由外磁转子、内转子及不导磁的隔离套组成。当电动机带动外磁转子旋转时，磁场能穿透空气间隙和非磁性物质，带动与叶轮相连的内磁转子做同步旋转，实现动力的无接触传递，将动密封转为静密封。由于泵轴、内磁转子被泵体、隔离套完全封闭，从而彻底解决了“跑、冒、滴、漏”的问题。磁力泵结构紧凑、外形美观、体积小、噪声低、运行可靠、使用维修方便。可广泛应用于化工、制药、石油、电镀、食品、科研机构、国防工业等单位抽送酸、碱液、油类、稀有贵重液、毒液、挥发性液体以及循环水设备配套、过滤机配套。特别是易漏、易燃、易爆液体的抽送，选用此泵则更为理想。

以上只是针对需求对泵体的初步选择，对两种泵体中哪一种更为符合需求、达到更好的效果，还需通过实验进行进一步的确定。

2）控制系统的选择。热敏电阻是一种传感器电阻，热敏电阻的电阻值随着温度的变化而改变，与一般的固定电阻不同。属于可变电阻的一类，是开发早、种类多、发展较成熟的敏感元器件。热敏电阻根据温度系数分为三类：正温度系数热敏电阻（PTC）、负温度系数热敏电阻（NTC）、临界温度热敏电阻（CTR）。热敏电阻的主要特点是：

① 灵敏度较高，其电阻温度系数比金属大10～100倍；

② 工作温度范围宽，常温器件适用于-55～315℃，高温器件适用温度高于315℃（目前最高可达到2000℃），低温器件适用于-273～55℃；

③ 体积小，能够测量其他温度计无法测量的空隙、腔体及生物体内血管的温度；

④ 使用方便，电阻值可在0.1～100kΩ之间任意选择；

⑤ 易加工成复杂的形状，可大批量生产；

⑥ 稳定性好、过载能力强。热敏电阻温度传感器是根据周围环境温度变化而改变自身电阻的温度传感装置。因此，选用热敏电阻作主动温控型避火服的温度传感元件。

热敏电阻选用实有电子有限公司生产的NTC温度传感器，其温度分辨率可达1℃，控制精度±2℃，工作温度-55～125℃，能够满足感温控制要求。

将热敏电阻放在避火服内部某一位置，通过热敏电阻进行温度采样，并将此处的温度相关信息传送给微控制单元处理，微控制单元将探测出的穿着人员的身体温度与用户设定的温度进行比较，如果消防员身体的温度大于或等于设定的温度，则由微控制单元控制水泵开关，启动水泵进行降温；反之，如果热敏电阻读取到温度低于设定温度，水泵不启动。

3）电源的选择。电源是避火服的能源系统，是主动温控避火服的重要组成部分。该电源主要是为热电制冷器和控制器提供能量以及为散热系统提供动力。考虑避火服的特殊性，其电源肯定不能用交流电，因为交流电不方便携带，那么就只有考虑直流电；考虑避火服穿在人身上的重量，不可能用过大的蓄电池，只能用小型的高能充电电池；考虑人体安全性，必须选择安全环保的电池；根据前面计算制冷系统的假设，选择合适的输出电压的电池。

综合上述的所有因素，我们选择锰酸锂电池。因为锰酸锂电池环保安全性能良好，其循环使用的次数大于2500次，制作的成本低廉。我们只需要制作电压平台为12V的锰酸锂电池就能满足避火服的要求，且其能够充电2500次以上。

（5）连接器件的设计

① 转换接头。由于换热管网的排布较为复杂、循环管径的尺寸多种，衣物中所需要的转换接头要求能够从大尺寸的管径直接转变为小尺寸的管径，市场上销售的转换接头没有可以直接使用的，只能委托加工。

② 快插接头。整个主动温控型避火服包括含管路的衣服部分与背包部分，为穿戴方便，两个部分设计时为分开穿着，穿好之后通过快速插拔接头完成两个部分的连接。

7.4.3 主动温控型避火服的实火测试实验

7.4.3.1 主动温控型避火服实验模型设计

主动温控型避火服的实验研究，是为揭示消防员在火场中穿着避火服时内部温升的变化规律。因此实验设计，必须高度结合火场实际，模拟消防员穿着避火服在火场内行动作业，进而深化研究主动温控技术的效能。

在火灾实验室内，进行假人穿着避火服模拟消防员在火场中走动实验，采集相关图像、内部温度变化、热辐射通量、真实安全时间等数据。

目前我国对避火服的检测，绝大多数都停留在服装面料的检测上，还没有把避火服的整体防护与热舒适结合起来。要想全面评价防护服装的性能，还需要进一步评价其工效学特性等，因此有必要进一步开展控制一定的实验条件的有限现场进行穿着实验，从而为综合评价服装防护性能等提供依据。我们设计制作了一套实验模型，可以将模拟火场热辐射与模拟人体内部新陈代谢有效结合起来。

根据装置设计思路，可以将主动温控型避火服实验模型分为四个部分，分别是燃烧装置、辅助行走系统、数据采集处理系统和模拟人体新陈代谢系统。经过一系列的测试性实验设计加工了以下装置，经过分析研究选定了以下实验仪器，以保证实验数据的可靠性。

（1）燃烧环境搭建

燃烧装置部分包括10个分体燃烧架和50只小油盒，每个分体燃烧架高2.3m、长1m，底部支撑架体的支座长1m、宽0.8m，架体采用2mm厚的普通碳素结构钢Q235材料，将燃烧架分为两组，每组5个，同组架体并排相连在一起，不同组架体相对放置，两组架体间的距离可以自由调节，以此来模拟不同热辐射强度下对整个实验的影响，燃烧环境如图7.4.2所示。

图7.4.2　燃烧环境

（2）辅助行走系统

考虑到实验的安全性，避免实验人员受到不必要的伤害，设计了辅助行走系统，如图7.4.3、图7.4.4所示，把假人固定在一个可以来回行走的小车上模拟消防员在真实火场中穿梭行走。

图7.4.3　小车整体

图7.4.4　小车行走

（3）数据采集系统

数据采集处理系统主要包括数据采集系统、数据传输设备和数据处理终端。数据采集仪采用美国Fluke公司生产的2653A便携式数据采集仪，共有21路数据输入通道。该仪器利用Hydra Logger软件，在电子计算机上实现数据记录，可测量电流、电压、温度、频率等信号。热辐射探头主要通过前端敏感元件测量某点的热辐射通量值，并将其转化为直流电压信号。电压信号通过Fluke数据采集仪记录，数据采集过程中，应对各探头编号，以便后期实验数据的分析与处理。选用四线制pt100铂电阻，其测量温度范围为-200～850℃，公称压力为1.6MPa，pt100是铂热电阻分度号，四线制铂电阻就是用两组两根线将pt100的两端连起，主要是为测量更准确。笔记本电脑作为控制Fluke数据采集仪和电子天平的操作平台，控制着整个系统的数据的记录与保存，是整个实验的控制中心。

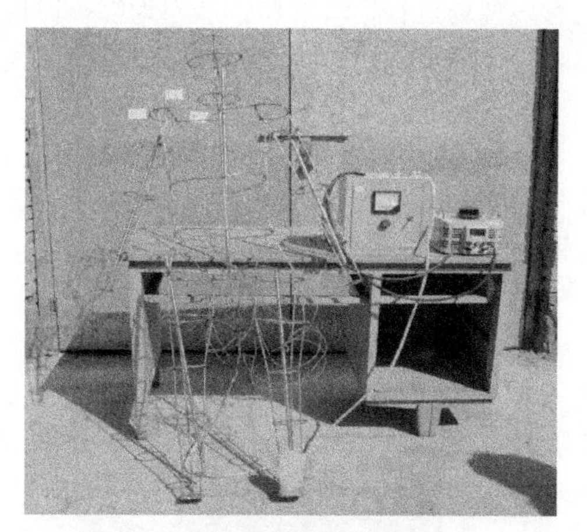

图 7.4.5 散热系统构建模型

（4）模拟人体散热系统

模拟人体散热系统包括五只加热管、一个配电箱、一个接触调压器和一个自制假人，其构建模型如图 7.4.5 所示。

（5）加热系统

加热系统由加热管、接触调压器和配电箱等部件构成，按照人体不同活动的代谢量发出不同功率的热量。

到目前为止，在热舒适的研究中，新陈代谢率通常是根据不同活动水平通过查表得到的，表 7.4.1 列出了成年男子不同活动强度条件下的代谢率，代谢率单位 $1met=58.2W/m^2=50kcal/(h\cdot m^2)$，定义为人静坐时的代谢率。

表 7.4.1 成年男子代谢率

活动类型	W/ m²	met	活动类型	W/ m²	met
睡眠	40	0.7	提重物，打包	120	2.1
躺着	46	0.8	驾驶载重汽车	185	3.2
静坐	58.2	1.0	跳交谊舞	140～255	2.4～4.4
站着休息	70	1.2	体操/训练	174～235	3.0～4.0
炊事	94～115	1.6～2.0	打网球	210～270	3.6～4.0
用缝纫机缝衣	105	1.8	步行，0.9m/s	115	2.0
修理灯具，家务	154.6	2.66	步行，1.2m/s	150	2.6
在办公室静坐阅读	55	1.0	步行，1.8m/s	220	3.8
在办公室打字	65	1.1	跑行，2.37m/s	366	6.29
站着整理文档	80	1.4	下楼	233	4.0
站着，偶尔走动	123	2.1	上楼	707	12.1

考虑到人与人之间身高、体重、胖瘦不同，为便于比较，能量代谢率一般用每小时每平方米体表面积的热量来表示。我国人的体表面积根据下列算式来计算：

$$\text{体表面积}(m^2)=0.0061\times\text{身高}+0.0128\times\text{体重}-0.2529$$

假设一个消防员身高 170cm，体重 70kg，则其体表面积为 $1.68m^2$，根据表 7.4.1 得出其最小的代谢量为 67.2W，最大的代谢量为 1187.76W。据此设计加热管的总发热量最大值为 1300W，其中上体和头部 400W、胳膊 150W、腿部 300W。

（6）假人模型

假人使用直径为 6mm 的 SUS304 圆钢制成，呈站立姿势，脚部特别设计有弯折装置，当给假人穿脱裤子时，将脚部螺栓卸下，折叠起来，穿好后再将脚部放平，紧固螺栓，实验假人如图 7.4.6 所示。

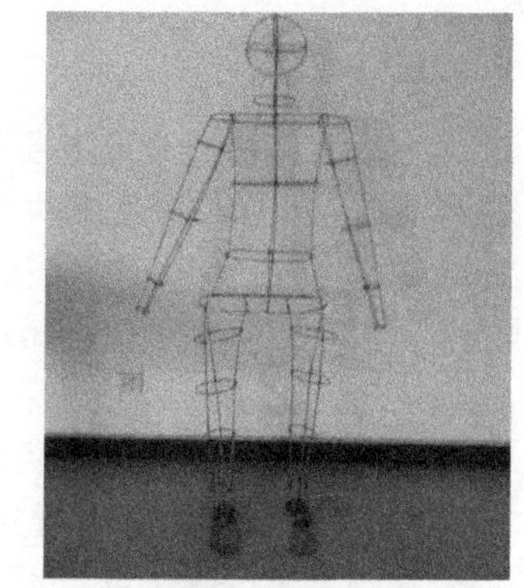

图 7.4.6 实验假人

7.4.3.2 实验步骤

对主动温控型避火服的实验，需要测定的参数较多，实验步骤繁杂，具体如下。

① 将 10 个分体燃烧架固定在水平地面上，5 个为一组，两组相对放置，相隔 1m，保证遥控车能够在燃烧架中间自由穿梭，然后将小车轨道放在两组分体燃烧架中间位置，将小车放置在轨道上。

② 将加热管用铁丝固定在假人的躯干和四肢位置，然后将加热管与接触调压器和配电箱连接后进行调试，调试结束后，按照事先设计好的温度采集部位，在被试假人体内固定好铂电阻，将避火服穿在假人身上，最后将穿好衣服的假人固定在小车的人体支架上，整体实验装置组装如图 7.4.7 所示。

③ 安装数据采集仪，将铂电阻的补偿导线连接好并传输到安全距离以外的数据采集系统上。

④ 打开数据采集仪、计算机，并启动数据采集程序，检查各个数据通道信号的正确性，检查各通道信号畅通后，等待实验。

⑤ 选取其中任意一种泵体放置在预先准备好的背包中，连接好水泵与避火服内部的接口，当衣服内铂电阻探测温度到达 30℃时，启动水泵，连续采集避火服内温度。

⑥ 实验开始，通过小车遥控器遥控小车在燃烧架中来回穿梭，小车穿梭过程如图 7.4.8～图 7.4.10 所示。

图 7.4.7 整体实验装置组装

图 7.4.8 小车穿梭图 1

图 7.4.9 小车穿梭图 2

图 7.4.10 小车穿梭图 3

⑦ 依次更换不同的水泵，重复实验，观察现象，记录数据。

⑧ 确定水泵类型后，依次调节水泵流量，重复实验，观察现象，记录数据。

⑨ 确定水泵类型与水流量后，对不同材质的循环管网重复实验，观察现象，记录数据。

⑩ 依次调节调压器的压力改变发热管的散热量，重复实验，观察现象，记录数据。

⑪ 调节两组分体燃烧架的间距，重复实验，观察现象，记录数据。

⑫ 结束本实验，整理仪器设备。

7.4.4 主动温控避火服实验结果与参数确定

7.4.4.1 泵体实验结果与选择

（1）实验泵体

对循环泵的最终选择进行了实验，实验中恒流泵选用保定齐力恒流泵有限公司生产的BT300-01型恒流泵，其转速为1～600r/min，最大流量参数2280mL/min，通过外控接口可以实验水泵的启停控制、方向控制及速度控制；磁力驱动泵选用恒缘机电公司生产的MP-20RMD-20R型磁力泵，其最大流量参数为3200mL/min，最大扬程4.3m。

（2）泵体实验数据分析

实验首先选取的是内径为2mm的聚氨酯橡胶管材的循环管路，实验外界环境温度为2℃；环境空气流速为4m/s；水流速为0.0533L/min；实验时间30min，每组水泵实验次数为两次，对通过实验得到的规律性的结果进行归纳和分析并以曲线形式给出，如图 7.4.11、图 7.4.12所示。

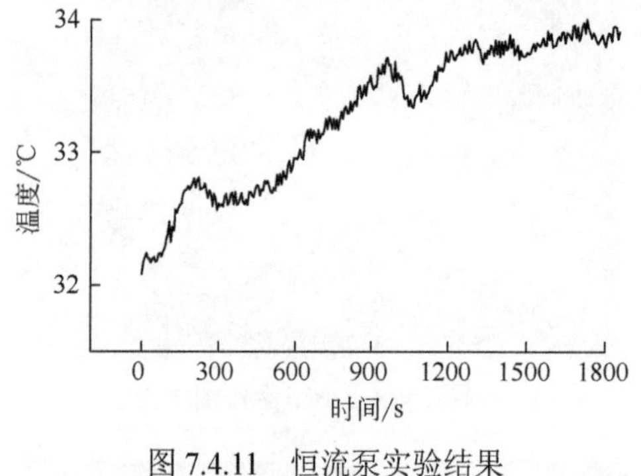

图 7.4.11 恒流泵实验结果

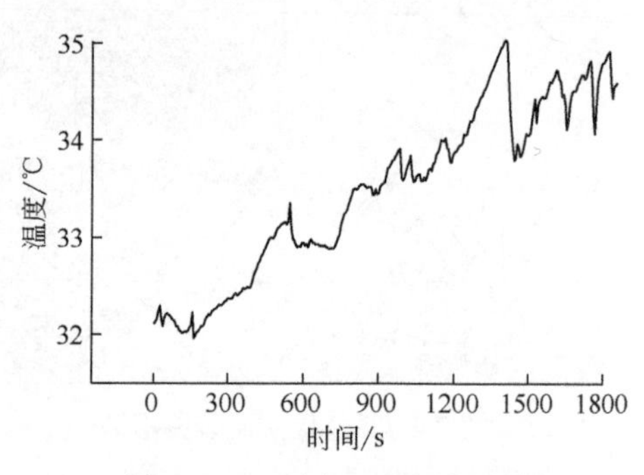

图 7.4.12 磁力驱动泵实验结果

然后选取内径为2mm的聚氯乙烯管材，实验条件与聚氨酯橡胶管材相同；同样每组水泵实验次数为两次，对通过实验得到的规律性的结果进行归纳和分析并以表格形式给出，如表7.4.2所示。

表 7.4.2 选取聚氯乙烯管材时不同水泵实验结果 ℃

泵体	第一次实验初始温度	第一次实验最高温度	第二次实验初始温度	第二次实验最高温度
恒流泵	32.0034	34.7122	32.0026	34.8689
磁力驱动泵	32.0058	35.2633	32.0007	34.9326

通过以上实验，合理处理数据，将两种水泵的结果进行对比，通过对比可以得出以下结论。

在相同的时间内，当管材为聚氨酯材料时，由图7.4.11和图7.4.12可以看出，使用恒流泵时假人内温度平均温升大约为2.0℃，使用磁力驱动泵时假人内温度平均温升为2.7℃；当管材为聚氯乙烯材料时，由表7.4.2可以看出，使用恒流泵时假人内温度平均温升大约为2.8℃，使用磁力驱动泵时假人内平均温升为3.1℃。就相同时间内的温升来看，无论使用哪种管材作为换热管网，温度升高幅度相差不大；从温度升高的趋势来看，使用恒流泵时温度升高较为平稳，而使用磁力驱动泵时温度曲线波动较为明显，说明恒流泵的流速稳定性要强于磁力驱动泵；就两种泵体的自身特点来说，磁力驱动泵最大的特点是具有良好的密封性，可以满足对易漏、易燃、易爆液体的输送，恒流泵的最大特点是精准、耐用、输送流量稳定，可以连续调节较高的压力和扬程，本次避火服选用的冷却液是冰水混合物，要求避火服对人体温度的恒定调节，因此综合考虑上述各种因素，最终选用恒流泵作为主动温控型避火服的循环泵。

7.4.4.2 循环管路网实验与结果分析

（1）不同循环管路网材质分析

实验初期制作衣服时要制作两套不同管材做换热管网，一种为内径2mm的聚氨酯橡胶管材，另一种为2mm聚氯乙烯橡胶管材。实验外界环境温度为0℃左右，环境空气流速为3.2m/s，水流速为0.0623L/min，实验时间30min，实验初始温度32℃，共2组实验，对通过实验得到的规律性的结果进行归纳和分析并以表格形式给出，如表7.4.3所示。

表7.4.3 不同管材实验结果 ℃

材质	第一次实验初始温度	第一次实验最高温度	第二次实验初始温度	第二次实验最高温度
聚氨酯橡胶管材	32.0028	36.0359	32.0007	36.4537
聚氯乙烯橡胶管材	32.0128	36.4315	32.0332	36.8032

由表7.4.3可以看出，使用聚氨酯橡胶管的假人内温度平均温升大约为4.3℃，使用聚氯乙烯橡胶管的假人内温度平均温升为4.6℃。就相同时间内的温升来看，在同等流量、两种不同管材下假人内温度变化趋势基本相同，但聚氨酯橡胶管材的换热效率略高于聚氯乙烯橡胶管材，综合对比两种管材的成本及管材的换热效率，最终选定聚氯乙烯橡胶管材作为实验用换热管网。

（2）循环管路网直径分析

实验选用管材尺寸为2mm×3mm和3mm×5mm两种管材，两种管材的壁厚分别为0.5mm和1mm，由于管壁厚度的不同，两者的对流换热能力必然有所差别，加上不同管径下管道内流速的不同，进行实验确定最终换热管路网管径尺寸。

当水泵转速为200 r/min时，内径2mm的管子流速为0.0533L/min，假人内温度平均温升大约为3.2℃；内径3mm的管子流速为0.0489L/min，假人内温度平均温升大约为3.5℃。在水泵同样转速的情况下，不同管径时避火服出口流量不同，内径2mm的管子对温度的控制上略好于内径3mm的管子，3mm×5mm管子的价格是2mm×3mm管子价格的一倍，综合对比两种管材的成本及对人体温度的控制，最终选定使用2mm×3mm作为实验用换热管路网尺寸。

7.4.4.3 水泵流速分析

通过上面的实验，确定了实验所要使用的水泵类型，确定了换热管路网的材质及尺寸，水泵流速对整体换热效果的影响及水泵的最佳工作状态需要通过实验进一步确定。针对测试内容为不同流量情况下避火服内温度变化，选取假人身体内一点作为代表点进行测试，从固定的牢固度和加热管固定的位置综合考量，选取假人右大腿一点作为实验参考点。

根据气象仪测得实验时环境温度为0℃，环境空气流速为3.6m/s，实验时间30min，实验初始温度为30℃，测试水泵转速分别为100r/min、150r/min、200r/min、250r/min、300r/min，对应避火服出口流速分别为 0.0316L/min、0.0428L/min、0.0533L/min、0.0623 L/min、0.0792L/min。假人内温升曲线如图7.4.13～图7.4.17所示。

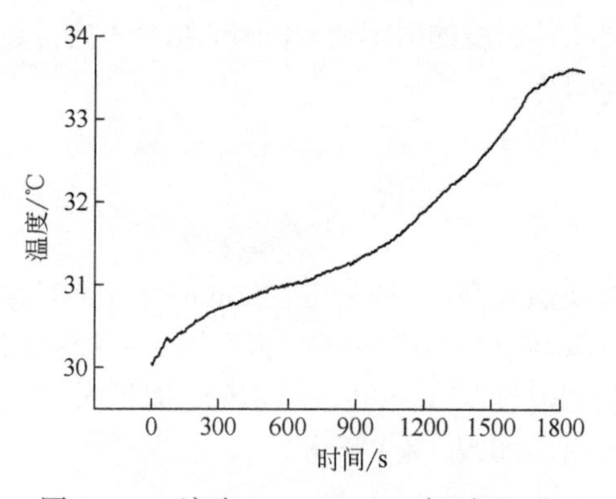

图 7.4.13 流速 0.0316L/min 时腿部温升

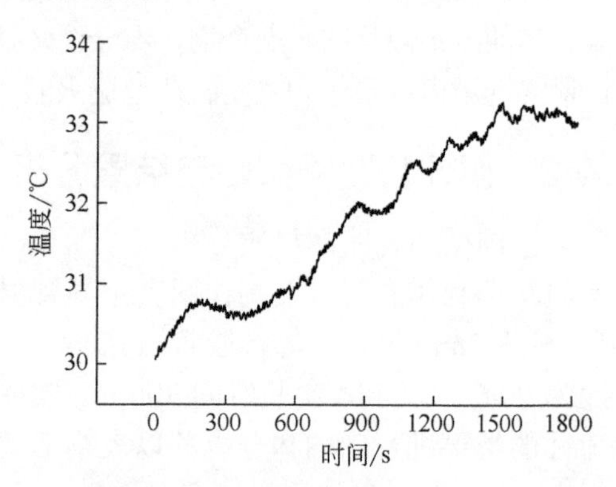

图 7.4.14 流速 0.0428L/min 时腿部温升

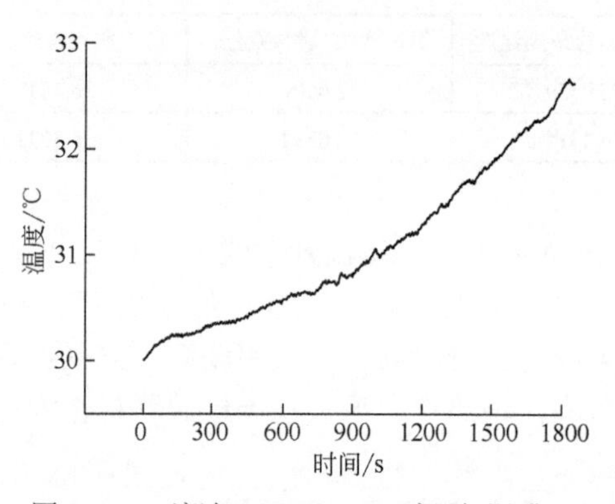

图 7.4.15 流速 0.0533L/min 时腿部温升

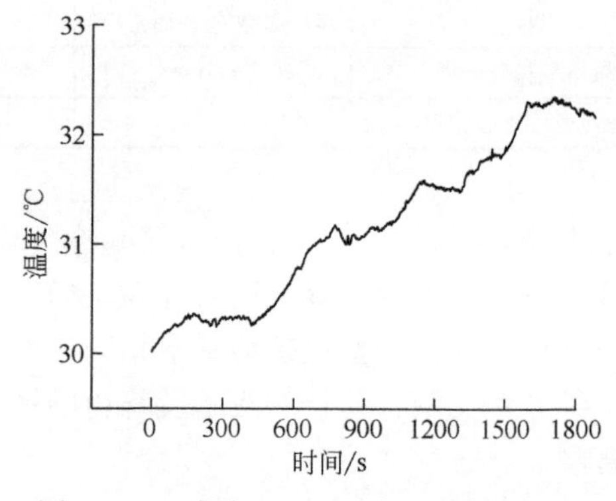

图 7.4.16 流速 0.0623L/min 时腿部温升

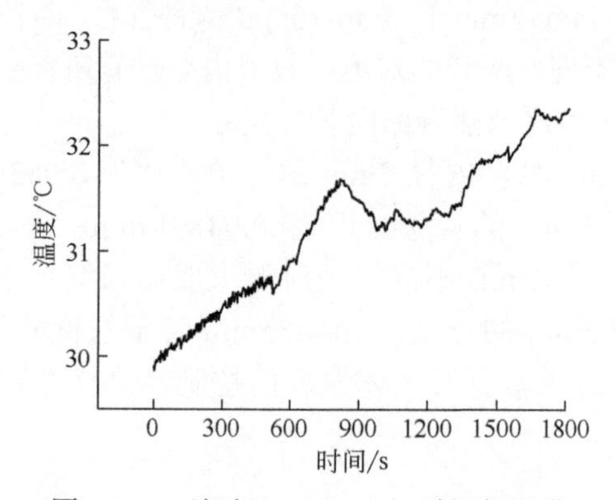

图 7.4.17 流速 0.0792L/min 时腿部温升

对图7.4.13～图7.4.17数据进行整理归纳，如表7.4.4所示。

表 7.4.4 不同流量下温升结果

水泵转速/（r/min）	出口流速/（L/min）	初始温度/℃	最高温度/℃	平均温升/℃
100	0.0316	30.0008	33.5976	3.6
150	0.0428	30.0122	33.1329	3.1
200	0.0533	30.0028	32.6028	2.6
250	0.0623	29.9997	32.3195	2.3
300	0.0792	30.0019	32.3437	2.3

从图 7.4.13～图 7.4.17 中温度升高的曲线及表 7.4.4 中归纳的结果可以看出，在出口流速为 0.0316L/min 时，假人内整体温升幅度最大，为 3.6℃；在出口流速为 0.0623L/min 时，假人内整体温升幅度最小，为 2.3℃。水泵转速为 300 r/min 时，出口流速达到 0.0792L/min，假人内的温升与出口流速为 0.0623L/min 时假人内温升相比，基本没有变化且略微偏高。

由此可见，随着出口流速的不断增大，假人内温升逐渐降低，效果越好，但是当出口流速达到 0.0792L/min 时，降温效果相较于出口流速 0.0623L/min 时并不明显，因此综合比较几种不同转速情况下假人内温度变化，确定了水泵转速是 250r/min，避火服出口流速为 0.0623L/min 附近时为主动温控型避火服的最佳工作状态。

通过以上对主动温控型避火服关键参数的确定，结合前期初步的设计，完成了避火服的整体设计与制作，见图 7.4.18～图 7.4.20。

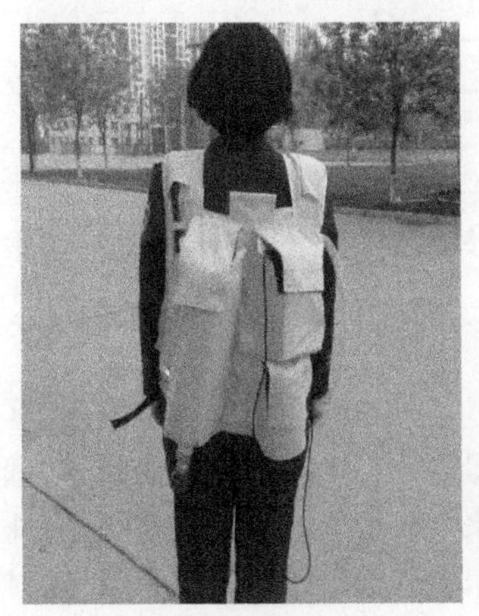

图 7.4.18 背包整体图

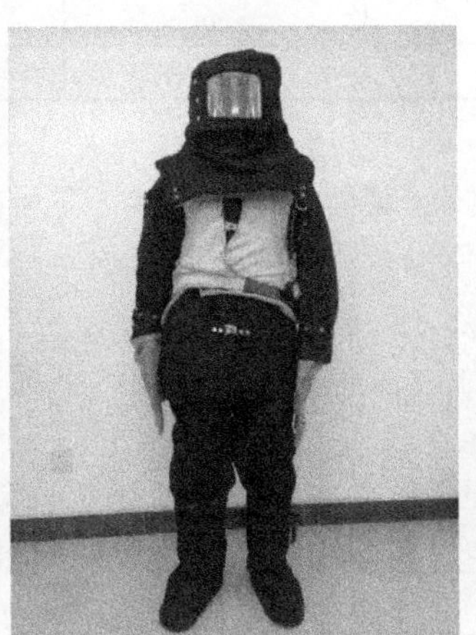

图 7.4.19 整体正视图

图 7.4.20 整体侧视图

7.4.5 主动温控型避火服消防救援队真人穿戴测试

基于两种避火服假人模拟实验基础，在消防救援队完成了被动型避火服及主动温控型避火服真人穿着实验，说明实验步骤和实验结果，并对实验结果进行分析对比。

7.4.5.1 被试人员与实验步骤

（1）被试人员

穿着被动隔热型避火服进行温度实验由某消防支队特勤大队的 5 名男性消防员完成，受试者着装分别为制式服装加被动型避火服。受试者在实验中的情况见图 7.4.21。

图 7.4.21 真人穿着实验

受试者身体健康且皮肤无大面积创伤，受试者的身体特征如表 7.4.5 所示。

表 7.4.5 受试者身体特征

编号	姓名	年龄/岁	身高/m	体重/kg
1	张××	19	1.73	56.5
2	徐×	21	1.77	59.0
3	李×	19	1.70	58.5
4	宋××	20	1.82	72.0
5	赵××	20	1.75	66.5

人体是一个非几何对称的物理实体，并且人体内各种组织的分布也是不均匀的。生物传热学的研究结果表明，人体几何形状及热物理参数的不均匀性对人体的温度分布影响很大。考虑到人体不同部位的传热特点，选取人体的 15 个点位，即头、颈、心脏、右胸、腹中、左背、右背、左腰、右腰、大腿上、大腿中、小腿肚、上臂、前臂、腋下。

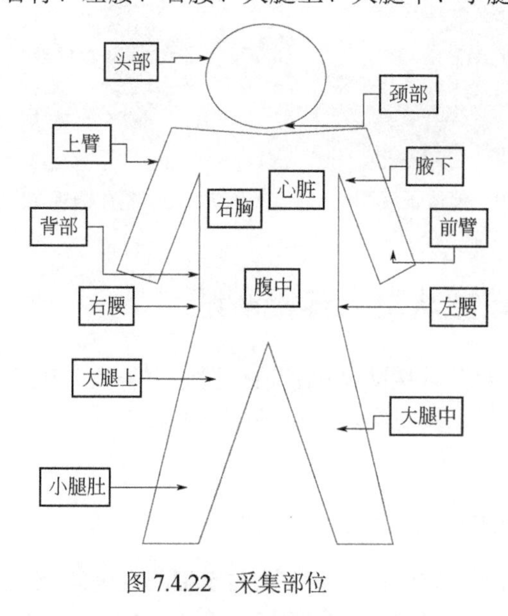

图 7.4.22 采集部位

在过去发展的人体热调节数学模型中，一般将头部和颈部合在一起处理。但是近年来许多研究者发现，颈部的汗腺及血管分布比较发达，颈部换热情况对人体热舒适有特殊意义，因此，本实验中将头颈分开处理，颈部单独进行采集，采集部位如图 7.4.22 所示。

按照实验模型布置好实验仪器与设备，将四线制铂电阻固定在图 7.4.22 所示位置上，对消防员身体温度进行实时采集，实验过程中每隔 2s 记录一次数据，并通过数据采集仪传输到计算机里存档。在整个采集过程中，观察消防员的生理反应现象。同时使用 Davis 气象仪记录大气环境的温度、湿度、风速、风向和气压等气象参数。

（2）实验步骤

具体实验步骤如下。

① 安装数据采集仪，将铂电阻的补偿导线连接好并传输到安全距离以外的数据采集系统上。

② 打开数据采集仪、计算机，并启动数据采集程序，检查各个数据通道信号的正确性，检查各通道信号畅通后，等待实验。

③ 按照事先设计好的温度采集部位，在被试消防员身体上固定好铂电阻，然后让消防员背上空气呼吸器，穿戴好被动隔热型避火服，做好整体防护。

④ 实验开始，消防员模仿在真实火场中的动作，如行走、上下楼梯、举起重物等活动。

⑤ 观察各仪器记录的实时数据，并与被试者不断进行语言上的交流，时时了解其生理反应，直至空气呼吸器停止运作。

⑥ 按照事先设计好的温度采集部位，在被试消防员身体上固定好铂电阻，然后让消防员主动调温背包，穿戴好主动温控型避火服，做好整体防护。

⑦ 实验开始，实验人员模仿在真实火场中的动作，如行走、上下楼梯、举起重物等活动。

⑧ 观察各仪器记录的实时数据，并与被试者不断进行语言上的交流，时时了解其生理反应，直至空气呼吸器停止运作。

⑨ 依次更换不同人员进行实验，重复实验，观察现象，记录数据。

⑩ 结束本实验，整理仪器设备。

7.4.5.2 被动隔热型避火服实验与结果分析

（1）被动隔热型避火服实验数据分析

实验环境温度为 2℃；环境空气流速为 0.1m/s；实验时间 30min；由于实验次数和数据较多，根据篇幅的限制，不便于罗列出每次实验的数据和结果，基于此，仅对通过实验得到的规律性的结果进行归纳和分析，见表 7.4.6。

表 **7.4.6** 人体各部位温度变化 ℃

测试部位	初始温度	最高温度
大腿	30.3275	36.1109
胳膊	33.8015	36.4224
腰部	32.4529	37.0325
颈部	33.7496	37.4999
小腿	30.4311	35.9876
心脏	34.4436	36.5327
腋窝	35.5723	38.2227

由表 7.4.6 可以看出人体各部位温度并不相同，而是呈现一定的空间分布特征，其可区分为体核心温度和体外壳温度。体核心温度是指身体深部组织的温度，通常以直肠温度表示，范围为 36.9～37.9℃。口腔温度反映颅内血液温度，但易受呼吸气体温度影响，所以比直肠温度低 0.2～0.3℃，平均值约为 37.2℃。腋窝温度比口腔温度低 0.3～0.5℃，平均值为 36.8℃。体外壳温度明显低于体核心温度，易受外界气温和服装等影响。皮肤温度对冷热环境主观感

受及耐受限度的评价以及服装卫生学性能的分析都有重要意义。体外壳温度可由平均皮肤温度（T_{sk}）代表。T_{sk}由体表各部位测得的皮肤温度值，按各部位所占体表的百分数进行加权平均后得出，其在常温下的正常值为33±1℃，人体生理学评价指标如表7.4.7所示。

表7.4.7　人体生理学评价指标

生理指标	允许范围		
	舒适区	工作保证区	轻度应激区
温度感觉评分值（PMV）ND	0～±0.5	±0.6～±2.0	±2.1～±0.3
核心体温（T_c）/℃	37.0±0.2	37.0±0.4	＞37.6或＜36.4
平均皮肤温度（T_{sk}）/℃	33.0±1.5	33.0±2.6	33.0±4.0
平均体温（T_b）/℃	35.7±0.6	35.7±1.1	35.7±1.8

据表7.4.7可以得出穿着被动隔热型避火服的实验人员实验进行前人体温度均在舒适区范围内，实验过后人体体温已处于轻度应激区，均超过人体生理指标舒适区和工作保证区范围。

（2）被动隔热型避火服实验的人体生理反应

当环境温度超过35℃时，人体主要依靠汗液蒸发降温。也就是说，如果汗液蒸发受到阻碍，能量就会蓄积在皮肤表面、空气层和衣物内部。当人体与织物之间的微气候区蓄积的能量超过了人体维持核心温度的能力，人体核心温度就会上升，热症状就会出现，如头晕、心慌、心烦、口渴、无力、疲倦等不适感。因此在实验进行过程中不断与受试者进行语言交流，记录他们的身体反应，具体情况如表7.4.8所示。

表7.4.8　受试人员生理反应

编号	姓名	是否头晕	是否口渴	是否恶心	身体出现燥热时间/min
1	张××	否	是	否	17
2	徐×	否	是	否	14
3	李×	是	是	否	12
4	宋××	否	是	否	15
5	赵××	是	是	是	10

由表7.4.8看出，所有受试者均出现口渴现象，其中两人出现头晕现象，一人感觉恶心，在实验的中间阶段所有受试者一致反映出汗严重，闷热感强烈。实验结束后，受试者衣物状态如图7.4.23所示。

由图7.4.23可以看出所有受试者身上所穿的制式衣物全部湿透，甚至避火服也被汗水浸湿。实验结束后所有受试者均面部通红，出汗现象严重，面部全部都是汗水，不断向下流淌。实验过程中在与受试者不断地交流时我们了解到，所有受试者在实验前5min还没有感觉到任何异样，但从第5min开始慢慢就出现了闷热感，进行到15min左右时已经感到强烈闷热感，受试者明显感觉到汗液已经黏住衣物，即使做一些很简单的动作，也会觉得非常吃力，心情非常烦躁，特别想摘下头盔降低体温，在实验刚开始时，受试者感觉衣服的重量还在身体接受范围之内，但随着实验的进行，感觉衣物重量越来越大，劳累感重。就外部观察受试者的状态来说，在整个实验过程的下半阶段，受试者同样的动作，其动作幅度已经明显小于实验的前半阶段，动作质量严重下滑。

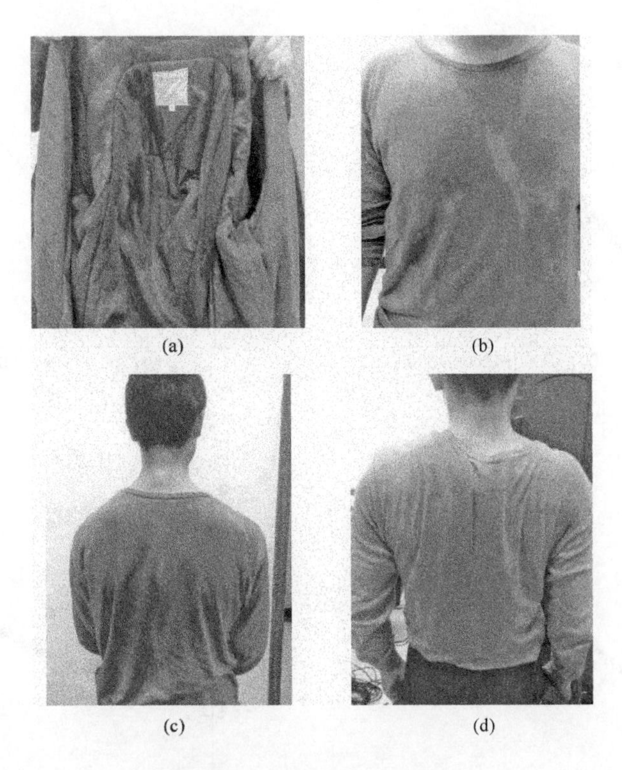

图 7.4.23　测试后的衣物状态

7.4.5.3　主动温控型避火服实验与结果分析

（1）主动温控型避火服实验数据分析

实验环境温度为 20℃；环境空气流速为 0.1m/s；实验时间 30min；实验水泵转速选取 250r/min，基于此对通过实验得到的规律性的结果进行归纳和分析并以曲线形式给出，如图 7.4.24～图 7.4.29 所示。

从图 7.4.24~图 7.4.29 中可以看出该状态下人体各部位皮肤温度的实验变化过程。小腿、胳膊、心脏、腰部等部位皮肤温度在实验中整体变化不大。小腿部位初始温度为 31.6℃，最高温度为 34.3℃；胳膊部位初始温度为 31.6℃，最高温度为 34.2℃；背部部位初始温度为 30.6℃，最高温度为 34.1℃；腰部部位初始温度为 31.7℃，最高温度为 34.1℃；心脏部位初始温度为 32.2℃，最高温度为 35.7℃；腋窝部位初始温度为 35.8℃，最高温度为 36.6℃。

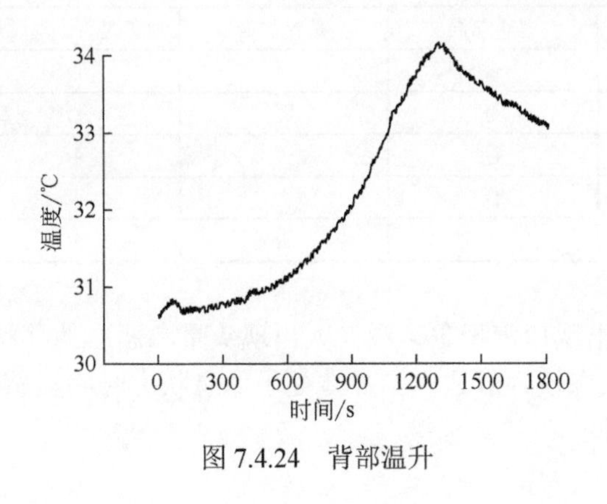

图 7.4.24　背部温升

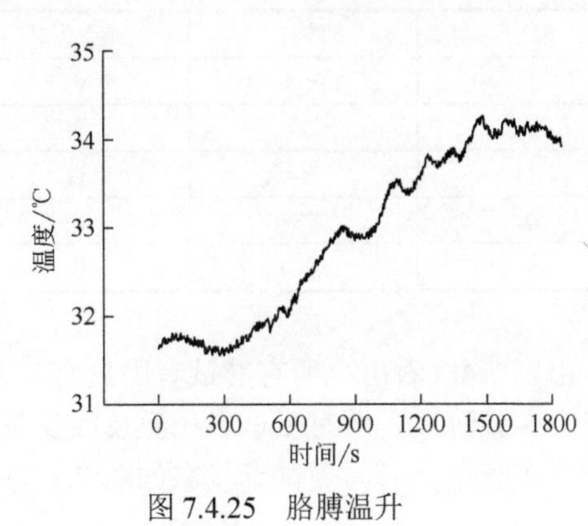

图 7.4.25　胳膊温升

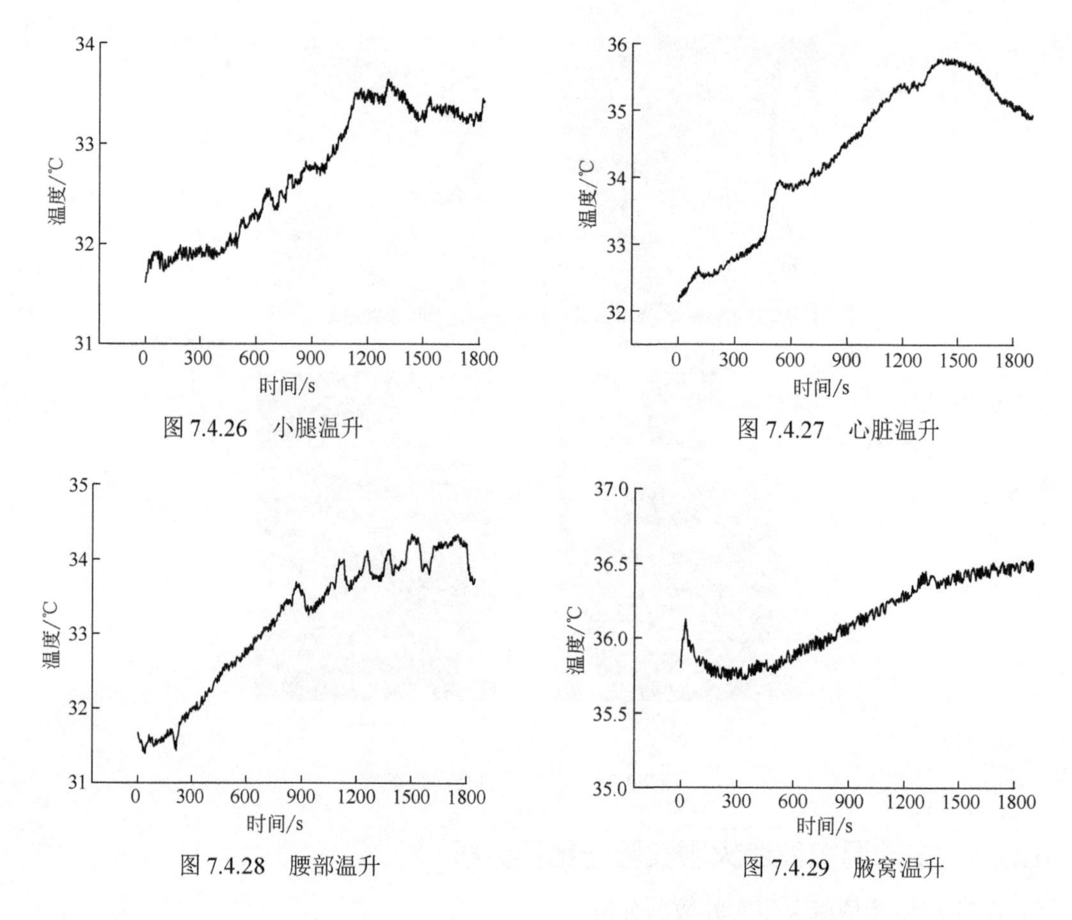

图 7.4.26　小腿温升

图 7.4.27　心脏温升

图 7.4.28　腰部温升

图 7.4.29　腋窝温升

据表 7.4.7 可以得出穿着主动温控型避火服的实验人员实验进行前人体温度均在舒适区范围内，实验过后实验人员的背部部位、小腿部位、腰部及胳膊部位的皮肤温度仍在人体的舒适区范围内，但心脏部位的温度超过了舒适区范围进入工作保证区，受试者整体上都处于人体的舒适状态。

（2）主动温控型避火服实验的人体生理反应

同被动隔热型避火服实验一样，在穿着主动温控型的实验过程中不断与受试者进行交流，了解和记录受试者的生理反应及穿着感受，观察受试者的活动状态，具体情况如表 7.4.9 所示。

表 7.4.9　受试人员生理反应

编号	姓名	是否头晕	是否口渴	是否恶心	身体是否出现燥热
1	张××	否	否	否	否
2	徐×	否	是	否	否
3	李×	否	否	否	否
4	宋××	否	否	否	否
5	赵××	否	否	否	否

由表 7.4.9 看出，所有受试者中只有一人出现口渴现象，没有人出现头晕和恶心的症状，在整个实验阶段，所有受试者一致反映身体状态较为舒适，当身体处于休息状态时明显感觉凉爽。实验结束后，受试者状态如图 7.4.30 所示。

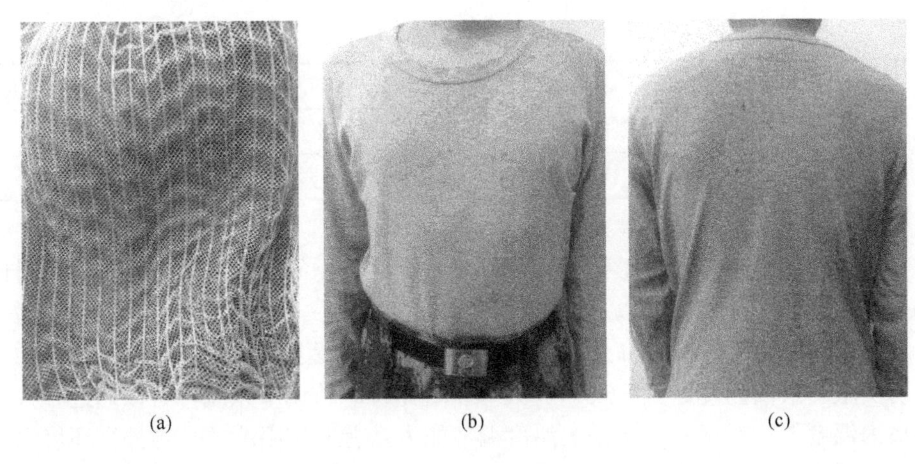

图 7.4.30　受试者状态

由图 7.4.30 可以看出，所有受试者实验结束后有轻微的出汗现象，身上所穿的制式衣物几乎没有汗渍，避火服上管路也未出现漏水现象。实验过程中在与受试者不断地交流时了解到，所有受试者在整个实验过程中未感觉到身体不舒适，未出现燥热感，但是随着实验的进行，负重感增大。

7.4.5.4　不同避火服实验结果对比分析

人体各个部位、每日早晚及男女之间的体温均存在着差异。人体正常体温有一个较稳定的范围，但并不是恒定不变的。正常人的人体体表温度为 31℃，身体各个部位体表之间温度各不相同并且没有一个标准值来确定。通常测量人体温度时都是通过测量腋窝温度来确定人体是否出现异样，因此，在对不同避火服对人体影响的结果对比中选取腋窝温度作为参考。实验中采集到的穿着被动防控性避火服的腋窝温升及穿着主动温控型避火服的腋窝温升如图 7.4.31 所示。

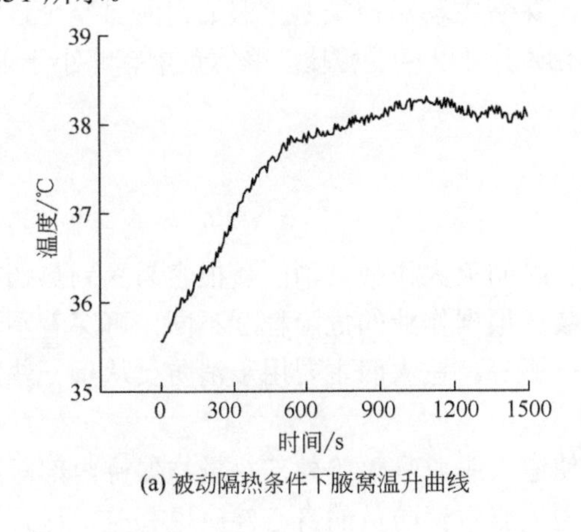

(a) 被动隔热条件下腋窝温升曲线

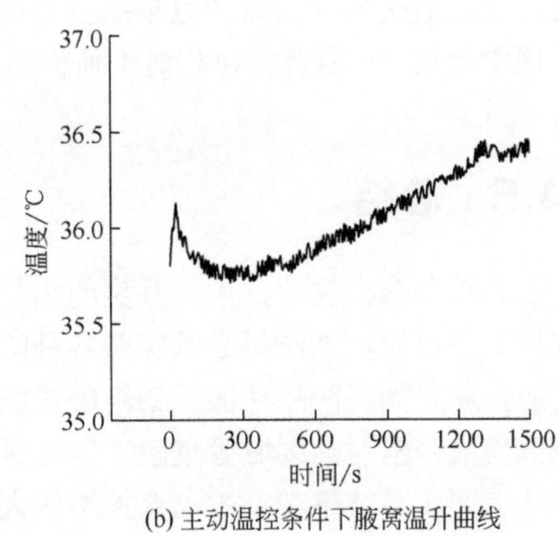

(b) 主动温控条件下腋窝温升曲线

图 7.4.31　两种避火服腋窝温升曲线

穿着不同衣物进行实验时，我们与受试者进行了交流，了解到他们的最直观的穿着感受，现将两种穿着情况下的生理状况进行汇总对比，对比内容包括腋窝温升情况、出汗情况、口渴情况及身体负重感情况等内容，整理见表 7.4.10。

表 7.4.10 实验结果对比

状态	受试者	是否头晕	是否口渴	是否恶心	是否存在负重感	是否出现燥热感
1	穿着被动隔热型避火服	有少部分人出现	是	有少部分人出现	是	是
2	穿着主动温控型避火服	未出现	是	否	是	否

通过以上实验，合理处理数据，将穿着三种不同衣物的结果进行对比，通过对比穿着两类不同衣物的实验，可以得出以下结论。

① 穿着被动隔热型避火服时，消防员腋窝最高温度达到 38.2℃；穿着主动温控型避火服时，消防员腋窝最高温度达到 36.6℃。人体有着完善的热调节系统，可以通过各种调节手段来维持体内温度的相对恒定，但是其温度调节能力是有一定限度的，当外界环境温度的变化超过一定范围时，依靠人类自身的热调节系统已经不能保持体温的相对恒定了。穿着主动温控型避火服的消防员依靠循环管路不断地将人体新陈代谢所产生的热量带走，维持了人体环境处于较为舒适的状态，但是穿着被动隔热型避火服的消防员由于避火服内部形成了高温环境而造成身体体温不断上升，超出人体正常承受范围，出现热应激。

② 从表 7.4.10 中可以看出，两种不同状态下消防员运动结束后都会出现口渴症状。发汗是人体自主性体温调节中的一种调节方式，当皮肤血流量的增加还不足以将体内多余的热量充分交换至体外时，人体开始发汗，汗腺将汗液排至皮肤表面蒸发。这是冷却皮肤、增加体内散热的一种非常有效的手段，所以两种情况下消防员会出现口渴症状属于正常现象，从表 7.4.10 中还可以看出，穿着被动隔热型避火服的少部分消防员出现了头晕与恶心的症状，而穿着主动温控型避火服时未出现，这是由于消防员持续处于避火服内部的高温环境，出现了轻微的中暑现象。

③ 从实验对比结果来看，无论是穿着哪种避火服，消防员都会感觉到有一定的负重感，穿着被动式避火服的消防员实验后期都或多或少出现了轻微中暑现象，此时体力与平常相比较为虚弱，对空气呼吸器的重量感觉负担较大，穿着主动温控型避火服的消防员整个过程中未出现中暑现象，所背背包相对于他们的体能还属于可以接受范围，整体负重感略小于前者。

7.4.6 总结

在扑救油罐火灾中，由于强烈的辐射热和长时间灭火作战，消防员很容易受到热伤害。为保护身心健康，消防员必须穿戴各种防护服装。根据作业的危险程度不同，可穿着不同类型的防护服，如消防战斗服、铝箔隔热服、避火服等。避火服主要用于消防员从事一些短时穿越火焰或强辐射热区域等危险工作时穿戴。

从上面实验结果看，主动温控型避火服，使避火服兼具隔绝外部热量与保持内部舒适两个特点，有效降低了消防员热应激，比被动式避火服对消防员的身心健康更有益，尽管重量更重，但消防员感觉会更舒适。本实验采用冰水混合物作为冷却介质，所以相应的有存储容器及水泵，使避火服重量有所增加。如果改用干冰等冷媒或将循环管路与消防水枪有效地结合在一起，有可能进一步减轻服装重量。

扑救大型油罐火灾，需要在着火油罐附近设冷却阵地，消防员在强烈辐射热的环境下长时间作业，承受的热荷载大，很容易造成身体永久性伤害。如果穿着主动温控式消防服，直接引流冷却水降温，可以大大降低消防员的热伤害。

参考文献

[1] K. W. Graves. Development of a computer program for modeling the heat effects on a railroad tank car[J]. Report of Federal Railroad Administration, 1973.

[2] R C Reid. Possible Mechanism for Pressurized-Liquid Tank Explosions or BLEVE's[J]. Science, 1979(203): 1263-1265.

[3] Venart J.E.S., Rutledge G.A., SumathiPala.K.F.. To BLEVE or not to BLEVE: anatomy of a boiling liquid exPanding vapor explosion[J]. Process Safety Progress, 1993, 12(2): 67-70.

[4] E Planas-Cuchi, H Montiel, Casual J. A survey of the origin and consequences of fire accidents in process plants and in the transportation of hazardous materials[J]. Process Safety and Environmental Protection, 1997, 75(B1): 3-8.

[5] F I khan, S A Abbasi. The world's worst industrial accident of the 1990s[J]. Process Safety Progress, 1999, 18(3): 135-145.

[6] Vyternis Babrauskas. Estimating large pool fire burning rates[J]. Fire Technology, 1965, 1(1): 251-161.

[7] Eulalia Plannas-Cuchi, Joaquim Casal. Modeling temperature evolution in equipment engulfed in a pool-fire[J]. Fire Safety Journal, 1998(30): 251-268.

[8] K Moodie. Experiments and modeling: An overview with Particular reference to fire engulfment[J]. J. of Hazardous Materials, 1988(20): 149-175.

[9] K Moodie, L T Cowley, R.B. Denny, et al. Fire engulfment tests on a 5 tone LPG tank[J]. J. of Hazardous Materials, 1998(20): 55-71.

[10] B Droste, W Schoen. Full scale fire tests with unprotected and thermal insulted LPG storage tanks[J]. J. of Hazardous Materials, 1988(20): 41-53.

[11] 梁志桐. 小尺寸油品沸溢火灾的模拟实验研究[D]. 大连：大连理工大学, 2012.

[12] 郑力翀.大型钢储罐爆炸动力响应及热屈曲数值模拟[D].杭州:浙江大学,2015.

[13] 傅智敏,李元梅. 基于点源模型的拱顶罐池火灾热辐射通量分析[J]. 安全与环境学报, 2011（6）：170-176.

[14] 王震,胡可,赵阳. 拱顶钢储罐内部蒸气云爆炸冲击荷载的数值模拟[J]. 振动与冲击, 2013（20）: 35-40.

[15] 陆胜卓,陈卫东,王伟,等. 拱顶储油罐爆炸作用下的动力响应数值模拟[J]. 油气储运, 2018（6）:644-650.

[16] 史可贞,屈立军,高小明. 钢原油罐罐壁火灾失效数值分析[J]. 消防科学与技术, 2016(7):892-895.

[17] 沈建民. 大型油罐的静强度及动力响应分析[D]. 杭州：浙江大学, 2006.

[18] 周丽芳. 池火灾中原油储罐的热和力学响应研究[D]. 南京：南京工业大学, 2008.

[19] 巩建鸣,涂善东,牛蕴. 火灾环境下液化气球罐力学响应的有限元分析与安全评价[J]. 压力容器, 2003(4): 6-9.

[20] 岳建平，田林亚.变形监测技术与应用[M].北京:国防工业出版社,2010.

[21] 屈立军,王兴波.底框架商住楼在火灾中倒塌时间预报方法及仪器[J].消防科学与技术,2010 (6):478-481.

[22] 王兴波,汪剑鸣,钱崇强.图像匹配技术在建筑火灾倒塌预警研究中的应用[J].武警学院学报,2009(6):34-36.

[23] 赵旭辉.基于光纤陀螺的桥梁微小形变检测技术[J].四川建材,2017 (1):162-163.

[24] 曹海林,尹朋,管伟,等.基于光载无线的大型构件形变监测技术[J].世界科技研究与发展,2013(3):370-373.

[25] 张海燕.GPS 定位系统在油罐监测方面的应用[J].科技传播,2016(5):100-101.

[26] 徐雪.GPS 技术在水库大坝变形监测中的应用[J].科技创新与应用,2018(4):131-132.

[27] 卫建东.现代变形监测技术的发展现状与展望[J].测绘科学,2007(6):10-13.

[28] 陈哲.基于测量机器人技术的大型储油罐几何形体变形检测的研究[D].青岛:山东科技大学,2015.

[29] 吴昊,贾勇帅,魏超.基于 TM30 的立式储油罐变形分析[J].测绘与空间地理信息,2017(6):154-155.

[30] 张柱柱,焦光伟,祁志江,等.基于三维激光扫描技术的拱顶油罐罐顶变形检测[J].后勤工程学院学报, 2017(3):40-43.

[31] Hu Jun,胡俊,Ding Xiaoli,等.基于Kalman滤波的多平台InSAR三维形变监测技术[C]//中国地球物理学会第二十八届年会，2012.

[32] 李军.立式圆筒形储罐的选型[J].城市建设理论研究,2014(15):1-5.

[33] 刘巨保，丁宇奇.拱顶储罐顶壁连接处破坏机理研究与试验验证[J].压力容器,2012(7):1-8.

[34] 李建华.灭火战术[M].北京:中国人民公安大学出版社,2014.

[35] 甘维兵，胡文彬，张瑶等.基于光纤陀螺的桥梁微小形变检测技术[J].中国惯性技术学报,2016(3):415-420.
[36] 崔帅.压缩感知在航海雷达中的应用研究[D].大连:大连海事大学，2016.
[37] 谭智.雷达生命探测仪在消防救援中的应用探讨[J].军民两用技术与产品，2017（22）:208.
[38] 狄建华.油库爆炸危险性分析[J].油气储运,2002,21(9):45-46.
[39] 杨光辉.大型油罐火灾爆炸危害性研究[D].东营:中国石油大学（华东）,2007.
[40] 苑静.石油储罐火灾爆炸危害控制的研究应用[D].天津:天津理工大学，2009.
[41] 国家安全生产监督管理总局.安全评价[M].北京:煤炭工业出版社,2005.

8

大型油罐火灾力量计算与战术战法

8.1 油罐火灾灭火力量需求计算模型的改进

消防力量的合理调集与部署是扑救火灾的关键，针对油罐火灾爆炸事故的伤害，研究不同情况下灭火需求量、冷却需求量和车辆编成等消防战斗力量计算模型，并针对理论计算与实际用量的差距问题，分别对灭火和冷却模型进行修正。构建了以消防枪炮射程和油罐事故伤害范围相结合的力量部署范围，为参训人员根据火场实际合理调集和部署灭火力量提供参考依据。

8.1.1 泡沫灭火剂计算

泡沫灭火计算是制定油罐灭火预案和作战方案的重要前提，以下是按照现行与消防有关的规范、手册和教科书列出的计算公式，见式（8.1.1）～式（8.1.4）。

（1）灭火面积计算

灭火面积可分为罐内燃烧面积和罐外流淌火面积，油罐类型不同，燃烧面积也不同。浮顶罐环形密封圈面积燃烧的灭火面积公式如下：

$$A_{灭}=\frac{1}{4}\pi\left(D^2-D_1^2\right)\gamma \tag{8.1.1}$$

式中 $A_{灭}$——灭火面积，m^2；

D，D_1——分别为油罐内径和堰板直径，m，规范规定堰板与罐壁的距离不小于0.55m，故 $D_1=D-1.1$；

γ——灭火面积的燃烧系数，如果全面起火取1.0。

对固定顶罐或油罐敞开燃烧时的灭火面积，计算公式如下：

$$A_{灭}=\frac{1}{4}\pi D^2 \tag{8.1.2}$$

计算固定顶罐或油罐敞开燃烧的灭火面积时，令 $D_1=0$ 即可。

罐外有流淌火时的灭火面积计算公式如下：

$$A_{灭}=ab \tag{8.1.3}$$

式中 a，b——分别为油池或防火堤的边长，m。

（2）泡沫供给强度

油罐火灾爆炸事故发生后，固定灭火系统一般会被损坏而不能正常使用，故模型中主要研究移动装备的作用。使用泡沫枪、移动泡沫炮、泡沫消防车等移动消防装备时，由于操作方式、风力等因素会造成泡沫损失，需较大的泡沫供给强度，常见移动装备的泡沫供给强度见表5.3.3。

（3）泡沫灭火剂需求计算

确定所需的泡沫原液的储备量是灭火计算的关键步骤，计算公式如下：

$$V_{泡}=0.001\frac{\alpha}{\beta}Aq_{\mathrm{p}}t \tag{8.1.4}$$

式中 $V_{泡}$——泡沫原液储备量，t；

α——混合比，一般取6%；

β——发泡倍数，一般使用普通低倍数泡沫，β=6.25；

A——油品燃烧面积，m^2；

q_p——泡沫供给强度，L/（s·m^2），取值参照表5.3.3；

t——泡沫供给时间，s，一次灭火时间为30min。

8.1.2 灭火需求计算模型修正

上述消防力量计算模型的参数条件是在理论环境下，仅考虑常规火灾时油罐的灭火面积，而实际火场环境复杂，各种因素影响着灭火剂供给量的大小，就可能导致理论计算的需求量与火场实际不符。如2011年中石油大连石化分公司柴油罐火灾，理论计算需泡沫约29t，而实际泡沫用量为68t，约为理论计算的2.3倍。由此可见，火场实际灭火剂用量远超过理论计算值，因此现有的灭火力量计算模型需要加以修正，以更贴近实际需要。

8.1.2.1 模型修正思路

火场中造成泡沫损失的因素有很多方面，包括喷射方式的不同、火焰高温的影响、油品的破坏作用及风力的影响。而风力是造成泡沫损失的最主要原因，其影响体现在两个方面：一是风对泡沫灭火性能的影响，主要体现在风会吹散覆盖在油品上的泡沫，以及提高了辐射热而对泡沫产生更大的破坏作用；二是风对泡沫射流的影响，过大的风速会吹偏或吹散泡沫，使到达罐内的泡沫大大减少。例如，在2003年日本苫小牧油罐火灾共使用泡沫600多吨，而风力造成的泡沫损失占到实际泡沫用量的一半以上，2004年日本苫小牧国家储备基地进行的泡沫喷射实验，得出了使用泡沫炮灭火时必须考虑风力和风向影响的结论。因此，将风力作为泡沫损失的核心判断指标，从而对灭火模型进行修正。

将风对泡沫损失的大小用风力损失系数λ_f表示，由上述分析可知，风力损失系数的确定有多方面因素的影响，很难通过公式定量分析得出。故本节通过问卷调查的方法，咨询多位具有丰富油罐火灾扑救经验的灭火专家，汇总专家意见得出风力损失系数。

8.1.2.2 风力损失系数

风力损失系数特指在上风向或侧上风方向喷射泡沫灭火时受风干扰的损失，由于下风向受辐射热、烟气的干扰，一般不将其作为灭火阵地。

风力损失系数的值通过专家打分方式获取，评估打分步骤如下：首先依据风力的强度，将其分为三个等级拟定专家打分表；然后综合相关文献的研究结果，泡沫灭火剂的实战系数比值为1.0～5.0，以此作为专家打分的参考依据；最后咨询大庆油田支队、潍坊支队、公安部灭火救援专家、山东总队等六位经验丰富的专家，并将打分结果汇集列入表8.1.1。

表8.1.1中，有4位专家一致认为六级（强风）以上的风速过大，不具备灭火条件，对其他风力等级下的打分结果，采用算数平均法对结果进行取值，可得风力损失系数，如表8.1.2所示。

表 8.1.1　风力损失系数专家打分结果汇总

专家＼风力损失系数＼风力等级	三级以下	三～六级	六级以上
1	1.4	3.0	5.0
2	1.1	2.5	—
3	1.2	3.0	—
4	1.5	4.0	—
5	1.5	3.5	—
6	2.0	4.0	6.0

表 8.1.2　风力损失系数

风力（级）	风力损失系数 λ_f
三级以下	1.5
三～六级	3.3 取整数为 4
六级以上	6 以上

在计算泡沫需求量时，可根据火场风力情况，将表 8.1.2 与式（8.1.4）相结合，得到灭火力量计算的修正模型如下：

$$V_{泡} = 0.001\frac{\alpha}{\beta}Aq_p t\lambda_f \tag{8.1.5}$$

8.2 油罐火灾冷却需求计算模型

水在油罐火灾中主要起冷却作用，在防止火势扩大、油罐超压爆炸、蒸气云爆炸等方面具有重要作用。

8.2.1 供水量计算

（1）冷却周长

油罐火灾扑救时，水的主要作用是冷却，着火罐一般进行全周长冷却，着火罐 1.5D 范围内的其他邻近罐只需冷却迎火面，即冷却其周长的 1/2，冷却周长的计算如下：

$$L = \pi D \tag{8.2.1}$$

式中　L——冷却周长，m。

（2）供水强度

消防冷却水的供给范围和供水强度如表 5.3.2 所示。

（3）供水需求计算

油罐火场供水包括两个方面：一是冷却用水；二是与泡沫原液混合用水。影响用水总量的因素很多，包括市政供水、火场接力供水、远程供水等方面，因此计算时一般不考虑供水总量，只需确定供水总流量即可。

$$Q_{灭}=\frac{\alpha'}{\beta}Aq_{s} \tag{8.2.2}$$

$$Q_{冷着}=nLq_{s} \tag{8.2.3}$$

$$Q_{冷邻}=\frac{n}{2}Lq_{s} \tag{8.2.4}$$

式中　$Q_{灭}$——灭火所需的水流量，L/s；

$Q_{冷着}$，$Q_{冷邻}$——分别为冷却着火罐和邻近罐用水流量，L/s；

α'——水在混合液中的比例，一般取94%；

q_{s}——供水强度，L/(s・m)，取值参照表5.3.2；

n——着火罐、邻近罐的数量。

冷却灭火所需用水总流量为

$$Q_{总}=Q_{灭}+Q_{冷着}+Q_{冷邻} \tag{8.2.5}$$

8.2.2　冷却需求计算模型修正

与灭火计算模型一样，冷却模型计算的供水需求也远小于火场实际用量，如1993年的南京炼油厂万吨汽油罐火灾事故，经理论计算需要用水约1.2万吨，共需要水枪27支，但实际作战中现场共用水2万多吨，部署了35支水枪，因此现有的冷却计算模型也需要进行修正。

8.2.2.1　模型修正思路

实际火场中影响冷却力量的因素有很多，而冷却水流量的大小主要由油罐接收的辐射热通量决定，辐射热通量越大，则需要更多水进行吸热冷却。GB 50074—2014《石油库设计规范》中规定了移动装备的冷却强度，其中着火罐的冷却强度是通过对400m^3固定顶汽油罐进行冷却水量的实验得出，邻近罐冷却强度没有做过冷却实验，是根据理论推算得出的，其依据为：在天气状况较好情况下，实验测得距5000m^3固定顶汽油罐壁0.5D处邻近罐的辐射热通量，再结合水冷却时吸收的热量值，推算出水的供给强度，以此作为邻近罐的供水强度。

规范得出的冷却供水强度，具有一定的应用意义，但是存在一些不足：一是邻近罐接收的辐射热通量是在无风（或微风）条件下得出的，忽略了不同的风速和风向对辐射热的影响；二是实际火场中邻近罐1.5D范围内可能有多个罐同时着火，此时邻近罐接收的辐射热成倍增加，供水量也应增加，规范只是按单罐燃烧时计算了邻近罐的供水强度。

因此，本书保持规范中供水强度的理论推导方法不变，即以油罐接收的热辐射通量和水的吸热量为条件，供水量的大小主要由辐射热决定。以规范中的实验对象为基础，选取5000m^3的固定顶汽油罐，罐间距均为0.5D，以Mudan模型为基础，研究不同风速、风向和不同数量着火罐叠加下辐射热的变化情况，提出风力风向系数和热叠加系数，加入计算冷却供水量的公式中，以此对冷却模型进行修正。

8.2.2.2 风力风向系数

风力风向系数（k_f）指的是在不同风速、不同风向条件下，影响辐射热变化的系数。风速对辐射热的影响主要体现在接收辐射的目标物上，风速的改变对于着火罐自身的影响不大，因此风力风向系数主要是用于计算邻近罐的供水需求。

本节以无风时得出的辐射热通量为初始值，计算不同风力、风向下邻近罐接收的热辐射通量，与无风时的热通量进行比较得出的值便为风力风向系数。引用 7.1 节中的 Mudan 池火模型研究风力、风向对辐射热的影响，并利用 MATLAB 软件编制的池火模型计算程序计算辐射热，得到距 5000m^3 固定顶汽油罐壁 0.5D 处的邻近罐在不同风力、风向下接收的辐射热通量数值，如表 8.2.1 所示。

表 8.2.1　不同风力、风向下邻近罐的辐射热通量及风力风向系数

风级	风力/（m/s）	风向	辐射热通量/（kW / m^2）	风力风向系数/k_f
无	0	—	27.65	1.0
一级	1	上风向	27.65	
		下风向	27.65	
二级	3	上风向	18.16	0.7
		下风向	52.93	1.9
三级	5	上风向	13.35	0.5
		下风向	75.34	2.7
四级	7	上风向	11.32	0.4
		下风向	90.07	3.3
五级	9	上风向	10.09	0.4
		下风向	100.96	3.7
六级	11	上风向	9.23	0.3
		下风向	109.50	4.0

观察表 8.2.1 中的风力风向系数可知，随着风力的增大，上风向的系数逐渐减小，下风向的系数逐渐增大，且随着风速增大，下风向的系数增长幅度逐渐减小，这是因为风有两方面的作用：一方面适当的风速促进了火焰热辐射的传播，由于火焰倾斜使邻近罐接收更多的辐射热；另一方面，过大的风速会使燃烧速率下降，火焰散热更多，在一定程度上起到冷却作用。故本书将风速最高取为六级（强风），六级以上风速的风力风向系数可按六级风的系数取值。此外，风速增大会对灭火剂的射流造成影响，即使在上风方向喷射，仍有大量水被吹散，降低灭火器具的喷射效率。因此本书依照规范的算法，通过研究风对辐射热的变化计算出的风力风向系数，对实际油罐火场是具有科学意义的。

8.2.2.3 热叠加系数

热叠加系数（k_d）是指在油罐 1.5D 范围内多个罐同时着火时，计算该油罐辐射热叠加效果的系数，由于是多罐同时燃烧，故该系数在计算着火罐或邻近罐的供水需求时都可适用。

在同一参数条件下，着火罐对邻近罐的辐射热是相同的，本节研究重点是多个着火罐的热叠加系数，故保持其他变量一定，计算对象的选取与规范的实验条件一致，即油罐为 5000m^3

固定顶汽油罐，风速取无风，罐间距取 0.5D，并以此单罐条件下对邻近罐的辐射热通量作为初始值。计算热叠加系数，首先应确定罐区内油罐的布置情况，其次再计算邻近罐 1.5D 范围内的着火罐数量，计算不同距离下每个着火罐对邻近罐的辐射热通量，与初始热通量进行比较后得出的值之和，便为热叠加系数。

GB 50074—2014《石油库设计规范》规定：同一个罐组内的单罐容积大于或等于 1000m^3 时，不应多于 12 座，储存除丙 B 类以外的油罐布置不应超过两排，且单罐容积在 5000～20000m^3 时，隔堤内的油罐数量不多于 4 座。由此 5000m^3 汽油罐的布置情况应如图 8.2.1 所示。

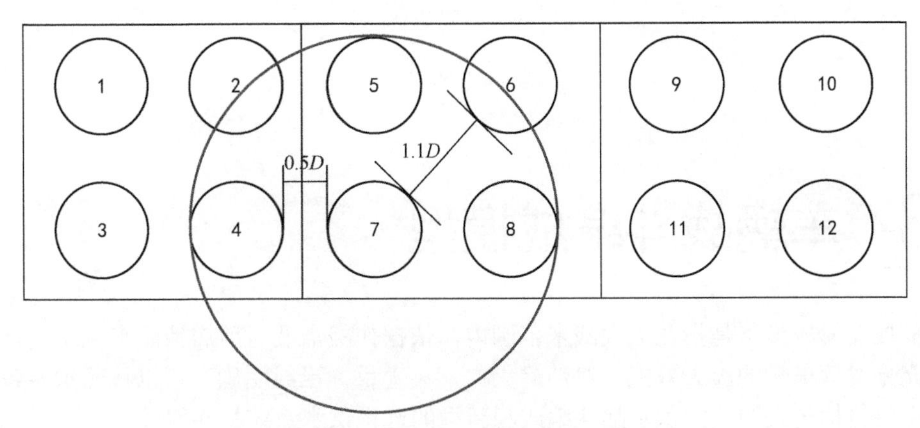

图 8.2.1　油罐区布置及范围计算

由图 8.2.1 可以看出，若 7 号罐邻近的多个油罐同时燃烧，对其有热辐射影响的油罐为 2、4、5、6、8 号罐，其余油罐与 7 号罐的距离均大于 D，可以不考虑热辐射的影响，同时各着火罐之间也有热辐射的叠加。由于上风向油罐的辐射热相对较小，燃烧罐数量大于 3 座时，可忽略上风向油罐辐射热的影响，按 3 座燃烧罐计算热叠加系数。因此，着火罐对邻近罐的热叠加影响可提炼出两种形式：一是着火罐壁与邻近罐之间距离为 0.5D 时的热叠加系数，记为 k_{d1}；二是距离为 1.1D 时的热叠加系数，记为 k_{d2}。不同距离下的着火罐对邻近罐接收的辐射热通量和热叠加系数如表 8.2.2 所示。

表 8.2.2　不同距离下的着火罐对邻近罐接收的辐射热通量和热叠加系数

油罐分布形式	图示	辐射热通量/（kW/m^2）	热叠加系数
一	0.5D L	27.65	k_{d1}=1.0
二	0.1D L	14.37	k_{d2}=0.5

由此可得火场有多个燃烧罐时，邻近罐的热叠加系数的计算公式如下：

$$k_d=n_1+0.5n_2 \tag{8.2.6}$$

式中 n_1，n_2——分别为油罐分布形式为一、二时的油罐数量，且 n_1 和 n_2 之和大于 3 时，优先计算 n_1 数量的油罐。

根据风力风向系数和热叠加系数各自的适用范围，结合供水流量计算式（8.2.7）~式（8.2.9），得到修正后的冷却计算模型如下：

$$Q_{灭}=\frac{\alpha'}{\beta}Aq_p\lambda_f \tag{8.2.7}$$

$$Q_{冷着}=nLq_sK_d \tag{8.2.8}$$

$$Q_{冷邻}=\frac{n}{2}Lq_sK_fK_d \tag{8.2.9}$$

8.3 车辆战斗编成模型

车辆战斗编成模型是指在灭火战术范围内，依据作战需要对所属消防车辆所进行的战斗分组，充分发挥车辆的灭火效能。对油罐火灾，灾害目标已经明确，可以按照水源条件进行编成，主要包括传统的接力供水战斗编成和新型的远程供水系统战斗编成。

确定车辆战斗编成的目的是调集所需的消防车辆，依据火场所需的枪（炮）数量才能合理调集车辆，进而进行战斗编成，因此首先应计算所需的枪（炮）数量。

8.3.1 枪（炮）数量计算模型

灭火剂需求量是消防力量计算的核心，依据消防枪（炮）的性能参数便可以得出现场灭火冷却所需的枪（炮）数量。

（1）所需泡沫枪（炮）数量

常见泡沫枪（炮）的技术性能参数见表 8.3.1。

表 8.3.1 常见泡沫枪（炮）的技术性能参数

型号	工作压力/MPa	混合液流量/（L/s）	空气泡沫量/（L/s）	射程/m
PQ8/0.7	0.7	8	50	28
PQG16/0.7	0.7	16	100	32
PP32	1.0	32	≥200	≥45
PP48A	1.2	48	≥300	≥55

泡沫枪（炮）的数量计算公式如下：

$$n=\frac{A_{灭}q_p}{Q_p} \tag{8.3.1}$$

式中　Q_p——泡沫枪（炮）的供泡沫流量，L/s；

n——灭火所需要的泡沫枪（炮）数量，支。

（2）所需水枪（炮）数量

常见水枪（炮）的技术性能参数见表 8.3.2。

表 8.3.2　常见水枪（炮）的技术性能参数

型号	工作压力/MPa	流量/（L/s）	射程/m
QZ19	0.355	7.5	17
SP40	1.0	40	≥55
SP50	1.0	50	≥60
SP60	1.0	60	≥60
SP100	1.2	100	≥100

水枪（炮）的数量计算公式如下：

$$n=\frac{Q_{总}}{Q_s} \tag{8.3.2}$$

式中　$Q_{总}$——冷却灭火所需用水总流量，L/s；

Q_s——水枪（炮）的供水流量，L/s。

8.3.2　接力供水战斗编成模型

在火灾前期，火场用水需求量不大、作战时间不长时，可以依据现场的消火栓、蓄水池等水源，使用传统的接力供水战斗编成进行灭火作战，根据不同的作战任务，可以分为泡沫灭火战斗编成和冷却战斗编成。

8.3.2.1　泡沫灭火战斗编成

由泡沫车和水罐车组成，首车为泡沫车进行灭火，后车的水罐车用于为首车供水，一般有以下三类。

（1）泡沫枪战斗编成（泡 1）

1 台泡沫消防车+（1～2）台水罐消防车，出 2 支泡沫枪灭火，如图 8.3.1 所示。

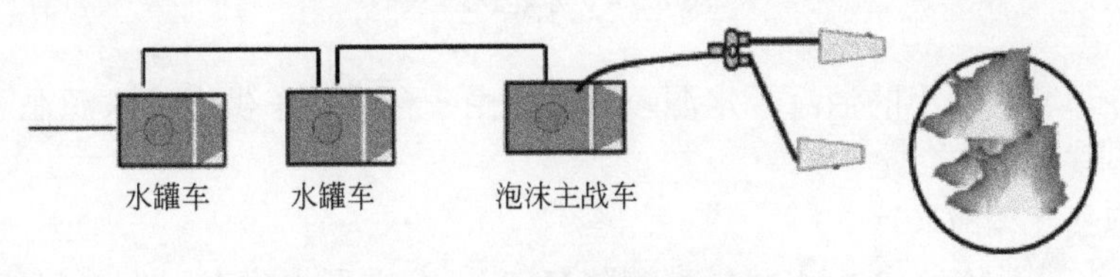

图 8.3.1　泡沫枪战斗编成

适用于扑救容积较小的油罐或流淌火，水源较近时可由一台水罐车供水，水源在 500m 左右时需两台水罐车串联供水；也可以用一支泡沫钩管代替两只泡沫枪（按 1 辆泡沫消防车出2支PQ8泡沫枪或1支PF16泡沫钩管）进行编成。

（2）泡沫炮战斗编成（泡2）

1台重型泡沫消防车+2台水罐消防车（或一台重型水罐车），出1门移动炮或车载炮灭火，如图8.3.2所示。

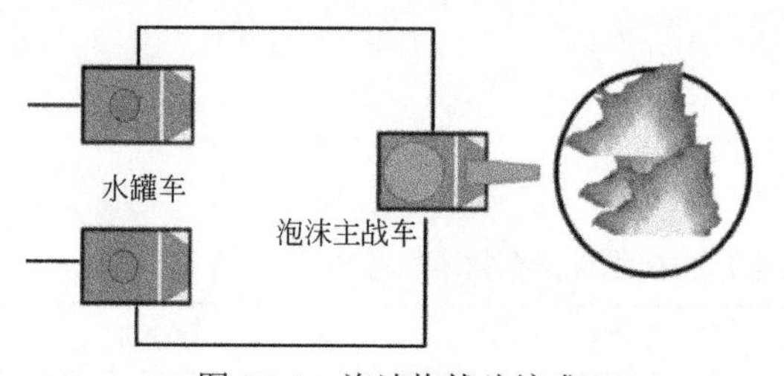

图8.3.2 泡沫炮战斗编成

适用于扑救容积较大的油罐，水源应在200m左右，炮的流量比较大，一般需要两台水罐车并联供水，或一台重型水罐车与重型泡沫车串联供水。这种编成模式不适用于占据消火栓供水，因为消火栓的流量约为15L/s，无法满足炮的流量需求。

（3）高喷-泡沫战斗编成（泡3）

1台高喷车（或举高车）+1台泡沫消防车+1台重型水罐消防车，如图8.3.3所示。

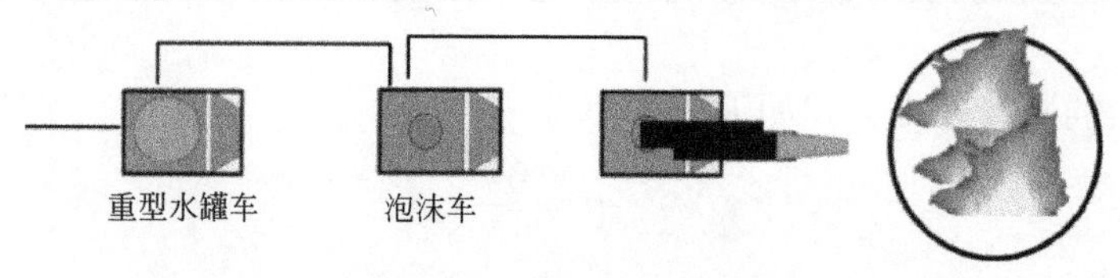

图8.3.3 高喷-泡沫战斗编成

适用于泡沫炮射程不够时使用高喷车灭火，水源应在200m左右。常用的高喷车型号一般为JP32和JP48，泡沫车的流量和扬程需满足高喷车的要求。

8.3.2.2 冷却战斗编成

由水罐车组成，主要对油罐进行冷却，首车出水枪或水炮，后车的水罐车用于为首车供水，一般有以下三类。

（1）水枪战斗编成（冷1）

1台水罐消防车+（1～2）台水罐供水消防车，出2支水枪，如图8.3.4所示。

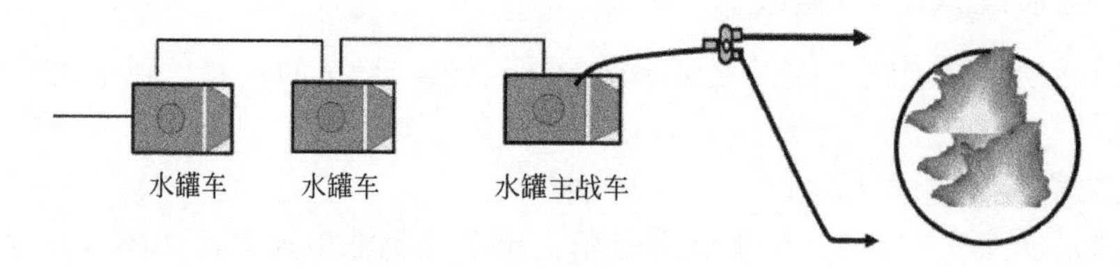

图8.3.4 水枪战斗编成

适用于冷却容积较小的油罐，水源较近时可由一台水罐车供水，水源在500m左右时需两台水罐车串联供水。

（2）水炮战斗编成（冷2）

1台重型水罐消防车+2台水罐供水消防车(或一台重型水罐车),出1门移动炮或车载炮，如图8.3.5所示。

适用于冷却容积较大的油罐，水源应在200m左右，一般需要两台水罐车并联供水，或两台重型水罐车串联供水。这种编成模式同样不适用于占据消火栓供水。

（3）高喷-水战斗编成（冷 3）

1 台高喷（举高）消防车+2 台水罐供水消防车（或 1 台重型水罐消防车），如图 8.3.6 所示。

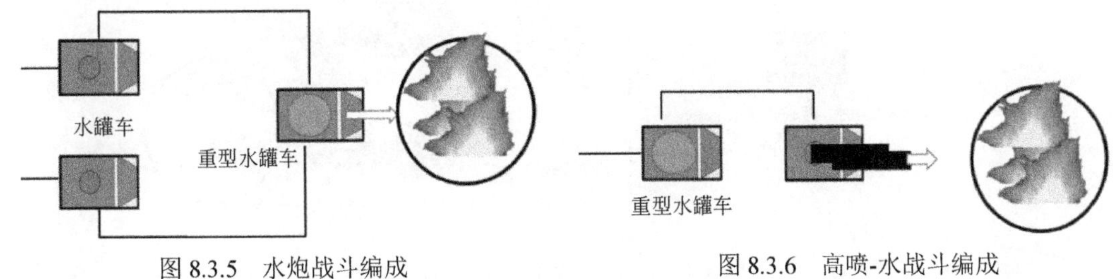

图 8.3.5　水炮战斗编成

图 8.3.6　高喷-水战斗编成

适用于水炮射程不够时使用高喷车冷却，水源应在 200m 左右，一般需要两台水罐车并联供水，或一台重型水罐车与高喷车串联供水。

8.3.3　基于远程供水系统的战斗编成模型

对现场火势过大、灾情复杂或超大型油罐火灾现场，需要大量用水时，使用接力供水、运水供水等方式很难满足现场用水需求，且车辆过多容易造成拥挤、战术调整困难，无法有效发挥战斗效率。远程供水系统可以有效缓解大型火场供水的问题，并在大连“7.16”油罐火灾、古雷“4.6”石化火灾等大型火场中成功应用，将远程供水系统与其他消防装备结合形成战斗编成，可以更大地发挥灭火装备的作战效力。

一套大流量远程供水系统的供水量在 200L/s 以上，供水距离 3～6km，可为多个战斗编成服务，相当于 8～12 台普通消防车流量。由于用到远程供水系统时，火场的用水需求量已经很大，因此主要对大流量的消防炮、高喷车进行供水。经过远程供水过程中的压力损失和供水支线的压力损失后，末端压力可能不能满足炮的工作压力，一般需要使用车辆进一步增压，以满足额定压力。

8.3.3.1　泡沫战斗编成

（1）泡沫炮-远程供水战斗编成（泡 4）

n 台重型泡沫消防车+远程供水系统，出一门泡沫炮或车载炮，如图 8.3.7 所示。

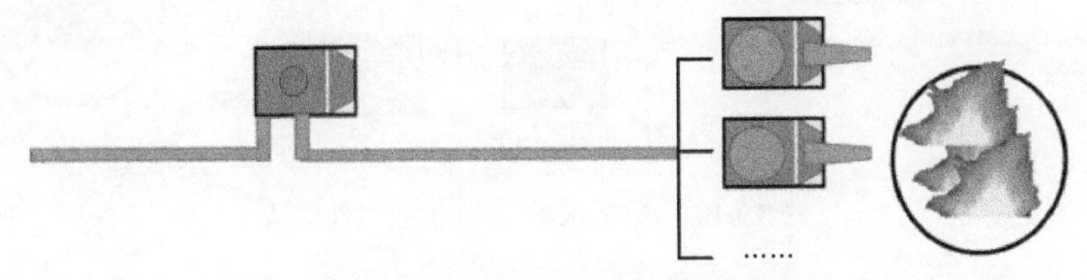

图 8.3.7　泡沫炮-远程供水战斗编成

其中，$n=Q_{远程}/Q_{pp}$，Q_{pp} 可随着泡沫炮的流量大小有所不同，表示一套远程供水系统可供多少个泡沫炮灭火。

（2）高喷-泡沫-远程供水战斗编成（泡 5）

n 台高喷车（或举高车）+n 台泡沫消防车+远程供水系统，如图 8.3.8 所示。

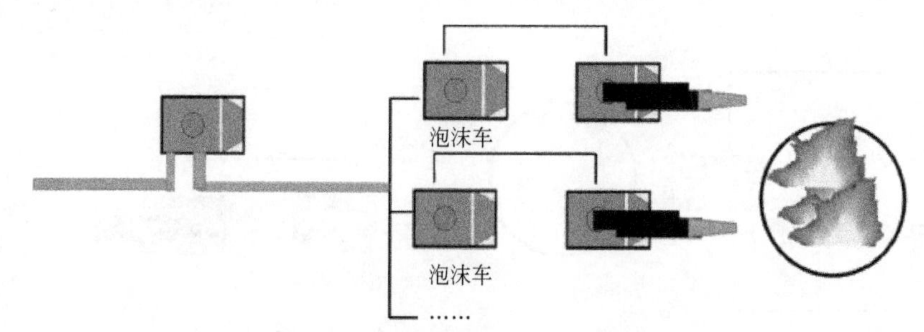

图 8.3.8　高喷-泡沫-远程供水战斗编成

其中，$n=Q_{远程}/Q_{高喷}$，表示一套远程供水系统可供多少个高喷车灭火。

8.3.3.2　冷却战斗编成

（1）水炮-远程供水战斗编成（冷 4）

n 台重型水罐消防车+远程供水系统，出一门水炮，如图 8.3.9 所示。

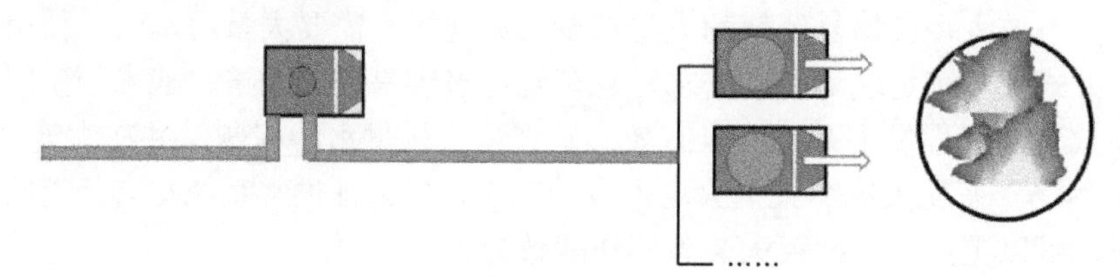

图 8.3.9　水炮-远程供水战斗编成

其中，$n=Q_{远程}/Q_{sp}$，Q_{sp} 可随着水炮的流量大小有所不同，表示一套远程供水系统可供多少个水炮灭火。

（2）高喷-水罐-远程供水战斗编成（冷 5）

n 台高喷车（或举高车）+n 台水罐消防车+远程供水系统，如图 8.3.10 所示。

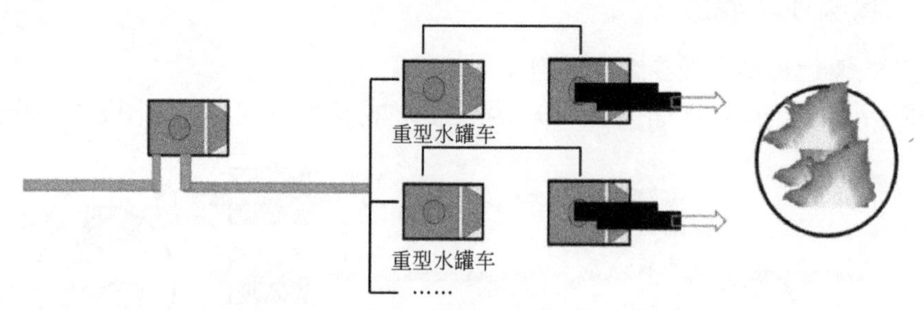

图 8.3.10　高喷-水罐-远程供水战斗编成

其中，$n=Q_{远程}/Q_{高喷}$，表示一套远程供水系统可供多少个高喷车灭火。

对所需远程供水系统数量的确定方法，则根据火场的用水量来确定，其数量 $n=Q_{总}/Q_{远程}$，即火场总用水量与远程供水量之比，可以得知需要多少个远程供水系统。以上远程供水系统编成模式并不是固定的，在火场为实际任务需求，一套远程系统也可以同时供炮和高喷车进行灭火或冷却作战，以更大发挥装备效率。

8.4 消防战斗力量部署范围

在调集了合理的灭火战斗力量后，如何对战斗力量进行科学部署，是保证油罐火灾成功扑救的关键，也是模拟训练的一个重要环节。科学的力量部署应考虑两个因素，首先是消防装备的有效射程，其次还应兼顾消防员和装备的安全问题。本节通过定量分析消防装备的有效射程，并结合事故伤害范围，确定出消防战斗力量部署范围。

8.4.1 消防装备的喷射范围

在部署消防装备时，首先要考虑现场的风力、风向影响，只有将装备部署在上风向或侧风向，才能更好地发挥其性能。

8.4.1.1 水枪（炮）的喷射范围

用水枪或水炮进行冷却时，必须保证其射流能够喷射到罐壁上沿，才能保证冷却不留空白点，故研究重点在于其喷射高度。消防常用枪（炮）的使用仰角一般为30°～60°，角度在30°时水平射程最远，60°时喷射高度最高，其计算公式如下：

$$h = S\sin\theta \tag{8.4.1}$$

$$l = S\cos\theta \tag{8.4.2}$$

式中 h——水流的喷射高度，m；

l——水流的水平射程，m；

S——枪（炮）的最大有效射程，m；

θ——喷射角度。

式(8.4.1)、式(8.4.2)分别用于计算水枪（炮）射流的喷射高度和水平距离。

例如，水枪取消防队常用的19mm水枪，其有效射程为17m，喷射角度取60°时可得最大喷射高度$h \approx 15$m，此时水枪阵地距罐壁的水平距离l=8.5m，结合表7.1.5，10000m^{3}的油罐高度为15.85m，水枪的喷射高度已经不能满足冷却需求，因此水枪适用于冷却万吨级以下油罐，大型油罐需要用水炮冷却。

水炮取常用的SP40型号，其有效射程为55m，喷射角度取30°时，h=27.5m，水炮阵地距罐壁的最远水平距离l=47.6m。150000m^{3}的油罐高度为21.8m，可见在水炮的最远水平射程内，喷射高度已能满足超大型油罐的冷却需要。

8.4.1.2 泡沫枪（炮）的喷射范围

泡沫灭火射流的喷射要求不同于冷却水，须将泡沫喷射至枪（炮）阵地的对面罐壁上才能发挥泡沫的灭火效率，灭火阵地的设置要比水枪（炮）距着火罐更近，故研究重点在于其水平射程。

泡沫枪取常用的PQ8型号，其有效射程为28m，喷射角度取30°时，h=14m，阵地距罐壁的最远水平距离l=24m。结合表7.1.5，5000m^{3}的油罐高度为14.27m，直径为21m，泡沫枪的喷射高度和水平射程基本已经能满足需求，因此泡沫枪适用于灭小型油罐火灾或流淌火，大型油罐需要用泡沫炮。

泡沫炮取常用的PP32型号，其有效射程为45m，喷射角度取30°时，h=22.5m，阵地距罐壁的最远水平距离l=39m。10000m^{3}的油罐直径为30m，可见泡沫炮的水平射程基本能满足大型油罐灭火需求。对超大型油罐，需要用大流量泡沫炮或高喷车进行灭火。

8.4.2 消防战斗力量部署范围

上节主要以消防枪（炮）的射程作为力量部署的主要依据，灭火阵地离罐壁越近，越有利于灭火，但距离过近时，人员装备受的热辐射较大，同时沸溢、喷溅和爆炸等事故发生时也很难及时撤退，因此应定量分析油罐事故的伤害范围，合理布置消防战斗力量。

前面的章节提炼了油罐的主要事故类型，并针对池火灾、油罐超压爆炸、蒸气云爆炸这三种比较典型的事故，运用数学模型定量分析了其各自的伤害范围。在油罐事故中，消防员感受最直接、最持久的还是火场的热辐射，爆炸、沸溢和喷溅等事故则是现场突发的、潜在的威胁，故战斗力量部署的安全距离，应该以热辐射伤害范围为主要判断依据，以爆炸等伤害范围作为撤退的安全距离，在险情突发前，及时撤退至安全区域。

因此战斗力量部署的原则是在优先发挥枪（炮）射流灭火效果的基础上，以池火热辐射的安全距离为参考进行部署。最合理的部署范围L应是在冷却射程S（灭火S'）范围之内，同时在热辐射安全距离R之外，其示意如图8.4.1所示。

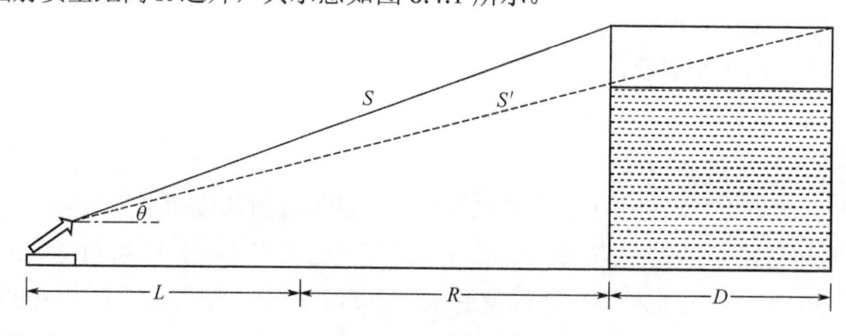

图8.4.1 消防战斗力量部署范围示意图

依此建立冷却、灭火阵地的部署范围计算关系如下：

$$R \leqslant L \leqslant S\cos\theta \tag{8.4.3}$$

$$R + D \leqslant L' \leqslant S'\cos\theta \tag{8.4.4}$$

式中 L，L'——分别为冷却、灭火阵地的部署范围，m。

上述关系式中的安全距离R包括人员安全距离和财产安全距离，可根据不同的战斗力量计算不同的部署范围。此外，当现场辐射热很强，在安全距离R之外的消防枪（炮）射流无法喷射至油罐时，可以将移动炮、遥控炮等灭火装备靠前部署，但人员必须部署在安全距离以外。

8.5 灭火战术

8.5.1 防御战术

防御战术就是积极防御，以防止燃烧进程中出现油罐的爆炸、油品的沸溢、喷溅和罐体的变形倒塌，所采取的战术措施。

（1）冷却降温，预防爆炸

固定顶、内浮顶油罐在发生火灾时，在辐射热的作用下都有可能发生爆炸，防止爆炸的有效办法就是冷却。首先开启油罐的固定灭火系统进行喷淋降温，同时，利用固定水炮、车载水炮、移动水炮和水枪，对受辐射热威胁的油罐进行强制冷却。冷却油罐时，要有足够的冷却水枪和水量，并保持供水不间断；冷却水不宜进入罐内，冷却要均匀，不能出现空白点；油罐火灾歼灭后，仍应继续冷却，直至油罐的温度降到常温，才能停止冷却。

（2）倒油搅拌，抑制沸溢

倒油搅拌、抑制沸溢的方法，实际上就是搅拌降温的方法，从而破坏油品形成热波的条件。通常采取倒油搅拌的手段主要有三种。

① 由罐底向上倒油，即在罐内液位较高的情况下，用油泵将油罐下部冷油抽出，然后再由油罐上部注入罐内，进行循环。

② 用油泵从非着火罐内泵出与着火罐内油品相同质量的冷油注入着火罐。

③ 使用储罐搅拌器搅拌，使冷油层与高温油层融在一起，降低油品表面温度。

（3）排除积水，防止喷溅

沸溢性油品在燃烧过程中发生喷溅的原因，主要是油层下部水垫气化膨胀而产生压力的结果。防止喷溅，必须排除油罐底部的水垫积水。通过油罐底部的虹吸栓将沉积于罐底的水垫排除到罐外，就可消除油罐发生喷溅的条件。

运用排水防溅手段时，应注意以下问题：

① 排水前，应计算水垫的厚度、吨位和排水时间；

② 排水口处应指定专人监护，防止排水过量，出现跑油现象；

③ 排水可与灭火同时进行。

（4）筑堤拦坝，阻止漫流

油罐发生火灾时，若形成大面积流淌火灾，为堵截液体的流散，阻止火势无限度地蔓延，可利用有利的地形、地物，采取不同的方法，筑堤拦坝，阻止漫流，将流散的燃烧液体局限在一定范围内，为灭火创造条件。

① 利用防火堤堵截。大量油品由罐内流淌到防火堤内燃烧时，要充分发挥防火堤的作用，迅速组织力量关闭排水阀门，防止油品流散到堤外。

② 导向引流。当油品发生沸溢漫过防护堤燃烧时，可在防火堤外建立油品导向沟，将燃烧油品疏导至安全地点，并集聚，控制燃烧范围。

③ 筑坝堵截。未设防火堤的油罐发生火灾，油品已经流散或有可能流散时，要根据火场地形条件、流散油品的数量、溢流规模大小等情况，迅速组织人力、物力，在适当距离上建立一道或数道坝形土堤，堵截油品的流散，阻止火势蔓延。

④ 设围油栏。当油品由罐内流散到水面上燃烧时，将对水面或水的下游方向建筑构成威胁。因此，必须将水面漂浮燃烧的油品，控制在一定范围内，通常用拦油栅将油品围起，使油品在有限的水面范围内控制燃烧。

⑤ 水流阻击。对少量已流散燃烧的原油、重油、沥青和闪点较高的石油产品，可采用强有力的水流，阻挡燃烧油品的流散，并消灭火灾。

8.5.2 进攻战术

扑救石油库火灾的进攻战术有启动固定装置灭火、水流切封灭火、覆盖窒息灭火、炮攻打火、登罐强攻灭火、挖洞内注灭火、提升液位、全面控制、逐个消灭、穿插包围、分进合击、消除残火、预防复燃等。

（1）启动固定装置灭火

大型油罐储罐，都安装有固定或半固定灭火装置，当油罐发生火灾后，在固定、半固定灭火装置没有遭受破坏的情况下，应首先迅速启动固定灭火装置灭火。

（2）水流切封灭火

水流切封灭火，是针对油罐破裂缝隙、呼吸阀、量油孔、采光孔等处发生小范围稳定性燃烧的火炬而采取的一种灭火方法。灭火时，根据火炬直径的大小、高度、组织数个射水小组，分别布置在火点的不同方向上，进入预定阵地，当指挥员一声令下，数支直流水枪从不同方向，对准一点交叉向火焰根部射水，然后数支水枪同时由下向上移动，用水流将火焰抬起，使火焰熄灭。

（3）覆盖窒息灭火

对火炬型稳定燃烧可使用覆盖物盖住火焰，造成瞬间油气与空气的隔绝层，致使火焰熄灭。这是扑救油罐裂缝、呼吸阀、量油孔处火炬型燃烧火焰的有效方式。在覆盖进攻前，用水流对覆盖物及燃烧部位进行冷却；进攻开始后，覆盖组人员拿覆盖物，掩护人员射水掩护，覆盖组自上风向靠近火焰，用覆盖物盖住火焰，使火焰熄灭。若油罐上盖孔洞较多，同时形成整个火炬燃烧，应用水流冷却油罐整个表面，使油品蒸气的压力降低。扑救火炬型燃烧用的覆盖物可用浸湿的棉被、麻袋、石棉毡、海草席等。

（4）炮攻打火

油罐发生爆炸，罐盖被掀开，液面上形成稳定燃烧，固定灭火装置遭到破坏时，可采用移动式泡沫灭火设备(泡沫车、泡沫炮)灭火。炮攻打火，就是用车载泡沫炮向着火罐进攻灭火的一种战术手段。

对超大型油罐，一般泡沫炮的射程有限，打不到油罐内。这时则需采用大流量、远射程的大型炮。如果配备有复合射流消防车，则运用这种新技术灭火，详见 6.3 节。

（5）登罐强攻灭火

针对超大型外浮顶油罐的密封圈局部火灾，如果油位比较低，从外部进攻效率比较低，泡沫很难达到火灾处，此时，可派消防员登顶，手执泡沫枪到火点附近直接喷射灭火。对一些固定顶油罐火灾，由于有局部塌陷，泡沫炮很难灭火，也需要登顶灭火。消防员登顶作战必须做好个人防护，并有专门的小组掩护，以确保安全。采用登顶作战的战法时，油罐火灾必须得到控制，呈稳定燃烧状态。

（6）挖洞内注灭火

当燃烧油罐液位很低时，由于罐壁温度高和气温的作用，使从罐顶打入的泡沫受到较大的破坏，或因油罐顶部塌陷到油罐内，造成死角火，泡沫不能覆盖燃烧的油面，而降低了泡沫灭火效果时，可采取挖洞内注灭火法。即在离液面上部 50～80cm 处的罐壁上，开挖 40cm×60cm 的泡沫喷射孔，然后利用挖开的孔洞，向罐内喷射泡沫，可以提高泡沫的灭火效果。

（7）提升液位

当油品在储罐内处于低液位燃烧，罐内气流大或油罐塌陷出现死角时，可采取提升液位的方法，或使液面高出塌陷部位罐盖，形成水平液面，然后用泡沫歼灭火灾。

运用提升液位的手段，应注意以下两点。

① 对重质油品，要采取注入同质油的方法提升液位的尺度，提升液位后的液面与罐口之间要留有充分的余地，以防注入泡沫时发生满溢。

② 提升液位停止时，应立即进行灭火。

（8）全面控制，逐个消灭

在油罐区有数个油罐同时发生燃烧时，消防队到达火场后，应采取全面控制、集中兵力、逐个消灭的办法。首先冷却全部燃烧的油罐和受到火灾威胁的邻近油罐，尽快控制火势扩大蔓延；在此基础上，集中兵力，对燃烧的油罐根据轻重缓急发起猛攻。扑救油罐火灾，不攻则已，攻则必克。

歼灭后，不仅应在罐内液面上保持相应厚度的泡沫覆盖层，继续冷却降温，预防油品复燃，还要彻底清除隐藏在各个角落里的残火、暗火，不留火险隐患。同时，指派专人监护火灾现场。

8.5.3 战斗原则

在“先控制，后消灭”的战术原则指导下，依据火场实际情况，按照“先外围、后中间”“先上风、后下风”“先地面、后油罐”的要领实施灭火战斗，充分发挥固定灭火设施作用，“固移结合”是扑救石油火灾的战斗原则。

参考文献

[1] K. W. Graves. Development of a computer program for modeling the heat effects on a railroad tank car[J]. Report of Federal Railroad Administration, 1973.

[2] R C Reid. Possible Mechanism for Pressurized-Liquid Tank Explosions or BLEVE's[J]. Science, 1979(203): 1263-1265.

[3] Venart J.E.S., Rutledge G.A., SumathiPala.K.F.. To BLEVE or not to BLEVE: anatomy of a boiling liquid exPanding vapor explosion[J]. Process Safety Progress, 1993, 12(2): 67-70.

[4] E Planas-Cuchi, H Montiel, Casual J. A survey of the origin and consequences of fire accidents in process plants and in the transportation of hazardous materials[J]. Process Safety and Environmental Protection, 1997, 75(B1): 3-8.

[5] F I khan, S A Abbasi. The world's worst industrial accident of the 1990s[J]. Process Safety Progress, 1999, 18(3): 135-145.

[6] Vyternis Babrauskas. Estimating large pool fire burning rates[J]. Fire Technology, 1965, 1(1): 251-161.

[7] Eulalia Plannas-Cuchi, Joaquim Casal. Modeling temperature evolution in equipment engulfed in a pool-fire[J]. Fire Safety Journal, 1998, (30): 251-268.

[8] K Moodie. Experiments and modeling: An overview with Particular reference to fire engulfment[J]. J. of Hazardous Materials,

1988, (20): 149-175.

[9] K Moodie, L T Cowley, R.B. Denny, et al. Fire engulfment tests on a 5 tone LPG tank[J]. J. of Hazardous Materials, 1998, (20): 55-71.

[10] B Droste, W Schoen. Full scale fire tests with unprotected and thermal insulted LPG storage tanks[J]. J. of Hazardous Materials, 1988, (20): 41-53.

[11] 康青春.灭火战术学[M]. 北京: 中国人民公安大学出版社, 2016.

[12] 詹姆斯・安格，迈克尔・加拉，戴维德・哈洛，等. 灭火策略与战术[M]. 吴立志 辛晶，等译，北京:化学工业出版社.2019.

[13] 李本利, 杨素芳. 火场供水[M]. 北京: 中国人民公安大学出版社, 群众出版社，2017.

[14] GB 50074—2014 石油库设计规范[S].